디테일 마법지

PE

PROFESSIONAL ENGINEER

건축시공기술사

건축시공기술사 **백 종 엽**

한솔아카데미 www.inup.co.kr

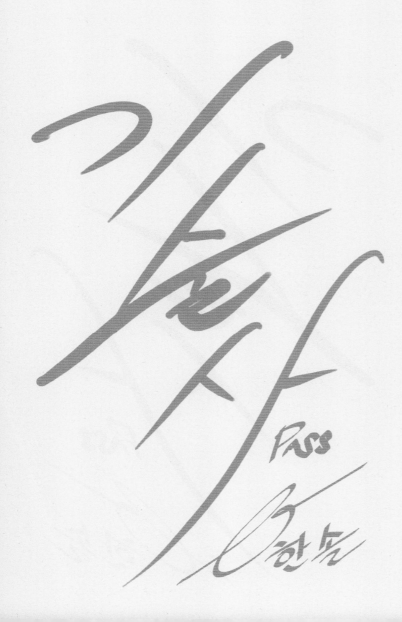

PASS

"The Devil is in the details"(악마는 디테일에 있다)

★ core elements
- **예시**: 예시를 보임으로써 전체의 의미를 분명하게 이해
- **비교**: 성질이 다른 대상을 서로 비교하여 그 특징 파악
- **분류**: 대상을 일정한 기준에 따라 유형으로 구분
- **분석**: 하나의 대상을 나누어 부분으로 이루어진 대상을 분석
- **평가**: 양적 및 질적인 특성을 파악한 후 방향을 설정
- **견해**: 전제조건과 대안을 통하여 의견제시

Amateur는 Scale(범위)에 감탄하고, Pro는 Detail(세부요소)에 더 경탄합니다.
"The Devil is in the details"(악마는 디테일에 있다) & "God is in the details"(신은 디테일에 있다)

"악마는 디테일에 있다"의 어원은 "신은 디테일에 있다"라는 독일의 세계적인 건축가인 루트비히 미스 반데어로에(Ludwig Mies van der Rohe)가 성공비결에 관한 질문을 받을 때마다 내놓던 말입니다. 아무리 거대한 규모의 아름다운 건축물이라도 사소한 부분까지 최고의 품격을 지니지 않으면 결코 명작이 될 수 없다는 뜻입니다.

『명작의 조건은 Detail이며 장인(匠人: Master)정신은 Detail이 아름답다는 것입니다. 』 큰 틀에선 아무 문제가 없어 보이지만 Detail에선 그렇지가 않습니다. 사소하거나 별거 아닐 수 있는 세부사항이 명작을 만듭니다. 이 책은 건축시공을 한눈에 알 수 있게 각 공종의 Lay Out을 마법지로 만들어 놓았고 Detail 용어 1000 및 PE 기본서의 내용을 요약설명해 놓은 책입니다.

Detail 마법지 구성요소

- 국가 표준(KS KCS KCS KDS)을 기준으로 집필
- 흐름과 연관성을 기초로 건축 분류체계의 획기적인 정립
- 목차 분류체계의 현실적인 분류
- 현장시공을 기초로 한 실무형 창작그림으로 main theme 설정
- 전공종별 Key Point와 Lay Out 제시

건축시공기술사 공부를 하는 모든 분들의 책꽂이에 놓여있는 건축 기본서가 되는 꿈을 꾸어봅니다.

『 나는 다가올 미래의 한 부분을 집필하는 행운을 얻었습니다. 그 과정은 꿈을 좇아 앞으로 나아가는 아름다운 여정이기도 했습니다. 나를 이끌어온 긴 시간들을 되돌아보며, 내게 뿌리를 주신 모든 분, 내게 날개를 달아주신 모든 분께 감사드립니다. 』

당신은 늘어나는 Detail과 함께 변화된 멋진 인생을 맞을 준비가 되었는가?

Day by day, in every way, I am getting better and better

건축시공기술사 백 종 엽

디테일 마법지 특징과 구성

교재구성

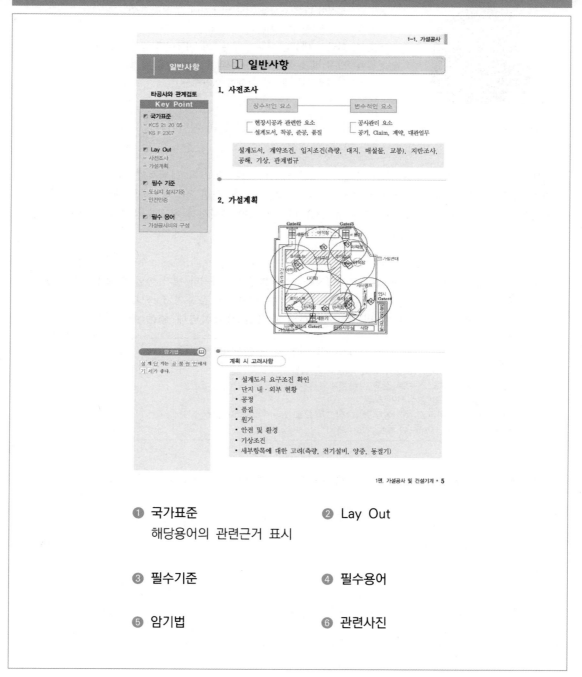

① 국가표준
해당용어의 관련근거 표시

② Lay Out

③ 필수기준

④ 필수용어

⑤ 암기법

⑥ 관련사진

추가 요약 마법지

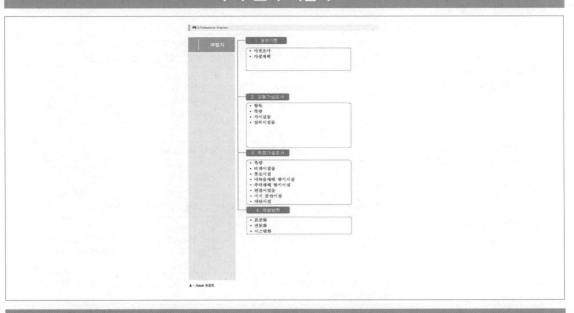

한눈에 들어오는 마법지

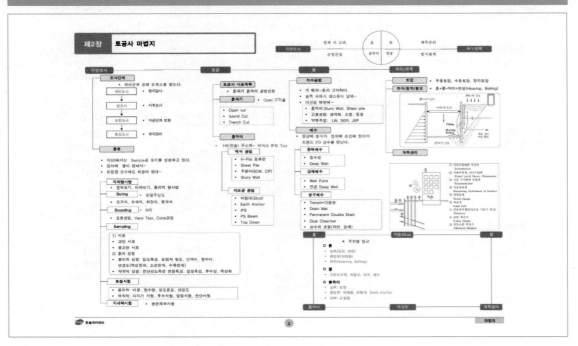

건축용어 유형분류체계-JYB

❶ JYB(유형분류) – made by 백종엽 (학계 최초 건축용어 유형분류체계 완성)

유형	단어 구성체계 및 대제목 분류			
	I	II	III	IV
1. 공법(작업, 방법) ※ 핵심원리, 구성원리	이동, 양중, 고정, 조립, 접합, 부착, 설치, 세우기, 붙임, 쌓기(축조, 구축), 바름, 붙임, 보호, 뿜칠, 굴착, 천공, 삽입, 타설, 양생, 제거, 보강, 파괴, 해체			
	정의	핵심원리 구성원리	시공 Process 요소기술 적용범위 특징, 종류	시공 시 유의사항 중점관리 사항 적용 시 고려사항
2. 시설물(설치, 형식, 기능) ※ 구성요소, 설치방법	안내, 기능, 고정, 이음, 연결, 차단, 보호, 안전			
	정의	설치구조 설치기준 설치방법	설치 Process 규격·형식 기능·용도	설치 시 유의사항 중점관리 사항
3. 자재(부재, 형태) ※ 구성요소	설치, 기능, 역할, 구조, 형태, 가공, 이음, 틈, 고정, 부착, 접합, 조립, 두께, 비중, 단열, 변형, 강도, 강성, 경도, 연성, 인성, 취성, 탄성, 소성, 피로			
	정의	제작원리 설치방법 구성요소 접합원리	제작 Process 설치 Process 기능·용도 특징	설치 시 유의사항 중점관리 사항
4. 기능(부재, 역할) ※ 구성요소, 요구조건	연결, 차단, 억제, 보호, 유지, 개선, 보완, 전달, 분산, 침투, 형성, 지연, 구속, 막, 분해, 작용			
	정의	구성요소 요구조건 적용조건	기능·용도 특징·적용성	시공 시 유의사항 개선사항 중점관리 사항
5. 재료(성질, 성분, 형상) ※ 함유량, 요구성능	성질, 성분, 함유량, 비율, 형상, 크기, 중량, 비중, 농도, 밀도, 점도			
	정의	Mechanism 영향인자 작용원리 요구성능	용도·효과 특성, 적용대상 관리기준	선정 시 유의사항 사용 시 유의사항 적용대상
6. 성능(구성, 성분, 용량) ※ 요구성능	효율, 시간, 속도, 용량, 물리 화학적 안정성, 비중, 유동성, 부착성, 내풍성, 수밀성, 기밀성, 차음성, 단열, 안전성, 내구성, 내진성, 내열성, 내피로성, 내후성			
	정의	Mechanism 영향요소 구성요소 요구성능	용도·효과 특성·비교 관리기준	고려사항 개선사항 유의사항 중점관리 사항
7. 시험(측정, 검사) Test, inspection ※ 검사, 확인, 판정	지지, 인발, 오차, 기울기, 응력, 누수, 부착, 습기, 소음, 공기, 농도, 비중, 두께, 강도, 압축, 인장, 휨, 전단, 비율, 결함(하자, 손상, 부실)관련			
	정의	시험방법 시험원리 시험기준 측정방법 측정원리 측정기준	시험항목 측정항목 시험 Process 종류, 용도	시험 시 유의사항 검사방법 판정기준 조치사항

유형	단어 구성체계 및 대제목 분류			
	I	II	III	IV
8. 현상(힘, 형태 형상 변화) 영향인자, Mechanism ※ 기능저해	중력, 풍력, 수압, 부력, 하중, 측압, 지진, 좌굴, 횡력, 크리프, 처짐, 변형, 응력, 저항, 상승, 쏠림, 파괴, 붕괴, 지연, 흐름			
	정의	Mechanism 영향인자 영향요소	문제점, 피해 특징 발생원인, 시기 발생과정	방지대책 중점관리 사항 복구대책 처리대책 조치사항
9. 현상(성질, 반응, 변화) 영향인자, Mechanism ※ 성능저해	성질, 반응, 수축, 팽창, 흡수, 분리, 감소, 건조, 부피, 부착, 증발, 증대, 물리화학적, 경화, 부식, 탄산화, 건조수축, 동해, 발열, 폭렬			
	정의	Mechanism 영향인자 영향요소 작용원리	문제점, 피해 특성, 효과 발생원인, 시기 발생과정	방지대책 중점관리 사항 저감방안 조치사항
10. 결함(하자, 손상, 부실) ※ 형태	표면, 내부, 형상(배부름, 터짐, 공극, 파손, 마모, 크기, 강도, 내구성, 열화, 부식, 수직도, Level, 두께, 비율			
	정의	Mechanism 영향인자 영향요소	문제점, 피해 발생형태 발생원인, 시기 발생과정 종류	방지기준 방지대책 중점관리 사항 복구대책 처리대책 조치사항
11. 기계, 장비, 기구 (성능, 제원) ※ 구성요소, 작동Mechanism	구조, 기능, 제원, 용도(천공, 굴착, 굴착, 양중, 제거, 해체, 조립, 접합, 운반, 설치			
	정의	구성요소 구비조건 형식, 성능 제원	기능, 용도 특징	설치 시 유의사항 배치 시 유의사항 해체 시 유의사항 운용 시 유의사항
12. 구조(구성요소) ※ 구조원리, 작용Mechanism	종류, 형태, 형식, 하중, 응력, 저항, 대응, 내력, 접합, 연결, 전달, 차단, 억제			
	정의	구조원리 구성요소	형태 형식 기준 종류	선정 시 유의사항 시공 시 유의사항 적용 시 고려사항
13. 기준, 지표, 지수 ※ 구분과 범위	운영, 관리, 정보, 유형, 범위, 영역, 절차, 단계, 평가, 유형, 구축, 도입, 개선, 심사			
	정의	구분, 범위 Process 기준	평가항목 필요성, 문제점 방식, 비교 분류	적용방안 개선방안 발전방향 고려사항
14. 제도(System) (공정, 품질, 원가, 안전, 정보, 생산) ※ 관리사항, 구성체계	운영, 관리, 정보, 유형, 범위, 영역, 절차, 단계, 평가, 유형, 구축, 도입, 개선, 심사, 표준			
	정의	구분, 범위 Process 기준	평가항목 필요성, 문제점 방식, 비교 분류	적용방안 개선방안 발전방향 고려사항
15. 항목(조사, 검사, 계획) ※ 관리사항, 구분 범위	구분, 범위, 절차, 유형, 평가, 구축, 도입, 개선, 심사			
	정의	구분, 범위 계획 Process 처리절차 처리방법	조사항목 필요성 조사/검사방식 분류	검토사항 고려사항 유의사항 개선방안

건축시공기술사 시험정보

1. 기본정보

1. 개요

건축의 계획 및 설계에서 시공, 관리에 이르는 전 과정에 관한 공학적 지식과 기술, 그리고 풍부한 실무경험을 갖춘 전문 인력을 양성하고자 자격제도 제정

2. 수행직무

건축시공 분야에 관한 고도의 전문지식과 실무경험에 입각한 계획, 연구, 설계, 분석, 시험, 운영, 시공, 평가 또는 이에 관한 지도, 감리 등의 기술업무 수행

3. 실시기관

한국 산업인력공단 (http://www.q-net.or.kr)

2. 진로 및 전망

1. 우대정보

공공기관 및 일반기업 채용 시 및 보수, 승진, 전보, 신분보장 등에 있어서 우대받을 수 있다.

2. 가산점

• 건축의 계획 6급 이하 기술공무원: 5% 가산점 부여
• 5급 이하 일반직: 필기시험의 7% 가산점 부여
• 공무원 채용시험 응시가점
• 감리: 감리단장 PQ 가점

3. 자격부여

• 감리전문회사 등록을 위한 감리원 자격 부여
• 유해·위험작업에 관한 교육기관으로 지정신청하기 위한 기술인력, 에너지절약전문기업 등록을 위한 기술인력 등으로 활동

4. 법원감정 기술사 전문가: 법원감정인 등재

법원의 판사를 보좌하는 역할을 수행함으로서 기술적 내용에 대하여 명확한 결과를 제출하여 법원 판결의 신뢰성을 높이고, 적정한 감정료로 공정하고 중립적인 입장에서 신속하게 감정 업무를 수행
• 공사비 감정, 하자감정, 설계감정 등

5. 기술사 사무소 및 안전진단기관의 자격

3. 기술사 응시자격

(1) 기사 자격을 취득한 후 응시하려는 종목이 속하는 직무분야(고용노동부령으로 정하는 유사 직무분야를 포함한다. 이하 "동일 및 유사 직무분야"라 한다)에서 4년 이상 실무에 종사한 사람

(2) 산업기사 자격을 취득한 후 응시하려는 종목이 속하는 동일 및 유사 직무분야에서 5년 이상 실무에 종사한 사람

(3) 기능사 자격을 취득한 후 응시하려는 종목이 속하는 동일 및 유사 직무분야에서 7년 이상 실무에 종사한 사람

(4) 응시하려는 종목과 관련된 학과로서 고용노동부장관이 정하는 학과(이하 "관련학과"라 한다)의 대학졸업자 등으로서 졸업 후 응시하려는 종목이 속하는 동일 및 유사 직무분야에서 6년 이상 실무에 종사한 사람

(5) 응시하려는 종목이 속하는 동일 및 유사직무분야의 다른 종목의 기술사 등급의 자격을 취득한 사람

(6) 3년제 전문대학 관련학과 졸업자 등으로서 졸업 후 응시하려는 종목이 속하는 동일 및 유사 직무분야에서 7년 이상 실무에 종사한 사람

(7) 2년제 전문대학 관련학과 졸업자 등으로서 졸업 후 응시하려는 종목이 속하는 동일 및 유사 직무분야에서 8년 이상 실무에 종사한 사람

(8) 국가기술자격의 종목별로 기사의 수준에 해당하는 교육훈련을 실시하는 기관 중 고용노동부령으로 정하는 교육훈련기관의 기술훈련과정(이하 "기사 수준 기술훈련과정"이라 한다) 이수자로서 이수 후 응시하려는 종목이 속하는 동일 및 유사 직무분야에서 6년 이상 실무에 종사한 사람

(9) 국가기술자격의 종목별로 산업기사의 수준에 해당하는 교육훈련을 실시하는 기관 중 고용노동부령으로 정하는 교육훈련기관의 기술훈련과정(이하 "산업기사 수준 기술훈련과정"이라 한다) 이수자로서 이수 후 동일 및 유사 직무분야에서 8년 이상 실무에 종사한 사람

(10) 응시하려는 종목이 속하는 동일 및 유사 직무분야에서 9년 이상 실무에 종사한 사람

(11) 외국에서 동일한 종목에 해당하는 자격을 취득한 사람

건축시공기술사 시험 기본상식

1. 시험위원 구성 및 자격기준

(1) 해당 직무분야의 박사학위 또는 기술사 자격이 있는 자
(2) 대학에서 해당 직무분야의 조교수 이상으로 2년 이상 재직한 자
(3) 전문대학에서 해당 직무분야의 부교수이상 재직한자
(4) 해당 직무분야의 석사학위가 있는 자로서 당해 기술과 관련된 분야에 5년 이상 종사한자
(5) 해당 직무분야의 학사학위가 있는 자로서 당해 기술과 관련된 분야에 10년 이상 종사한 자
(6) 상기조항에 해당하는 사람과 같은 수준 이상의 자격이 있다고 인정 되는 자

> ※ 건축시공기술사는 기존 3명에서 5명으로 충원하여 $\frac{1}{n}$로 출제
> 단, 학원강의를 하고 있거나 수험서적(문제집)의 출간에 참여한 사람은 제외

2. 출제 방침

(1) 해당종목의 시험 과목별로 검정기준이 평가될 수 있도록 출제
(2) 산업현장 실무에 적정하고 해당종목을 대표할 수 있는 전형적이고 보편타당성 있는 문제
(3) 실무능력을 평가하는데 중점

> ※ 해당종목에 관한 고도의 전문지식과 실무경험에 입각한 계획, 설계, 연구, 분석, 시험, 운영,
> 시공, 평가 또는 이에 관한 지도, 감리 등의 기술업무를 행할 수 있는 능력의 유무에 관한
> 사항을 서술형, 단답형, 완결형 등의 주관식으로 출제하는 것임

3. 출제 Guide line

(1) 최근 사회적인 이슈가 되는 정책 및 신기술 신공법
(2) 학회지, 건설신문, 뉴스에서 다루는 중점사항
(3) 연구개발해야 할 분야
(4) 시방서
(5) 기출문제

4. 출제 방법

(1) 해당종목의 시험 종목 내에서 최근 3회차 문제 제외 출제
(2) 시험문제가 요구되는 난이도는 기술사 검정기준의 평균치 적용
(3) 1교시 약술형의 경우 한두개 정도의 어휘나 어구로 답하는 단답형 출제를 지양하고 간단히
    약술할 수 있는 서술적 답안으로 출제
(4) 수험자의 입장에서 출제하되 출제자의 출제의도가 수험자에게 정확히 전달
(5) 국·한문을 혼용하되 필요한 경우 영문자로 표기
(6) 법규와 관련된 문제는 관련법규 전반의 개정여부를 확인 후 출제

5. 출제 용어

(1) 국정교과서에 사용되는 용어
(2) 교육 관련부처에서 제정한 과학기술 용어
(3) 과학기술단체 및 학회에서 제정한 용어
(4) 한국 산업규격에 규정한 용어
(5) 일상적으로 통용되는 용어 순으로 함
(6) 숫자: 아라비아 숫자
(7) 단위: SI단위를 원칙으로 함

6. 채점

❶ 교시별 배점

교시	유형	시간	출제문제		채점방식				합격기준
			시험지	답안지	배점	교시당	합계	채점	
1교시	약술형	100분	13문제	10문제 선택	10/6	100	300/180	A:60점 B:60점 C:60점	평균 60점
2교시		100분	6문제	4문제 선택	25/15	100	300/180	A:60점 B:60점 C:60점	평균 60점
3교시	서술형	100분	6문제	4문제 선택	25/15	100	300/180	A:60점 B:60점 C:60점	평균 60점
4교시		100분	6문제	4문제 선택	25/15	100	300/180	A:60점 B:60점 C:60점	평균 60점
합계		400분	31문제	22문제		1200		720점	60점

건축시공기술사 시험 기본상식

❷ 답안지 작성 시 유의사항

(1) 답안지는 표지 및 연습지를 제외하고 총7매(14면)이며, 교부받는 즉시 매수, 페이지 순서 등 정상여부를 반드시 확인하고 1매라도 분리되거나 훼손하여서는 안 됩니다.

(2) 시험문제지가 본인의 응시종목과 일치하는지 확인하고, 시행 회, 종목명, 수험번호, 성명을 정확하게 기재하여야 합니다.

(3) 수험자 인적사항 및 답안작성(계산식 포함)은 지워지지 않는 검은색 필기구만을 계속 사용하여야 합니다.(그 외 연필류·유색필기구·등으로 작성한 답항은 0점 처리됩니다.)

(4) 답안정정 시에는 두줄(=)을 긋고 다시 기재 가능하며, 수정테이프 또한 가능합니다.

(5) 답안작성 시 자(직선자, 곡선자, 탬플릿 등)를 사용할 수 있습니다.

(6) 문제의 순서에 관계없이 답안을 작성하여도 되나 주어진 문제번호와 문제를 기재한 후 답안을 작성하고 전문용어는 원어로 기재하여도 무방합니다.

(7) 요구한 문제수 보다 많은 문제를 답하는 경우 기재 순으로 요구한 문제수 까지 채점하고 나머지 문제는 채점대상에서 제외됩니다.

(8) 답안 작성 시 답안지 양면의 페이지 순으로 작성하시기 바랍니다.

(9) 기 작성한 문항 전체를 삭제하고자 할 경우 반드시 해당 문항의 답안 전체에 대하여 명확하게 X표시(X표시 한 답안은 채점대상에서 제외) 하시기 바랍니다.

(10) 수험자는 시험시간이 종료되면 즉시 답안작성을 멈춰야 하며, 종료시간 이후 계속 답안을 작성하거나 감독위원의 답안지 제출지시에 불응할 때에는 당회 시험을 무효 처리합니다.

(11) 각 문제의 답안작성이 끝나면 "끝"이라고 쓰고 다음 문제는 두 줄을 띄워 기재하여야 하며 최종 답안작성이 끝나면 그 다음 줄에 "이하여백"이라고 써야합니다

(12) 다음 각호에 1개라도 해당되는 경우 답안지 전체 혹은 해당 문항이 0점 처리 됩니다.

> [답안지 전체]
> 1) 인적사항 기재란 이외의 곳에 성명 또는 수험번호를 기재한 경우
> 2) 답안지(연습지 포함)에 답안과 관련 없는 특수한 표시를 하거나 특정인임을 암시하는 경우
> [해당 문항]
> 1) 지워지는 펜, 연필류, 유색 필기류, 2가지 이상 색 혼합사용 등으로 작성한 경우

❸ 채점대상

(1) 수험자의 답안원본의 인적사항이 제거된 비밀번호만 기재된 답안

(2) 1~4교시까지 전체답안을 제출한 수험자의 답안

(3) 특정기호 및 특정문자가 기입된 답안은 제외

(4) 유효응시자를 기준으로 전회 면접 불합격자들의 인원을 고려하여 답안의 Standard를 정하여 합격선을 정함

(5) 약술형의 경우 정확한 정의를 기본으로 1페이지를 기본으로 함

(6) 서술형의 경우 객관적 사실과 견해를 포함한 3페이지를 기본으로 함

건축시공기술사 현황 및 공부기간

❶ 자격보유

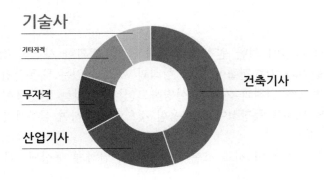

기술사

기타자격

무자격

산업기사

건축기사

❷ 공부기간 및 응시횟수

공부기간. 응시횟수도 중요하지만
얼마만큼. 어떻게 준비하느냐가 관건
하루 평균 3시간 공부기준

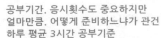

1~2회 응시	3~6회 응시	8~12회 응시
20%	**60%**	**20%**
1년미만	1~2년반	2~4년

❸ 기술사는 보험입니다

28세	32~36세	35~42세	40~47세	43~52세	45~55세
졸업	주임	대리	과장	차장	부장	?

건축기사 vs 기술사

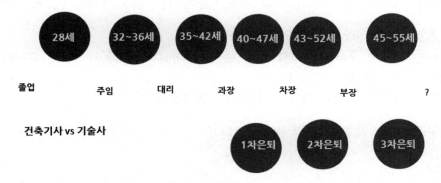

1차은퇴   2차은퇴   3차은퇴

회사가 나를 필요로 하는 사람이 된다는것은?
건축인의 경쟁력은 무엇으로 말할 수 있는가?

답안작성 원칙과 기준 Detail

1. 작성원칙 Detail

❶ 기본원칙

1. 正確性 : 객관적 사실에 의한 원칙과 기준에 근거. 정확한 사전적 정의
2. 論理性 : 6하 원칙과 기승전결에 의한 형식과 짜임새 있는 내용설명
3. 專門性 : 체계적으로 원칙과 기준을 설명하고 상황에 맞는 전문용어 제시
4. 創意性 : 기존의 내용을 독창적이고, 유용한 것으로 응용하여 실무적이거나 경험적인 요소로 새로운 느낌을 제시
5. 一貫性 : 문장이나 내용이 서로 흐름에 의하여 긴밀하게 구성되도록 배열

❷ 6하 원칙 활용

1. When(계획~유지관리의 단계별 상황파악)
   - 전·중·후: 계획, 설계, 시공, 완료, 유지관리

2. Where(부위별 고려사항, 요구조건에 의한 조건파악)
   - 공장·현장, 지상·지하, 내부·외부, 노출·매립, 바닥·벽체, 구조물별·부위별, 도심지·초고층

3. Who(대상별 역할파악)
   - 발주자, 설계자, 건축주, 시공자, 감독, 협력업체, 입주자

4. What(기능, 구조, 요인: 유형·구성요소별 Part파악)
   - 재료(Main, Sub)의 상·중·하+바탕의 내·외부+사람(기술, 공법, 기준)+기계(장비, 기구) +힘(중력, 횡력, 토압, 풍압, 수압, 지진)+환경(기후, 온도, 바람, 눈, 비, 서중, 한중)

5. How(방법, 방식, 방안별 Part와 단계파악)
   - 계획+시공(전·중·후)+완료(조사·선정·준비·계획)+(What항목의 전·중·후)+(관리·검사)
   - Plan → Do→ Check → Action
   - 공정관리, 품질관리, 원가관리, 안전관리, 환경관리

6. Why(구조, 기능, 미를 고려한 완성품 제시)
   - 구조, 기능, 미
   - 안전성, 경제성, 무공해성, 시공성
   - 부실과 하자

   ※ 답안을 작성할 시에는 공종의 우선순위와 시공순서의 흐름대로 작성
   (상황, 조건, 역할, 유형, 구성요소, Part, 단계, 중요Point)

❸ 답안작성 Tip

1. 답안배치 Tip
   • 구성의 치밀성
   • 여백의 미 : 공간활용
   • 적절한 도형과 그림의 위치변경

2. 논리성
   • 단답형은 정확한 정의 기입
   • 단답형 대제목은 4개 정도가 적당하며 아이템을 나열하지 말고 포인트만 기입
   • 논술형은 기승전결의 적절한 배치
   • 6하 원칙 준수
   • 핵심 키워드를 강조
   • 전후 내용의 일치
   • 정확한 사실을 근거로 한 견해제시

3. 출제의도 반영
   • 답안작성은 출제자의 의도를 파악하는 것이다.
   • 문제의 핵심키워드를 맨 처음 도입부에 기술
   • 많이 쓰이고 있는 내용위주의 기술
   • 상위 키워드를 활용한 핵심단어 부각
   • 결론부에서의 출제자의 의도 포커스 표현

4. 응용력
   • 해당문제를 통한 연관공종 및 전·후 작업 응용
   • 시공 및 관리의 적절한 조화

5. 특화
   • 교과서적인 답안과 틀에 박힌 내용 탈피
   • 실무적인 내용 및 경험
   • 표현능력

6. 견해 제시력
   • 객관적인 내용을 기초로 자신의 의견을 기술
   • 대안제시, 발전발향
   • 뚜렷한 원칙, 문제점, 대책, 판단정도

❹ 공사관리 활용

1. 사전조사
- 설계도서, 계약조건, 입지조건, 대지, 공해, 기상, 관계법규

2. 공법선정
- 공기, 경제성, 안전성, 시공성, 친환경

3. Management
(1) 공정관리
- 공기단축, 시공속도, C.P관리, 공정Cycle, Mile Stone, 공정마찰

(2) 품질관리
- P.D.C.A, 품질기준, 수직·수평, Level, Size, 두께, 강도, 외관, 내구성

(3) 원가관리
- 실행, 원가절감, 경제성, 기성고, 원가구성, V.E, L.C.C

(4) 안전관리

(5) 환경관리
- 폐기물, 친환경, Zero Emission, Lean Construction

(6) 생산조달
- Just in time, S.C.M

(7) 정보관리: Data Base
- CIC, CACLS, CITIS, WBS, PMIS, RFID, BIM

(8) 통합관리
- C.M, P.M, EC화

(9) 하도급관리

(10) 기술력: 신공법

4. 7M
(1) Man: 노무, 조직, 대관업무, 하도급관리
(2) Material: 구매, 조달, 표준화, 건식화
(3) Money: 원가관리, 실행예산, 기성관리
(4) Machine: 기계화, 양중, 자동화, Robot
(5) Method: 공법선정, 신공법
(6) Memory: 정보, Data base, 기술력
(7) Mind: 경영관리, 운영

❺ magic 단어

1. 제도: 부실시공 방지

   기술력, 경쟁력, 기술개발, 부실시공, 기간, 서류, 관리능력

   ※ 간소화, 기준 확립, 전문화, 공기단축, 원가절감, 품질확보

2. 공법/시공

   힘의 저항원리, 접합원리

   ※ 설계, 구조, 계획, 조립, 공기, 품질, 원가, 안전

3. 공통사항

   (1) 구조

   ① 강성, 안정성, 정밀도, 오차, 일체성, 장Span, 대공간, 층고

   ② 하중, 압축, 인장, 휨, 전단, 파괴, 변형

      ※ 저항, 대응

   (2) 설계

      ※ 단순화

   (3) 기능

      ※ System화, 공간활용(Span, 층고)

   (4) 재료 : 요구조건 및 요구성능

      ※ 제작, 성분, 기능, 크기, 두께, 강도

   (5) 시공

      ※ 수직수평, Level, 오차, 품질, 시공성

   (6) 운반

      ※ 제작, 운반, 양중, 야적

4. 관리

   • 공정(단축, 마찰, 갱신)

   • 품질(품질확보)

   • 원가(원가절감, 경제성, 투입비)

   • 환경(환경오염, 폐기물)

   • 통합관리(자동화, 시스템화)

5. magic

   • 강화, 효과, 효율, 활용, 최소화, 최대화, 용이, 확립, 선정, 수립, 철저, 준수, 확보, 필요

답안작성 원칙과 기준 Detail

❻ 실전 시험장에서의 마음가짐

  (1) 자신감 있는 표현을 하라.
  (2) 기본에 충실하라(공종의 처음을 기억하라)
  (3) 문제를 넓게 보라(숲을 본 다음 가지를 보아라)
  (4) 답을 기술하기 전 지문의 의도를 파악하라
  (5) 전체 요약정리를 하고 답안구성이 끝나면 기술하라
  (6) 마법지를 응용하라(모든 것은 전후 공종에 숨어있다.)
  (7) 시간배분을 염두해 두고 작성하라
  (8) 상투적인 용어를 남용하지 마라
  (9) 내용의 정확한 초점을 부각하라
  (10) 절제와 기교의 한계를 극복하라

모르는 문제가 출제될 때는 포기하지 말고 문제의 제목을 보고 해당공종과의 연관성을 찾아가는 것이 단 1점이라도 얻을 수 있는 방법이다.

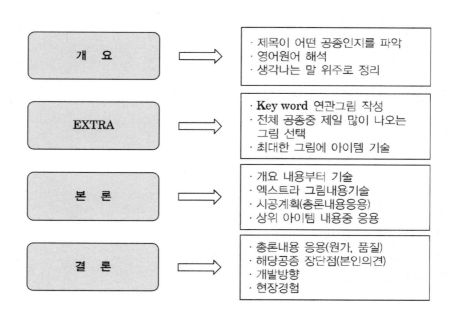

개 요	⇒	· 제목이 어떤 공종인지를 파악 · 영어원어 해석 · 생각나는 말 위주로 정리
EXTRA	⇒	· **Key word** 연관그림 작성 · 전체 공종중 제일 많이 나오는 그림 선택 · 최대한 그림에 아이템 기술
본 론	⇒	· 개요 내용부터 기술 · 엑스트라 그림내용기술 · 시공계획(총론내용응용) · 상위 아이템 내용중 응용
결 론	⇒	· 총론내용 응용(원가, 품질) · 해당공종 장단점(본인의견) · 개발방향 · 현장경험

2. 작성기준 Detail

용어정의 WWH 추출법

Why (구조, 기능, 미, 목적, 결과물, 확인, 원인, 파악, 보강, 유지, 선정)
What (설계, 재료, 배합, 운반, 양중, 기후, 대상, 부재, 부위, 상태, 도구, 형식, 장소)
How (상태·성질변화, 공법, 시험, 기능, 성능, 공정, 품질, 원가, 안전, Level, 접합, 내구성)

서술 Item 작성법

1. 원인, 문제점: Part별 , 부위별 (최소 Item 4~5EA), (그림, 도표, 특성요인도, 아이템 중에서 문제에 따라 선택)
2. 방지대책(아래 3개에서 선택)
   • 전 중 후, 설재배시(시공순서별 중요아이템)양보, 설재장시(시공순서별 중요아이템)양환
3. 고려사항: 공품원안환+질문에 따라 선택(구조, 계획, 설계, 선정)
4. 시공 시 유의사항(최소 6EA 이상~12EA)
   • 시공계획→준비(가설, 기초, 확인사항, 준비사항, 바탕점검사항)→공법순서(중요 Item 4개 이상)→검사(시험, 점검, 기준, 보양), 보너스 Item(대안제시, 사례, 분석, 비교)

서술유형 15

1. 방법 방식 방안
2. 종류 분류
3. 특징(장·단점)
4. 기능 용도 활용
5. 필요성 효과
6. 목적
7. 구성체계 구성원리
8. 기준
9. 조사 준비 계획
10. 시험 검사 측정
11. Process
12. 요구조건 전제조건 대안제시
13. 고려사항 유의사항 주의사항
14. 원인 문제점 피해 영향 하자 붕괴
15. 방지대책, 복구대책, 대응방안, 개선방안, 처리방안, 조치방안, 관리방안, 해결방안, 품질확보, 저감방안, 운영방안

기술사 공부방법 Detail

❶ 관심

관심 > 흥미 > 익숙 > 변화 > 욕심 > 목표 > 정복

❷ 자기관리

자기관리

미래의 내 모습은?
시간이 없음을 탓하지 말고, 열정이 없음을 탓하라.

그대가 잠을 자고 웃으며 놀고 있을 시간이 없어서가 아니라 뜨거운 열정이 없어서이다.

작든 크든 목적이 확고하게 정해져 있어야 그것의 성취를 위한 열정도 솟을 수 있다.

- ● Positive Mental Attitude
- ● 간절해보자
- ● 목표.계획수립-2년단위 수정
- ● 주변정리-노력하는 사람
- ● 운동. 잠. 스트레스. 비타민

❸ 단계별 제한시간 투자

절대시간 500시간

우리의 의식은 공부하고자 다짐하지만 잠재의식은 쾌락을 원한다.
시간제한을 두면 뇌가 긴장한다.
시간여유가 있을때는 딱히 떠오르지 않았던 영감이
시간제한을 두면 급히 가동한다.

- 시작후 2개월: 평일 9시~12시
  (Lay out-배치파악)
- 시작후 3개월: 평일 9시~1시
  (Part -유형파악)
- 시작후 6개월: 평일 9시~2시
  (Process-흐름파악)
- 빈Bar부터 역기는 단계별로

❹ 마법지 암기가 곧 시작

Lay out(배치파악) Process(흐름파악) Memory(암기) Understand(이해) Application (응용)

- 공부범위 설정
- 공부방향 설정-단원의 목차.Part구분
- 구성원리 이해
- 유형분석
- 핵심단어파악
- 규칙적인 반복- 습관
- 폴더단위 소속파악-Part 구분 공부

우리의 의식은 공부하고자 다짐하지만 잠재의식은 쾌락을 원한다.
시간제한을 두면 뇌가 긴장한다.
시간여유가 있을때는 딱히 떠오르지 않았던 영감이
시간제한을 두면 급히 가동한다.

기술사 공부방법 Detail

❺ 주기적인 4회 반복학습(장기 기억력화)

_____

암기 vs 이해   분산반복학습, 말하고 행동(몰입형: immersion)

● 순서대로 진도관리
● 위치파악(폴더속 폴더)
● 대화를 통한 자기단점파악
● 주기적인 반복과 변화
● 10분 후. 1일 후. 일주일 후. 한달 후

-10분후에 복습하면 1일 기억(바로학습)
-다시 1일 후 복습하면 1주일 기억(1일복습)
-다시 1주일 후 복습하면 1개월 기억(주간복습)
- 다시 1달 후 복습하면 6개월 이상 기억(전체복습)

-우리가 말하고 행동한것의 90%
-우리가 말한것의 70%
-우리가 보고 들은것의 50%
-우리가 본것의 30%
-우리가 들은것의 20%
-우리가 써본것의10%
-우리가 읽은것의 5%

❻ 건축시공기술사의 원칙과 기준

1. 원칙
(1) 기본원리의 암기와 이해 후 응용(6하 원칙에 대입)
(2) 조사 + 재료 + 사람 + 기계 + 양생 + 환경 + 검사
(3) 속도 + 순서 + 각도 + 지지 + 넓이, 높이, 깊이, 공간

2. 기준
(1) 힘의 변화
(2) 접합 + 정밀도 + 바탕 + 보호 + 시험
(3) 기준제시 + 대안제시 + 견해제시

❼ 필수적으로 해야 할 사항

(1) 논술노트 수량 – 50EA
(2) 용어노트 수량 – 150EA
(3) 논술 요약정리 수량 – 100EA
(4) 용어 요약정리 수량 – 300EA
(5) 필수도서 – 건축기술지침, 콘크리트공학(학회)

❽ 서브노트 작성과정

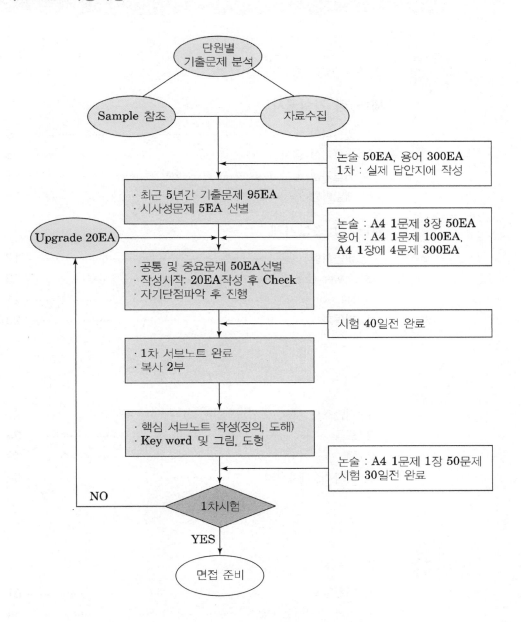

단원별
기출문제 분석

Sample 참조　　　　　자료수집

논술 50EA, 용어 300EA
1차 : 실제 답안지에 작성

· 최근 5년간 기출문제 95EA
· 시사성문제 5EA 선별

논술 : A4 1문제 3장 50EA
용어 : A4 1문제 100EA,
A4 1장에 4문제 300EA

Upgrade 20EA

· 공통 및 중요문제 50EA선별
· 작성시작: 20EA작성 후 Check
· 자기단점파악 후 진행

시험 40일전 완료

· 1차 서브노트 완료
· 복사 2부

· 핵심 서브노트 작성(정의, 도해)
· Key word 및 그림, 도형

논술 : A4 1문제 1장 50문제
시험 30일전 완료

NO　　　1차시험

YES

면접 준비

※ 서브노트는 책을 만든다는 마음으로 실제 답안으로 모범답안을 만들어 가는 연습을 통하여 각
공종별 핵심문제를 이해하고 응용할 수 있는 것이 중요 Point입니다.

디테일 마법지

철근콘크리트공사

마감공사 및 실내환경

01

가설공사 및 건설기계

Professional Engineer

1-1장

가설공사

Professional Engineer

마법지

1. 일반사항

- 사전조사
- 가설계획

2. 공통가설공사

- 항목
- 측량
- 가시설물
- 설비시설물

3. 직접가설공사

- 측량
- 비계시설물
- 통로시설
- 낙하물재해 방지시설
- 추락재해 방지시설
- 연결시설물
- 지지 분산시설
- 차단시설

4. 개발방향

- 표준화
- 전문화
- 시스템화

① 일반사항

일반사항

1. 사전조사

상수적인 요소	변수적인 요소

- 현장시공과 관련한 요소
- 설계도서, 착공, 준공, 품질
- 공사관리 요소
- 공기, Claim, 계약, 대관업무

설계도서, 계약조건, 입지조건(측량, 대지, 매설물, 교통), 지반조사, 공해, 기상, 관계법규

2. 가설계획

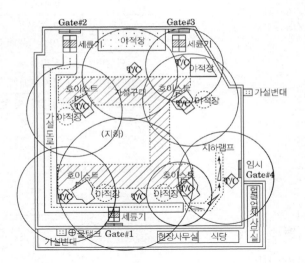

계획 시 고려사항

- 설계도서 요구조건 확인
- 단지 내·외부 현황
- 공정
- 품질
- 원가
- 안전 및 환경
- 기상조건
- 세부항목에 대한 고려(측량, 전기설비, 양중, 동절기)

타공사와 관계검토

Key Point

☑ 국가표준
- KCS 21 20 05
- KS F 2307

☑ Lay Out
- 사전조사
- 가설계획

☑ 필수 기준
- 도심지 설치기준
- 안전인증

☑ 필수 용어
- 가설공사비의 구성

암기법 📖

설 계 단 지는 공 품 원 안에서
기 세가 좋다.

공통가설

평면배치
Key Point

☑ **국가표준**
- KCS 21 20 05
- KCS 21 20 15

☑ **Lay Out**
- 공통가설공사의 항목
- 시공

☑ **필수 기준**
- 도심지 설치기준
- 안전인증

☑ **필수 용어**
- 대지측량과 기준점
- GPS 측량

항목

- 경계측량
- 가시설물(울타리, Gate)
- 가설설비(심정, 세륜기, 임시전력)
- 환경설비(쓰레기처리 시설)
- 가설건물(식당, 사무실)
- 시험설비
- 환경설비
- 현장정리

② 공통가설 공사

1. 항목 및 배치

> 공사에 간접적으로 활용되어 운영, 관리상 필요한 가설물(본 건물 이외의 보조역할 공사

1) 항목

항목	항목별 내용
대지조사	• 부지측량: 경계측량, 현황측량, 수준점(TBM), Bench Mark
사전조치	• 인접건물 보상 및 보양
가설도로	• 가설울타리, 가설Gate, 경비실
가설 시설물	• 현장사무소, 협력업체 사무실
가설건물	• 시멘트창고, 위험물창고, 숙소, 가설 화장실, 식당, 화장실, 가설창고
설비시설물	• 가설전기, 세륜시설, 통신설비, 쓰레기 투하시설, 가설용수, 양수 및 배수설비, 작업 용수 시설
시험설비	• 시험실
환경설비	• 공사쓰레기 처리시설, 세륜시설, 환기설비
현장정리	현장정리 및 준공청소

2) 배치(Plan & Section)

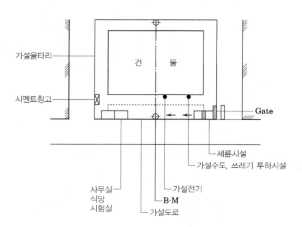

※ 현장정리 + 준공청소
수평동선을 고려하여 공간활용이 용이하도록 배치

공통가설

2. 시공

2-1. 측량
2-1-1. 경계측량 및 B.M

경계측량

- 지적공부(地籍公簿)에 기록된 경계를 대상 부지에 평면위치를 결정할 목적으로 지적 도근점(圖根点)을 기준으로 하여 공사 착수 전 각 필지의 경계와 면적을 정하는 측량

Bench Mark

- 건축물 높낮이 결정의 기준을 삼고자 설정하는 것으로 수준원점(水準原點)을 기준으로 하여 기존 공작물이나 신 말뚝을 이용하여 높이기준을 표시하는 것

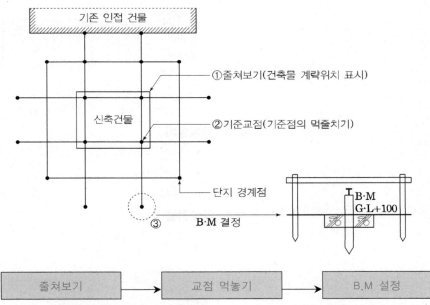

대지경계선의 확인을 통한 평면위치 결정과 B.M설정을 통한 높이결정

2-1-2. GPS측량(Global Positioning System)

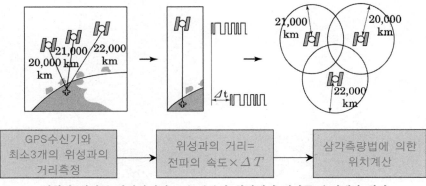

정확한 위치를 파악하려면 4개 이상의 위성에서 전파를 수신해야 한다.

공통가설

2-2. 가시설물
2-2-1. 가설울타리

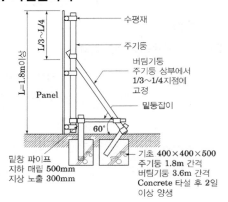

・기초간격 L = 1.5~2.0m
・기초파이프 : 지하매입 1.5m
・지반보강 필요

2-2-2. 가설 Gate

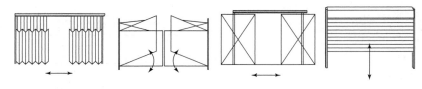

[Folding Type]　　　[Swing Type]　　　[Sliding Type]　　　[Shutter Type]

2-3. 가설설비
- 가설수도 및 심정
- 가설전력
- 세륜시설

2-4. 가설건물
- 식당 및 사무실

Memo

직접가설

수직동선
Key Point
☑ **국가표준**
- KCS 21 60 05
- KCS 21 70 05

☑ **Lay Out**
- 항목 및 배치
- 시공

☑ **필수 기준**
- 도심지 설치기준
- 안전인증

☑ **필수 용어**
- 외부강관비계
- 시스템비계
- 낙하물방지망
- 복공구조물
- Jack Support

항목

- 공사용 장비(Tower Crane, Lift Car, CPB)
- 공사용 비계시설물
- 공사용 안전시설물
- 공사용 연결시설물
- 공사용 보조시설물(지수시설, 동절기 보양시설)

③ 직접가설 공사

1. 항목 및 배치

본 건물 축조에 직접적으로 활용되는 가설물

1) 항목

항목	항목별 내용
공사용 장비	• Tower Crane, Lift Car, CPB
비계시설	• 강관비계, 강관틀비계, 이동식비계, 시스템비계, 달비계, 말비계
안전시설	• 낙하물 방지망, 낙하물 방호선반, 추락방호망
공사용 보조시설	• Jack Support, 가설구대(복공 구조물), 지수시설

2) 배치(Plan & Section)

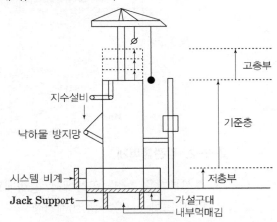

• 수직동선을 고려하여 양중과 공정에 지장이 없도록 배치

3) 유의사항

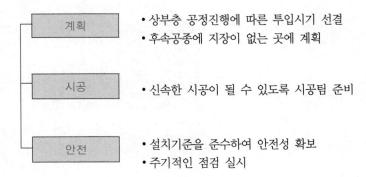

계획	• 상부층 공정진행에 따른 투입시기 선결 • 후속공종에 지장이 없는 곳에 계획
시공	• 신속한 시공이 될 수 있도록 시공팀 준비
안전	• 설치기준을 준수하여 안전성 확보 • 주기적인 점검 실시

직접가설

2. 시공

2-1. 공사용 장비

- Tower Crane
- Lift Car
- CPB

2-2. 비계시설

2-2-1. 외부 강관비계

구조물의 주위에 조립, 설치되는 가설구조물

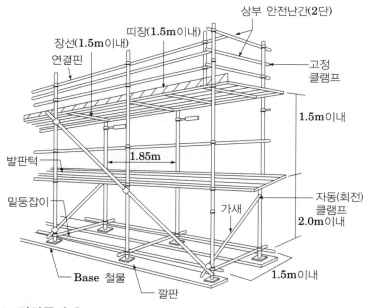

2-2-2. 강관틀비계

구성부재를 미리 공장에서 틀형태로 제작하고 현장에서 사용목적에 맞게 조립·사용하는 비계시설

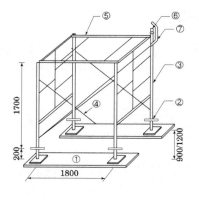

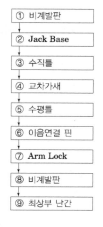

① 비계발판

② Jack Base

③ 수직틀

④ 교차가새

⑤ 수평틀

⑥ 이음연결 핀

⑦ Arm Lock

⑧ 비계발판

⑨ 최상부 난간

2-2-3. 이동식비계

타워형태로 틀을 조립한 다음 최상층에 작업발판과 안전난간을 설치하고 주틀 밑 부분에 발바퀴를 부착하여 이동이 가능한 구조의 비계

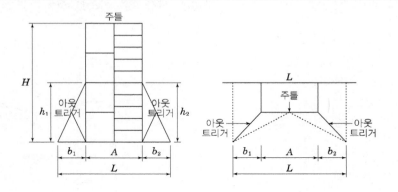

2-2-4. System 비계

수직재, 수평재, 가새재 등 각각의 부재를 공장에서 제작하고 현장에서 조립하여 사용하는 조립형 비계

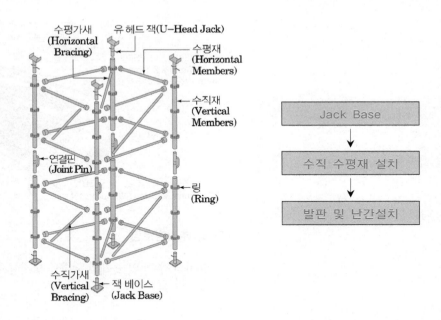

```
Jack Base
   ↓
수직 수평재 설치
   ↓
발판 및 난간설치
```

전체길이는 600mm 이내여야 하며 수직재와 물림부의 겹침길이는 200mm 이상 확보하고, 최하단 수직재는 받침철물(잭베이스)의 너트와 밀착되게 설치

직접가설

설치도

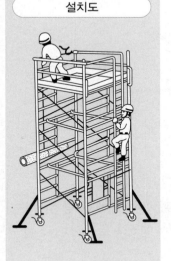

주요 구성부재

• 수직재

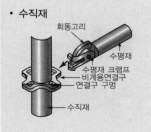

• 수평재

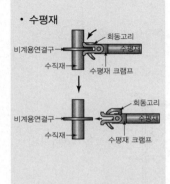

직접가설

2-3. 안전시설

2-3-1. 낙하물 방지망

낙하로 인한 피해를 방지하기 위하여 개구부 및 비계 외부에 수평면
과 20° 이상 30° 이하로 설치

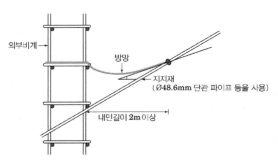

2-3-2. 낙하물 방호선반

상부에서 작업도중 자재나 공구 등의 낙하로 인한 재해를 방지하기
위하여 개구부 및 비계 외부 안전 통로 출입구 상부에 설치

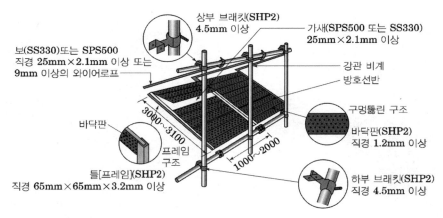

2-3-3. 추락방호망

글로자의 추락 및 물체의 낙하를 방지하기 위하여 수평으로 설치하는 보호망

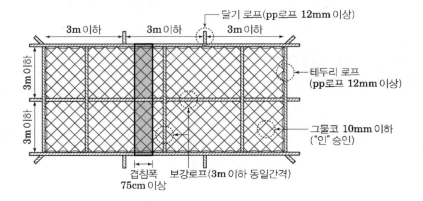

2-4. 보조시설물
2-4-1. 복공구조물, 가설구대(Over Bridge)

터파기나 지하 구체공사를 할 때 작업지반으로서 Bridge역할을 하기 위해 가설지주와 작업발판으로 구성된 연결시설

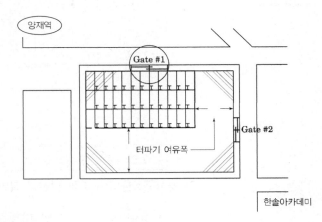

한솔아카데미

2-4-2. Jack Support

거푸집 동바리 제거 후 차량통행으로 인한 지하구조물의 균열발생을 최소화하기 위하여 하중검토에 따라 보와 Slab 하부에 설치하여 상부 하중을 흡수분산시키는 가설지주

2-4-3. 고층건물의 지수시설

상부 Opening부위를 지수처리하여 하부층으로 유입되는 물을 차단하는 차단층 및 차단시설

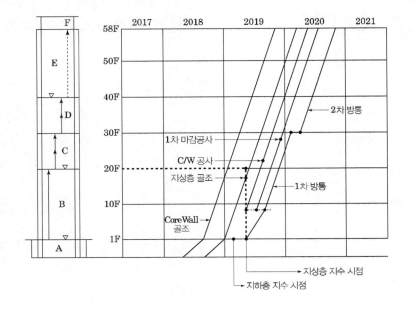

직접가설

주요 기준

복공구조물(가설구대)은 공사기간 중 작업하중을 고려하여 설계한다.

- 설계기준
 - 허용 활하중: 20kN/m²
- 설계 시 관리
 - Strut 공법 시 간섭검토
 - 수평력 및 횡변위, 진동 등에 대한 안전성 검토
- 시공 시 관리
 - 진입구배 유지(최대 1/6)
 - Bracing 보강
- 사용 시 관리
 - 500kN 이상의 이동식 크레인 진입금지
 - 주기적인 관찰 및 계측

[제2롯데월드 가설구대]

[양재역 도곡 Stay77]

개발방향

안전인증

Key Point

☑ **국가표준**
- 안전인증·자율안전확인 신고의 절차에 관한 고시

☑ **Lay Out**
- 안전인증
- 가설구조물의 구조적 안전성 확인대상

☑ **필수 기준**
- 도심지 설치기준
- 안전인증

☑ **필수 용어**
- 안전인증
- 안전검사

반입 시 품질시험 항목

- 평누름에 의한 압축시험
- 인장하중
- 휨 하중
- 압축하중
- 치수
- 인장강도 등 품질관리 업무 지침 규정 준수

개발방향

- 표준화
- 전문화
- System화

4 개발방향

1) 안전인증

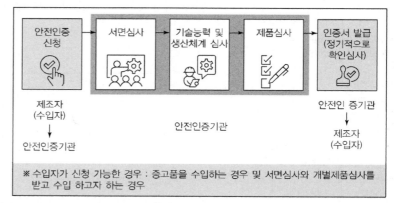

※ 수입자가 신청 가능한 경우 : 중고품을 수입하는 경우 및 서면심사와 개별제품심사를 받고 수입 하고자 하는 경우

2) 가설구조물의 구조적 안전성 확인 대상

- 높이가 31m 이상인 비계
- 브래킷(bracket) 비계
- 작업발판 일체형 거푸집 또는 높이가 5m 이상인 거푸집 및 동바리
- 터널의 지보공(支保工) 또는 높이가 2m 이상인 흙막이 지보공
- 동력을 이용하여 움직이는 가설구조물
- 높이 10m 이상에서 외부작업을 하기 위하여 작업발판 및 안전시설물을 일체화하여 설치하는 가설구조물
- 공사현장에서 제작하여 조립·설치하는 복합형 가설구조물
- 그 밖에 발주자 또는 인·허가기관의 장이 필요하다고 인정하는 가설구조물
- 지반침하와 관련하여 구조적·지리적 여건, 지반침하 위험요인 및 피해예상 규모, 지반침하 발생 이력

Memo

1-2장

건설기계

Professional Engineer

마법지

1. 일반사항

- 장비선정

2. 타워크레인

- 타워크레인

3. Lift Car

- Lift Car

4. 자동화

- 건설로봇

일반사항

타공사와 관계검토

Key Point

☑ **국가표준**
- KCS 11 50 10
- KS F 2388

☑ **Lay Out**
- 장비선정
- 양중계획

☑ **필수 기준**
- 풍속

☑ **필수 용어**
- 건설기계의 경제적 수명
- Cycle Time
- Telescoping

암기법 📖

건 배할 때 반주 가 공품 원안

암기법 📖

프 로젝트 내용은 형식이와 선 정이가 배에서 하는 횟수와 사이클이 평준화 되어 적당하다.

① 일반사항

1. 장비선정

위치선정	대수산정

- 배치계획과 동선계획
- 현장여건 및 부지현황

- 적정용량 및 양중부하
- 적정 가동률 및 기종선정

건물규모, 배치조건, 작업반경, 주행성, 가동률, 공정 · 품질 · 원가 · 안전

2. 양중계획

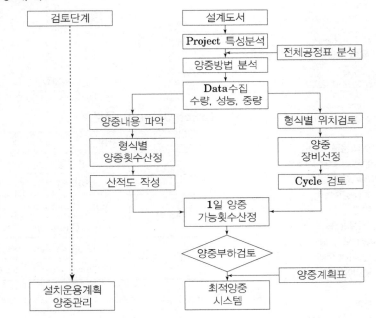

계획 시 고려사항

- Project 특성 분석
- 양중내용 분석
- 양중형식
- 장비선정
- 배치 및 위치선정
- 양중횟수
- Cycle 검토
- 양중량의 평준화
- 자재 적치계획

Tower Crane

장비성능 이해
Key Point

☑ **국가표준**
- KCS 21 20 10

☑ **Lay Out**
- 장비선정
- 설치
- 운용
- 단계별 검사 및 안전사고

☑ **필수 기준**
- 풍속

☑ **필수 용어**
- Telescoping

기종선정 시 고려

• 양중장비능력(용량, 성능)
- 철골 부재수외 설비기계 중량 (철골부재의 최대 중량) 검토
- 장비의 최대양중능력
- 장비의 반경
- 기계·전기설비, Belt Truss, 엘리베이터 모터 중량
- Jib작동 방식에 따라
- 건축물 높이에 따라

• 현장 내 현황
- 지형, 지반, 도로, 주변건물
- 건물배치 및 평면형태: 공구구분, 동선구분

• 시공법
- 지형, 지반, 도로, 주변건물
- 건물배치 및 평면형태: 공구구분, 동선구분

• 건물의 규모
- 코어선행, N공법, 콘크리트 타설방법, 양중자재 수평이동방법

• 경제성, 유지관리
- 사용기간 및 경제성, 안전성

---

② Tower Crane

1. 장비선정

1-1. 구성 및 명칭

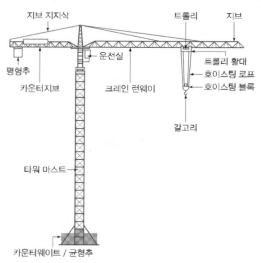

1-2. Tower Crane의 구분

구분		내용
수평이동	고정형	• 벽체 또는 바닥에 고정
	이동형	• 바퀴 또는 Rail을 이용하여 이동
수직이동	Mast Climbing	• Mast를 끼워가면서 수직상승
	Floor Climbing	• 구조물 바닥에 지지하면서 수직상승
Jib의 작동	Luffing Crane	• Jib을 상하로 움직이면서 작업반경 변화
	T-Tower Crane	• Crane Runway를 따라 Trolley가 이동

2. 설치

2-1. 배치 시 고려사항

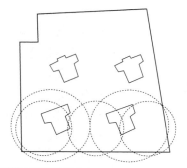

• Main동을 중심으로 우선배치를 결정한 다음 최소 설치대수 산정
• Crane의 최대 거리를 고려하여 작업반경 Over Lap 검토

Tower Crane

대수산정

- 초고층: 2대가 일반적
- 고층: 15~30층 내외로 1~2대
- 복합 건물의 저층부: 반경 내 해결여부 검토 후 Mobile Crane 검토
- 철골부재의 반입장소 및 작업반지름
- 철골부재의 수
- 철골설치 Cycle Time

Telescoping

- Telescoping의 원리
  - Mast를 삽입하여 Crane을 상승 및 하강하기 위하여 Cylinder Stroke에 의해 1단 Mast 높이만큼 확보되는 공간에 추가 Mast를 끼워 넣는 작업

- Telescoping의 순서
  - 연장할 Mast 권상작업 → Mast를 Guide Rail에 안착 → Mast로 좌우 균형유지 → 유압상승 → Mast 끼움 → 반복 작업

- 작업 시 유의사항
  ① 작업높이에서 풍속 10m/sec 이내에서만 작업
  ② 유압 Cylinder와 Counter Jib가 동일한 방향에 놓이도록 한다.
  ③ Telescoping Cage가 선회 링 Support와 조립 전 선회 금지
  ④ 보조Pin 체결상태에서는 운전자의 작동금지
  ⑤ Telescoping 유압펌프가 작동 시 운전자의 작동금지

2-2. 설치형식

1) 강말뚝 방식

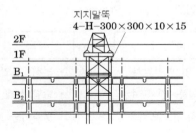

- 지하 구조물과 연결 시공
- Top Down 공법 시공 시 채택
- 측량 시 위치설정: 구조물과의 간섭 검토

2) 독립기초 방식

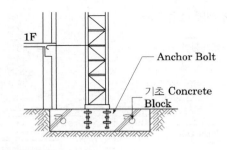

- 건물외부에 별도로 기초를 시공
- 기초의 지내력 확보
- 벽체 고정 방법 준수

3) 영구 구조체 이용 방식

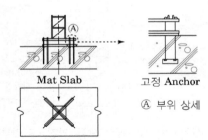

- 주차장 기초를 이용하여 설치
- 측량 시 위치설정: 구조물과의 간섭 검토
- Type별 설치 Level 검토

2-3. Tower Crane의 사용 중 준수사항

① 타워크레인 작업 시 신호수를 배치
② 적재하중을 초과하여 과적하거나 끌기 작업을 금지
③ 순간풍속 10m/s 이상, 강수량 1mm/h 이상, 강설량 10mm/h 이상 시 설치·인상·해체·점검·수리 등을 중지
④ 순간풍속 15m/s 이상 시 운전작업을 중지해야 한다.
⑤ 타워크레인용 전력은 다른 설비 등과 공동사용을 금지
⑥ 와이어 로프 폐기기준
　가. 와이어 로프 한 꼬임의 소선파단이 10% 이상인 것
　나. 직경감소가 공칭지름의 7%를 초과하는 것
　다. 심하게 변형 부식되거나 꼬임이 있는 것
　라. 비자전로프는 끊어진 소선의 수가 와이어 로프 호칭지름의 6배 길이 이내에서 4개 이상이거나 호칭지름 30배 길이 이내에서 8개 이상인 것
⑦ 타워크레인 운전자와 신호수에게 지급하는 무전기는 별도 번호를 지급

Tower Crane

운용

- 공사 단계별 운용계획
- 양중부하의 평준화
- 가동효율
- Climbing 일정 및 시기 조절
- 작업자의 안전교육
- 기상조건 고려
- 정기점검 및 보수계획

소형크레인

- 소형크레인 규격
  - 타워형: 40m 이하
  - 러핑형: 30m 이하
  - 정격하중: 3톤 미만
  - 모멘트: 최대 588kN·m
  - 설치높이: 지상 10층 이하

- 소형 크레인의 안전장치
  - 소형표식
  - 원격제어기 및 영상장치
  - 위험표시등 및 풍속계

안전사고 예방

- 작업순서를 정하고 순서에 따라 실시
- 작업구역 내 관계자외 출입 금지 및 그 취지를 보기 쉬운 곳에 표시
- 비·눈 등 기상상태 불안정 시 작업중지
- 풍속 10m/s 이내에서만 실시
- 들어 올리거나 내리는 기자재 균형 유지
- 충분한 응력을 갖는 구조로 기초설치 및 침하방지
- 규격품 볼트사용
- 대칭되는 것을 순차적으로 조립 · 해체
- 작업계획서 작성
- 안전교육

3. 단계별 검사 및 안전사고

1) 자재입고 시 검사 Process

제품검사	육안검사	비파괴 검사
• 형식 및 확인검사	• 부식, 균열 상태	• 15년 이상 장비
• 안전인증 · 검사 여부	• 도장 상태	• 용접부 확인
• 이력검사(주요부품 교체 및 수리, 정품 사용여부)	• 정격하중 표시 확인	

2) 부재별 조립검사

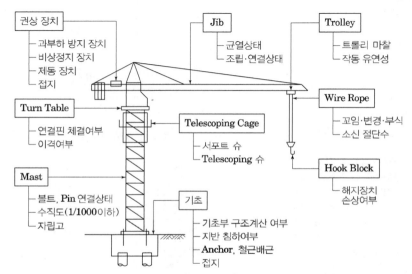

- 설치작업 절차별로 모든 연결 · 조립부분 육안확인을 통하여 안전성 검토

Memo

Lift Car

장비성능 이해

Key Point

☑ **국가표준**
- KCS 21 20 10

☑ **Lay Out**
- 장비선정
- 설차 운용

☑ **필수 기준**
- 속도기준

☑ **필수 용어**
- 양중부하
- 정지층

기종선정

• 속도에 따라
- 고속: 100m/min
- 중속: 60m/min
- 저속: 40m/min

• Cable 운송방식에 따라
- Drum방식: 드럼통에 케이블이 쌓였다 풀렸다 하는 방식으로 바람의 영향이 작은 곳에 사용
- Trolley방식: 트롤리가 케이지 운행에 따라 상승 및 하강하는 방식

③ Lift Car

1. 장비선정

1-1. 분류

- 1개의 Mast에 달린 운반구 개수에 의한 분류: 1본구조식, 2본구조식
- Mast 개수에 의한 분류: 단일 Mast식, 쌍 Mast식, Crane Mast식
- 용도에 의한 분류: 화물전용, 인/화 공용식
- 이동여부에 의한 분류: 고정식, 이동식

1-2 기종 선정 시 고려사항
① 건물의 높이와 인양자재의 최대 Size를 검토해서 Cage Size 선정
② 풍속을 고려하여 운송방식을 선정
③ 높이에 따른 Cycle Time을 고려하여 운행속도 Type를 결정

1-3 수량 산정 시 고려사항
① 양중물에 따른 Cycle time을 분석하여 소요시간을 결정한다.
- 1일 양중횟수: 바닥면적당 0.2~0.4회/㎡
- 1일 작업시간: 화물용(평균 8.5시간: 510분), 인화물용(평균 4시간: 240분)
② 높이에 따른 양중 시 소요되는 양중시간을 분석
③ 건물의 평면배치와 수평동선을 고려하여 산정
④ 리프트의 운용비용과 평균가동률을 고려하여 Feedback을 통한 효율성을 검증을 통하여 적정한 리프트 대수를 산정

2. 설치 및 운용

1) 설치

- 설치위치는 건물의 형상과 공간을 고려하여 이동에 지장이 없는 곳
- 대지 및 주차장 Slab의 높이와 장비의 규격을 계산하여 소운반에 지장이 없는 구배가 되도록 기초 Level을 결정한다.

2) 시간대별 양중부하 분석

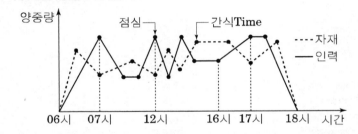

- 출퇴근 Peak Time을 고려하여 Zone을 구분 운행
- 인력집중구간을 피해 자재양중

Lift Car

[1층 전경 및 방호선반]

[고속 Lift]

[Twin Lift]

기타장비

- Gondola
- Gondola Total System
- Working Platform
- Safety Working Cage
- Safety Climbing Net

3) 운용 시 기본원칙: 구간별 탑승 및 정지층 구분

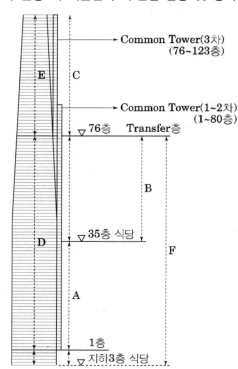

- 인원탑승 시 정치층 구분
- 탑승인원 및 집중시간을 고려하여 운행횟수와 정지층을 분석
- 탑승은 정지하는 층을 3~5개층으로 구분하여 정지하는 횟수 축소
- 높이별 운행시간 분석
- 현재 골조의 최상층을 기준으로 2/3 이상의 높이에 해당하는 작업

Memo

자동화

구비조건 이해
Key Point

■ 국가표준
- KCS 10 70 05
- KCS 10 70 10

■ Lay Out
- 건설로봇
- 건설자동화

■ 필수 기준

■ 필수 용어

4 자동화

1. 건설로봇

1-1. 적용가능 분야

건축공사	토공 및 기타
철골조립 로봇	지중 장애물 탐지기
콘크리트타설 Robot	적재위치 화상감지 장치
철골보 자동용접 Robot	진동롤러 원격조작
내화피복 뿜칠 로봇	말뚝 절단기(지중, 수중)
바닥미장 로봇	설비배관 검사 로봇
운반 및 설치 로봇	
외벽도장 로봇	
내부바닥 및 외부 유리 청소로봇	

2. 건설자동화

2-1. Machine Guidance의 구성

- 측정 장치
- 해석 장치
- 입력 장치
- 출력 장치

- 건설기계의 위치와 자세 정보를 이용하여 설계 목표 대비 현재 작업 정보를 건설기계조종사에게 실시간으로 제공

2-2. Machine Control의 구성

- 머신컨트롤 제어기
- 머신컨트롤용 조종 장치

- 복잡한 조종이 요구되는 건설 장비 작업을 반자동화하여 장비 조종을 효율적으로 할 수 있게 하는 기술

Memo

[표면 마무리 로봇]

[바닥미장 레벨정리 로봇]

[커튼월 설치 로봇]

토공사

마법지

1. 지반조사

- 단계와 목적
- 종류와 방법

2. 토공

- 흙파기
- 흙막이(벽식, 지보공, 탑다운)

3. 물

- 피압수
- 차수
- 배수

4. 하자·계측관리

- 토압
- 하자
- 계측관리

지반조사

조사단계와 목적
Key Point

▨ **국가표준**
– KCS 10 20 20

▨ **Lay Out**
– 조사단계
– 종류

▨ **필수 기준**
– 토질주상도
– N치
– RQD

▨ **필수 용어**
– N치
– 토질주상도
– 흙의 연경도
– 흙의 전단강도
– 압밀현상
– 액상화

암기법 📖

예비군은 본래 보톡스를 맞는다.

지 B S 에서는 샘플로 드라마 토 지를 방송하고 있다.

짚 터에 물이 많이 나온다.

① 지반조사

1. 조사단계

> 토질시험을 통하여 물리적 역학적 특성을 파악하고, 지층의 구성, 토질분포, 지하수위, 장애물 상황 등을 파악하기 위하여 실시

예비조사	• 구조물 위치를 결정하기 위해 현지답사, 환경조사
↓	• 기초자료조사
본조사	• 개략조사(기본설계단계)와 정밀조사(실시설계단계)
↓	• 물리적 탐사, 시추조사, 사운딩, 시험조사
보완조사	• 시공단계의 굴착 시 노출되는 지반을 관찰
↓	• 본 조사에 준함
특정조사	• 유지관리 시 보수보강대책을 위한 조사

2. 종류

2-1. 지하탐사법

> 비교적 얕은 지층에서 연경도, 경질지반의 위치, 지하수위 등 지반의 개략적인 특성을 파악하기위해 지반내부를 탐사하는 시험

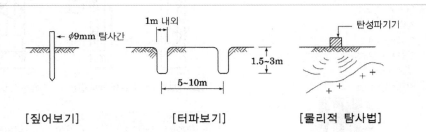

[짚어보기]　　　　[터파보기]　　　　[물리적 탐사법]

짚어보기	• 직경 ∅9㎜ 철봉을 망치로 박아보는 법
	• 저항 시 울림 등의 경험치로 판단
터파보기	• 토질시료를 채취하기 위하여 실시
	• 육안으로 직접 확인
물리적 탐사법	• 광범위한 지질 및 지반상태를 파악하기 위하여 실시
	• 신속한 조사를 위해 실시

지반조사

보링장 오수 에는 회충 이
많다.

Boring의 목적

- 토질관찰
- 토질 시험용 Sample 채취
- 표준관입시험을 통한 N치 파악
- 지하수위 파악

천공 Bit의 용도

- 칼날비트(Blade Bit)
  연약토사
- 금속비트(Metal Bit)
  연암
- Diamond Bit
  경암
- Coring Bit
  암석시료 채취
- Nocoring Bit
  비채취용 비트

[N치 타격]

2-2. Boring

Rod를 지중에 삽입·천공하여 시추공내 원위치 시험을 통해 비교란 시료를 채취하기 위하여 구멍을 만드는 작업

1) Boring의 방법

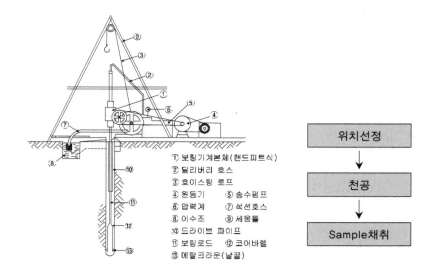

① 보링기계본체(핸드피트식)
② 딜리버리 호스
③ 호이스팅 로프
④ 원동기   ⑤ 송수펌프
⑥ 압력계   ⑦ 석션호스
⑧ 이수조   ⑨ 세물틀
⑩ 드라이브 파이프
⑪ 보링로드   ⑫ 코어바렐
⑬ 메탈크라운(날끝)

위치선정
↓
천공
↓
Sample채취

2) 종류

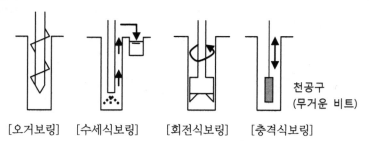

천공구
(무거운 비트)

[오거보링]　[수세식보링]　[회전식보링]　[충격식보링]

Auger Boring	• 깊이 10m 이하의 매우 연약한 점토 및 세립, 중립의 사질토에 적합
Wash Boring	• Bit 내부를 통해 뿜어진 압력수에 의해 파진 흙과 물을 지상의 침전조에서 파악하며, 매우 연약한 점토 및 세립토 및 중립의 사질토에 적합
Rotary Boring	• Bit의 회전에 의해 천공하면서 시료를 채취하며 거의 모든 지층에 적용 가능
Percussion Boring	• Bit의 충격에 의해 파쇄하면서 천공하는 방법으로 토사 및 균열이 심한 암반에 적합

지반조사

2-3. Sounding

Rod 선단에 부착한 저항체를 지중에 삽입·관입·회전·인발 등을 하여 저항(관입저항: Penetration Resistance)하는 정도로 지반의 강도·변형·성상을 조사하는 지반조사시험

2-3-1. 표준관입 시험

1) SPT시험의 N치 측정원리

N치 측정

- 적용범위
  ① N<50인 큰 자갈(D10)을 제외한 모든 흙
  ② 연약점토나 Peat에서 적용 곤란
  ③ 점성토에서는 신뢰성 저하

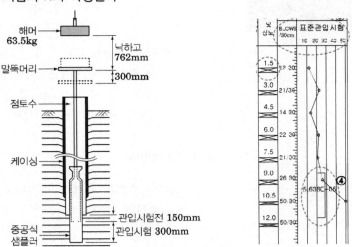

- 질량(63.5±0.5)kg의 Hammer를 (760±10)mm 자유 낙하시켜 시추 Rod 머리부에 부착한 앤빌(anvil)을 타격하여 시험용 샘플러를 지반에 300mm 관입되는 데 필요한 타격횟수 N(number)치를 구하는 시험

2) 토질 주상도

토질주상도 활용

- 지층확인
- 지하수위 확인
- N치 확인
- 시료채취

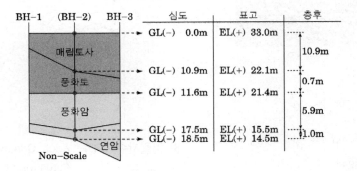

- 토층 단면상태와 시료의 상태, N값, 지하수위 등의 분포를 입체적으로 파악하기 위하여 Boring과 SPT를 통하여 축척으로 표시한 설계도서

[Vane 시험장치]

2-3-2. Vane Test

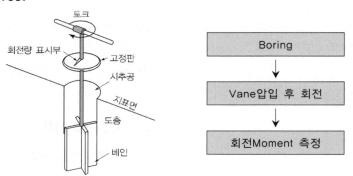

- Rod 선단에 십자(十)형 Vane(직경 50mm, 높이 100mm, 두께 1.6mm) 을 장착하여 시추공 바닥에 내리고 지중에 압입한 후, 중심축을 천천히 회전시켜서 Vane주변의 흙이 원통형으로 전단파괴 될 때의 회전Moment를 구하는 시험

2-4. Samping

지층의 구성과 두께를 파악하고 실내시험용 시료를 채취하기 위하여 Rod 선단에 Sampler를 장착하여 타격 시 내부에 삽입되는 시료를 채취

2-4-1. 시료

1) 시료의 분류

불교란 시료	• 흙입자 배열과 흙구조가 보전되고, 원위치의 역학적 특성을 지니고 있는 시료여부 확인
교란 시료	• 원래의 흙입자의 배열과 흙구조가 흐트러져서 원위치의 역학적 특성을 구할 수 없는 시료

2) 흙의 삼상도(三相圖) Three Phase of Soil

[시료채취]

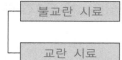

[시료보관]

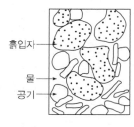

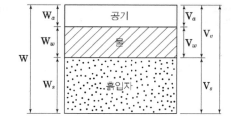

- 간극비: $e = \dfrac{V_v}{V_s}$

- 함수비: $w = \dfrac{W_s}{W_s} \times 100\%$

- 예민비:
  $S_t = \dfrac{\text{자연시료의 강도}}{\text{이긴시료의 강도}}$

3) 암질지수(RQD)- Rock Quality Designation

$$RQD = \frac{\Sigma(100mm\,\text{이상 시편})}{\text{시추길이}(\text{굴착된 암석의 이론적 길이})} \times 100(\%)$$

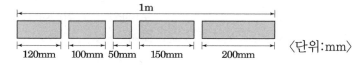

〈단위:mm〉

2-4-2. 흙의 성질

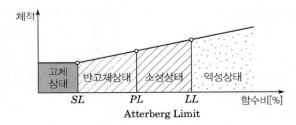

| 물리적 성질 | • 입도특성, 토립자 밀도, 간극비, 함수비, 연경도(액성한계, 소성한계, 수축한계) |
| 역학적 성질 | • 전단강도특성 변형특성, 압밀특성, 투수성, 액상화 |

1) 흙의 연경도(Consistency Limits)

• 점착성 있는 흙이 함수량의 변화에 따라 액성·소성·반고체·고체로 변화하며 흙의 강도와 부피가 변화하는 정도

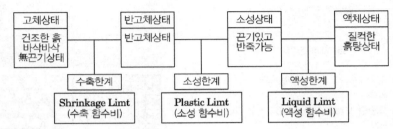

2) 흙의 전단강도

• 흙에 자중 및 외력이 발생하면 전단응력이 발생하고 활동면에 대한 전단활동이 발생하게 되는데 전단파괴가 발생할 때의 전단저항의 최대한도

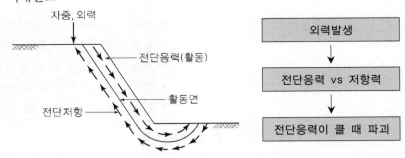

3) 흙의 투수성

• 흙의 입자와 배열에 따라 공극 사이로 물이 얼마나 잘 통과하는가에 대한 능력

단위: cm/sec

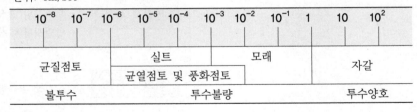

지반조사

압밀의 특성

- 연약한 점성토 지반에서 발생
- 장기간에 걸쳐 진행
- 소성적 변형
  (Plastic Deformation) 발생

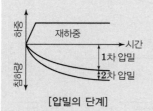

[압밀의 단계]

액상화 발생조건

- 깊이 20m 이내의 두꺼운 모래층
- 느슨한 모래층(간극이 큼)
- N값 20 이하
- 점성토분이 적은 사질토
- 지하수위가 높을 때

4) 압밀(Consolidation), 압밀침하

- 투수성이 작은 점성토 지반위의 유효상재하중으로 인하여 간극에서의 물이 배출되면서 장기간에 걸쳐 압축(침하)되는 현상

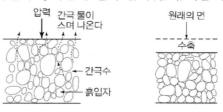

6) 액상화(Liquefaction)

- 물에 포화된 느슨한 사질토 지반에서 순간충격·지진·진동 등에 의해 간극수압의 상승으로, 유효응력과 전단저항이 감소되어 지반이 액체와 같이 변하는 현상

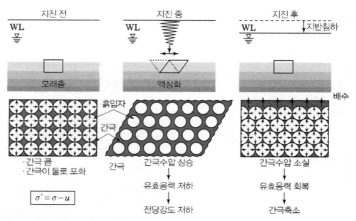

- 액상화 방지대책

  - Sand Compaction 공법을 통하여 간극 축소
  - 유효응력 증대: 고화재(固化材)로 채운다.(약액주입)
  - 지반의 변형 억제: 소일시멘트 주열벽을 형성하여 억제
  - 지진 시에 생기는 과잉간극수압을 드레인으로 뺀다. 드레인 공법
  - 간극수압 상승 억제 및 간극의 포화상태 억제: 배수공법

2-5. 토질시험

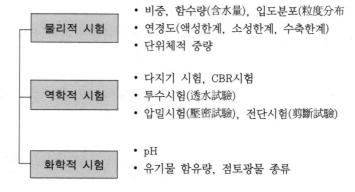

물리적 시험	• 비중, 함수량(含水量), 입도분포(粒度分布
	• 연경도(액성한계, 소성한계, 수축한계)
	• 단위체적 중량

역학적 시험	• 다지기 시험, CBR시험
	• 투수시험(透水試驗)
	• 압밀시험(壓密試驗), 전단시험(剪斷試驗)

| 화학적 시험 | • pH |
| | • 유기물 함유량, 점토광물 종류 |

지반조사

2-6. 지내력시험

기초저면에서 지반이 상부 구조의 하중을 지지하는 허용지지력을 구하는 시험

허용지내력

- 극한 지내력을 안전율로 나눈 값. 안전율은 구조물의 종류, 중요성 등에 의해 결정되지만 일반적으로 1.5~3이다.
- 허용지내력은 허용지지력과 장기침하를 고려한 허용 침하를 동시에 만족시켜야 한다.

| 평판재하시험 | • 구조물의 기초가 면하는 지반에 재하판을 통해서 하중을 가하여 지반의 지지력을 산정하는 원위치 시험 |

| 말뚝재하시험 | • 말뚝 몸체에 발생하는 응력과 속도의 상호관계를 측정하거나 말뚝에 실재하중을 가하는 방법, jack으로 재하하여 하중과 침하량의 관계로부터 지지력을 구하는 시험 |

| 말뚝박기시험 | • 본말뚝박기에 앞서 말뚝길이, 지지력 등을 조사하는 시험 |

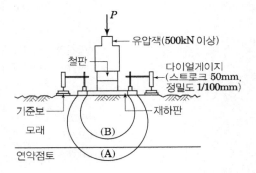

① 재하판: 두께 25mm 이상, 지름 300mm, 400mm, 750mm인 강재 원판을 표준으로 함
② 시험위치: 최소 3개소
③ 시험 개소 사이의 거리: 최대 재하판 지름의 5배 이상 지지점은 재하판으로 부터 2.4m 이상 이격
④ 하중 증가: 계획된 시험 목표하중의 8단계로 나누고 누계적으로 동일 하중을 흙에 가한다.
⑤ 재하시간 간격: 최소 15분 이상

Memo

토공

시공계획

Key Point

■ 국가표준
– KCS 10 20 15
.

■ Lay Out
– 토공사 시공계획
– 흙파기
– 흙막이

■ 필수 기준
– 토량환산계수에서 L값과 C값
– 토사의 안식각(휴식각)

■ 필수 용어
– 휴식각
– Slurry Wall
– Guide Wall
– 안정액
– 슬라임처리
– Koden Test
– Cap Beam
– Counter Wall
– Earth Anchor
– Top Down
– Toe Grouting

② 토공

1. 토공사 시공계획

충분한 사전조사를 통해 흙파기 공법, 흙막이 공법, 계측관리 등을 철저히 계획하여 경제적이고 안전한 토공사를 도모한다.

검토사항	내용		
설계도의 파악	지하공법의 결정		시공성의 확인
	• 지하 굴착부의 형상, 깊이 • 지하 외벽으로 부터 돌출물 • PIT 등의 위치, 형상, 깊이 • 지하 외벽 방수의 유무		• 경간, 층고, 기둥, 보의 위치 • 지하 외벽과 대지 경계의 거리 • 말뚝의 유·무, 종류, 공법 • 철골의 유·무와 범위
시방서의 파악	• 지하 공법에 대한 지시사항: 지정, 배수, 지보공의 공법 • 공해대책의 지시: 소음, 진동, 오염, 분진 방지대책 • 터파기에 대한 지시 • 되메우기에 대한 지시: 되메우기 방법, 재료		
지반조사 보고서의 파악	지하공법의 결정		폐토·잔토의 처리방법 결정
	• 지층의 구성, 흙의 형상, 지반 물성 • 지하수의 상태		• 매립 폐기물 유·무 • 처리 비용 산정 • 폐토, 잔토량의 측정
대지 내의 조사	• 지중 장애물 • 매설물 • 경계선의 위치 • 대지의 고저 • 작업 공간		
대지 주변의 조사	• 인접 구조물의 위치, 형상, 기초 형식 침하방지 • 교통 통제 상황 • 인접 주민의 상황(소음, 진동, 오염, 분진 등으로 인한 인접 주민의 반응) • 전기, 수도, 하수, 가스, 전화 등의 매설관→굴착에 의한 파손, 침하방지 • 도로상황 • 토사 매립장(법적 규제사항, 잔토 반출계획에 운반시간 반영) • 인접 하천 • 주변 지역의 과거 지하 공사		

2. 흙파기

토공

지하수 대책의 적정성, 흙파기 깊이, 안정성과 경제성, 현장여건 등을
충분히 고려하여 선정한다.

2-1. 공법분류

```
┌─ 온통파기공법 ─┬─ 경사 Open Cut 공법
│                └─ 흙막이 Open Cut 공법
│
└─ 부분굴착공법 ─┬─ Island Cut 공법: 중앙부 선굴착
                 └─ Trench Cut 공법: 주변부 선굴착
```

2-2. 터파기 방법

1) Open Cut 터파기

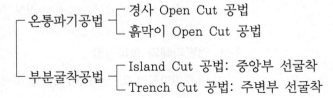

2) 흙막이 1차 터파기 – Back hoe 이용

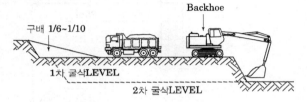

3) 흙막이 2차 터파기 – Clamshell 이용

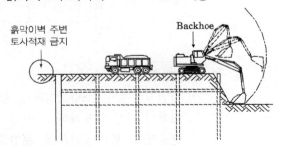

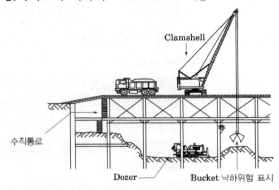

토공

4) 최종 터파기

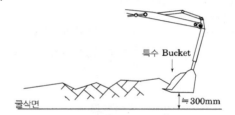

- 기초 바닥면에서 300mm 정도 여유를 두고 굴착

2-3. 암반파쇄와 발파공법

1) 표준발파공법 및 진동규제기준별 이격거리

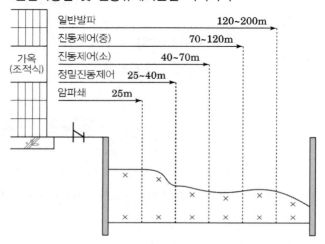

2) 암발파 공법
- 정밀진동제어: 소량폭약으로 암반에 균열을 발생시킨 후, 대형브레이커에 의한 2차 파쇄
- 진동제어: 발파영향권내, 보안물건이 존재하는 경우, 시험발파 결과에 의해 발파설계 실시
- 일반발파: 1공당 최대장약량이 발파규제기준을 충족할 만큼 보안물건과 이격된 영역

3) 암파쇄 공법
- 급속유압 이용법: 하나의 쐐기와 2개의 날개를 천공홀 내에 삽입하고 유압실린더에 압력을 가하면 쐐기가 하강하면서 암반파쇄
- 팽창성 파쇄제 이용: 겔 상태 액체가 전기충격에 의해 화학반응을 일으키면서 순간적인 고온고압 상태로 전환되어 발생하는 팽창력으로 암반을 파쇄
- 전력충격 파암공법: 칼막 캡슐 내 필라멘트에 전격기를 연결하고 점화로 인한 화학반응으로 고온고압의 팽창력을 발생시켜 암반을 파쇄

토공

2-4. 되메우기

1) 되메우기

① 일반적으로 공극이 적고 다지기 쉬운 흙을 선정

② 되메우기한 흙의 다짐은 함수비(흙의 다짐시험)를 확인하여 함수상태를 조정하며 실시

③ 300mm 두께로 고르게 깔고 반복하여 다짐

• 되메우기 후 최종마감은 1개월 정도 시간차 여유

2) 다짐

① 저면 굴곡이 있을 경우 Roller로 다지고 자연지반 강도 유지

② 원지반과 동등 이상의 다짐이 어려울 경우 사질토에 Cement를 혼합 또는 잡석콘크리트로 치환

3. 흙막이

3-1. 공법분류

종류		내용
벽식	H-Pile 토류판	• H-Pile에 토류판을 끼워 넣어 흙막이 구축 • 용수 처리에 문제가 있으나 수압이 없어 가설구조물에 유리
	Sheet Pile	• Sheet Pile을 맞물리게 연속으로 시공 • 진동소음 문제 및 수압이 있어 가설구조물 응력이 크다.
	주열식 흙막이	• 벽의 강성이 크고 지수성도 기대되며 Slurry Wall보다 시공성 및 경제성 우수
	Slurry Wall	• 벽강성이 크지만 공벽보호를 위한 안정액 처리가 문제 • 굴착 깊이가 깊은 도심지에 유리
지보공	버팀대 (Strut)	• 측압을 수평으로 배치한 Strut로 지지 • 가설부재의 간섭에 따른 문제 • 굴착면적이 넓은 경우나 평면이 부정형인 경우는 부적합
	Earth Anchor	• Anchor가 대지 밖으로 나오는 경우 인접 대지측 동의 필요 • Anchor의 유효한 정착 지층이 없는 경우는 적용 불가
	IPS	• 짧은 H-Beam 받침대에 IPS System을 거치한 후 등분포하중으로 작용하는 토압을 P.C 강연선의 Prestressing으로 지지하는 공법이다. • 버팀굴착 시 버팀보의 사용이 없어지므로 작업공간 확보용이
	PS Beam	• Prestress Strut공법은 띠장에 Cable 또는 강봉을 정착한 겹띠장을 설치하여 양단부에 Prestress를 가하여 Prestress Moment를 이용하여 토압에 저항하는 흙막이 공법이다. • Strut, Post Pile의 간격이 훨씬 늘어나서 작업공간 확보용이
	Town Down	• Strut, Earth Anchor 공법이 불리한 경우, 인접 건축물 손상 우려가 큰 경우 적용 • 지하 5층 이상 지상 20층 이상일 때 이상적

토공

3-2. 엄지말뚝+흙막이 판 공법

> 흙파기면을 따라 일정한 간격으로 H-pile을 박고 흙파기해 내려가면서, H-Pile(엄지말뚝) 사이에 토류판을 끼워서 흙막이 벽을 형성

적용조건

- 양호한 지반조건에 적용
- 지하수위가 낮은 지반에 적용
- N값이 극단적으로 작은 예민한 점성토에서는 적용불가

1) 시공개념 및 시공순서

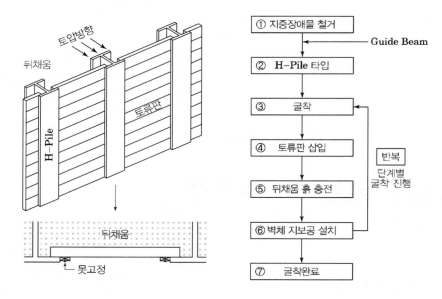

2) 시공 시 유의사항

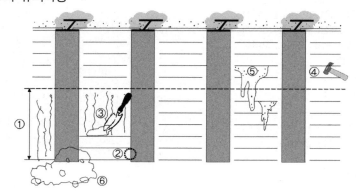

- 토류판 근입 길이

- 굴착①: 지반조건에 허용되는 자립높이로 굴착
- 토류판②: 토류판은 굴토 후 가능한 신속 시공 → 1일 이상 방치금지
- 뒤채움③: 자연지반보다 투수계수가 약간 작고 거친(굵은) 입자의 흙을 사용하여 수압을 최소화
- 뒷면 틈새확인④ ⑤: 배면토사 및 지하수 유출, 지반침하 방지목적
- 장비 Setting⑥: 장비의 Setting 하부는 고르게 하고 버림 Concrete 타설

[Guide Beam설치]

[이음부 형상]

[파일 근입]

[인발용 피복작업]

[굴착 및 교반작업]

[심재 삽입]

[본건물 구축 후 인발]

토공

3-3. Sheet Pile 공법

흙막이 공사에서 토압에 저항하고, 동시에 차수 목적으로 서로 맞물림 효과가 있는 수직 타입의 강재 널말뚝

Guide Beam

Guide Beam설치 ↓

20장 정도를 세트로 하여 자립
(병풍모양)

양단부 선행타입 ↓

양단 1~2장을 선행하여
소정 깊이까지 타입

중앙부 분할타입

중간부분을 2~4회에 나누어 타입

3-4. SCW(Soil Cement Wall) 공법

경화제와 흙을 혼합하며 굴착한 후 Pipe 선단에서 물, 시멘트비가 100%가 넘는 Cement Milk를 분출 및 혼합 하면서 주열벽을 형성

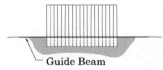

[연속방식]　　　[엘리먼트 방식]　　　[선행방식]

① 수직도 유지
② 간격유지: 심재의 간격은 최대 2개공 이내
③ 근입장 유지: 굴착저면에서 2m 이상 확보
④ Cement Milk 물시멘트비는 350%를 넘지 않도록 함
⑤ 심재세우기 시점: Mortar 주입 후, 하절기에는 15분 이내 동절기에는 약 30분 이내

토공

[천공위치 Guide Beam]

[철근망 삽입]

3-5. CIP(Cast In Placed Pile) 공법

> 지반을 천공한 후 철근망 또는 필요 시 H형강을 삽입하고 콘크리트를 타설하여 연속된 주열벽을 형성하는 현장 현장타설말뚝

1) 시공순서

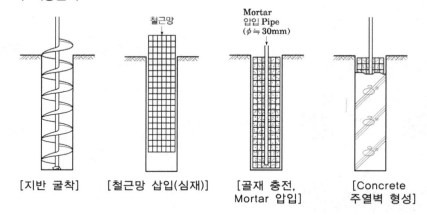

[지반 굴착] [철근망 삽입(심재)] [골재 충전, Mortar 압입] [Concrete 주열벽 형성]

2) 시공 시 유의사항
① 피복두께유지
② 철근망의 변형방지
③ Balance Frame 등을 이용하여 건입 시 흔들림 방지
④ Transit 등을 이용하여 수직정밀도 확인

3-6. Slurry Wall 공법

> 벤토나이트 안정액을 사용하여 지반을 굴착하고 철근망을 삽입한 후 콘크리트를 타설하여 지중에 시공된 철근 콘크리트 연속벽체로 주로 영구벽체로 사용하는 흙막이 공법

1) 시공 Process

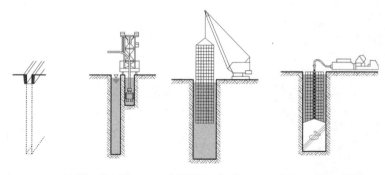

[Guide Wall 설치] [굴착] [철근망 삽입] [콘크리트 타설]

토공

[굴착 후 철근배근]

[Concrete 타설

2) Element 계획

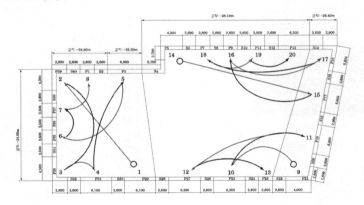

- 코너부위를 기점으로 주출입구와 Plant의 위치를 고려해서 먼저 Primary Panel의 시공순서도를 그린 다음 Primary Panel의 양생 순서에 따라 Secondary Panel을 굴착계획을 세운다.

3) Guide Wall

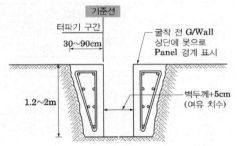

벽두께	깊이(mm)
600~700	1,200
800 이상	1,500
위치	규격
세로근	D13@250
가로근 상하단	D16@250
중간	D13@250

- Slurry Wall 벽두께에 따라 규격을 조정한다.

4) 굴착
① 굴착순서

굴착깊이 측정

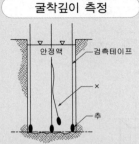

- 1Panel이 1 CUT : 중앙부 1 개소
- 복수 CUT : 양단 + 중앙 3 개소

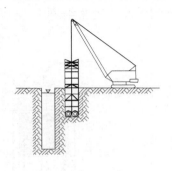

양단 1,2차 굴착

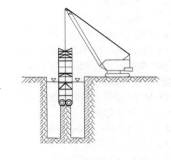

중앙부 굴착

- 양단을 먼저 굴착 후 중앙부 굴착

토공

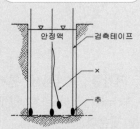

[Koden Test]

굴착깊이 측정

안정액 / 검측테이프 / × / 추

- 1Panel이 1 CUT : 중앙부 1개소
- 복수 CUT : 양단 + 중앙 3개소

암기법 📖

비오늘날 점심으로 P 자를 사조
탈수되기 전에~
1 일 0 4 할 때 2 와 1
22 치킨 40 마리와 30 마리는
7 월 5 일~10월 5 일 코인 15 %
주식 5 %수익이 나면 3 1 절에
20 인분 사줄게~

Filter Cake층

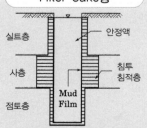

실트층 / 안정액
사층 / 침투 침적층
점토층 / Mud Film

- 슬러리(Slurry)를 여과할 때 거름매체(Filter Medium) 표면에 퇴적하는 고체입자. 일반적으로 거름매체 표면에 퇴적하는 입자층을 의미하고 필터케이크라고 한다.
- 굴착표면에 Filter Cake층이 만들어지면 그 위에 안정액에 포함된 입자가 부착되어 불투수막이 형성된다.

② Koden Test: 굴착정밀도 체크

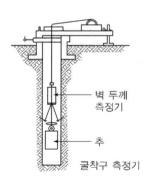

벽 두께 측정기
추
굴착구 측정기

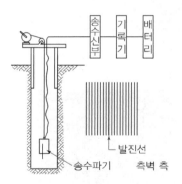

송수신부 / 기록기 / 배터리
발진선
송수파기   측벽 측

접촉형 계측방식(최근 미사용)   초음파 이용(Koden Test)

┌ 수직 허용오차: 1/300 또는 ±50mm보다 작은 값
└ 파내기 구멍의 최대 수직 허용오차: 1/100 (건축공사표준시방서)

5) 안정액

① 안정액의 관리기준

시험항목		기준 값		시험방법
		굴착 시	Slime 처리 시	
비중		1.04~1.2	1.04~1.1	Mud Balance로 점토무게 측정
점성		22~40초	22~35초	500cc 안정액이 깔대기를 흘러내리는 시간 측정
pH		7.5~10.5		시료에 전극을 넣고 값의 변화가 거의 없을 때
사분율		15% 이하	5% 이하	Screen을 통해 부어넣은 후 남은 시료를 시험관 안에 가라앉힌 후 사분량 기록
조벽성	Mud Film 두께	3mm 이하	1mm 이하	표준 Filter Press를 이용하여 질소Gas로 가압
	탈수량	20cc 이하		

③ 안정액의 순환방식-회수 및 투입과정

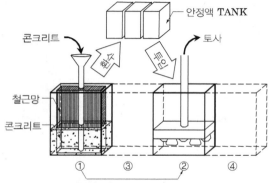

안정액 TANK
콘크리트 / 토사
철근망
콘크리트
① ③ ② ④

- 1차 처리(Desanding) 안정액을 플랜트로 회수하여 재혼입
- 2차 처리(Cleaning) 굴착공사 후 부유 토사분 침강완료 후 제거

[Dowel Bar 시공]

[폭방향 Spacer]

[Panel간 Spacer]

[철근망 세우기]

[Plunger 설치]

[두부정리]

토공

6) 철근망

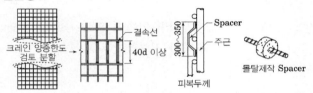

- 이음: 양중한도를 고려하여 분할이음(철선#10, 용접, Clamp 이용)
- 피복두께: 폭 방향 100mm, 길이방향 300mm
- Balance Frame을 이용하여 균형유지 및 변형방지

7) 콘크리트 타설

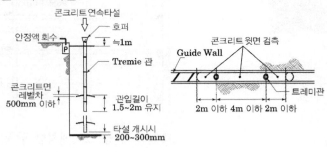

[중단없이 연속타설]   [Primary Panel Tremie Pipe 배치]

- Trench내 콘크리트 타설 시 균등한 타설(타설중단 1시간 이내)
- Primary Panel은 2개의 Tremie관을 동시에 균등하게 연속타설

8) Slurry Wall에서 Cap Beam

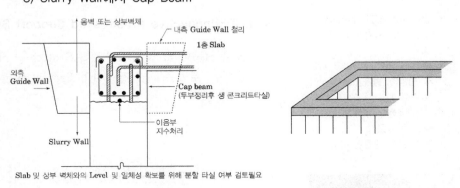

Slab 및 상부 벽체와의 Level 및 일체성 확보를 위해 분할 타설 여부 검토필요

- Panel의 연속성을 갖도록 Concrete를 타설하여 테두리보 형태로 연결
  - Panel의 결함 정리: 두부정리(Slime 제거)
  - Panel의 연속성 확보: 독립 Panel형태를 일체화(토압 대응)

9) Counter Wall
- 경암반 출현으로 Slurry Wall을 기초 저면까지 내리지 못하는 경우 벽체의 하부를 Underpinning으로 보강하고 하부에 추가로 설치되어 Slurry Wall을 받쳐주는 벽체

3-7. 버팀대식 흙막이공법(Strut공법)

> 흙막이벽 안쪽에 Wale·Strut·Post Pile을 설치하여 토압에 저항하는 흙막이 지보공법

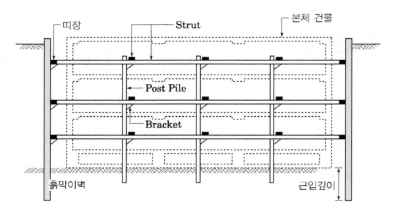

측압을 수평으로 배치한 압축재(Strut)로 지지하는 공법

① 좌굴방지: 보강철물 및 Packing의 사용으로 강성확보
② Strut와 띠장의 중심잡기: Liner에 의한 축선 보정
③ 교차부 긴결: Angle보강으로 좌굴방지
④ 띠장 Web보강: Stiffener보강으로 국부좌굴 방지
⑤ Strut 귀잡이: $45°$ 각도 유지

3-8. IPS(Innovative Prestressed Support System)

> 짧은 H-Beam 받침대에 IPS System을 거치한 후 등분포하중으로 작용하는 토압을 P.C 강연선의 Prestressing으로 토압에 지지하는 흙막이 공법

적용조건

- 굴착폭이 넓은 굴착지반을 버팀보로 지지하기 곤란한 경우
- 지중매설물의 손상이나 사유지 침범이 불가능한 굴착작업 수행 시
- 인근구조물의 피해가 예상되는 도심지 굴착 시
- 앵커시공이 곤란한 경우

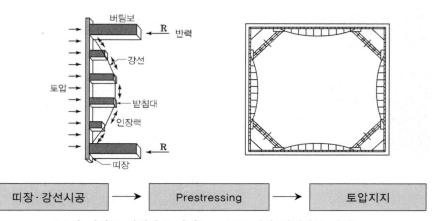

| 띠장·강선시공 | → | Prestressing | → | 토압지지 |

[코너 버팀보 선행하중 가력]   [IPS 띠장 선행하중 가력]

토공

* 절토를 수반하는 경우
* 지반의 자립고가 1m 이상
  사질토: N>5
  점성토: N>3
* 프리스트레스는 네일별로 압력 게이지가 부착된 네일용 유압잭 사용
* 설계 프리스트레스력의 20% 초과 금지
* 지압판은 쐐기식 정착구에 설치하되 프리스트레스 도입 시 최대장력은 철근에 항복강도의 60% 초과 금지

[Shotcrete 뿜칠]

3-9. Soil Nailing

> 절토사면 내부를 천공하여 Nail 삽입 후 Grouting에 의해 흙과 Nail의 일체화로 인장력과 전단력에 저항하여 지반의 활동 변위를 억제하기 위한 흙막이 및 사면안정 공법

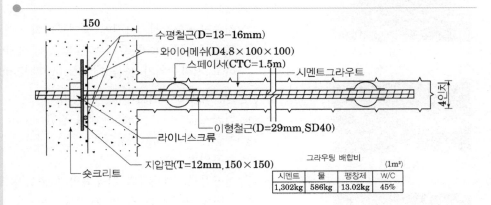

그라우팅 배합비 (1m²)

시멘트	물	팽창제	W/C
1,302kg	586kg	13.02kg	45%

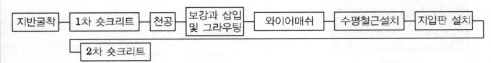

3-10. Earth Anchor공법

> 흙막이 벽체를 천공하여 Anchor의 정착부를 Grouting하여 고정시킨 후 신장변형에 자유로운 중간부분(자유장)에 Prestress를 가하여 토압에 지지하는 흙막이 공법

* 지하수위가 낮은 지반
* 조밀한 토층 및 암반층
* 가압 Grouting의 정착부 지반은 N>10 이상
* 인접지반 소유주 승인 득

* Sheath
  – 자유장의 Grout 부착에 대한 보호기능
* Packer
  – 정착부의 밀폐기능

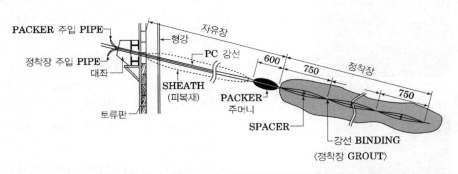

제작과정	내용
Anchor 자유장	• 4.0m 이상(Anchor체의 위치가 활동면보다 깊게)
Anchor 정착장	• 3.0~10m
Anchor 설치간격	• 일반적으로 1.5~2.0m
Anchor 설치단수	• 일반적으로 2.5~3.5m
Anchor 설치각도	• 일반적으로 10~45°

토공

[천공]

[강선제작]

[Packer]

[강선삽입]

[Grouting후 고정준비]

[PC강선 긴장]

1) 정착장의 지지방식-응력분포에 따른 저항

[마찰형]　　　　　[지압형]　　　　　[복합형]

2) 천공 전 대책
　① 지중장애물조사: 사전에 장애물과의 간섭 검토
　② 투수계수 확인: 투수계수가 높은 사질지반에서 순환수 유출에 주의
　　　하고 지하수위가 높을 때 Boiling과 Piping에 대비한 차수대책

3) 천공 시 허용오차 기준
　① 천공지름 유지: Anchor체의 지름 +25mm 기준
　② 천공깊이: 0.5m 여유굴착
　③ 천공위치: 100mm
　④ 천공각도: 설계축과 시공축의 허용오차 ±2.5°
　⑤ 공벽의 휨: 허용 값 3m당 20mm 이하

4) Grouting 방법
　① Mortar 주입방법

주입순서	주입압력	주입방법
1차 주입	저압	Mortar를 Overflow시켜 육안으로 Slime이 토출되지 않을 때까지 주입(Slime 제거용)
2차 주입	고압	Packer 주입: 자유장의 Grout부착에 대한 보호를 위해 Packer에 고압으로 주입(정착부 밀폐용)
3차 주입	고압	정착부 주입: 주입압력 0.5~1.0MPa

　② 주입 시 유의사항
　• PC강선과 Grout재의 주입은 연속적으로 실시하고 주입량 확인하고 90분 이내에 주입, 동절기의 주입은 그라우트의 온도가 10℃~ 25℃ 이하 유지

5) PC강선의 긴장 및 정착
　① 긴장력 가능 시기: Concrete 강도 발현 후 긴장(일반적: 7~8일)
　　 - 가설Anchor: 주입재의 강도 15MPa 이상
　　 - 영구Anchor: 주입재의 강도 25MPa 이상
　② 유의사항
　　 - Strand의 yield변형이 일어나지 않도록 일정한 힘과 주기 유지
　　 - 설치각도와 평행유지

6) 인장시험: 편차 및 안정성 확인
　편차 및 안정성 확인

3-11. Top Down 공법

Slurry Wall을 선행 설치하여 흙막이를 구성하고, 지하구조물을 하향 시공하면서 본구조물의 슬래브 구조체로 흙막이벽체를 직접 지지시키면서 지상과 지하구조물을 병행 시공하는 공법

1) 공법의 주요구조

Slurry Wall은 영구 구조물로 사용하고 각층 Slab와 연결

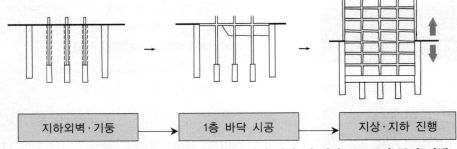

철골기둥
지하외벽
기초

철골기둥과 기초는 함께 선행시공되며 상부하중에 대해 구조적 안전성 검토와 수직도 관리가 중요

- 굴착 시 벽체의 길이를 확인하여 안정성을 확보하고, 시공단계별 하중산정에 의해 구조적 안정성을 확보하는 것이 중요하다.

2) 시공순서

| 지하외벽·기둥 | → | 1층 바닥 시공 | → | 지상·지하 진행 |

- 외벽시공 후 1층 바닥을 시공하여 지상 및 지하 골조공사 동시 진행

3) 기초 적용공법

구분	RCD	Barrette	PRD
개요	Casing을 이용하여 굴착공을 보호하며 상부 연약층은 Bucket을 이용하여 굴착하고 암반층은 청수를 사용하여 회전식 Bit로 굴착 후 굴착토를 역배출시키는 공법	Bentonite 이수를 이용하여 굴착공을 보호하며 회전형 Bit를 이용하여 암층까지 굴착하는 공법	토사층의 굴착공을 Casing으로 보호하면서 Percussion식으로 천공하는 공법
기초형상	원형(ϕ1,500~2,000)	사각형(2.4×0.8~1.2m)	원형(ϕ600~1,000)
Bearing Capacity	원형(ϕ1,500~2,000)	2,000~4,000t/개소	800t/개소 이하

[S · O · G]

[B · O · G]

[NSTD]

[BRD]

[ES Top Down]

[D · B · S]

[S · P · S]

4) 공법분류

1. 완전 탑다운 공법(Full Top Down)
지하층 전체를 탑다운 공법으로 시공하는 공법

2. 부분 탑다운 공법(Partial Top Down)
지하층 일부분만 탑다운 공법을 적용하고 나머지 구간은 오픈 컷 공법을 적용하여 시공하는 공법

3. RC조

1) 지반에 지지
① SOG(Slab On Grade)
② BOG(Beam On Grade)
③ SOS(Slab On Support)

2) 무동바리
① NSTD 공법(Non Supporting Top-Down)
② BRD 공법(Bracket Supported R.C Downward)

3) King Post이용
ES-TD 공법(Economic Steel Top Downward)

4) Center Pile이용(철골조로도 시공)
DBS: Double Beam System(STD;Strut Top down)

4. 철골조
① SPS 공법(Strut as Permanent System Method)
② CWS 공법(Buried Wale Continuous Wall System)
③ ACT Coumn(Advanced Construction Technology Column)

5. Hybrid Structure(복합구조)
① TSC(The SEN Steel Concrete)
② TU합성보

• SPS: 철골기둥보를 굴토공사 진행에 따라 선시공하여 굴토 공사 중에는 토압에 대해 지지하고, Slab타설 후에는 본구조물로 사용

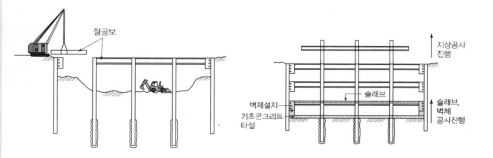

투수계수

Key Point

☑ **국가표준**
– KCS 11 30 25

☑ **Lay Out**
– 차수
– 배수

☑ **필수 기준**
– 투수계수

☑ **필수 용어**
– 피압수
– 약액주입
– 중력배수
– 강제배수

암기법

차 빼라 흙이 고 약하다.

③ 물

1. 차수공법

연약지반강도의 증대 혹은 연약지반의 불투수성(지수·차수·고결·경화·점착력)을 증대시키기 위해 실시

흙막이 공법	• 차수성이 강한 Slurry Wall, Sheet Pile 이용
고결 공법	• 고결재를 지반 내에 주입 · 압입 · 충전하여 흙의 화학적 고결작용을 통하여 지반의 강도증진
약액주입 공법	• 약액을 지반에 주입하여 차수

1-1. 주입방법의 분류

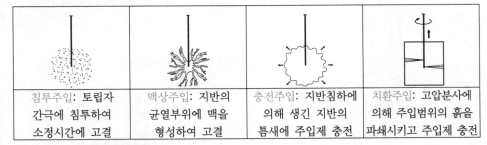

침투주입: 토립자 간극에 침투하여 소정시간에 고결	맥상주입: 지반의 균열부위에 맥을 형성하여 고결	충전주입: 지반침하에 의해 생긴 지반의 틈새에 주입제 충전	치환주입: 고압분사에 의해 주입범위의 흙을 파쇄시키고 주입제 충전

1-2. 주입방법의 분류

구분	내용
주입재의 혼합방법	• 1.0 Shot System • 1.5 Shot System • 2.0 Shot System
주입압력	• 고압분사 • 저압주입
주입형태	• 침투주입 • 맥상주입 • 충전주입 • 치환주입
주입 스테이지	• 상승식 • 하강식
주입대상	• 암반주입 • 지반주입 • 공동충전
주입재	• 용액형(물유리계, 고분자계) • 현탁액형
주입방식	• Rod 주입(단관, 이중관, 복합) • Strainer 주입(싱글, 이중관)

물

[Rod 주입]

1 스탭
2 스탭
3 스탭

[Strainer 주입]

[이중관 Rod 주입]

[더블팩커 주입]

[고압분사 주입]

1-3. 약액주입 공법

1) 저압주입공법

구분		LW	SGR	MSG
공법개요		시멘트 밀크 주입에 규산소다용액을 첨가	이중관 Rod에 특수 선단장치를 부착시켜 급결성과 완결성의 주입재를 저압으로 복합주입	이중관 주입로드를 설치한 후 마이크로 시멘트계의 개념을 도입
적용범위		사질토	사질토, 점성토	사질토, 점성토
주입방식		Double Packer Sleeve	2중관	2중관/Double Packer Sleeve
주입압력		0.3~0.6MPa	0.4~0.8MPa	0.4~0.8MPa
개량채		∅0.8~1.2m	∅0.8~1.2m	∅0.8~1.2m
경화제	A액	물+규산소다	물+규산소다	물+규산소다
	B액	시멘트 현탁액	시멘트+(약: 급결)+물	MSG(급결)+물
	C액		시멘트+(약: 완결)+물	MSG(완결)+물

• Labiles Wasserglass

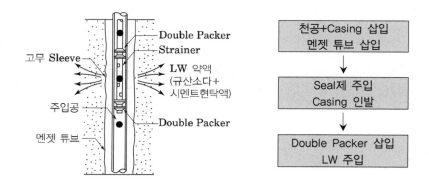

• Space Grouting Rocket

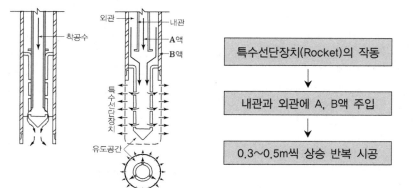

2) 고압주입공법

구분	JSP	RJP	SIG
공법개요	이중관 Rod 선단에 제팅 노즐을 장착하여 압축공기와 함께 시멘트 밀크를 초고압으로 분사하여 지반을 절삭, 파쇄함과 동시에 그라우팅 주입재를 충전하는 고압분사 방식	초고압수 + 공기 분류체 / 초고압 경화재 + 공기 분류체를 다중관 Rod의 선단에 장착된 Monitor를 통해 합류시키는 2단계 분사시스템	3중관으로 천공 후 공기와 함께 초고압수를 지중에 회전분사 시켜 지반을 절삭하고 경화재로 충전시키는 공법
적용범위	풍화토	일부 풍화암 가능	풍화토
주입방식	2중관	3~4중관	3중관
주입압력	20~40MPa	40~70MPa	40MPa
개량채	Ø0.8~1.2m	Ø1.2~1.6m	Ø1.2~1.6m
경화제	시멘트계	시멘트계	시멘트계

- Jumbo Special Pile

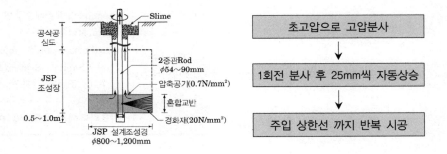

2. 배수공법

> 흙파기면이 지하수위 이하에 있거나, 흙막이 벽체 안쪽으로 물이 유입되는 경우 물을 양수(배수)하여 흙막이 벽체 및 본구조체의 안전성을 확보하기 위해 채택하는 공법

2-1. 용도에 따른 분류

구분	내용
중력배수	• 집수정 배수(Sum-Pit) • Deep Well
	• 중력에 의해 지하수를 집수한 후, 펌프를 이용하여 지상으로 배수
강제배수	• Well Point • 진공흡입공법
	• 지반에 진공이나 전기에너지를 가하여 강제적으로 지하수를 집수하여 배수
영구배수 (기초바닥배수)	• Trench+다발관배수공법 • Drain Mat • PDD(Permanent Double Drain) • Dual Chamber System • 상수 위 조절배수(자연, 강제)
	• 기초바닥에서 유도관을 이용하여 집수정으로 배수하는 영구배수

2-2. 중력배수

1) 집수정(Sum) 배수

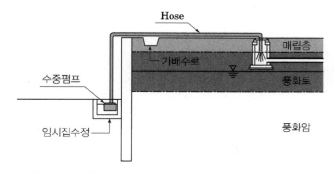

• 집수정을 설치하여 수중펌프를 이용

2) Deep Well

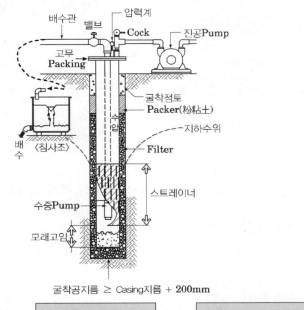

굴착공지름 ≥ Casing지름 + 200mm

Casing설치·천공	→	Filter 재료 충전	→	In Casing 인발

[Strainer Pipe 설치] [Pump설치 및 양수량 산정]

2-3. 강제배수

1) Well Point 공법

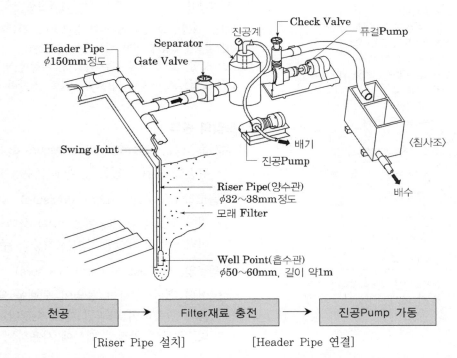

천공	→	Filter재료 충전	→	진공Pump 가동

[Riser Pipe 설치] [Header Pipe 연결]

소구경의 Well을 다수 삽입하여 진공Pump를 가동시켜 흡입하여 지하수위를 저하

물

적용조건

투수계수 10^{-2}cm/sec보다 큰 경우 (깊은 양수)

[Strainer]

[Strainer Screen 제작]

[Well Point]

[진공 Pump]

[설치전경]

[배수전경]

4 하자 및 계측관리

토압이론

Key Point

☑ 국가표준

☑ Lay Out
− 토압
− 하자
− 계측관리

☑ 필수 기준
− 토압
− 계측

☑ 필수 용어
− 토압이론
− Heaving
− Boiling
− 계측관리

구조물 설계 시 토압

• 주동토압
 − 토층 위의 옹벽
• 주동토압 또는 정지토압
 − 보를 받힌 흙벽
 − 경사말뚝 기초를 위한옹벽
• 정지토압
 − 지하벽
 − 바위위의 옹벽

[정지토압의 크기]

흙의 종류	정지토압
연약점토	1.0
느슨한 모래	0.6
굳은 점토	0.8
조밀한 모래	0.4

정지토압은 내부마찰각이 클수록 작아진다.

1. 토압

흙과 흙막이벽체·지하벽체·옹벽 등의 구조물이 접촉하고 있을 때 흙에 의해서 접촉면에 작용하는 수평방향의 압력 혹은 흙 속의 어느 면에 작용하는 압력

1-1. 흙막이 벽에 작용하는 응력

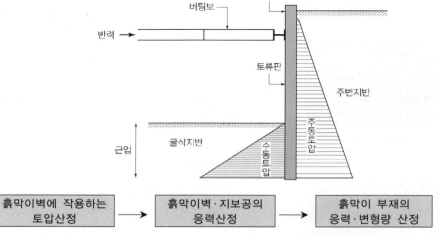

흙막이벽에 작용하는 토압산정	→	흙막이벽·지보공의 응력산정	→	흙막이 부재의 응력·변형량 산정

• 버팀기둥: 토압, 보 반력에 의한 휨모멘트, 전단력, 자중에 의한 압축력
• 가로널 말뚝: 토압에 의한 휨모멘트, 전단력
• 버팀보: 토압, 보 반력에 의한 압축력, 자중에 의한 휨모멘트
• 지보공: 토압, 보 반력에 의한 휨모멘트, 전단력

1-2. 토압의 종류

1) 정지토압(P_0, Lateral Earth Pressure at Rest)
 • 횡방향 변위가 없는 상태에서 수평 방향으로 작용하는 토압

2) 주동토압(P_A, Active Earth Pressure)
 • 벽이 전도되기 전(균형을 이룬) 상태의 토압이며, 용도는 옹벽과 흙막이벽 안정성 계산에 쓰이는 하중 − 주동토압이 더 크면 붕괴됨을 의미

3) 수동토압(P_p, Passive Earth Pressure)
 • 어떤 힘에 의하여 옹벽이 뒷채움 흙 쪽으로 움직인 경우, 뒷채움 흙이 압축하여 파괴될 때의 수평방향의 토압. 용도는 옹벽, 흙막이벽, 건물의 안정성 계산에 사용하는 저항력

2. 하자

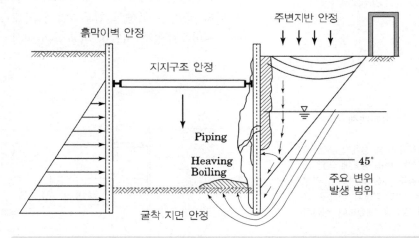

- 벽체의 변형 – 과도한 토압 및 강성부족
- 벽체의 거동 – 과도한 토압 및 근입장 부족
- 지반 부풀음 – 피압수
- 압밀침하 – 지표면 과재하
- 토사유출 – 뒷채움 불량 및 틈새에 의한 토사의 이동

2-1. Heaving

연약한 점성토지반에서 상부 흙의 중량이 굴착저면 이하의 지반지력 보다 커서 지반 내 흙이 활동면을 따라 미끄러져 내려가면서 굴착바닥 면이 부풀어 오르면서 지반이 파괴되는 현상

방지대책

- 흙막이 벽을 설계할 때는 예상되는 여러 상황에 대한 안전율을 계산하여 최소 안전율이 1.2 이상이 되도록 근입 깊이를 결정하여 경질지반에 지지한다.
- 설계 및 시공 시 강성이 강한 흙막이 공법 채택
- 지반개량을 통한 하부지반의 전단강도 개선
- 지반굴착 시 흙이 흐트러지지 않도록 유의

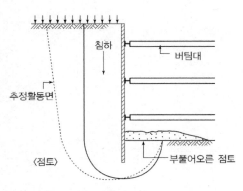

- 굴착으로 인한 굴착면 상 재하중의 감소
- 굴착저면에서 양압력 작용
- 배면 침투수로 인한 함수비 증가로 단위중량 증가
- 흙과 암석의 팽창
- 흙의 동상작용

① 연약한 점토지반에서 발생
② 흙막이 벽체의 근입장 부족
③ 흙막이 내외부 중량차
④ 지표 재하중

하자 및 계측

2-2. Boiling

투수성이 좋은 사질토지반에서 흙막이벽 배면과 굴착면의 지하 수위차에 따라 생기는 상향의 침투수압에 의해 모래입자와 물이 굴착바닥면에서 솟아오르면서 지반이 파괴되는 현상

방지대책

- 흙막이 벽을 설계할 때는 예상되는 여러 상황에 대한 안전율을 계산하여 최소 안전율이 1.2 이상이 되도록 근입 깊이를 결정하여 경질지반에 지지한다.
- 근입 깊이가 벽내외면 수위차의 1/2 이상
- 적당한 배수공법을 적용하여 배면지반 지하수위 저하
- 터파기 밑보다 깊은 지반을 개량하여 불투수로 한다.
- 굴착부 근입구간에 지수공법 활용

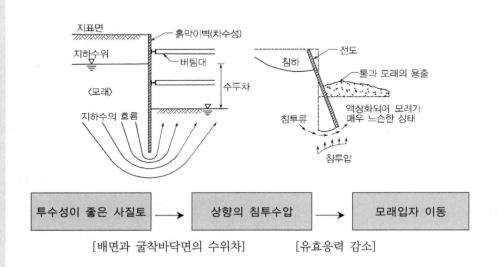

[배면과 굴착바닥면의 수위차]　　　　[유효응력 감소]

투수성이 좋은 사질토 → 상향의 침투수압 → 모래입자 이동

Memo

3. 계측관리

계측 항목별로 대상을 선정하여 계측의 범위와 배치 및 방법에 대해 계측빈도와 시기를 정하여 관리한다.

위치선정

- 굴착이 우선 실시되어 굴착에 따른 지반거동을 미리 파악할 수 있는 곳
- 지반조건이 충분히 파악되어 있고, 구조물의 전체를 대표할 수 있는 곳
- 중요 구조물 등 지반에 특수한 조건이 있어서 공사에 따른 영향이 예상되는 곳
- 교통량이 많은 곳. 다만, 교통흐름의 장해가 되지 않는 곳
- 지하수가 많고, 수위의 변화가 심한 곳
- 시공에 따른 계측기의 훼손이 적은 곳

관리 기준치

- 1차 관리 기준치
  - 설정된 절대기준치에서 부재의 허용응력일 경우와 벽체의 변형 및 배면 토압 등에 대하여 1차 관리기준치를 80~100%로 정하여 관리
- 2차 관리 기준치
  - 허용응력과 설계시의 변위량을 규정지어 그 이상일 경우는 공사를 중지하고 흙막이 벽체의 전반적인 검토 필요

예측치 관리

- 이전단계의 실측치에 의하여 예측된 다음 단계의 예측치와 관리기준치를 대비하여 안전성 여부 판정하는 기법
- 실측변위를 입력데이터로 하여 토질정수를 출력데이터로 얻게 되는 역해석 수법이용

3-1. 계측기 배치

1) 평면배치

부위		평면배치
벽체	일반부	(1) / (2) (2) / (1) (1)-(2) 우선순위
	특수부	중요구조물 설계상문제 굴착심도 (얕음 | 깊음)
지보공	일반부	(c)(b)(a)(b)(c) / (b)(a)(b) / (c)(b)(a)(b)(c) (a)-(b)-(c) 우선순위
	특수부	중요구조물 설계상문제 굴착심도 (얕음 | 깊음) (a)-(b) 우선순위

2) 단면배치

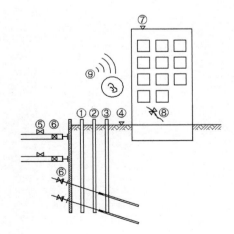

① 지중수평변위 측정계 Inclinometer
② 지하수위계, 간극수압계
   Water Level Meter, Piezometer
③ 지중 수직변위 측정계 Extensometer
④ 지표침하계
   Measuring Settlement of Surface
⑤ 변형률계 Strain Gauge
⑥ 하중계 Load Cell
⑦ 건물경사계(인접건물 기울기 측정)
   Tiltmeter
⑧ 균열 측정기 Crack Gauge
⑨ 진동소음 측정기 Vibration Monitor

기초공사

마법지

1. 기초유형

- 기초분류
- 지지방법
- 재질
- 형상

2. 기성Con'c말뚝

- 종류
- 시공
- 이음
- 지지력 판정
- 파손
- 항타 후 관리

3. 현장Con'c말뚝

- 종류
- 시공
- 시험

4. 기초의 안정

- 지반개량
- 부력
- 부동침하
- 언더피닝

기초유형

기초분류
Key Point

■ 국가표준
- KDS 11 50 05
- KDS 41 19 00

■ Lay Out
- 기초의 구성
- 기초의 분류

■ 필수 기준
- 토질주상도
- N치
- 동결심도
- 부마찰력

■ 필수용어
- Floating Foundation
- 마찰말뚝 지지말뚝
- Time Effect
- 부마찰력
- 선단확대말뚝
- 팽이말뚝

암기법
도 보로 줄맞춰 온다.
모 자를 잡코 지마 다
선 B 라고 하네

개념도

부력=밀어낸 물의 중량

① 기초유형

1. 기초의 구성

① 기초(Foundation, Footing): 건축물의 최하부에서 상부구조물의 하중을 지반으로 전달하는 하부구조물
② 지정(Foundation): 기초 자체를 보강하거나 연약지반의 내력을 증진시키기 위해 지반을 다지거나 개량하는 부분

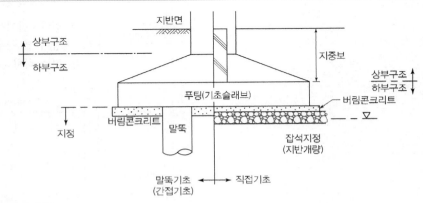

2. 기초의 분류

구 분		종 류	
기초판 형식		독립기초, 복합기초, 연속기초, 온통기초	
기타		뜬기초- Floating Foundation(부력기초)	
지정 형식	직접기초	모래지정, 자갈지정, 잡석지정, 콘크리트지정	
	말뚝기초	기능	지지말뚝, 마찰말뚝, 다짐말뚝
		재질	나무 P, 기성 C.P, 현장 C.P, 강재 P
		방법	대구경P, P.H.C말뚝, 무용접 말뚝
		형상	선단확대말뚝, Top base(팽이말뚝)
	깊은기초	Well 공법, Caisson 공법	

2-1. Floating Foundation

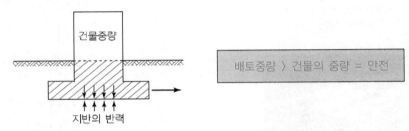

배토중량 〉 건물의 중량 = 안전

• 연약지반에 구조물을 축조하는 경우, 흙파기한 흙의 중량과 구조물의 중량이 균형을 이루어 건물의 안정을 유지하는 기초

기초유형

중립점(Neutral Point)

말뚝의 침하량과 주면지반의 침하량이 같은 지점으로써 부마찰력이 정마찰력으로 변화하게 되며, 말뚝의 압축력이 최대가 되는 지점

- 중립점 깊이(L)
  (n: 지반에 따른 계수, H:침하층의 두께)
  - 마찰말뚝:　　　　n=0.8
  - 보통모래, 자갈층: n=0.9
  - 굳은지반, 암반:　 n=1.0

[SL Compound 도포]

2-2. 말뚝의 기능

1) 마찰말뚝과 지지말뚝

- **마찰말뚝** • 연약한 지층이 깊어 지지력이 좋은 경질지반에 말뚝을 도달 시킬 수 없을 때 말뚝 전길이의 주면마찰력에 의해 지지하는 말뚝

- **지지말뚝** • 말뚝을 연약한 지층을 관통하여 지지력이 좋은 경질지반에 도달시켜 상부 구조의 하중을 말뚝의 선단지지력에 의해 지지하는 말뚝

2) 파일의 부마찰력

- **정마찰력** • Pile 주면 지반에는 변형이 생기지 않은 상태에서 Pile을 침하하게 하지 않으려는 상향의 주면 마찰력

- **부마찰력** • 연약지반에서 Pile의 침하량 보다 주면 지반의 침하량이 클 경우 Pile 주면 지반이 말뚝을 끌고 내려가려는 하향의 주면 마찰력

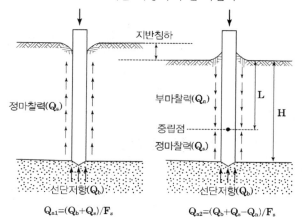

$$Q_{a1}=(Q_b+Q_s)/F_s \qquad Q_{a2}=(Q_b+Q_s-Q_n)/F_s$$

[정(+)마찰력]　　　　　[부(−)마찰력]

- Q_{a1}, Q_{a2} : 정마찰력, 부마찰력 상태의 허용지지력, F_s : 안전율

2-3. 말뚝의 형상

1) 선단확대 말뚝, Head확장형 Pile

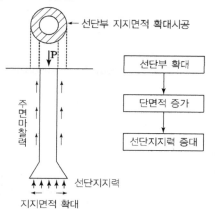

- 말뚝선단부의 단면을 확대시켜 지지지반과 접하는 면적을 넓게 만드는 현장 및 기성Concrete 말뚝

기초유형

기성: EXT-Pile

파일선단부에 말뚝직경보다
25mm 큰 보강판을 용접하여
선단부 면적을 확대시킨 기성
Concrete 선단확대말뚝

[확대 보강판]

[용접식]

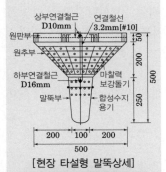

[현장 타설형 말뚝상세]

[공장 제작형 말뚝]

지지력 증대원리

- 측방유동(側方流動)의 억제
  (抑制)
- 접지면적 증대
- 응력분산 및 상쇄

2) Top Base Pile공법

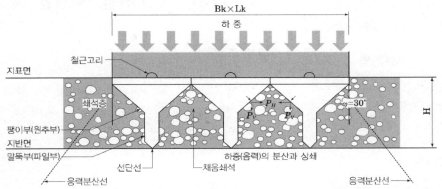

- 팽이말뚝 원추부의 $45°$접지면 때문에 연직 재하하중이 수평분력(P_H)와 수직분력(P_V)의 응력으로 분산 및 상쇄되면서 침하량 저감

| ① 시공지반 고르기 | ② 위치 철근 | ③ 말뚝 압입 |
| ④ 쇄석 충전 | ⑤ 연결철근 결속 | ⑥ 완료 |

Memo

기성P

지지방법

Key Point

■ **국가표준**
- KCS 11 50 15

■ **Lay Out**
- 공법분류
- 시공
- 말뚝파손
- 항타 후 관리

■ **필수 기준**
- 시항타

■ **필수용어**
- DRA공법
- 시항타
- Rebound Check
- 동재하
- 정재하

암기법 📖

태 진 아 (압) 패 스 워 드
중 국에서 해킹 당했다.

공법선정 시 고려사항

• 지층의 구성 및 조건
• 공사현장의 위치
• 건물의 형태 및 하중
• 공사기간 및 공사비
• Pile의 수량

② 기성 콘크리트 Pile

1. 공법종류

선행굴착 유·무, 회전력·수직력 등 힘의 방향, 적용기계·기구·설비 및 최종관입 시 경타의 유무 등에 의해 타격공법과 선행굴착공법 등으로 분류된다.

1) 타격공법
① 항타기로 말뚝머리를 연속적으로 직접 타격하여 소요깊이까지 박는 공법
② 항타말뚝(driven pile)은 기성말뚝을 지반내로 타입하여 설치하는 말뚝을 말하며 타입장비는 diesel hammer가 주로 사용되며 steam hammer, drop hammer, vibro hammer도 이용한다.

2) 진동공법
① 상하방향으로 진동하는 vibro hammer(진동식 말뚝타격기)에 의해 말뚝을 연속적으로 소요깊이까지 박는 공법
② Vibro hammer의 상하방향진동으로 주변저항 및 선단저항을 감소시키고, 말뚝의 중량과 hammer의 자중을 이용한 말뚝박기 공법이다.

3) 압입공법
• 유압장치를 갖춘 유압 jack의 반력에 의해 말뚝을 연속적으로 소요깊이까지 박는 공법

4) Preboring
• 미리 auger로 지중에 원형의 깊은 hole을 뚫고 말뚝을 삽입한 후, 압입 혹은 타격(경타)하여 말뚝을 설치하는 공법

5) Water Jet
• 고압 Water Jet과 Silent piler를 각 지질 조건에 적합하도록 조합시켜, Pile을 압입하는 공법으로서, Pile 선단에 배관 부재를 설치, 고압수를 분사하여, Pile 선단 및 측면에 대한 흙의 저항과 마찰을 일시적으로 저감시키고, 중간층과 지지층에서의 압입을 하는 공법

6) 중공굴착
• 기성콘크리트 말뚝의 내부에 auger를 삽입하여 굴진하며 auger 중공부를 통해 압축공기가 주입되어 흙을 배토하고, 소요깊이에 도달하면 선단고정액 주입 및 선단구근형성 후 auger를 서서히 인발하여 말뚝을 설치하는 공법

기성P

[SIP Auger천공]

PHC파일

B.L
시멘트 페이스트
예상지지선
말뚝안착 가능구간
예상 천공선
2D

[DRA 천공]

시공관리

- 시항타: 시험시공 2주 경과 후 재하시험 결과치 확인 후 본항타
- 굴착심도 확인: N값 50/7 풍화암 까지 근입
- 천공관리: 파일시공 위치표 시 및 장비의 수직도 Check
- 시멘트 페이스트 배합관리: 시멘트와 물의 배합비를 83% (페이스트m당 물 730kg/ 시멘트 880kg)로 배합하여 압송로드를 통하여 주입
- 말뚝삽입 및 경타관리: 수직 도유지 및 지지층＋2D이상 근입

1-1. Soil-Cement Injected Precasting Pile

설계심도까지 Auger를 굴진하면서 Cement Paste 주입·교반하고 기성 말뚝을 압입 후 타격하여 설치하는 말뚝공법

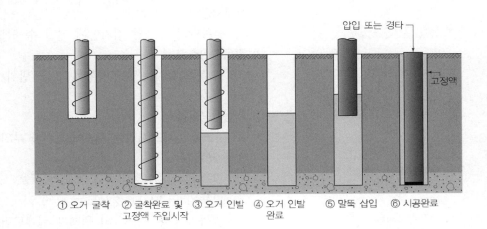

① 오거 굴착　② 굴착완료 및 고정액 주입시작　③ 오거 인발　④ 오거 인발 완료　⑤ 말뚝 삽입　⑥ 시공완료

압입 또는 경타
고정액

1-2. DRA(double Rod Auger) SIP+Casing

내부 Screw Auger와 외부 Casing으로 굴진(상호 역회전)하며 내부 Auger의 중공부를 통해 압축공기가 주입되어 흙을 배토하고, 소요의 깊이에 도달하면 Cement Paste 주입하고 경타를 하여 설치하는 말뚝공법

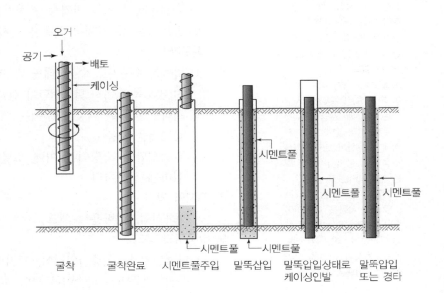

오거
공기　배토
케이싱

시멘트풀
시멘트풀
시멘트풀
시멘트풀
시멘트풀
시멘트풀

굴착　굴착완료　시멘트풀주입　말뚝삽입　말뚝압입상태로 케이싱인발　말뚝압입 또는 경타

장비

- 장비
  - 해머(말뚝박기 장비)는 말뚝
    에 손상을 주지 않아야 한다.
- 해머쿠션
  - 해머나 말뚝의 손상방지와
    균일한 타입거동 보장을 위
    하여 소요두께의 해머쿠션
    재료를 장착
  - 타입하는 동안 균일한 성능
    을 유지할 수 있는 내구성
    을 가진 재료로 제작
  - 타격용 판은 쿠션재료의 균
    일한 압축을 보장하기 위하
    여 해머쿠션 위에 설치
  - 해머쿠션은 말뚝 타입을 시
    작할 때와 말뚝타입 중 쿠
    션성능이 저하될 때 점검하
    여야 하며, 해머쿠션은 국부
    손상이 발생하거나 두께가
    25 % 이상 감소 시에 교체
- 항타보조말뚝
  - 보조말뚝은 말뚝머리 부분
    을 지중 혹은 수중까지 시공
    하는 경우에 사용하는 것
    으로써 해머 캡과 말뚝 사
    이에 사용하여 말뚝머리를
    소정의 깊이까지 타설 또
    는 침설시키는 데 사용
  - 기성말뚝 공사에는 항타보
    조말뚝의 사용을 피하여야
    하나, 해머가 말뚝머리를 직
    접 타격할 수 없는 경우에는
    공사감독자의 승인을 받아
    항타보조말뚝을 사용

2. 시공

지반조사와 설계도서 및 토질주상도를 토대로 구조물의 구조 중심선
과 각 지층별 pile의 위치, 길이, 타입깊이 등을 정한 후 시공한다.

2-1. 시공순서

1) 작업지반
   - 말뚝박기 기계의 접지압에 견딜 수 있도록 미리 원지반을 정비
2) 말뚝중심측량
   - 규준틀 설치는 현장상황에 의해 변위가 발생되지 않도록 견고하게
     설치
3) 시험시공말뚝
   - 구조물의 네모서리나 지반이 급변한 부위에 실시하고, 재하시험을 고려
4) 말뚝 세우기
   ① 말뚝을 세운 후 검측은 직교하는 2방향으로부터 해야 한다.
   ② 말뚝의 연직도나 경사도는 1/50 이내
   ③ 말뚝박기 후 평면상의 위치가 설계도면의 위치로부터 $D/4$(D는 말뚝
      의 바깥지름)와 100 mm 중 큰 값 이상으로 벗어나지 않아야 한다.
5) 시공
   ① 타입말뚝: 말뚝 인입 시, 리더와 와이어의 각도는 30° 이하로 유지
      하고, 말뚝박기 순서는 공정, 지반조건, 말뚝형상 및 배치, 시공방법
      과 시공기계, 주변상황 등을 종합적으로 고려
   ② 선굴착 말뚝: 굴착공의 지름은 말뚝지름보다 100 mm 이상 크게 하
      고, 굴착 시 공벽의 붕괴 우려가 있는 토질에서는 Casing을 사용
6) 현장이음
   ① 수동용접기 또는 반자동 용접기를 사용한 아크용접 이음을 원칙
   ② 볼트이음 등 기계식 이음은 공사감독자의 승인을 받아 적용
7) 최종경타
   ① 말뚝은 수준기로 수직상태를 확인한 다음 경타용 해머로 두부가 파손되
      지 않도록 박아서 말뚝선단이 천공깊이 또는 그 이상 도달되도록 한다.
   ② 지하수 유속이 빠른 경우에는 시멘트풀의 배합을 부배합으로 하거나
      급결제를 사용
   ③ 말뚝선단이 소정의 깊이에 도달하면 설계서에 명시된 방법으로 확
      실하게 선단처리
8) 지지력 확인
   - 재하시험, 리바운드 체크
9) 말뚝머리 정리
   - 타격일지 및 최종관입깊이, 지지력확인, 편심정도 확인, 이음여부 및
     품질, 말뚝머리 파손여부 확인 후 말뚝본체를 손상시키지 않게 한다.

2-2. 시험시공말뚝(시항타)

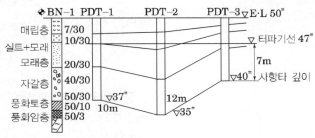

구조물 기초마다 1개 이상(전체말뚝수의 1% 기준)

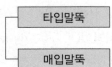

* 항타 종료 시 적정한 최종타격당 관입량이 얻어지지 않는 말뚝은 소요지지력이 확보될 때까지 항타
* 설계심도까지 일정한 속도로 천공
* 회전수(RPM)와 전류치(ampere)의 변화를 관찰
* 오거 선단의 토사를 지반조사 시료 또는 지반조사 시료사진과 대조하여 지지층을 확인

2-3. 이음

지반조사와 설계도서 및 토질주상도를 토대로 구조물의 구조 중심선과 각 지층별 pile의 위치, 길이, 타입깊이 등을 정한 후 시공한다.

구분	용접	무용접(Plate+Bolt)
정의 및 시공방법	• Joint 좌판이 부착된 PHC말뚝을 서로 맞대어 용접(V형4mm이하)하는 이음 공법	• PHC말뚝 사이에 Joint Plate를 설치하고 Bolt를 이용하여 Plate와 말뚝을 이음하는 공법
특징	• 기상 및 현장조건에 따라 시공성 및 품질변동 큼 • 용접공의 기능도에 따라 좌우 • 용접시간 소요(20분/개소)	• 현장조건과 관계없이 시공 및 품질 확보 용이 • 별도의 숙련도를 요하지 않음 • 시공속도 빠름(5분/개소)

* 이음부 요구조건: 이음개소 최소화, 구조적 단면 여유, 부식 영향 없을 것, 수직도 유지, 이음부 강도는 설계응력 이상 확보

기성P

시항타 시 준비사항

* 장비
 - 본항타와 동일조건
* 예상심도 표기
 - 말뚝 및 주상도에 천공 및 관입깊이 표기
* 말뚝길이
 - 예상 관입깊이보다 2m 긴 것을 준비
 - 시공성을 확인하는 경우 시공지점에서의 말뚝의 시공성이 충분히 파악되었다면 시험시공말뚝을 생략 가능
 - 지정된 말뚝길이와 심도, 지지력, 최종관입량 등이 평가된 후 본말뚝용 말뚝을 주문토록 하여야 하며 모든 말뚝은 승인된 시공장비로 시공해야 하고 동일한 형식 및 용량에 근거하여 본말뚝을 시공해야한다.
 - 시험시공말뚝이 계획 심도까지 시공되었으나 소요의 지지력이 발휘되지 않는 경우 소요의 지지력이 확보되는 심도까지 이음말뚝으로 시공해야 한다.
 - 항타 해머는 말뚝규격과 낙하고, 타격횟수, 타격에너지를 시험하여 말뚝규격에 맞는 해머를 선정

[용접식 이음]
20개소 1회 이상 자분탐상

[볼트식 이음]

암기법

개구부에서 수강

2-4. 지지력 판정

말뚝의 허용지지력(Allowable Pile Bearing Capacity)

$$R_a = (허용지지력) = \frac{R_u(극한지지력)}{F_s(안전율)}$$

2-4-1. 정역학적 추정방법(靜力學, statics)

1) 테르자기(Terzaghi) 공식

R_u극한지지력 $= R_p$선단지지력 $+ R_f$주면마찰력

2) 메이어호프(Meyerhof) 공식(SPT에 의한 방법)

$$R_u = 30 \cdot N_p \cdot A_p + \frac{1}{5} N_s \cdot A_s \cdot \frac{1}{2} N_c \cdot A_c$$

2-4-2. 동역학적 추정방법(動力學, dynamics)

1) 샌더(Sander) 공식

$$R_u = \frac{W \times H}{S}, \quad W = hammer무게 \quad H = 낙하고 \quad S = 평균관입량$$

2) 엔지니어링 뉴스(Engineering News) 공식

$$R_u = \frac{W \times H}{S + 2.54}$$

3) 하인리 공식(Hiley)

$$R_u = \frac{e_f \cdot F}{S + \dfrac{C_1 + C_2 + C_3}{2}} \times \frac{W_H \times e^2 \cdot W_p}{W_H + W_p}$$

2-4-3. 재하시험

1) 동재하 시험(PDA: Pile Driving Analyzer System)

• 파일몸체에 발생하는 응력과 속도의 상호관계를 측정 및 분석(허용
지지력 예측)

R_u극한지지력 $= R_p$선단지지력 $+ R_f$주면마찰력

2) 정재하 시험(Load Test on Pile): 실재하중을 재하

• Pile에 실제 정적하중을 가하여 말뚝의 압축지지력 특성, 인발저항
력 특성, 횡방향 하중에 대한 말뚝과 지반의 상호작용을 규명하여
지지력을 확인하는 시험(압축재하, 인발재하, 횡방향재하)

2-4-4. 소리에 의한 추정

• 파일 항타 시 발생하는 소리를 듣고 추정

2-4-5. Rebound Check

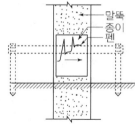

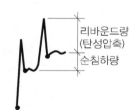

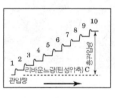

$$s = \frac{총관입량}{10} = 5 \sim 10(mm)$$

3. 말뚝파손

기성콘크리트 파일 타격공법에 의해 파일 설치 시 파일의 상부에 균열이 발생하고 내구성이 저하되는 것

3-1. 파손형태

구분	두부파손	전단 파괴	횡방향 균열	종방향 균열	폐단 말뚝 끝의 분할
손상 형태	말뚝머리	말뚝머리	말뚝 중간부	말뚝 중간부	폐단 말뚝 끝

3-2. 파손원인 및 방지대책

① Hammer 중량
② 편심항타
③ 타격에너지 과다
④ 낙하고(H)
⑤ 타격횟수
⑥ 축선불일치
⑦ Cushion 두께 부족
⑧ Pile강도 부족
⑨ Pile 수직도 불량
⑩ 경사지반
⑪ 이음불량
⑫ 장애물

4. 항타 후 관리(두부정리, 위치검사, 보강타)

4-1. 두부정리

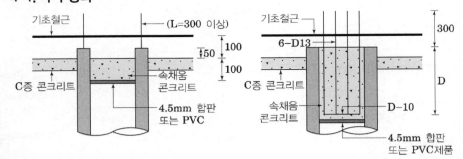

[버림 콘크리트 타설레벨]   [철근보강 도해]

구 분	오차범위		조치사항
위치오차	75mm 이하		미조치
	75~150mm 이상		철근보강
	150mm 이상		보강타
수직오차	수직도 ℓ/50 이상 기울기		보강타

① 거울, 다림추 등으로 매본 중파여부 확인
② 바닥 먹매김을 실시하여 설치위치 오차 측정

기성P

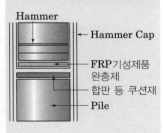

Hammer
Hammer Cap
FRP기성제품 완충제
합판 등 쿠션재
Pile

Hammer Cap
용접으로 인한 직각불량
Pile

암기법 📖

해머를 편타하고 낙타와 축쿠하는 강수경 이장

두부정리 순서

① 절단부분의 15cm 밑에 철밴드 설치
② 말뚝커터를 사용해 절단면 천공
③ 해머로 절단면을 파괴하여 PC강선노출
④ 잔여말뚝 콘크리트 파쇄
⑤ PC강선을 바르게 세우고 길이 30cm 이상 되게 정리
⑥ 절단면 평활하게 마감

보강공법

① 75~150mm 미만: 중심선 외측으로 벗어난 만큼 기초판 확대 및 철근 1.5배 보강(독립기초, 줄기초, Mat 기초판 외곽말뚝)하고 내측으로 벗어난 경우 철근만 1.5배 보강
② 150mm 초과: 구조검토 후 추가 항타 및 기초보강

현장타설 P

공벽유지 기술
Key Point

☑ **국가표준**
- KCS 11 50 10

☑ **Lay Out**
- 공법분류
- 시공

☑ **필수 기준**
- 수직도

☑ **필수용어**
- RCD공법
- PRD공법
- Micro Pile
- 건전도시험
- 양방향 말뚝재하시험

③ 현장타설 콘크리트 Pile

1. 공법종류

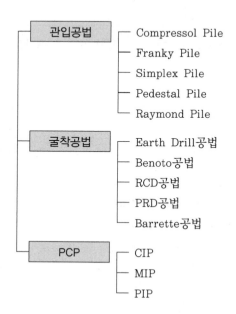

```
┌─ 관입공법 ─┬─ Compressol Pile
│            ├─ Franky Pile
│            ├─ Simplex Pile
│            ├─ Pedestal Pile
│            └─ Raymond Pile
│
├─ 굴착공법 ─┬─ Earth Drill공법
│            ├─ Benoto공법
│            ├─ RCD공법
│            ├─ PRD공법
│            └─ Barrette공법
│
└─ PCP ─────┬─ CIP
             ├─ MIP
             └─ PIP
```

1-1. Earth Drill공법(어스드릴)

> 회전식 Drilling Bucket을 이용하여 굴착하고, 안정액으로 공벽을 보호하며, 선조립된 철근망을 삽입한 후 concrete를 부어 넣는 현장타설콘크리트 말뚝

• 미국의 calweld사가 개발

적용범위

① **지름** 0.6~2.0m,
　심도 20~50m
② 붕괴되기 쉬운 모래층, 자갈층 및 견고한 지반에 부적합
③ 지하수 없는 점성토에 적합

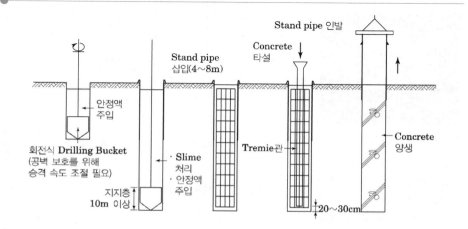

> 굴착 → Stand Pipe삽입 → Slime 처리(1차) → 철근망 삽입 → Tremie 관 삽입 → Slime 처리(2차) → 콘크리트 타설 및 Stand Pipe 인발

1-2. Reverse Circulation Drill

정수압으로 공벽을 보호하며, Drill Rod 끝에서 물을 빨아올리면서 굴착하고 철근망을 삽입한 후 concrete를 부어 넣는 현장타설 콘크리트 말뚝

적용범위

① **지름** 0.8~3.0m, **심도** 60m 이상
② 수상작업 가능

• 1954년 독일의 잘츠깃터 (Salz Gitter)사에서 개발

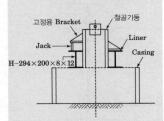

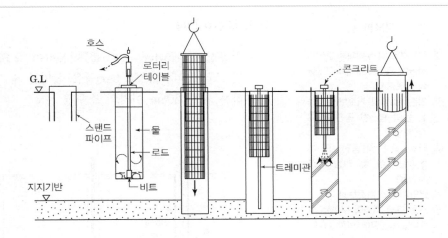

Stand Pipe삽입 → 굴착 → Slime 처리(1차) → 철근망 삽입 → Tremie관 삽입, Suction pump 설치→ Slime 처리(2차) → 콘크리트 타설 및 Stand Pipe 인발

1-3. Percussion Rotary Drill

Casing으로 공벽을 보호하고 hammer bit를 저압의 air에 의해 타격과 동시에 회전시키는 방식으로 지반을 굴착하고 압축공기로 굴착

[Out Casing]

[Back Fill]

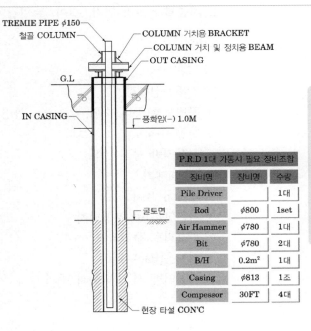

P.R.D 1대 가동시 필요 장비조합		
장비명	장비명	수량
Pile Driver		1대
Rod	φ800	1set
Air Hammer	φ780	1대
Bit	φ780	2대
B/H	0.2m²	1대
Casing	φ813	1조
Compessor	30FT	4대

중심선 측량 → Out Casing설치 → In Casing설치 /천공 → 철근망/기둥철골설치 → 콘크리트 타설 및 Casing 인발

현장타설 P

1-4. Barrette 공법

BC Cutter로 지반을 굴착하고, 안정액을 사용하여 공벽을 보호하며, 철근망을 삽입한 후 concrete를 부어 넣는 현장타설 콘크리트 말뚝

1-5. Micro Pile

천공장비(Crawler Drill)를 이용하여 소요의 깊이까지 천공하고 pipe 및 스레드 바(thread bar)등을 삽입한 후 저압(7~21bar)으로 grouting 하는 직경 30cm 이하의 소구경 pile

적용범위

① 깊은기초 및 부력대응 앵커의 시공이 요구되는 신축구조물의 기초공사
② 기존구조물의 기초보강(지하실 등의 협소한 공간에서도 작업가능)
③ 타워, 굴뚝 및 송전선의 기초파일(압축 및 인장력 동시작용)
④ 연약지반의 기초보강
⑤ 소음 규제 지역의 구조물 기초파일등(천공에 의한 설치)

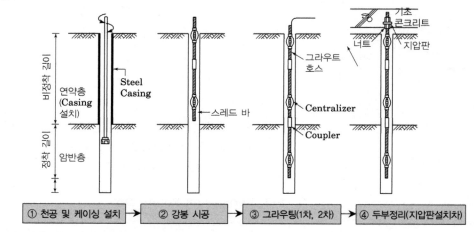

① 천공 및 케이싱 설치 → ② 강봉 시공 → ③ 그라우팅(1차, 2차) → ④ 두부정리(지압판설치차)

2. 시공(공통)

지반조사와 설계도서 및 토질주상도를 토대로 구조물의 구조 중심선과 각 지층별 pile의 위치, 길이, 타입깊이 등을 정한 후 시공한다.

암기법 📖

중공천 선단에 S K
철콘을 뒤에서 인발해라

- 말뚝중심측량
- 공벽보호(공내 수위, Casing, 안정액)
- 천공 수직도
- 선단지반 붕괴 주의
- Slime제거
- Koden Test
- 철근망/기둥 부상방지
- 콘크리트 품질확보
- 뒤채움(Back Fill)
- 기계인발 시 공벽붕괴 주의

[탐사관(Sonic Guide Pipe)
배치 및 시험경로]

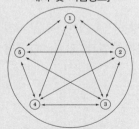

탐사경로 : 10개 경로

1~2, 1~3, 1~4
2~3, 2~4, 2~5
3~4, 3~5
4~5, 5~1

[검사 수량 및 시기]

평균말뚝길이(m)	시험수량(%)
20 이하	10
20 ~ 30	20
30 이상	30

• 타설 후 7일 이후 ~ 30일
  이내(보통 2주 후 시행)

3. 시험

3-1. 현장 타설 콘크리트 말뚝의 건전도 시험

> Pipe간 Sonic Logging을 통해 초음파 속도와 도달시간으로 말뚝의
> 품질상태와 결함유무를 확인하는 시험

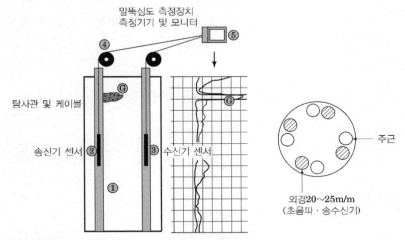

3-2. 양방향 말뚝재하시험(O-Cell 재하시험)

> 현장타설말뚝의 선단부 또는 임의 위치에 가압용 재하장치를 설치하
> 여 하향과 상향으로 축하중을 정적으로 가하는 시험

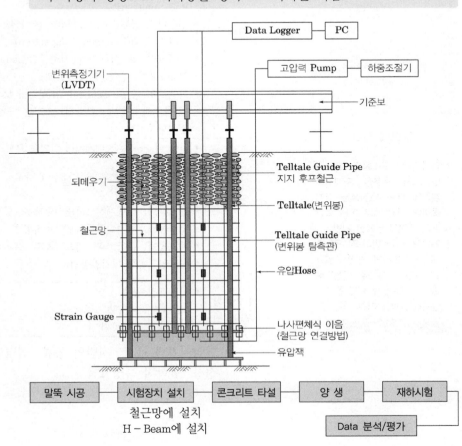

기초안정

기초의 안정
Key Point

■ 국가표준
– KCS 11 30 05
– KCS 11 30 10
– KCS 11 30 25
– KCS 11 30 30
– KS F 7003

■ Lay Out
– 지반개량
– 부력
– 부동침하
– Underpinning

■ 필수 기준
– 침하

■ 필수용어
– CGS
– JSP
– SGR
– LW
– 부력과 양압력
– Rock Anchor
– under Pinning

용어의 정의

• 연약지반 : 구조물의 기초 지
반으로서 충분한 지지력과
침하에 대한 안정성을 갖지
못하여 지반 개량 또는 보강
등의 대책이 필요한 지반
• 지반개량 : 지반의 지지력 증
대 또는 침하의 억제에 필요
한 토질의 개선을 목적으로
흙다짐, 탈수 및 치환 등으로
공학적 능력을 개선시키는 것

암기법

모래로 진동하다 배아프면
약먹어라~

탈압으로고치진

④ 기초의 안정

1. 지반개량

선행굴착 유·무, 회전력·수직력 등 힘의 방향, 적용기계·기구·설비 및 최종관입 시 경타의 유무 등에 의해 타격공법과 선행굴착공법 등으로 분류된다.

1-1. 지반개량의 목적

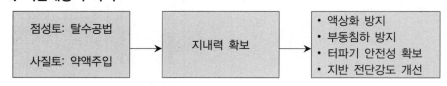

지반	지반개량 공법
사질토 N≤10	• 지반 내 간극 감소를 위해 물리적인 힘 또는 진동을 가하여 표면 또는 심층을 다지는 다짐공 • 모래다짐 공법(Sand Compaction Pile) • Rod Compaction • 진동다짐 공법(Vibro Floatation Method) • 동다짐 공법(Dynamic Compaction) • 배수공법 & 지하수위 저하공법(Deep Well공법: 압밀침하 촉진, Well Point공법: 간극 수 집수효과) • 약액주입 공법(Chemical Grouting Method): 주입효과 확인→ 육안검사 (굴착, 색소판별). 화학적 분석법, 투수시험, 강도확인(일축압축강도, 직접전단시험)
점성토 N≤4	• 지반 내 간극수를 배제시켜 압밀을 유도하는 선행재하, 연직배수, 진공압밀 • 연직배수공법(탈수공법): Sand Drain, Pack Drain, Prefabricated Vertical Drain • 압밀공법: 선행재하, 사면선단재하, 압성토 공법 • 고결공법: 생석회말뚝공법, 소결공법, 동결공법 • 치환공법: 굴착치환, 미끄럼치환, 폭파치환 • 진공압밀공법(대기압공법)
심층혼합 처리공법	• 입도조정 공법 • Soil Cement공법 • 화학약제 혼합공법

• 연약지반의 특성: 지반의 종류, 연약층의 범위, 깊이, 지반 전체의 성상, 공학적 특성고려

1-2. 공법분류

2. 부력

① 부력: 물과 같은 유체에 잠겨있는 물체가 중력에 반하여 밀어 올려
    지는 힘. 그 크기는 물체가 밀어낸 부피만큼의 유체 무게와 같다.
② 양압력: 지하수위 이하에 놓인 구조물 저면에 단위면적 당 상향으
    로 작용하는 물의 압력을 받게 되는 것

기초안정

암기법 📖

브라자는 인접건물 지하
M 마트 맹자한테 구입해라

부력 대책

- 대응
  - Bracket
  - Rock Anchor
  - 자중증대
  - 인접건물에 긴결
  - 지하수 유입
  - Micro Pile
  - 마찰말뚝

- 감소
  - Dewatering(강제배수)
  - 맹암거
  - 자연배수

1) 부력

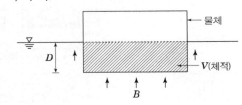

$$부력(B) = r_w \times V(ton)$$

여기서 r_w : 물의 단위중량

V : 물체가 액체속에 잠겨
있는 부분의 체적

2) 양압력

① 지하수위가 높은 지역에서 구조물 완성 후 배수중단 시
② 강우에 의한 지표수 상승 시

2-1. 부력 저감방안

2-1-1. Rock anchor

1) 부력대응원리

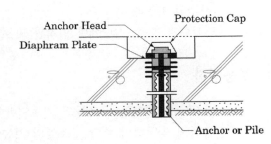

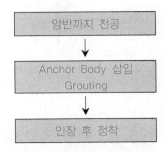

암반까지 천공

↓

Anchor Body 삽입
Grouting

↓

인장 후 정착

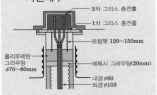

[삽입 후 그라우팅]

[거푸집]

[인장시험]

2-1-2. 자중증대

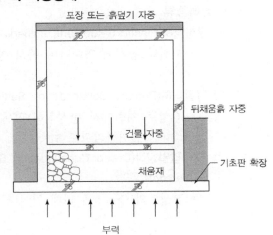

부력

① 구조체의 단면 증대 또
   는 지하 2중 Slab 내
   에 자갈, 모래 등을
   채워 건물의 자중증가
   로 부력에 대항
② 기초판을 지하실벽
   밖으로 확장하여 건
   물의 고정하중 증대

기초안정

적용조건

- 부력과 건축물의 자중차이가 적을 경우
- 지하수위가 낮고 굴착 깊이가 얕은 경우

- 수평맹암거

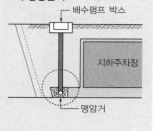

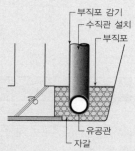

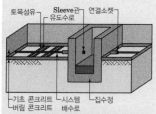

2-1-3. 영구배수공법(Dewatering)

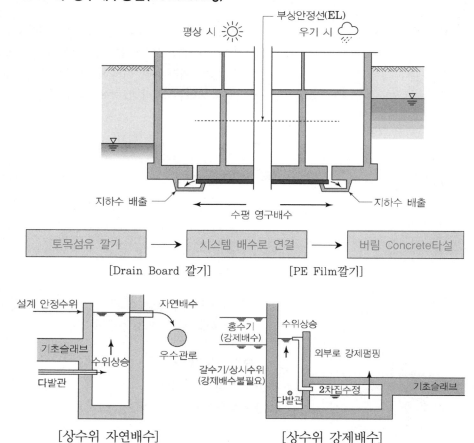

| 토목섬유 깔기 | → | 시스템 배수로 연결 | → | 버림 Concrete타설 |

[Drain Board 깔기]   [PE Film깔기]

[상수위 자연배수]   [상수위 강제배수]
- 상수위 조절: 상단개방 연직관 및 수평연결관 이용 초과 양압력 제거

3. 부동침하

> 기초의 부동침하는 구조물의 기초지반이 침하함에 따라, 구조물이 불균등하게 침하하며 해당 구조물의 기능이나 안전성에 피해를 준다.

3-1. 침하종류

1) 탄성침하(Elastic Settlement, Immediate Settlement, 즉시침하)
   - 재하와 동시에 일어나며 즉시 침하한다.

2) 압밀침하(Primary Consolidation Settlement, 1차 압밀침하)
   - 점성토 지반에서 탄성침하 후에 장기간에 걸쳐서 일어나는 침하로 1차 압밀침하라고도 함

3) 2차 압밀침하(Creep Consolidation Settlement, Secondary Compression Settlement)
   - 점성토의 Creep에 의해 일어나는 침하로 Creep 침하라고도 함

3-2. 침하원인

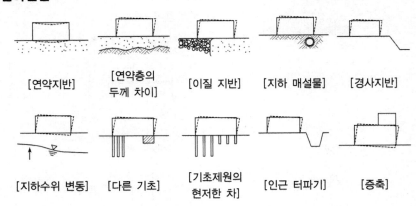

[연약지반] [연약층의 두께 차이] [이질 지반] [지하 매설물] [경사지반]

[지하수위 변동] [다른 기초] [기초제원의 현저한 차] [인근 터파기] [증축]

4. Underpinning

4-1. 가받이 공사

1) 지주에 의한 가받이

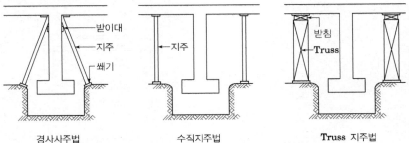

경사사주법 수직지주법 Truss 지주법

2) 신설기초 일부를 이용한 가받이

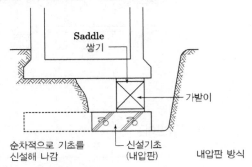

순차적으로 기초를 신설해 나감 신설기초(내압판) 내압판 방식

3) 보에 의한 가받이

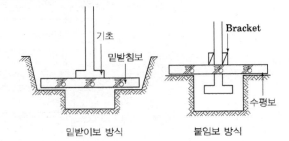

밑받이보 방식 붙임보 방식

기초안정

4-2. 본받이 공사

1) 바로받이

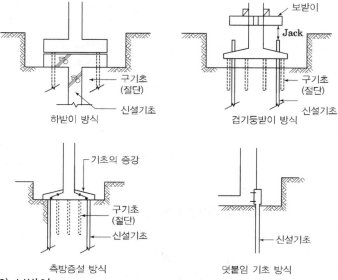

하받이 방식

겹기둥받이 방식

측방증설 방식

덧붙임 기초 방식

2) 보받이

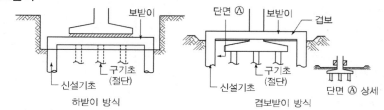

하받이 방식

겹보받이 방식

단면 Ⓐ 상세

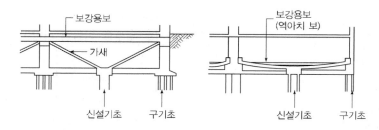

보강용보 방식

3) 바닥받이

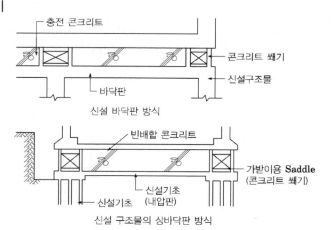

신설 바닥판 방식

신설 구조물의 상바닥판 방식

철근콘크리트공사

Professional Engineer

4-1장

거푸집공사

Professional Engineer

마법지

1. 일반사항

- 시공계획
- 설계
- 측압

2. 거푸집의 종류

- 재료별
- 전용거푸집/외벽
- 전용거푸집/연속
- 바닥
- 벽+바닥
- 합벽전용
- 특수
- 동바리

3. 시공

- 시공
- 하자 및 붕괴

4. 존치기간

- 존치기간

일반사항

요구조건
Key Point

☑ **국가표준**
- KCS 21 50 05
- KDS 21 50 00
- KDS 41 10 15
- KCS 14 20 12

☑ **Lay Out**
- 시공계획
- 거푸집의 설계안정성 검토

☑ **필수 기준**
- 거푸집의 고려하중
- 측압산정 기준

☑ **필수용어**
- 콘크리트 측압
- concrete head

① 일반사항

1. 시공계획

> 합리적인 거푸집 시공계획을 수립하기 위해서는 건축물의 특징과 시공 조건을 고려하여 공기, 품질, 원가, 안정성 관점에서 적합한 거푸집 공법을 검토해야 한다.

1-1. 부위별 거푸집 선정 및 역할

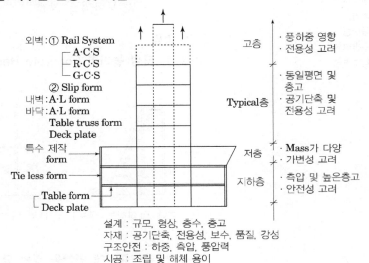

외벽 : ① Rail System
　　　 ─ A·C·S
　　　 ─ R·C·S
　　　 ─ G·C·S
　　　 ② Slip form
내벽 : A·L form
바닥 : A·L form
　　　 Table truss form
　　　 Deck plate
특수 제작 form
Tie less form
Table form
Deck plate

고층 · 풍하중 영향 · 전용성 고려
Typical층 · 동일평면 및 층고 · 공기단축 및 전용성 고려
저층 · **Mass**가 다양 · 가변성 고려
지하층 · 측압 및 높은층고 · 안전성 고려

설계 : 규모, 형상, 층수, 층고
자재 : 공기단축, 전용성, 보수, 품질, 강성
구조안전 : 하중, 측압, 풍압력
시공 : 조립 및 해체 용이

세부 고려사항

- 작업자의 하루 작업량 계산
- 타공사와의 간섭사항 확인
- 자재반입 가능여부 및 양중량 검토
- 콘크리트 타설 및 양생과정에서 진동 및 자재중량에 대한 구조검토
- 마감관계 선 검토
- 공정, 품질, 원가, 구조, 안전

구조적인 역할	마감 바탕역할
─ 구조체의 형상과 치수 유지	─ 구조체의 수직 수평 확보
─ 콘크리트 측압 및 하중에 대한 안전	─ 콘크리트 평활도 확보
─ 콘크리트 강도 확보	─ 개구부 규격의 정밀도 유지

1-2. 시공계획의 수립절차

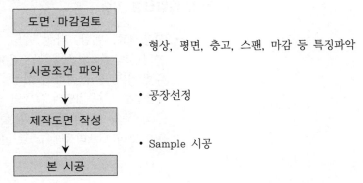

도면·마감검토 → • 형상, 평면, 층고, 스팬, 마감 등 특징파악

시공조건 파악 → • 공장선정

제작도면 작성 → • Sample 시공

본 시공

골조공사 이외의 공사
거푸집공사
50%
33%
17%
철근·콘크리트
[거푸집공사 비율]

2. 거푸집의 설계 안정성검토

일반사항

거푸집 및 동바리는 콘크리트 시공 시에 작용하는 연직하중, 수평하중, 콘크리트 측압 및 풍하중, 편심하중 등에 대해 그 안전성을 검토해야 한다.

2-1. 연직하중

고려하중

- 연직하중
- 측압
- 풍하중
- 수평하중
- 특수하중

- 고정하중(D)+작업하중(L_i)
- 콘크리트 타설 높이와 관계없이 최소 $5.0kN/m^2$ 이상으로 거푸집 및 동바리를 설계

2-2. 측압

2-2-1. 타설 높이별 Concrete Head의 변화

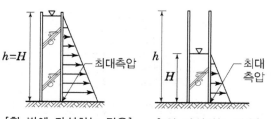
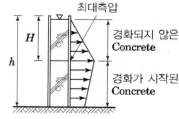

[한 번에 타설하는 경우]   [1차 타설하는 경우]   [2차 타설하는 경우]

2-2-2. 측압증가에 영향을 주는 요인

암기법

① 부배합(rich mix)일수록   ② 슬럼프값이 클수록
③ 타설 속도가 빠를수록   ④ 다짐이 과다할 경우
⑤ 습도가 높을수록   ⑥ 기온이 낮을수록
⑦ 응결속도가 늦을수록   ⑧ 거푸집 수밀성이 클수록
⑨ 철근량이 적을수록   ⑩ 거푸집의 높이가 높을 경우

2-2-3. 측압산정 기준

- 사용재료, 배합, 타설 속도, 타설 높이, 다짐 방법 및 타설되는 콘크리트 온도, 사용하는 혼화제의 종류, 부재의 단면 치수 등에 의한 영향을 고려하여 산정
- 측압구분: 거푸집면의 투영면 방향으로 작용하는 것으로 하며, 일반 콘크리트용 측압, 슬립폼용 측압, 수중 콘크리트용 측압, 역타설용 측압 그리고 프리플레이스트 콘크리트(preplaced concrete)용 측압

1) 일반 콘크리트

$$p = WH$$

2) 콘크리트 슬럼프가 175mm 이하이고, 다짐 깊이 1.2m 이하의 일반적인 내부 진동다짐으로 타설되는 기둥 및 벽체의 콘크리트 측압

다만, 측압 공식을 적용하기 위해 기둥은 수직 부재로서 장변의 치수가 2m 미만이어야 하며, 벽체는 수직 부재로서 한쪽 장변의 치수가 2m 이상

① 기둥의 측압

- P : 콘크리트의 측압(kN/m²)
- W : 굳지 않은 콘크리트의 단위 중량(kN/m³)
- H : 콘크리트의 타설 높이 (m)

$$P = C_w \cdot C_c \left[7.2 + \frac{790R}{T + 18} \right]$$

다만, 측압의 최솟값은 $30 C_w$ kN/m² 이상, 최댓값은 $W \cdot H$값 이하

② 벽체의 측압: 타설속도에 따라 구분

- P : 콘크리트 측압(kN/m²)
- C_w : 단위중량 계수
- C_c : 첨가물 계수
- R : 콘크리트 타설속도(m/h)
- T : 타설되는 콘크리트의 온도(°C)

구분	타설속도	2.1m/h 이하	2.1~4.5m/h 이하
타설 높이	4.2m 미만 벽체	$p = C_w C_c \left\{ 7.2 + \frac{790R}{T + 18} \right\}$	
	4.2m 초과 벽체	$p = C_w C_c \left\{ 7.2 + \frac{1160 + 240R}{T + 18} \right\}$	
모든 벽체			$p = C_w C_c \left\{ 7.2 + \frac{1160 + 240R}{T + 18} \right\}$

단, 타설높이가 4.2m 초과하더라도 타설속도가 1.1m/h 이하인 벽체는 4.2m 미만 벽체의 식을 적용

③ 슬립 폼(slip form)의 측압: 타설 높이가 높지 않고 타설 속도가 빠르지 않아 다음의 측압으로 낮추어 적용

$$P = 4.8 + \frac{520R}{T + 18}$$

④ 압력용기나 차수용 구조물과 같이 콘크리트의 밀실도를 높이기 위하여 추가로 진동다짐을 할 경우

$$P = 7.2 + \frac{520R}{T + 18}$$

2-3. 풍하중(W)

- 가시설물의 재현기간에 따른 중요도계수(I_w)

  재현기간(T_w) 1년 이하의 경우에는 0.60을 적용
- 이 외 기간

  $$I_w = 0.56 + 0.1\ln(T_w)$$

  $$T_w = \frac{1}{1 - (P)^{\frac{1}{N}}}$$

2-4. 수평하중

① 동바리에 고려하는 최소 수평하중은 고정하중의 2%와 수평길이 당 1.5kN/m 이상 중에서 큰 값의 하중을 부재에 연하여 작용하거나 최상단에 작용하는 것으로 한다.

② 최소 수평하중은 동바리 설치면에 대하여 X방향 및 Y방향에 대하여 각각 적용

③ 벽체 및 기둥 거푸집의 전도에 대한 안정성 검토 시에는 거푸집면 외측에서 투영면적당 $0.5kN/m^2$의 최소 수평하중이 작용

2-5. 특수하중

① 콘크리트를 비대칭으로 타설할 때의 편심하중, 콘크리트 내부 매설물의 양압력, 포스트텐션(post-tension) 시에 전달되는 하중, 크레인 등의 장비하중 그리고 외부진동다짐에 의한 영향

② 슬립 폼의 인양(jacking) 시에는 벽체길이 당 최소 3.0kN/m 이상의 마찰하중이 작용

2-6. 구성요소 및 구조설계 순서

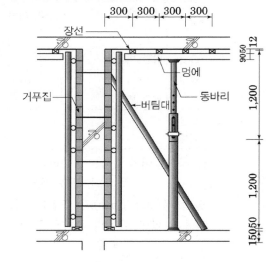

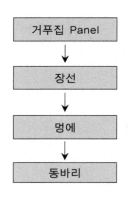

- 거푸집 Panel
↓
- 장선
↓
- 멍에
↓
- 동바리

부자재

- 간격재(Separator)
  - 거푸집 간격유지와 철근 또는 긴장재나 쉬스가 소정의 위치와 간격을 유지시키기 위하여 쓰이는 부재
- 긴결재(form-tie)
  - 기둥이나 벽체거푸집과 같이 마주보는 거푸집에서 거푸집 널(Shuttering)을 일정한 간격으로 유지시켜 주는 동시에 콘크리트 측압을 최종적으로 지지하는 역할을 하는 인장부재로 매립형과 관통형으로 구분
- 박리제(Form Oil)
  - 콘크리트 표면에서 거푸집 널을 떼어내기 쉽게 하기 위하여 미리 거푸집널에 도포하는 물질

하중계산
- 동바리에 작용하는 하중의 종류, 크기 산정
  - 수직방향 하중, 수평방향 하중, 특수하중 등

↓

응력계산
- 하중에 의하여 각 부재에 발생되는 응력 산출
  - 휨모멘트, 전단력, 처짐, 좌굴, 비틀림의 영향 검토

↓

단면배치 간격계산
- 각 부재에 발생되는 응력에 대하여 안전한 단면 및 배치간격 결정
  - 거푸집 널, 장선, 멍에, 동바리 배치

- 갱품 인양조건
  - Slab: 5MPa 이상
  - 전단볼트(D10) 150mm 매립

제작 시 고려사항

- 층고, 외벽마감 종류, 공정 등을 고려하여 작업발판 단수 결정
- Tower Crane 기종, 위치 및 평면을 고려하여 나누기 결
- 내·외부 접합 부위 및 Form Tie Type 결정
- 안전난간, 사다리, 작업바판, 코너부 마무리 안전성 검토

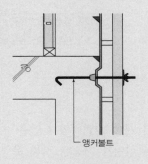
앵커볼트

② 공법종류

1. 거푸집의 분류

1) 재료와 System에 따른 분류
   목재형틀, 철강재 형틀, 알루미늄 형틀, Plastic형틀, 종이, EPS

2) 전용 System에 따른 분류
   ① 외벽: Gang Form, Climbing Form
   ② 연속: Slip Form System
   ③ 바닥: Table Form, Deck Plate, Waffle Form
   ④ 벽+바닥: Tunnel Form, Traveling Form
   ⑤ 합벽: Tie Less Form

3) 특수 System에 따른 분류
   ① Drop : AL Form(Down) Form, Sky Deck(Head)
   ② 비탈형: PC, EPS, Rib Lath Form, TSC보, CFT, Deck
   ③ 마감조건: Textile Form, 고무풍선 Form, Stay-in-Place
   ④ 무지주: Bow Beam, Pecco Beam

2. 전용 System

2-1. 외벽전용 시스템 거푸집

1) Gang Form

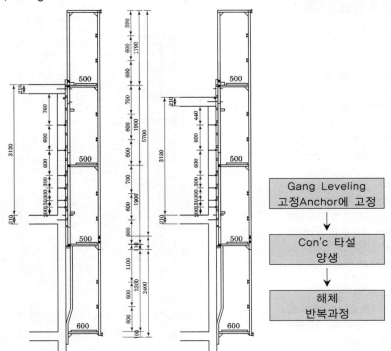

- 외부벽체 거푸집과 작업발판용 케이지(cage)를 일체로 제작하여 사용

[Cone매립]

[Cone에 Shoe설치]

[Hydraulic Cylinder]

[Hydraulic Piston]

- 슈(Shoe)
  타설된 콘크리트에 매립된 클라이밍 콘, 디비닥 타이로드, 스레디드 플레이트와 고장력 볼트로 체결되어 레일이 인양하거나 발판이 설치될 때 고정점으로 사용되는 자재
- 클라이밍 콘(Climbing Cone)
  앵커 자재중 하나로 슈와 고장력 볼트로 직접 연결되며 구조체에 전단력을 전달함과 동시에 인장력을 디비닥 타이로드로 전달하는 자재
- 디비닥 타이로드
  (Dywidag Tie rod)
  앵커 자재중 하나로 클라이밍 콘과 직접 연결되며 구조체에 인장력을 전달하는 자재

2) Rail Climbing Form

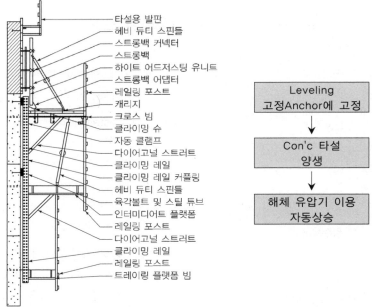

타설용 발판
헤비 듀티 스핀들
스트롱백 커넥터
스트롱백
하이트 어드저스팅 유니트
스트롱백 어댑터
레일링 포스트
캐리지
크로스 빔
클라이밍 슈
자동 클램프
다이어고널 스트러트
클라이밍 레일
클라이밍 레일 커플링
헤비 듀티 스핀들
육각볼트 및 스틸 튜브
인터미디어트 플랫폼
레일링 포스트
다이어고널 스트러트
클라이밍 레일
레일링 포스트
트레이링 플랫폼 빔

Leveling
고정Anchor에 고정
↓
Con'c 타설
양생
↓
해체 유압기 이용
자동상승

- Rail(레일)과 Shoe(슈)가 맞물려 크레인 없이 이동식 실린더의 유압을 이용하여 자립으로 거푸집 인상작업과 탈형 및 설치가 가능한 외벽전용 System

3) Self Climbing Form(ACS, SKE50/100)

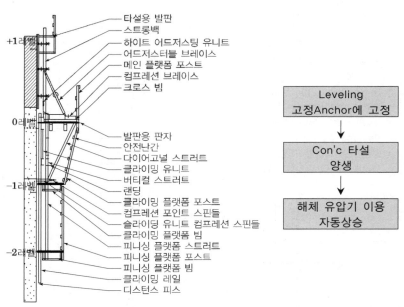

타설용 발판
스트롱백
하이트 어드저스팅 유니트
어드저스터블 브레이스
메인 플랫폼 포스트
컴프레션 브레이스
크로스 빔

발판용 판자
안전난간
다이어고널 스트러트
클라이밍 유니트
버티컬 스트러트
랜딩
클라이밍 플랫폼 포스트
컴프레션 포인트 스핀들
슬라이딩 유니트 컴프레션 스핀들
클라이밍 플랫폼 빔
피니싱 플랫폼 스트러트
피니싱 플랫폼 포스트
피니싱 플랫폼 빔
클라이밍 레일
디스턴스 피스

+1레벨
0레벨
-1레벨
-2레벨

Leveling
고정Anchor에 고정
↓
Con'c 타설
양생
↓
해체 유압기 이용
자동상승

- Rail(레일)과 Shoe(슈)가 맞물려 크레인 없이 개별 실린더의 유압을 이용하여 자립으로 거푸집 인상작업과 탈형 및 설치가 가능한 자동 유압 상승식 외벽전용 System

일반사항

- 4~6시간 내 초기발현 필요
- 시공속도는 3~4m/day로 빠르지만 타설시간이 길다.
- 25℃: 1일4m, 시간당 17cm
- 10~25℃: 1일3m, 시간당 12.5cm
- 10℃ 이하: 1일2.5~3m, 시간당 10~12.5cm

2-2. 연속 시스템 거푸집

1) Slip Form System

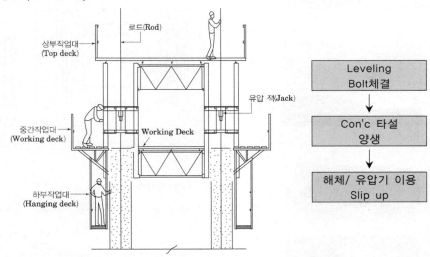

- 수직으로 연속되는 구조물을 시공조인트 없이 시공하기 위하여 일정한 크기로 만들어져 연속적으로 이동시키면서 콘크리트를 타설하는 공법에 적용하는 거푸집

2-3. 바닥전용 시스템 거푸집

2-3-1. Table Form(Flying Shore Form)

| Truss Type | • Lowering Device를 하단에 설치 후 해체 |
| Support Type | • 이동 Shift나 지게차를 이용하여 해체 |

- 바닥판Panel+지보공을 Unit화

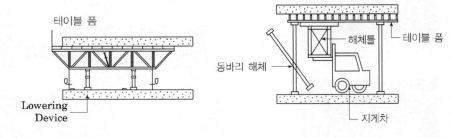

2-3-2. Waffle Form

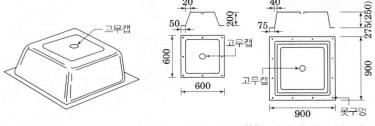

- 무량판구조와 평판구조에서 2방향 장선(長線) 바닥판 구조가 가능하도록 하는 속이 빈 특수상자 모양의 기성재 Form

공법종류

2-4. 벽+바닥전용 시스템 거푸집
2-4-1. Tunnel Form

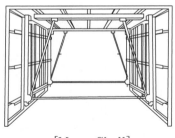
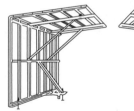

[Mono Shell]　　　　　　　[Twin Shell]

2-4-2. Traveling Form
- 거푸집 Panel+비계틀+Rail 일체화 → 수평이동

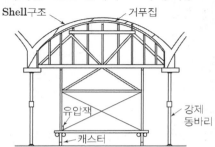

2-5. 합벽전용 시스템 거푸집
1) Tie less Form(Soldier system)

> 합벽과 같이 단일면으로 작용하는 콘크리트 측압 전체를 별도의 타이 없이 하부 구조물 또는 기초 바닥으로 전달하여 지지하는 거푸집

- Brace Frame: 일체형
- Soldier System: 분리형(각강재+Support+Girder)

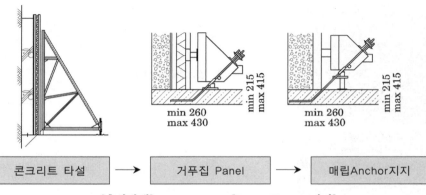

| 콘크리트 타설 | → | 거푸집 Panel | → | 매립Anchor지지 |

[측압발생]　　　　　　[Brace Frame 지지]

3. 특수 System

3-1. Drop 시스템

Aluminium 합금재료를 거푸집 Frame으로 사각틀을 구성하고 Coating 합판을 리벳팅(riveting)하여 반복 사용이 용이하도록 조립·제작된 거푸집

공법종류

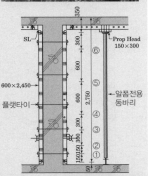

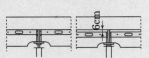

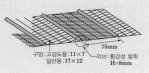

1) Drop Down System(AL Form)

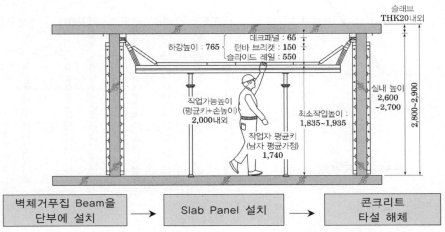

벽체거푸집 Beam을 단부에 설치	→	Slab Panel 설치	→	콘크리트 타설 해체
[Support 설치]		[Filler Support 설치]		

2) Drop Head System(Sky deck)

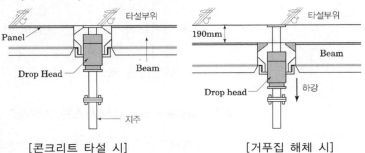

[콘크리트 타설 시]　　　　　[거푸집 해체 시]

3-2. 비탈형 시스템 거푸집

항목		공법
철재 비탈형	Deck Plate	아연도금 Steel Panel에 콘크리트 타설
	TSC 보	TSC 보 내부에 콘크리트 타설
	CFT 강관	원형강관 내부에 콘크리트 충전
	Act Column	각형 CFT강관에 콘크리트 충전
	Metal Lath 거푸집	Lib Lath를 이용하여 콘크리트 고정
PC	Half PC	슬래브 상부에 Topping Con'c 타설
	중공형 보	U자형 PC 중공형 보에 콘크리트 타설
단열재+석고보드	Stay in Place	내부에 콘크리트 타설

4. 동바리

4-1. 강관동바리

타설된 콘크리트가 소정의 강도를 얻기까지 고정하중 및 작업하중 등을 지지하기 위하여 설치하는 부재 또는 작업 장소가 높은 경우 발판, 재료 운반이나 위험물 낙하 방지를 위해 설치하는 임시 지지대

[전도]

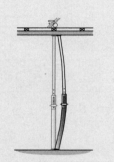

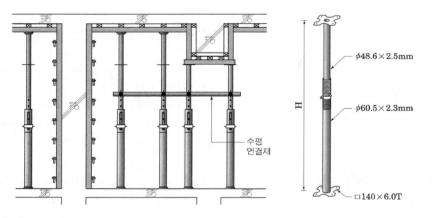

φ48.6×2.5mm

φ60.5×2.3mm

□140×6.0T

수평연결재

1) 설치기준

- 동바리의 높이가 3.5m를 초과: 높이 2m 이내마다 수평연결재를 양방향으로 설치
- 겹침이음을 하는 수평연결재간의 이격되는 순 간격은 100mm 이내
- 설치높이가 4.0m를 초과하거나 콘크리트 타설 두께가 1.0m를 초과하여 파이프 서포트로 설치가 어려울 경우에는 시스템 동바리 또는 안전성을 확보할 수 있는 지지구조로 설치

4-2. System Support(시스템 동바리)

수직재, 수평재, 가새재 등 각각의 부재를 공장에서 미리 생산하여 현장에서 조립하여 거푸집을 지지하는 지주 형식의 동바리와 강제 합판 및 철재트러스 조립보 등을 이용하여 수평으로 설치하여 지지하는 보 형식의 동바리

- 설치하는 높이는 단변길이의 3배 초과금지
- 수평버팀대 등의 설치를 통해 전도 및 좌굴에 대한 구조 안전성이 확인된 경우에는 3배 초과 설치 가능
- 콘크리트 두께가 0.5m 이상일 경우 조절형 받침철물 윗면으로 부터 최하단 수평재 밑면까지의 순간격이 400mm 이내 설치

[시스템 동바리]

[보우빔]

[호리빔]

공법종류

4-3. 무지지 공법

하층의 작업공간을 확보하기 위하여, 하부 지지틀을 철골 truss로 일체화시킨 보 형태의 무지주 공법

1) 구성요소

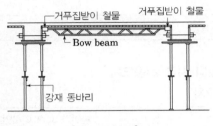

[Bow beam]

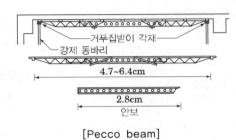

[Pecco beam]

2) 종류별 특성

Bow beam	Pecco beam

Bow beam
- 구조적으로 안전성 확보
- 층고가 높고 큰 span에 유리
- Span이 일정한 형태에 적용

Pecco beam
- 안보를 이용하여 Span조절이 가능
- 조립 및 해체 시 간섭축소
- 전용횟수 100회 이상

Memo

시공

③ 시공

요구조건

Key Point

☑ **국가표준**
– KCS 21 50 05

☑ **Lay Out**
– 하자
– 붕괴

☑ **필수 기준**
– 변형기준
– 시공 허용오차

☑ **필수용어**
– Camber
– 수평연결재

표면등급

• A급: 미관상 중요한 노출면
• B급: 마감이 있는 콘크리트 면
• C급: 미관상 중요하지 않은
  노출콘크리트 면

인접한 거푸집의 어긋남

• A급: 3mm
• B급: 6mm
• C급: 13mm

1. 시공

1-1. 변형기준

표면등급	상대변형	절대변형
A급	$l_n/360$	3mm
B급	$l_n/270$	6mm

1-2. 거푸집의 시공 허용오차

1) 수직오차

구 분	높이가 30m 이하인 경우	높이가 30m 초과인 경우
선, 면 그리고 모서리	25mm 이하	높이의 1/1,000 이하 다만, 최대 150mm 이하
노출된 기둥의 모서리, 조절줄눈의 홈	13mm 이하	높이의 1/2,000 이하 다만, 최대 75mm 이하

2) 수평오차

구 분	허용오차
부재(슬래브, 보, 모서리)	25mm 이하
슬래브에 300mm 이하인 개구부의 중심선 또는 300mm 이상인 개구부의 외곽선	13mm 이하

3) 단면치수의 허용오차

구 분	허용오차
단면치수가 300mm 미만	+9mm, −6mm
단면치수가 300mm 이상 ~ 900mm 미만	+13mm, −9mm

1-3. 현장품질관리

1) 거푸집 동바리의 품질검사
   • 설치거푸집의 조립설치 허용오차한계, 박리제 사용 및 동바리공의
     지지하중, 좌굴 등에 대한 검사를 해야 한다.

2) 콘크리트 타설 전의 검사
   • 설치 콘크리트 부재의 치수와 위치, 거푸집의 선과 수평 및 피복
     두께가 시공오차의 범위 이내인지를 검사

3) 콘크리트 타설 중과 타설 후의 검사
   • 콘크리트 타설 중에는 비정상적인 처짐이나 붕괴의 조짐을 포착하여
     안전한 조치를 취할 수 있도록 수시로 검사

시공

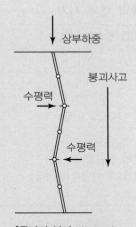

[동바리 붕괴 Mechanism]

수평연결재와 가새

- 동바리의 높이가 3.5m 경우: 높이 2m 이내마다 수평연결재를 양방향으로 설치
- 겹침이음을 하는 수평연결재 간의 이격되는 순 간격은 100mm 이내
- 단일부재 가새재 사용이 가능할 경우 기울기는 60° 이내
- 겹침이음을 하는 가새재 간의 이격되는 순 간격: 100mm 이내 설치

암기법 📖

안정수 변측으로
존 치해라

암기법 📖

안수간 가수 시스템으로
콘크리트 타설

---

2. 하자 및 붕괴

2-1. 가설구조의 붕괴 메커니즘

1) 전도

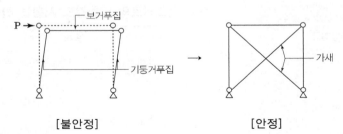

[불안정]　　　　　　　[안정]

2) 보의 꺾임

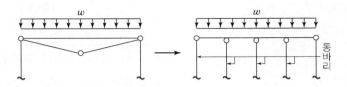

3) 좌굴

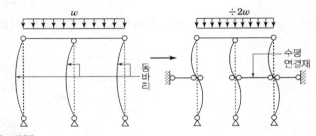

2-2. 하자방지 대책

- 안정성 검토, 안전인증(적정 제품)
- 형상 및 치수 정확도
- 수밀성 유지 및 보강철저
- 변형고려(처짐, 배부름, 뒤틀림)
- 측압 최소화
- 존치기간 준수

2-3. 붕괴 방지대책

- 안정성 검토, 안전인증(적정 제품)
- 수직도 확보
- 간격
- 가새
- 수평연결재
- System Support
- 콘크리트 타설관련 (측압, 돌림타설, 분리타설)

콘크리트의 압축강도

• 이때 콘크리트의 압축강도는 한국콘크리트학회 제규격 KCI
-CT 118에 따라 양생한 현장양생 공시체를 사용하여야 한다.

암기법 📖

조보혼씨
20대 이상 245일
10대 이상 368일

---

④ 존치기간

1. 거푸집의 존치기간

1-1. 콘크리트의 압축강도 시험을 하는 경우 거푸집 널의 해체 시기

부재		콘크리트 압축강도 f_{cu}
확대기초, 기둥, 벽, 보 등의 측면		5MPa 이상[1]
슬래브 및 보의 밑면, 아치 내면	단층구조	$f_{cu} \geq \dfrac{2}{3} \times f_{ck}$ 또한, 14MPa 이상
	다층구조	$f_{cu} \geq f_{ck}$ (필러 동바리 → 구조계산에 의해 기간단축 가능) 최소강도 14MPa 이상

주 1) 내구성이 중요한 구조물의 경우 10MPa 이상

• 거푸집 널 존치기간 중의 평균 기온이 10℃ 이상인 경우는 콘크리트 재령이 위의 표에서 주어진 재령 이상 경과하면 압축강도 시험을 하지 않고도 해체 가능

1-2. 콘크리트의 압축강도를 시험하지 않을 경우 거푸집 널의 해체 시기

(기초, 보, 기둥 및 벽의 측면)

시멘트 평균 기온	조강 P.C	보통 포틀랜드 시멘트 고로 슬래그 시멘트 (1종) 포졸란 시멘트(1종) 플라이 애시 시멘트(1종)	고로 슬래그 시멘트(2종) 포졸란 시멘트(2종) 플라이 애시 시멘트(2종)
20℃ 이상	2일	4일	5일
10℃ 이상	3일	6일	8일

• 현장에서 양생한 표준공시체 혹은 타설된 콘크리트의 압축강도 시험으로 확인

2. 거푸집의 해체

① 비·눈 그 밖의 기상상태의 불안정으로 인하여 날씨가 몹시 나쁠 때에는 해체작업을 중지

② 보 및 슬래브 하부의 거푸집을 해체할 때에는 거푸집 보호는 물론 거푸집의 낙하충격으로 인한 근로자의 재해를 방지

③ 콘크리트 표면을 손상하거나 파손하지 않고, 콘크리트 부재에 과도한 하중이나 거푸집에 과도한 변형이 생기지 않는 방법 선택

④ 거푸집 및 동바리는 예상되는 하중에 충분히 견딜 만한 강도를 발휘하기 전에 해체금지

4-2장

철근공사

Professional Engineer

마법지

1. 재료 및 가공

- 종류 및 성질(형상별, 강도별, 용도별)
- 가공

2. 정착

- 정착(길이, 위치)
- 정착위치

3. 이음

- 이음(길이, 위치)
- 이음공법(겹침이음, 용접이음, 가스압접, 기계적이음)

4. 조립

- 조립
- 피복두께

1 재료 및 가공

재료 및 가공

성질이해
Key Point

■ 국가표준
- KS D 3504
- KDS 14 20 50
- KCS 14 20 11

■ Lay Out
- 종류 및 성질
- 가공

■ 필수 기준
- 부식
- 밴딩마진

■ 필수용어
- 고강도 철근
- 수축·온도철근

암기법

형강용 원이일고에서
하이타이
수배 나션다

모양

• 이형 봉강은 표면에 돌기가 있어야 하며 축선 방향의 돌기를 리브(Rib)라 하고, 축선 방향 이외의 돌기를 마디라 한다.
• 마디의 틈은 리브와 마디가 떨어져 있는 경우 및 리브가 없는 경우에는 마디의 결손부의 너비를, 또 마디와 리브가 접속하여 있는 경우에는 리브의 너비를 각각 마디틈으로 한다.

1. 종류 및 성질

철근 1개마다의 표시(1.5m 이하의 간격마다 반복적으로 Rolling에 의해 식별할 수 있는 마크)가 있어야 한다. 다만, 호칭명 D4, D5, D6, D8은 롤링 마크에 의한 표시 대신 도색에 의한 색 구별 표시를 적용한다.

1-1. 형상별

종류	기호	구분(TAG색) 1 묶음마다 표시	용도
원형봉강 (Steel Round Bar)	SR240	청색	일반용
	SR300	녹색	
이형봉강 (Steel Deformed Bar)	SD300	녹색	일반용
	SD400	황색	
	SD500	흑색	
	SD600	회색	
	SD700	하늘색	
	SD400W	백색	용접용
	SD500W	분홍색	
	SD400S	보라색	특수내진용
	SD500S	적색	
	SD600S	청색	

1-2. 강도별

구분		기호	항복강도(MPa)
이형철근	일반 철근(Mild bar)	SD300	300 이상
	고강도 철근(Hi bar)	SD400	400 이상
		SD500	500 이상
		SD600	600 이상
		SD700	700 이상

재료 및 가공

내진철근 특징

• 신뢰성
 – 항복강도 상·하한치 제한
  (120MPa 이내)
• 유연성
 – 높은 소성능력 확보(인장강
  도=항복강도1.25배)
 – 지진에 안전한 건축물 설계
  가능

• 가공성
 – 500MPa 강도180° 굽힘보장
  (내진 갈고리 시공가능)
 – 500MPa 강도급 내진갈고리
  (135° 굽힘요구) 적용에 따
  른 학교, 필로티 기둥에 적
  용 가능

Tie Bar 용도

• 주근의 간격유지
• 주근의 좌굴 방지
• 강도보충
• 콘크리트 부분적 결함 보충

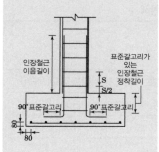

1-3. 용도별

1) 용접철망

콘크리트 보강용 용접망으로서 철근이나 철선을 직각으로 교차시켜 각 교차점을 전기저항 용접한 철선망

2) 내진철근

철근의 항복강도가 400MPa(SD400S) 이상의 철근에 특수 내진용 S등급 철근을 사용하여 지진 저항력을 증대시킨 철근

3) Epoxy Coated Re-Bar

철근의 표면에 에폭시 수지(epoxy resin)를 피복하여 염해 등에 의한 녹을 사전에 방지하기 위한 철근

4) 하이브리드 FRP 보강근

가격 경쟁력이 우수한 유리섬유를 주로 강화섬유로 적용하고 유리섬유 이외에, 재료의 물성과 내구성이 우수한 탄소섬유를 표면에 배치하여 재료의 물성과 내구성을 향상시킨 비부식 보강철근

5) Tie Bar

축방향 철근의 직각방향으로 배치하여 기둥주근 주위에 전단보강을 통해 좌굴을 방지하고 축방향 철근의 위치확보를 위하기 위하여 배근하는 철근

6) 수축·온도철근(Temperature Bar)

콘크리트의 건조수축·온도변화·기타의 원인에 의하여 콘크리트에 일어나는 인장응력에 대비해서 가외로 더 넣는 보조적인 철근

7) 배력철근

하중을 분산시키거나 균열을 제어할 목적으로 주철근에 직각 또는 직각과 가까운 방향으로 배치한 보조철근

8) 나선철근

기둥에서 좌굴이나 전단력을 받아주는 hoop대신 축방향 철근을 이음 없이 나선상으로 감아 전단보강을 하는 보조철근

9) Dowel bar

하중을 전달하는 기구로서 구조물의 일체성 및 구조 안정상 Joint로 인한 부재의 일체성을 확보하기 설치하는 봉강

1-4. 철근녹과 부식

철근의 부식은 concrete가 탄산화되고 concrete 중의 염소이온과 수분의 존재로 철근의 부동태 피막이 파괴된 후 산소가 존재하게 되면 철근 표면에서는 녹이 발생하게 된다.

① 합금법: 합금철근
② 피막법: 방청페인트
③ 전기법: 음극 및 양극 반응 소멸
④ 제염법: 해사 제염
⑤ 방청제 사용

재료 및 가공

암기법 📖

합방을 피하는 전제로 방을 주었다.

피해

• 녹 발생 시 철근체적 2.6배 정도 팽창
• 콘크리트 표면 균열 발생
• 균열로 인한 물과 공기의 침입이 급속히 진행

철근 공작도

• Shop Drawing
  – 철근의 배근과 조립에 필요한 철근의 개수, 크기, 길이, 위치를 나타내는 시공도라 말할 수 있으며 평면, 입면, 스케줄, 철근가공 목록, 구부림 상세를 포함하여 직접 그리거나 컴퓨터로 작성
• Bar-List
  – Shop Drawing을 근간으로 철근의 절단, 절곡의 형상 및 치수를 정리한 표로서 철근가공, 조립, 운반, 수량 파악, 배치 등을 감독할 사람이 필요한 수량산출서

2. 가공

2-1. 철근 공작도(Placing drawing)

철근구조도에 의해 현장에서 철근 절단·구부리기 등의 공작을 하기 위해, 철근 모양, 각 부의 치수, 구부림의 형상·위치·지름·길이·본(대)수 등을 정확히 기입하여 부재 제작 및 현장시공이 용이하도록 표기한 도면

2-2. 철근의 벤딩마진(Bending margin)

철근구조도에 의해 현장에서 철근 절단·구부리기 등의 공작을 하기 위해, 철근 모양, 각 부의 치수, 구부림의 형상 · 위치 · 지름 · 길이 · 본 (대)수 등을 정확히 기입하여 부재 제작 및 현장시공이 용이하도록 표기한 도면

2-2-1. 벤딩마진 산정기준

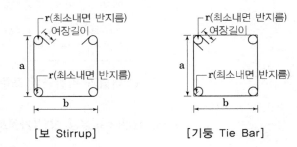

[보 Stirrup]   [기둥 Tie Bar]

1) 보 Stirrup
   • 여장길이+최소내면 반지름+a+최소내면반지름+b/2-db)×2

2) 기둥 Tie bar
   • 여장길이+최소내면 반지름+a+최소내면반지름+b/2-2db)×2

재료 및 가공

2-2-2. 철근의 실제 크기를 고려한 배근

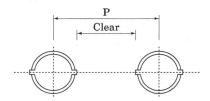

[순간격]
* 25mm
* 철근의 공칭 직경
* 최대 골재치수의 4/3배

2-2-3. 철근의 구부림 직경(스터럽 및 띠철근)

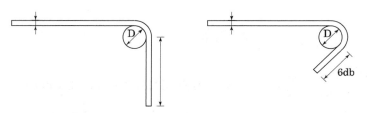

* 고강도 철근의 경우, 철근 가공에 있어 구부림 직경 미준수 시 철근의 표면에 균열이 발생하여 강도발휘에 지장 초래

2-2-4. 표준갈고리

주철근		스터럽, 띠철근		
$4d_b$ 이상 60mm 이상 180° hook　　90° hook	$12d_b$ 이상 r	$6d_b$ 이상	$12d_b$ 이상	135°　$6d_b$ r
• 180° 표준갈고리 구부린 반원 끝에서 $4d_b$ 이상, 또한 60mm 이상 • 90° 표준갈고리 구부린 끝에서 $12d_b$ 이상 더 연장		D16 이하	D19~D25	D25 이하

스터럽과 띠철근의 표준갈고리는 D25 이하의 철근에만 적용한다.

2-3. 철근Loss절감 방안(가공조립의 합리화)

철근구조도에 의해 현장에서 철근 절단·구부리기 등의 공작을 하기 위해, 철근 모양, 각 부의 치수, 구부림의 형상·위치·지름·길이·본(대)수 등을 정확히 기입하여 부재 제작 및 현장시공이 용이하도록 표기한 도면

정착

묻힘길이
Key Point

국가표준
- KDS 14 20 52

Lay Out
- 정착길이
- 정착위치
- 지하공사 시 강재기둥과 철근콘크리트 보의 접합 방법

필수 기준
- 정착위치

필수용어
- 정착위치

Development Length l_d

- 콘크리트에 묻혀있는 철근이 힘을 받을 때 뽑히거나 미끄러짐 변형이 발생하지 않고 항복강도에 이르기까지 응력을 발휘할 수 있는 최소한도의 묻힘길이
  - $\sqrt{f_{ck}} \leq 8.4$MPa로 규정
- 고강도 콘크리트를 사용하는 경우라도 일정강도 이상 정착력이 증가하지 않기 때문

용어의 이해

- f_y: 철근의 항복강도
- f_{ck}: 콘크리트의 압축강도 ($\sqrt{f_{ck}} \leq 8.4$MPa)
- d_b: 철근 또는 철선의 공칭직경 (mm)
- l_d: 이형철근의 정착길이
- l_{db}: 기본정착길이
- l_{dh}: 인장을 받는 표준갈고리의 정착길이
- l_{hb}: 표준갈고리의 기본정착 길이
- 압축이형철근 보정계수 0.75
  - 철근의 간격이 좁은 나선철근이나 띠철근으로 둘러싸인 압축이형철근에 대해서는 횡구속 효과를 반영하여 기본 정착길이를 25%를 감소시킬 수 있다.

② 정착

1. 정착 길이

철근 콘크리트 구조물에 매입된 철근이 설계기준 항복강도를 발휘하기 위해 필요한 위험단면으로부터의 최소 묻힘길이

1) 인장 이형철근

구분	정착길이	
기준	$l_d = l_{db} \times$ 보정계수 ≥ 300mm	
산정식	$l_{db} = \dfrac{0.6 d_b \cdot f_y}{\lambda \sqrt{f_{ck}}}$	

- 보정계수

α 철근배근 위치계수	• 상부철근(정착길이 또는 이음부 아래 300mm를 초과되게 굳지 않은 콘크리트를 친 수평철근) → 1.3
	• 기타 철근 → 1.0
β 철근 도막 계수	• 피복두께가 3_{db} 미만 또는 순간격이 6_{db} 미만인 에폭시 도막철근 또는 철선 → 1.5
	• 기타 에폭시 도막철근 또는 철선 → 1.2
	• 아연도금 철근 및 도막되지 않은 철근 → 1.0
λ 경량 콘크리트 계수	• f_{sp} 값이 규정되어 있는 경우: $\lambda = \dfrac{f_{sp}}{0.56\sqrt{f_{ck}}} \leq 1.0$

• f_{sp}가 규정되어 있지 않은 경우

경량 콘크리트	모래경량 콘크리트	보통 중량 콘크리트
$\lambda = 0.75$	$\lambda = 0.85$	$\lambda = 1.0$

2) 압축 이형철근

구분	정착길이	
기준	$l_d = l_{db} \times$ 보정계수 ≥ 200mm	
산정식	$l_{db} = \dfrac{0.25 d_b \cdot f_y}{\lambda \sqrt{f_{ck}}} \geq 0.043 d_b \cdot f_y$	

① 해석 결과 요구되는 철근량을 초과하여 배치한 경우 → $\dfrac{\text{소요} A_s}{\text{배근} A_s}$

② 지름 6mm 이상, 나선간격 100mm 이하인 나선철근 또는 중심간격 100mm 이하로 D13 띠철근으로 둘러싸인 경우 → 0.75

정착위치

- 기둥→기초
- 지중보→기초, 기둥
- 큰보→기둥
- 작은보→큰보
- 벽체→보, Slab
- Slab→보, 벽체, 기둥

추가기준

- 갈고리는 압축을 받는 경우 철근정착에 유효하지 않은 것으로 보아야 한다.
- 부재의 불연속단에서 갈고리 철근의 양 측면과 상부 또는 하부의 피복 두께가 70mm 미만으로 표준갈고리에 의해 정착되는 경우에 전 정착길이 l_{dh} 구간에 3 d_b이하 간격으로 띠철근이나 스터럽으로 갈고리 철근을 둘러싸야 한다. 이때 첫 번째 띠철근 또는 스터럽은 갈고리의 구부러진 부분 바깥 면부터 $2d_b$ 이내에서 갈고리의 구부러진 부분을 둘러싸야 한다. 이때 보정계수 0.8을 적용할 수 없다.
- 설계기준항복강도가 550MPa을 초과하는 철근을 사용하는 경우에는 보정계수 0.8을 적용할 수 없다.

3) 다발철근의 정착

- 인장 또는 압축을 받는 하나의 다발철근 내에 있는 개개 철근의 정착길이 는 다발철근이 아닌 경우의 각 철근의 정착길이보다 3개의 철근으로 구성된 다발철근에 대해서는 20%, 4개의 철근으로 구성된 다발철근에 대해서는 33%를 증가시켜야 한다.

4) 표준갈고리를 갖는 인장 이형철근

구분	정착길이	
기준	$l_{dh}=l_{hb}×$ 보정계수 $≥8d_b$, 150mm	l_{dh}
산정식	$l_{hb}=\dfrac{0.24\beta \cdot d_b \cdot f_y}{\lambda \sqrt{f_{ck}}}$	

① D35 이하 철근에서 갈고리 평면에 수직방향인 측면 피복두께가 70mm 이상이며, 90° 갈고리에 대해서는 갈고리를 넘어선 부분의 철근 피복두께가 50mm 이상인 경우 → 0.7

② D35 이하 90° 갈고리 철근에서 정착길이 l_{dh} 구간을 3_{db} 이하 간격으로 띠철근 또는 스터럽이 정착되는 철근을 수직으로 둘러싼 경우 또는 갈고리 끝 연장부와 구부림부의 전 구간을 3_{db} 이하 간격으로 띠철근 또는 스터럽이 정착되는 철근을 평행하게 둘러싼 경우 → 0.8

③ D35 이하 180° 갈고리 철근에서 정착길이 l_{dh} 구간을 $3d_b$ 이하 간격으로 띠철근 또는 스터럽이 정착되는 철근을 수직으로 둘러싼 경우 → 0.8

④ 전체 f_y를 발휘 하도록 정착을 특별히 요구하지 않는 단면에서 휨철근이 소요철근량 이상 배치된 경우 → $\dfrac{소요 A_s}{배근 A_s}$

2. 정착위치

- 기둥→기초
- 지중보→기초, 기둥
- 큰보→기둥
- 작은보→큰보
- 벽체→보, Slab
- Slab→보
- 벽체, 기둥

이음

이음길이
Key Point

■ 국가표준
– KDS 14 20 52
– KCS 14 20 11

■ Lay Out
– 이음길이
– 이음위치
– 이음공법
– 철근이음의 검사

■ 필수 기준
– 정착위치

■ 필수용어
– 철근의 가스압접
– 나사식 이음
– Sleeve Joint

③ 이음

1. 이음 길이

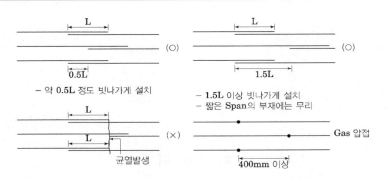

① 응력이 작은 곳, 콘크리트 구조물에 압축응력이 생기는 곳에 설치
② 한 곳에 집중하지 않고 서로 빗나가게 설치(이음부의 분산)

1-1. 용접이음 및 기계적 이음

- 용접이음은 용접용 철근을 사용하며, f_y의 125% 이상을 발휘할 수 있는 완전용접이어야 한다.
- 기계적 이음은 f_y의 125% 이상을 발휘할 수 있는 기계적 이음이어야 한다.

1-2. 겹침이음

1) 이음 구분

$\dfrac{\text{배치}A_s}{\text{소요}A_s}$	소요 겹침이음 길이내의 이음된 철근A_s의 최대(%)	
	50% 이하	50% 초과
2 이상	A급이음 $(1.0l_d)$	B급이음 $(1.3l_d)$
2 미만	B급이음 $(1.3l_d)$	B급이음 $(1.3l_d)$

2) 인장 이형철근의 겹침이음 기준

구분	내용	이음길이
A급 이음	배근된 철근량이 소요철근량의 2배 이상이고, 소요 겹침이음 길이 내 겹침이음된 철근량이 전체 철근량의 1/2 이하인 경우	$1.0l_d \geq 300\text{mm}$
B급 이음	그 외의 경우	$1.3l_d \geq 300\text{mm}$

※ 주의사항
① l_d : 인장을 받는 이형철근의 정착길이로서 과다철근에 의한 보정 계수는 적용하지 않은 값
② 겹침이음 길이는 300mm 이상이어야 함

이음

4) 압축 이형철근의 겹침이음 기준

구분		이음길이
기준	$f_y \leq 400\text{MPa}$	$0.072f_y \cdot d_b$ 보다 길 필요가 없다. (이하)
	$f_y > 400\text{MPa}$	$(0.13f_y - 24)d_b$ 보다 길 필요가 없다. (이하)
산정식		$l_s = \left(\dfrac{1.4f_y}{\lambda \sqrt{f_{ck}}} - 52 \right) d_b \geq 300\text{mm}$
제한		$f_{ck} < 21$ MPa: 이음길이를 $\dfrac{1}{3}$ 증가시켜야 한다. 압축철근의 겹침이음길이는 인장철근의 겹침이음길이보다 길 필요는 없다.

2. 이음 위치

2-1. 기둥 철근

그림 설명	내용
🟦 이음하면 좋지 않은 위치 ▨ 이음하면 좋은 위치 🔲 이음 가능한 위치	• 횡압축을 받는 경우 − 이음하면 좋은 위치: A급 인장이음 (소요철근량보다 2배 이상 과다 배근되고, 전 철근의 1/2 이용 시) • 순수 축하중만 받는 경우: 압축이음 길이 적용

2-2. 지중보 철근

1) 수압을 받지 않는 경우(자중 〉 수압)

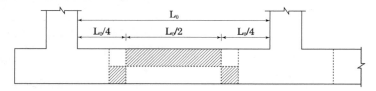

2) 수압을 받는 경우(자중 〈 수압)

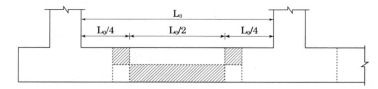

이음위치

• D35를 초과하는 철근은 겹침이음을 하지 않아야 한다.
• 휨부재에서 서로 직접 접촉되지 않게 겹침이음된 철근은 횡방향으로 소요 겹침이음길이의 1/5 또는 15mm 중 작은 값 이상 떨어지지 않아야 한다.
• 보나 기둥, 직교하는 벽체 내에서는 이음하지 않도록 할 것
• 수평근의 경우 한 스팬마다 기둥에 정착해도 됨
• 철근의 이음 위치는 가능하면 한 곳에 집중되지 않도록 할 것

이음

• 범례

⬓ : 이음해도 좋은 위치

☐ : 이음하면 좋지 않은 위치

보철근위치

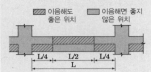

2-3. 벽체 철근

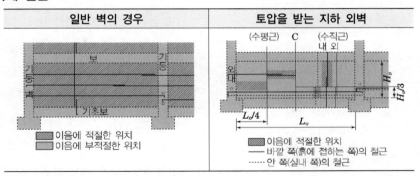

일반 벽의 경우	토압을 받는 지하 외벽
⬓ 이음에 적절한 위치 ☐ 이음에 부적절한 위치	⬓ 이음에 적절한 위치 — 바깥 쪽(흙에 접하는 쪽)의 철근 ···· 안 쪽(실내 쪽)의 철근

2-4. 보 및 Slab 철근

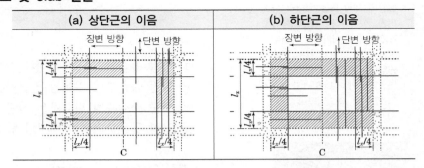

(a) 상단근의 이음	(b) 하단근의 이음

3. 이음공법

- 겹침이음(lap joint)
- 용접이음
- 가스압접(gas press welding)
- 기계적 이음(Sleeve Joint, mechanical splice)

3-1. 가스압접

2개의 철근단부를 맞대어놓고 축방향으로 철근 단면적당 30MPa 이상의 가압을 하고 압접면의 틈새가 완전히 닫힐 때 까지 환원불꽃으로 가열하여 접합시키는 공법

압접 용어

- 중성불꽃 : 산화 작용도 환원 작용도 하지 않는 중성인 불꽃
- 환원불꽃 : 환원성을 가지고 있는 가스불꽃
- 철근단면 절단기 : 철근의 인접단면을 직각으로 절단 하는 절단기
- 압접면의 엇갈림 : 압접 돌 출부의 정상에서부터 압심면 의 끝부분까지의 거리
- 편심량 : 압접된 철근 상호 의 압접면에 있어서 축방향 엇갈림의 양

1) 철근 압접의 원리

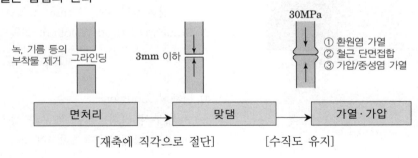

면처리	→	맞댐	→	가열·가압

[재축에 직각으로 절단]　　　[수직도 유지]

이음

압접 시 고려사항

- 철근의 압접위치가 설계도서에 표시되지 않은 경우, 압접위치는 응력이 작게 작용하는 부위 또는 직선부에 설정하는 것을 원칙으로 하며 부재의 동일단면에 집중시키지 않도록 한다.
- 철근의 재질 또는 형태의 차이가 심하거나, 철근지름이 7mm 넘게 차이가 나는 경우에는 압접을 하지 않는 것을 원칙으로 한다.
- 가스압접의 1개소당 1.0~1.5 의 길이가 축소되므로 가공 시 이를 고려하여 절단해야 한다.

[단부 나사 가공 이음]
[나사(볼트) 조임식]

[Cad Welding]

암기법 📖

나 슬 그 머니 편 든다.
기계적으로

2) 가스압접의 가압 및 가열

```
[맞댐]
   ↓
[가열·가압]
   ↓
[접합]
```

- 두면의 사이 간격은 3mm 이하
- 편심 및 휨이 생기지 않는 지를 확인
- 축 방향에 철근 단면적당 30MPa 이상의 가압
- 틈새가 완전히 닫힐 때 까지 환원불꽃으로 가열
- 중성불꽃으로 표면과 중심부의 온도차 없어질 때까지
- 가열범위는 압접부를 중심으로 철근지름의 2배 정도

3) 수압을 받지 않는 경우(자중 〉 수압)

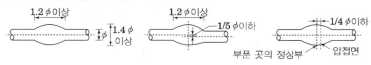

① 압접 돌출부의 지름은 철근지름의 1.4배 이상
② 압접 돌출부의 길이는 철근지름의 1.2배 이상
③ 철근 중심축의 편심량은 철근 지름의 1/5 이하
④ 압접 돌출부의 단부에서의 압접면의 엇갈림은 철근지름의 1/4 이하

3-2. 기계적 이음(Sleeve joint)

1) 나사식
- 두 철근의 양단부에 수나사를 만들고, Coupler를 Nut로 지정 Torque 까지 조이는 철근이음공법

2) Sleeve 압착
① 연속 압착이음(Squeeze Joint) – 국내 생산업체 없음

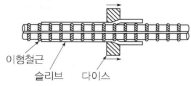

이형철근   슬리브   다이스

- 특수 유압잭을 사용하여 Sleeve의 축선을 따라 연속적 압착하는 방식
② 단속 압착이음(Grip Joint)
- G–Loc Sleeve, G–Loc Wedge를 Hammer로 내리쳐서 이음

- 상온에서 유압 Pump·고압 Press기 등으로 Sleeve를 압착

3) Grouting식: (Cad Welding): 화약의 폭발력 이용

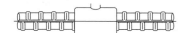

4) 편체식: Coupler
- 내부 분리형: 철근 배근과 동시 작업 가능
- 내부 일체형: 제조회사에 따른 호환성이 좋음

조립

철근의 간격

Key Point

■ **국가표준**
- KS D 3552
- KCS 14 20 11
- EXCS 14 20 11

■ **Lay Out**
- 조립
- 보강
- 이음공법
-

■ **필수 기준**
- 정착위치

■ **필수용어**
- 철근 Prefab
- 철근의 피복두께

부위별 결속기준

- 기둥 및 보
  - 네 귀퉁이의 주근과 띠철근은 100% 결속
  - 네 귀퉁이 이외의 주근과 띠철근은 50% 이상의 결속
- 기초
  - 100% 결속
- 슬래브, 벽체
  - 철근 교점의 50% 이상의 결속

암기법 📖

단청자리에 이 적이
오는 구나

4 조립

1. 조립

철근은 설계에 정해진 원칙에 의해 그려진 철근가공조립도에 따라 정확한 치수 및 형상을 가지도록 재질을 해치지 않는 적절한 방법으로 가공하고, 이것을 소정의 위치에 정확하고 견고하게 조립해야 한다.

1-1. 조립의 기준- 순간격

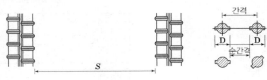

[S=철근의 순간격 = 철근 표면간의 최단거리]

- 이형철근 공칭지름(d_b)의 1.5배 이상
- 굵은골재 최대치수 4/3 이상, 25mm 이상
- 벽체, 슬래브: 두께의 3배 이하, 450mm 이하
- 기둥: 40mm 이상, d_b의 1.5배 이상

1-2. 철근 선조립공법(철근Prefab공법)

철근을 기초·기둥·벽체·보·바닥 slab 등의 각 부위별로 unit화된 부재로 공장 및 현장에서 미리 조립해 두고 현장에서는 기계화 시공을 통해 조립·접합하는 철근공법

- 각 부재의 접합부 형상을 단순화
- 조립 전 청소
- 자재 변형 방지
- Lead Time 준수
- 이음의 최소화
- 적절한 접합공법 사용
- 조립오차 최소화
- 접합부 구조검토

3. 철근의 최소 피복두께(Covering Depth)

① 철근콘크리트 부재의 각면 또는 그 중 특정한 위치에서 가장 외측에 있는 철근의 최소한도의 피복두께
② 철근의 부착강도 확보, 부식방지 및 화재로 부터 철근을 보호하기 위해 철근을 concrete로 둘러싼 두께이며, 최외각 철근표면과 concrete 표면의 최단 거리

목적

- 내구성 확보
- 부착성 확보
- 내화성 확보
- 구조내력상의 안전성
- 방청성 확보
- 콘크리트 유동성 확보

기준

- 철근의 피복은 최외단의 철근을 기준으로 한다.
- 철근의 피복 두께는 시공성과 수명, 안전성을 고려하여 기준값 이상을 적용해야 하며 가능한 철근직경의 1.5배, 골재직경 이상으로 한다.
- 줄눈 부분 등 철근의 피복두께가 부분적으로 감소하는 부위는 방청철근을 사용하든가 줄눈부분에 실링재 등을 사용하여 방청 처리한다.
- 시공 시 최소 피복은 허용오차 이내이어야 한다.
- 철근의 피복은 주근이나 스터럽 등의 구분 없이 최외단 철근을 기준으로 한다.

3-1. 피복두께 개념

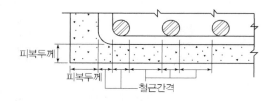
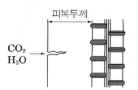

– 피복은 철근 공칭치수의 1.5배 이상 확보
– 피복이 작은 경우 철근에 힘이 가해지면 콘크리트에 균열이 발생

3-2. 철근의 최소 피복두께

KDS 14 20 50 2022.01.11.

종류		최소 피복두께(mm)
(수중)에 타설하는 콘크리트		100
(지중)흙에 접하여 콘크리트를 친 후 영구히 흙에 묻히는 콘크리트		75
흙에 접하거나 옥외의 공기에 직접 (노출)되는 콘크리트	D19 이상의 철근	50
	D16 이하의 철근	40
(실내) 옥외의 공기나 흙에 직접 접하지 않는 콘크리트	슬래브, 벽체, 장선 D35 초과하는 철근	40
	슬래브, 벽체, 장선 D35 이하인 철근	20
	보, 기둥	40
	쉘, 절판부재	20

※ 보, 기둥의 경우 $f_{ck} \geq 40MPa$일 때 피복두께를 10mm 저감시킬 수 있다.

Memo

4-3장

콘크리트
일반

Professional Engineer

마법지

1. 재료 및 배합

- 시멘트 종류 및 성질
- 골재 분류
- 혼화재료
- 배합설계

2. 제조 및 시공

- 공장조사 및 선정
- 운반
- 콘크리트 타설
- 이음
- 양생
- 품질관리

3. 콘크리트 성질

- 굳지않은 콘크리트 성질(미경화 콘크리트 성질, 재료분리, 초기수축)
- 굳은 콘크리트 성질(강도특성, 역학적 특성, 변형특성 및 물성변화)
- 내구성

4. 균열

- 균열의 종류
- 균열의 평가

재료 · 배합

성질이해
Key Point

☑ **국가표준**
- KS L 5201
- KCS 44 55 05

☑ **Lay Out**
- 시멘트
- 골재
- 배합수
- 혼화재료
- 배합설계

☑ **필수 기준**
- 배합설계

☑ **필수용어**
- 분말도
- 수화반응
- 수화열
- 혼화재료
- W/B

① 재료 · 배합

1. 시멘트

석회(CaO)·실리카(SiO_2)·알루미나(Al_2O_3)·산화철(Fe_2O_3)·마그네시아(MgO) 등을 함유하는 원료를 적당한 비율로 충분히 혼합분쇄하여 만들어진 조합원료(Raw mix)를 고온(1450℃)의 소성로(Kiln)에서 소성하여 clinker광물이 생성된다.

1-1. 주요화합물의 특성

구분	규산 제3칼슘	규산 제2칼슘	알루민산 제3칼슘	알루민산철 제4칼슘
분자식	$3CaO \cdot SiO_2$	$2CaO \cdot SiO_2$	$3CaO \cdot Al_2O_3$	$3CaO \cdot Al_2O_3 \cdot Fe_2O_3$
약자	C_3S	C_2S	C_3A	C_4AF
별명	Alite	Belite	Aluminate	Ferrite
수화반응	상당히 빠름	늦음	대단히 빠름	비교적 빠름
조기강도	大	小	大	小
장기강도	中	大	小	小
수화열	大	小	極大	中
건조수축	中	小	大	小
화학저항성	中	大	小	中

1-2. 시멘트의 주원료

원료		주성분	시멘트 1t을 생산하는데 필요한 양
석회질(80%)	석회석	CaO	약 1130kg
점토질(20%)	점토	SiO_2(20~26%) Al_2O_3(4~9%)	약 240kg
	규석	SiO_2	약 50kg
	슬래그	Fe_2O_3	약 35kg
	석고	$CaSO_4 \cdot 2H_2O$	약 33kg

1-3. 보통 포틀랜드 시멘트의 품질기준

구분	분말도 (m^2/g)	안정도(%)	초결(분)	종결(시간)	압축강도(MPa)1종 기준		
					3일	7일	28일
KS 규격	2,800 이상	0.8 이하	60 이상	10 이하	12.5 이상	22.5 이상	42.5 이상

분말도

- 시멘트의 분말도는 시멘트 입자의 고운 정도이며, 시멘트는 분말이 미세할수록 물과의 혼합 시 접촉 면적이 크므로 수화작용이 빠르게 되는 특성이 있다.

- 시멘트 입자의 크기 정도를 분말도 또는 비표면적으로 나타 내며, 시멘트의 입자가 미세할수록 분말도가 크다.

재료 · 배합

강열감량

- 흙이나 cement 등의 시료에 900~1200℃ 정도(1000℃)의 강한 열을 60분 동안 가했을 때 중량이 감소된 손실량
- 시멘트가 풍화하면 강열감량이 커지며, 풍화의 정도를 파악하는데 사용

암기법 📖

시골물혼 P 가 혼특하여 보중조 저내

암기법 📖

포플러시면 저고 졌고만~

1-4. 강열감량

| 포틀랜드 시멘트 | • 5% 이하 |

| Fly ash | • 1종: 3% 이하
 • 2종: 5% 이하 |

1-5. 시멘트의 종류

1) Porland cement – KS L 5201

구분	종류	특징
Portland cement	1종 보통 P.C	일반 건축공사
	2종 중용열 P.C	수화열 및 조기강도 낮고 장기강도는 동등 이상
	3종 조강 P.C	보통 P.C 3일 강도를 1일에 7일 강도를 3일에 발현
	4종 저열 P.C	중용열 P.C 보다 수화열이 낮음
	5종 내황산염 P.C	C_3A를 줄이고 C_4AF를 약간 늘림

2) 혼합 cement

구분		종류	특징
혼합 시멘트	고로 slag cement KS L 5210	1종(5~30%) 2종(30~60%) 3종(60~70%)	내화학 저항성, 내해수성
	Fly ash cement KS L 5211	1종(5~10%) 2종(10~20%) 3종(20~30%)	수화열 및 건조수축이 적음
	Pozzolan cement KS L 5401	1종(5~10%) 2종(10~20%) 3종(20~30%)	수밀성이 높고 내화성성 우수, 초기강도 작음
	저열 혼합시멘트		고로슬래그 미분말 · 플라이 애쉬 등을 혼합하여 제조

3) 특수 시멘트

구분	특징
알루미나 시멘트 KSL 5205	내화학성 우수, 강도발현 빠름. 6~12시간에 일반P.C와 동일
팽창 시멘트 KS L5217	건조수축을 방지
백색 시멘트 KS L 5204	시멘트 원료 중 점토에서 실리카 성분을 제거
초속경 시멘트	6,000cm²/g으로 미분쇄, 2~3시간에 10MPa에 도달
MDF시멘트	수용성 폴리머를 혼합, 공극 채움
DSP 시멘트	고성능 감수제 혼합. 공극률 감소
벨라이트 시멘트	클링커의 상 조성을 변화시키지 않고 제조 가능. 적은 양의 석고 사용 가능

1-6. 수화반응과 수화과정(Reaction of Hydration)

① cement(CaO)와 물(H_2O)이 접촉하여 수화반응에 따라 열을 방출하는 동시에 굳어지며 수산화칼슘($Ca(OH)_2$)을 생성하는 반응
② 수화과정은 cement paste가 시간이 경과함에 따라 점차 유동성과 점성을 상실하고 고화하여 형상을 그대로 유지할 정도로 굳어질 때까지의 현상인 응결(setting) 되는 과정

재료 · 배합

수화(Hydration)

• Cement(CaO)와 물(H_2O)이 반응하여 가수 분해되어 수화물$Ca(OH)_2$ 생성

• 수화반응에 필요한 수량
 – 수화물 결정수: 시멘트 양의 약 25%
 – Gel공극 내 공극수: 약 15%
 – 합계: 시멘트 양의 40%

응결과 경화

• cement가 물과 접촉하여 수화반응에 따라 점점 굳어져 유동성을 잃기 시작하여 굳어지는 과정을 응결이라고 하고, 응결과정 이후 강도발현과정을 경화라고 한다.

• 시멘트의 응결은 유동성이 없어지는 초결단계의 시간이 초결시간과, 시간이 경과하여 응고를 계속하여 고체와 같은 상태를 종결이라 하며, 이때의 시간을 종결시간이라고 한다.

• 시멘트의 강도발현곡선

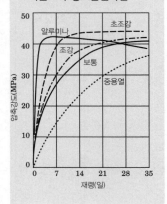

1) 포틀랜드 시멘트의 수화발열 속도 및 양

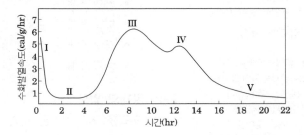

① 제1peak(Ⅰ)
석석고와 알루미네이트상의 반응하여 Ettringite생성. 알라이트 표면의 용해
② 유도기(Ⅱ)
2~4시간은 수화가 진행되지 않고 페이스트 성상도 변화하지 않은 상태
③ 제2Peak(Ⅲ) 가속기
알라이트의 수화가 다시 시작
④ 제3Peak(Ⅳ) 감속기
내부의 C_3A가 수화를 시작할 때 석고의 소진으로 에트린자이트가 모노 셀페이트(Monosulfate, $C_3A \cdot CaSo_4 \cdot 12H_2O$)로 변화하면서 발생하는 발열
⑤ 제3Peak이후(Ⅴ)
수화물 간의 접착으로 경화가 시작

2) 응결기간 중 초결시간과 종결시간

• 수화개시 후 초결은 60분 종결시간은 10시간 이내

Memo

2. 골재

골재는 콘크리트의 모르타르, 석회반죽, 역청질의 혼합물 등과 같이 결합재에 의하여 한덩어리를 이룰 수 있는 건설용 광물질의 재료로써, 굳기 전 콘크리트의 작업성과 굳은 후의 강도, 내구성, 수밀성의 확보에 영향을 미친다.

골재의 요구성능

① 표면이 거칠고 구형에 가까운 것
② 청정한 것
③ 물리적으로 안정할 것
④ 화학적으로 안정할 것
⑤ 입도가 적절할 것
⑥ 시멘트페이스트와 부착력이 크도록 큰 표면적을 가질 것

2-1. 골재의 종류

- 천연골재 – KS F 2527
- 부순골재 – KS F 2527
- 경량골재 – KS F 2534
- 순환골재 – KCS 14 20 21, KS F 2527

골재입도와 품질

- 입도가 좋은 골재는 실적률이 크다
- 입도가 좋은 골재는 동일 Slump에서 단위수량이 작아진다.
- 강자갈 사용 시 쇄석보다 단위수량이 5~8% 줄어든다.
- 입도가 좋은 골재를 사용하면 시공연도가 좋아진다.

2-2. 골재의 입도

1) 조립률(FM)-체가름 시험

$$FM = \frac{10개 \ 체에 \ 남은 \ 양의 \ 누적백분율의 \ 합}{100}$$

2) 입자크기에 따른 분류

| 잔골재(Fine Aggregate) | • 10mm 체를 전부 통과하고, 5mm 체를 거의 다 통과하며, 0.08mm 체에 거의 다 남는 골재, 5mm 체를 통과하고 0.08mm 체에 남는 골재 |

| 굵은골재(Coarse Aggregate) | • 5mm 체에 거의 다 남는 골재, 5mm 체에 다 남는 골재 |

골재의 밀도

- 겉보기 밀도
  - 절대 건조 상태의 체적에 대한 절대 건조 상태의 질량
① 절대건조상태
  (absolute dry condition of aggregate)의 밀도
  골재 내부의 빈틈에 포함되어 있는 물이 전부 제거된 상태인 골재 입자의 겉보기 밀도로서, 골재의 절대 건조 상태 질량을 골재의 절대 용적으로 나눈 값
② 기건상태(air dried state of aggregate)의 밀도
  골재를 공기 중에 건조하여 골재의 표면은 수분이 없는 상태이고, 내부는 수분을 포함하고 있는 상태
③ 표면건조 포화상태
  (Saturated surface state of aggregate)의 밀도
  골재의 표면은 건조하고 골재 내부의 공극이 완전히 물로 차있는 상태의 골재의 질량을 같은 체적의 물의 질량으로 나눈 값으로 골재의 함수상태를 나타내는 기준
④ 습윤상태
  (wet state of aggregate)
  골재표면은 수분이 있는 상태이고, 내부는 포화상태

2-3. 골재의 밀도와 흡수율(비중과 함수상태)

절건상태 기건상태 표면건조 내부포수상태 습윤상태

기건함수량 유효흡수량
흡수량 표면량
함수량

- D_d : 절대 건조 상태의 시료 밀도(g/cm³)
- A : 절대 건조 상태의 시료 질량(g)
- D_A : 겉보기 밀도(g/cm³)
- D_s : 표면 건조 포화 상태의 시료밀도(g/cm³)
- B : 표면 건조 포화 상태의 시료 질량(g)
- C : 침지된 시료의 수중 질량(g)
- ρ_w : 시험 온도에서의 물의 밀도(g/cm³)
- D_A : 겉보기 밀도(g/cm³)

A : 절대 건조 상태의 질량
B : 표면건조내부포화상태의 질량
C : 수중질량

- 절대건조상태의 시료 밀도
- 표면 건포화상태의 시료밀도

$$D_d = \frac{A}{B-C} \times \rho_w \qquad D_s = \frac{B}{B-C} \times \rho_w$$

- 겉보기 밀도
- 흡수율

$$D_A = \frac{A}{A-C} \times \rho_w \qquad Q = \frac{B-A}{A} \times 100$$

재료 · 배합

배합수

- 상수도물
- 상수도 이외의 물
- 회수수(회수수, 슬러리수, 상 징수)

혼화재료

- 혼화재: 시멘트 중량에 대하여 5% 이상 첨가, 용적에 계산되는 광물질
- 혼화제: 결합재 단위중량에 대하여 0.7~0.9% 첨가하는 화학 약제로, 배합 시 용적으로는 고려하지 않는 재료

암기법 📖

배가 고프실 때는 석식으로 팽이버섯을 드세요~

암기법 📖

A컵을 감수하고도~
응결이 경화 지연이유방이
청 포도만 하다~

혼화제

- AE제
- AE감수제
- 고성능 감수제
- 응결제
- 경화제
- 지연제
- 유동화제
- 방동제
- 방청제
- 기포제

3. 배합수

배합수는 콘크리트 용적의 약 15%를 차지하고 있으며, 소요의 유동성과 시멘트 수화반응을 일으켜 경화를 촉진한다.

4. 혼화재료

1) 혼화재

종류	효과	특징
고로슬래그 미분말	• 수화속도지연 및 저감 • 장기강도 및 수밀성 증진 • 해수 등에 대한 화학저항성 개선 • 알칼리골재 반응 억제	• 잠재수경성 • 초기강도 저하 • 중성화 촉진
플라이애시	• Workability 개선 및 단위수량 저감 • 수화열에 의한 온도상승 억제 • 장기강도 증진 • 수밀성 및 화학저항성 개선 • 알칼리 골재반응 억제 • 건조수축 저감	• 포졸란 반응 • 초기강도 저하
실리카 흄	• 고강도 발현, 재료분리가 적고 블리딩 감소 • 초미립자로 micro filler효과 • 수밀성 및 화학저항성 증가 • 단위수량 및 건조수축 증가	• 포졸란 반응 • 고성능 감수제와 병용
석회석 미분말	• 작업성, 유동성 및 재료분리 저항성 향상 • 수화발열량 저감 • 수화촉진 및 충전에 의한 초기강도 향상	• 사용량과 혼화제의 종류에 따라 유동성 변화
팽창재	• 건조수축 저감 • 균열저감	• 수영장 및 사일로 • 무수축 그라우팅

2) 혼화제

구분	AE제	감수제	고성능 감수제
성능	• 공기량 제어	• 단위수량을 줄이고, 유동성 증대	• 단위수량 감소 • 유동성 증대
성분 분류	• 천연수지산염 • 지방산염계 • 인산에스테르계 • 폴리옥시 에틸렌, 알칼리페닐	• 표준제, 지연제, 촉진제 • 리그닌계, 나프탈렌계	• 나프탈렌계 • 멜라민계 • 폴리카르본산계
특징	• 동결융해 저항성 증가 • 작업성 향상 • 감수성능은 미비(별도의 감수제 적용 필요)	• 감수율 8% 이상 효과 • 시공연도 개선 • 수밀성 증대	• 단위수량 대폭감소 • 감수율 12% 이상 • 시공연도 개선 • 수밀성 증대

5. 배합설계

> 콘크리트의 배합(mix proportion)은 콘크리트를 1m³를 만드는 각 재료의 비율을 말하며, 소요의 워커빌리티, 내구성 및 강도를 얻을 수 있도록 그 혼합비율을 선정하는 것

배합설계의 기본원칙

① 충분한 강도를 확보할 것
② 충분한 내구성을 확보할 것
③ 가능한 한 단위수량을 적게 할 것
④ 가능한 한 최대치수가 큰 굵은골재를 사용할 것
⑤ 경제성 있는 배합일 것 점성, 분리, 블리딩이 작을 것

배합기준

- 단위수량: 165~170kgf/m³
- 단위시멘트량: 270kgf/m³ 이상
- W/B: 48~55%
- 공기량: 4~6%
- 염화물 이온량: 0.3kgf/m³ 이하
- 잔골재율 표준값: 조립률 2.8 내외

강도기준

- 설계기준압축강도(Specified Compressive Strength): 구조설계에서 기준으로 하는 콘크리트의 강도를 말하며, 일반적으로 재령 28일의 압축강도(기호: f_{ck})를 기준으로 한다.
- 배합강도(Required Average Concrete Strength): 콘크리트의 배합을 정하는 경우에 목표로 하는 강도를 말하며, 일반적으로 재령 28일의 압축강도(기호:f_{cr})를 기준으로 한다.
- 호칭강도(Nominal Strength) 레미콘 주문 시 KS F 4009의 규정에 따라 사용되는 콘크리트강도(기호: f_{cn})로서 기온, 습도, 양생 등 사용환경에 보정 값을 고려하여 주문하는 강도

5-1. 배합설계 시 기본요소

- 물-결합재비와 강도: $f_c' = A + B(C/W)$, f_c'는 콘크리트의 28일 압축강도
- 워커빌리티: 강도, 내구성 및 경제성 등을 결정
- 내구성 저하를 유발하는 유해 작용 고려

5-2. 배합설계 순서

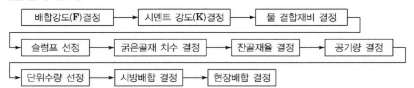

5-3. 시방배합

1) 설계기준압축강도(F_{ck})
2) 배합강도(F_{cr})

> 1) 배합강도(f_{cr})는 (20±2) ℃ 표준양생한 공시체의 압축강도로 표시하는 것으로 하고, 강도는 강도관리를 기준으로 하는 재령에 따른다.
> 2) 품질기준강도(f_{cq})는 구조계산에서 정해진 설계기준압축강도(f_{ck})와 내구성 설계를 반영한 내구성기준압축강도(f_{cd})중에서 큰 값으로 정한다.
> $$f_{cq} = \max(f_{ck}, f_{cd}) \text{ (MPa)}$$
> 3) 기온보정강도(T_n)를 더하여 생산자에게 호칭강도(f_{cn})로 주문해야 한다.
> $$f_{cn} = f_{cq} + T_n \text{ (MPa)}$$
> 4) 배합강도(f_{cr})는 호칭강도(f_{cn}) 범위를 35 MPa 기준으로 분류한 아래 각 ⓐ ⓑ두 식에 의한 값 중 큰 값으로 정해야 한다.
> ⓐ $f_{cn} \leq 35$ MPa인 경우
> ① $f_{cr} = f_{cn} + 1.34s \text{ (MPa)}$
> ② $f_{cr} = (f_{cn} - 3.5) + 2.33s \text{ (MPa)}$
> ⓑ $f_{cn} > 35$ MPa인 경우
> ①´ $f_{cr} = f_{cn} + 1.34s \text{ (MPa)}$
> ②´ $f_{cr} = 0.9f_{cn} + 2.33s \text{ (MPa)}$
> 여기서, s ; 압축강도의 표준편차(MPa)
> 5) 현장 배치플랜인 경우는 4)항에서 호칭강도(f_{cn}) 대신에 기온보정강도(T_n)을 고려한 품질기준강도(f_{cq})를 사용할 수 있다.

3) 시멘트 강도 (K) 결정: KS시험기준에 의해 재령 28일 강도

4) 물-결합재비

- 물-결합재비는 소요의 강도, 내구성, 수밀성 및 균열저항성 등을 고려하여 정해야 한다.

5) 슬럼프 표준 값

종류		슬럼프 값
철근콘크리트	일반적인 경우	80~150(180)
	단면이 큰 경우	60~120(150)
무근콘크리트	일반적인 경우	50~150(180)
	단면이 큰 경우	50~100(150)

6) 굵은골재 최대 치수 G_{max}

① 굵은 골재의 공칭 최대 치수는 다음 값을 초과하지 않아야 한다.
- 거푸집 양 측면 사이의 최소 거리의 1/5
- 슬래브 두께의 1/3
- 개별 철근, 다발철근, 긴장재 또는 덕트 사이 최소 순간격의 3/4

② 굵은 골재의 공칭 최대 치수 표준 값

구조물의 종류	굵은 골재의 최대치수(mm)
일반적인 경우	20 또는 25
단면이 큰 경우	40
무근콘크리트	40(부재 최소치수의 1/4을 초과해서는 안됨)

7) 잔골재율

- $s/a = \dfrac{Sand용적}{Aggreate = G용적 + Sand용적} \times 100\%$

8) 공기연행콘크리트의 공기량

- 공기량 1% 증가하는데 슬럼프는 20mm 증가
- 공기량 1% 증가하는데 단위수량은 3% 감소
- 공기량 1% 증가하는데 압축강도는 4~6% 감소

9) 단위수량

- 단위수량은 최대 185kg/m^3 이내의 작업이 가능한 범위 내에서 될 수 있는 대로 적게 사용하며, 그 사용량은 시험을 통해 정하여야 한다.

10) 시방배합과 현장배합

구분	시방배합	현장배합
정의	시방서 기준	현장에서 계량
골재의 함수상태	표면건조 포화상태	현장조건에 따라 다르며, 기건상태 또는 습윤상태
단위량	1m^3	1Batch
계량	중량계량	중량 또는 부피계량

제조 · 시공

내구성

Key Point

■ **국가표준**
- KS F 4009
- 건설공사 품질관리 업무 지침
- KCS 14 20 10

■ **Lay Out**
- 공장조사 및 선정
- 운반
- 콘크리트 타설
- 이음
- 양생방법
- 품질관리

■ **필수 기준**
- 배합설계
- 콘크리트 시험

■ **필수용어**
- 진동다짐 방법
- Construction Joint
- Expansion Joint
- Delay Joint
- 습윤양생

선정 시 고려사항

① KS 표시인증 공장
② 상주하는 기술자의 자격 및 인원
③ KS F 4009의 규정 및 심사기준 참고
④ 사용재료, 제 설비, 품질관리상태
⑤ 지정한 콘크리트의 품질을 실제로 얻을 수 있다고 인정되는 공장
⑥ 현장까지의 운반시간
⑦ 배출시간
⑧ 콘크리트의 제조능력
⑨ 운반차의 수
⑩ 공장의 제조설비
⑪ 품질관리상태

② 제조 · 시공

1. 공장조사 및 선정

1-1. 공장 사전조사 항목/ 선정 시 고려항목
- 현장까지의 운반 시간, 배출시간, 콘크리트의 제조능력, 운반차의 수, 공장의 제조 설비, 품질관리 상태 등을 고려해야 한다.

1-2. 레디믹스트 콘크리트 납품서(송장)

- 납품장소납품장소
- 운반차번호
- 납품시각(출발 도착)
- 납품용적
- 호칭방법(콘크리트의 종류에 따른 구분, 굵은 골재의 최대치수에 따른 구분)
- 호칭강도
- 슬럼프 또는 슬럼프 플로 시멘트 종류에 따른 구분
- 시방배합표
- 지정사항(혼화재 종류 및 첨가량)
- 비고(공기량, 염화물량)
- 인수자 확인
- 출하계 확인

2. 운반

2-1. 운반과정

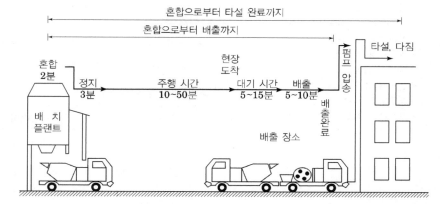

구분	KS F 4009	KCS 14 20 10	
한정	혼합 직후부터 배출직전	혼합 직후부터 타설 완료	
한도	90분	외기온도 25℃ 이상	90분
		외기온도 25℃ 미만	120분

2-2. 현장 내 운반방식

제조 · 시공

─ Bucket 방식: Crane을 이용하여 Bucket에 Con'c를 담아 직접 타설
─ Chute 방식: 철제관(반원모양)을 통해 높은 곳에서 중력 타설
─ Cart 방식: 손수레를 이용한 인력 소운반 타설
   • Pump 방식: Pump(Piston식, Squeeze식)를 이용하여 타설

3. 콘크리트 타설

3-1. 타설 전 계획

운반차의 용도

• Central mixed concrete
 – Plant의 mixer에서 반죽 완료된 concrete를 truck agitator로 현장 운반되며, 근거리에 사용
• Shrink mixed concrete
 – Plant의 mixer에서 약간 혼합된 concrete를 truck mixer로 현장 운반 중에 비비기를 완료하는 방법으로, 중거리에 사용
• Transit mixed concrete
 – Plant에서 계량 완료된 재료를 truck mixer로 현장 운반 중에 비비기를 완료하는 방법으로, 장거리에 사용

• 설계도서 검토
 ① 콘크리트 강도 및 배합
 ② 1회 타설 수량 결정
• 타설방법 및 구획결정
 ① 운반방법
 ② 타설장비
 ③ 타설방법
 ④ 레미콘 공급관리
• 타설 순서 검토
 ① 시공이음의 위치
 ② 타설량
• 시공이음 처리
• 다짐 및 표면 마무리
• 양생방법 결정

운반 시 온도

• 외기온도 30℃ 이상 또는 0℃ 이하 시에는 차량에 특수 보온시설을 해야 한다.
• 레디믹스트 콘크리트는 배출 직전에 드럼을 고속 회전시켜 콘크리트를 균일하게 한 다음 배출한다.

3-2. 펌프압송

3-2-1. 콘크리트 펌프압송장비 연결 및 초입부 관리

① Pipe와 Pump 사이의 인장력을 줄여 안전성 확보
② 펌프에 직접 연결되는 파이프라인은 콘크리트 블록 등에 고정하여 수평유지
③ Shut Off Valve: 펌핑 시 콘크리트가 낙하하는 것을 방지하고 파이프라인 내부에 문제 발생을 대비하여 설치
④ Diversion Valve: 파이프라인을 분기하는 위치에 설치하여 타설 후 배관 내 콘크리트 반출

콘크리트 온도측정

• 서중 및 매스콘크리트: 35℃ 이하
• 수밀콘크리트: 30℃ 이하
• 고내구성 콘크리트: 3~30℃
• 한중콘크리트: 5~20℃

3-2-2. 압송장비 선정

구분	내용
건물의 규모 (수직 수평 타설거리)	• 일반 압송장비로는 약 100m 높이까지는 가능하나 그 이상은 고압장비 및 고압배관 필요
1회 타설량	• 1회 1일 타설량 고려
콘크리트 물성	• 콘크리트 강도: 초고층 건물일 경우 고강도 콘크리트 배합을 고려 • 슬럼프: 슬럼프 80mm 이내이거나, 180mm 이상은 압송곤란

제조 · 시공

CPB 선정 조건

- Core wall 선행 시공 시
- 초고층 대형건물
- 층고가 높을 때
- Column과 Slab의 콘크리트 강도가 상이할 때(1회/층)
- Column 및 Wall과 Slab의 분리 타설 시(2회/층)
- 플래싱 붐 작업반경 이내 일 때

[Distributor]

3-2-3. 타설장비

1) Concrete Placing Boom(CPB)

> 펌프에서 배관을 통해 압송된 콘크리트를 Tubular Mast에 설치된 CPB Boom을 이용하여 콘크리트 타설 위치에 포설하는 장치

2) 콘크리트 분배기(Distributor)

> Concrete Pump에서 배관을 통해 압송된 Concrete를 자체관(Pipe)의 수직·수평·회전 작용을 이용하여 타설하는 장비

3-3. 콘크리트 타설

3-3-1. 콘크리트 타설일반

1) 타설 방법

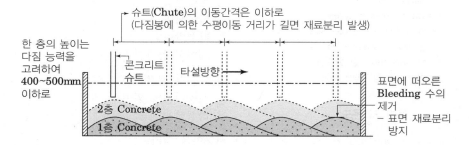

① 콘크리트를 거푸집 안에서 횡방향으로 이동 금지
② 한 구획내의 콘크리트는 타설이 완료될 때까지 연속해서 타설
③ 그 표면이 한 구획 내에서는 거의 수평이 되도록 타설
④ 콘크리트 타설의 1층 높이는 다짐능력을 고려하여

2) 허용이어치기 시간간격의 표준

외기온도	허용 이어치기 시간간격
25℃ 초과	2.0시간
25℃ 이하	2.5시간

3) 타설 높이 제한

① 거푸집의 높이가 높을 경우 거푸집에 투입구를 설치
② 연직슈트 또는 펌프배관의 배출구를 타설면 가까운 곳까지 내려서 콘크리트를 타설
③ 슈트, 펌프배관, 버킷, 호퍼 등의 배출구와 타설 면까지의 높이는 1.5m 이하

4) 표면수 제거
- 콘크리트 타설 도중 표면에 떠올라 고인 블리딩수가 있을 경우에는 이를 제거한 후 타설

5) 타설 속도
- 재료 분리가 될 수 있는 대로 적게 되도록 콘크리트의 반죽질기 및 타설속도 조절(일반적으로 1~1.5m/30min)

6) 강우, 강설로 인한 작업 중지
- 강우, 강설로 인해 콘크리트의 강도, 내구성 등 콘크리트 품질에 유해한 영향을 미칠 것으로 예상되는 경우 원칙적으로 타설을 금지

7) 다지기

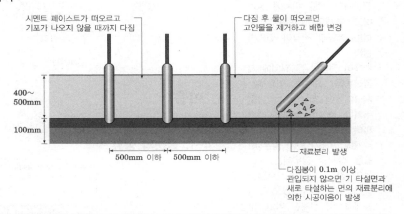

- 내부진동기를 하층의 콘크리트 속으로 0.1m 정도 찔러 넣는다.
- 삽입간격은 0.5m 이하
- 1개소당 진동 시간은 다짐할 때 시멘트풀이 표면 상부로 약간 부상하기까지로 한다.
- 재진동을 할 경우에는 콘크리트에 나쁜 영향이 생기지 않도록 초결이 일어나기 전에 실시

3-3-2. Tamping

콘크리트 타설 후 콘크리트 표면의 일부분이 굳기 시작하여 물빛이 사라질 무렵 나무흙손 등으로 철근 위에 드러난 침하균열을 두들겨 침하균열을 제거하는 작업

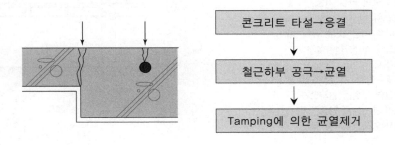

3-3-3. 강우 시 콘크리트 타설

> 콘크리트 타설 중 빗물 등의 유입으로 단위수량이 증가하여 concrete 소요강도를 저해시킬 우려가 있으므로 시공하지 않는 것이 원칙이다.

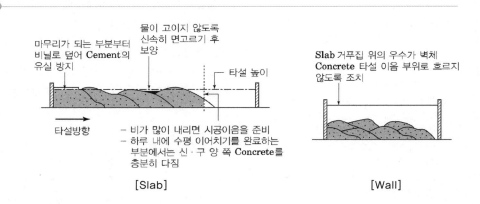

[Slab]　　　　　　　　　　　　　[Wall]

4. 이음

4-1. 줄눈의 종류

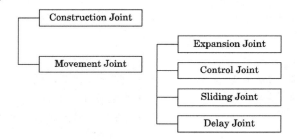

4-2. 시공이음(Construction joint)

1) 이음위치

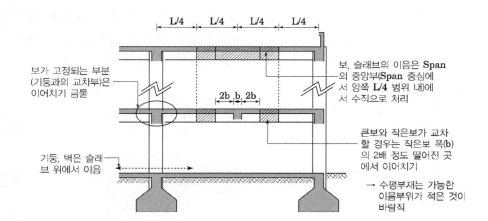

제조 · 시공

타설순서

• 시공이음이 적은 순서대로
• 처짐 및 변위가 큰 부위부터
• Moment가 큰 곳부터
• 선 타설된 콘크리트에 진동 전달이 적은 순서로

강우 시 이음 일반사항

• 시공이음은 될 수 있는 대로 전단력이 작은 위치에 설치하고, 부재의 압축력이 작용하는 방향과 직각이 되도록 한다.
• 부득이 전단이 큰 위치에 시공이음을 설치할 경우에는 시공이음에 장부 또는 홈을 두거나 적절한 강재를 배치하여 보강
• 설계에 정해져 있지 않은 이음을 설치할 경우에는 구조물의 강도, 내구성, 수밀성 및 외관을 해치지 않도록 시공계획서에 정해진 위치, 방향 및 시공 방법을 준수
• 외부의 염분에 의한 피해를 받을 우려가 있는 해양 및 항만 콘크리트 구조물 등에 있어서는 시공이음부를 되도록 두지 않는다
• 부득이 시공이음부를 설치할 경우에는 만조위로부터 위로 0.6 m와 간조위로부터 아래로 0.6 m 사이인 감조부 부분을 피해야 한다.
• 중단의 판단기준
 – 댐, 도로 등 특수 구조물에 대한 규제 값(4mm/hr)은 있으나, 일반적인 기준은 없음
 – 우비 없이 견딜 수 있을 정도이고, 준비만 철저히 되어 있으면 타설 가능
• 사전조치
 – 레미콘 차량 빗물 유입 방지조치, 현장 천막설치
• 사후조치
 – 강우, 강설 시 콘크리트를 타설한 부위는 현자오가 동일한 조건에서 양생한 공시체로 압축강도시험 실시

제조 · 시공

이음부위의 요구성능

- 구조적 연속성
- 방수성능 확보
- 부착성능 확보
- 강도 확보

이음 일반사항

- 설계에 정해져 있지 않은 이음을 설치할 경우에는 구조물의 강도, 내구성, 수밀성 및 외관을 해치지 않도록 시공계획서에 정해진 위치, 방향 및 시공 방법을 준수
- 외부의 염분에 의한 피해를 받을 우려가 있는 해양 및 항만 콘크리트 구조물 등에 있어서는 시공이음부를 되도록 두지 않는다
- 부득이 시공이음부를 설치할 경우에는 만조위로부터 위로 0.6 m와 간조위로부터 아래로 0.6 m 사이인 감조부 부분을 피해야 한다.

이음부위의 강도

- 수평 시공이음 부위
  - 구 콘크리트면에 Laitance를 제거하지 않은 경우 약 45%
  - 이음부위 면을 조면처리 후 시멘트페이스트로 바른 경우 약 93%

- 수직 시공이음 부위
  - 구 콘크리트면에 그대로 이어 친 경우 약 57%
  - 이음부위 면을 조면처리 후 시멘트페이스트로 바른 경우 약 83%

2) 부위별 시공이음

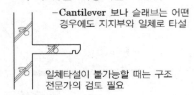

─ Cantilever 보나 슬래브는 어떤 경우에도 지지부와 일체로 타설

일체타설이 불가능할 때는 구조 전문가의 검토 필요

[Cantilever]

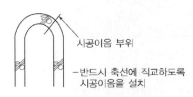

─시공이음 부위

─반드시 축선에 직교하도록 시공이음을 설치

[Arch]

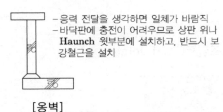

─ 응력 전달을 생각하면 일체가 바람직
─ 바닥판에 충전이 어려우므로 상판 위나 Haunch 윗부분에 설치하고, 반드시 보 강철근을 설치

[옹벽]

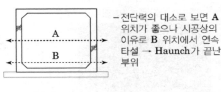

─전단력의 대소로 보면 A 위치가 좋으나 시공상의 이유로 B 위치에서 연속 타설 → Haunch가 끝난 부위

[공동구]

4-3. Expansion Joint(신축이음)

[견고한 구조체와 긴 저층의 건축물이 만날 때]　　[신·구 건축물이 만날 때]

[양쪽의 견고한 구조체 사이에 있을 때]

4-4. Control joint(Dummy joint), 조절줄눈

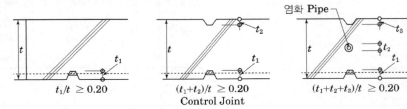

$t_1/t \geq 0.20$ 　　$(t_1+t_2)/t \geq 0.20$ 　　$(t_1+t_2+t_3)/t \geq 0.20$

Control Joint

4-5. Delay Joint(지연줄눈)

─ 타설 시점은 ⓐ와 ⓑ의 타설 후 4주 후에 타설
─ 보통 1개월 내 총 Shrinkage의 40% 발생
─ 잔여 Shrinkage 응력은 Concrete의 인장응력이 부담

Shrinkage Strip (보통 600~900mm)

철근의 이음 길이보다 넓게 시공

Lap Bar

후 타설시 이물질이 축적되므로, 청소를 철저히 시행

─Shrinkage Joint의 간격 : 30~45m(응력이 많이 발생하는 Core나 기둥 전에 끊어 주도록 조치)

염화 Pipe

ⓑ　　ⓐ

─시공 부위의 이음
· 수직 부위의 Const.Joint(205-05-11-03)참조
· 수평부위의 Const.Joint(205-05-11-03)참조

철근 이음이 아닌 경우
─ 교대로 Bend시키는 것이 바람직

유효단면 감소율

* 계획된 위치에서 균열 발생을 확실히 유도하기 위해서 수축이음의 단면 감소율을 35% 이상으로 해야 한다.

외기온도	허용 이어치기 시간간격
25℃ 초과	2.0시간
25℃ 이하	2.5시간

암기법

습증전피 파이프는 프리한 단가

양생

* 습윤양생
* 증기양생
* 전기양생
* 피막양생
* Pipe Cooling
* Precooling
* 단열양생
* 가열양생

암기법

분안시비 강응수

유공체마 강흡

슬적 공단에서 염화물을

압축했다.

코비가 슈미트 방에서 조인자에게 초음파를 보낸다.

4-6. Sliding Joint

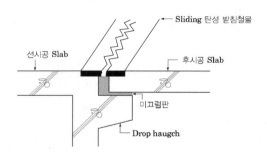

4-7. 콜드조인트(Cold Joint)

5. 콘크리트 공사의 양생방법

5-1. 양생의 종류

구분	습윤양생	온도제어 양생
종류	수중, 담수, 살수, 막양생	① 매스콘크리트: 파이프쿨링, 연속살수 ② 한중콘크리트: 단열, 가열, 증기, 전열 ③ 서중콘크리트: 살수, 햇빛 덮개 ④ 촉진양생: 증기, 급열

6. 콘크리트 품질관리

6-1. 콘크리트 시험항목

재료		콘크리트	
시멘트	골재	타설 전	타설 후
분말도시험 안정성시험 시료채취 비중시험 강도시험 응결시험 수화열시험	유기불순물시험 공극률시험 체가름시험 마모시험 강도시험 흡수율시험	슬럼프시험 공기량시험 단위수량시험 염화물시험 압축강도시험	코아채취시험 비파괴시험 - 슈미트해머법 - 방사선법 - 조합법 - 인발법 - 자기법 - 초음파법

6-2. 콘크리트의 압축강도 시험

1) 호칭강도로부터 배합을 정하는 경우의 품질검사

종류	항목	시험·검사 방법	시기 및 횟수[1]	판정기준	
				$f_{cn} \leq 35MPa$	$f_{cn} > 35MPa$
호칭강도로 부터 배합을 정한 경우	압축강도 (재령 28일의 표준양생 공시체)	KS F 2405의 방법[1]	1회/일, 또는 구조물의 중요도와 공사의 규모에 따라 120m³ 마다 1회, 배합이 변경될 때마다	① 연속 3회 시험 값의 평균이 호칭강도 이상 ② 1회 시험값이(호칭 강도 −3.5MPa) 이상	① 연속 3회 시험 값의 평균이 호칭강도 이상 ② 1회 시험값이 호칭강도의 90% 이상
그 밖의 경우				압축강도의 평균값이 품질기준강도[2] 이상일 것 $f_{cn} = f_{cq} + T_n$ (MPa)	

주 1) 1회의 시험값은 공시체 3개의 압축강도 시험값의 평균값임
　 2) 현장 배치플랜트를 구비하여 생산·시공하는 경우에는 설계기준압축강도와 내구성 설계에 따른 내구성기준압축강도 중에서 큰 값으로 결정된 품질기준강도를 기준으로 검사

2) 현장양생 공시체 의한 콘크리트의 품질검사

종류	항목	시험·검사 방법	시기 및 횟수[1]	판정기준	
				$f_{cq} \leq 35MPa$	f_{cq}[2] > 35 MPa
현장양생 공시체의 품질검사	압축강도 (재령 28일의 현장양생 공시체)	KS F 2405의 방법[1]	1회/일, 1회/층, 1회/타설구획[3], 배합이 변경될 때마다 또는 현장양생조건이 상이한 경우마다 1회	① 연속 3회 시험값의 평균이 품질기준강도 이상 ② 1회 시험값이(품질기준강도−3.5MPa) 이상	① 연속 3회 시험 값의 평균이 품질기준강도 이상 ② 1회 시험값이 품질기준강도의 90% 이상

주 1) 1회의 시험값은 공시체 3개의 압축강도 시험값의 평균값임
　 2) 품질기준강도(f_{cq})는 콘크리트의 설계기준압축강도(f_{ck})와 내구성기준압축강도(f_{cd}) 중 큰 값으로 정함
　 3) 타설구획 별로 타설시점이 2/3를 지난 후 실시하며, 레미콘 혼용타설 시 레미콘사별 1회 시험

2) 시료채취 방법(LH 기준)

① 개별시료는 1대의 레미콘 차량에 대하여 배출량의 1/4, 2/4, 3/4 배출시점을 기준으로 콘크리트를 부어넣는 지점에서 채취
② 7일 강도용과 거푸집 존치기간 판단용은 50% 시점에서 채취

3) 구조체 관리용 공시체 제작 및 시험

현장 수중양생	• 재령 28일의 시험결과가 설계기준강도의 85% 이상 • 재령 90일 이전에 1회 이상의 시험결과가 설계기준강도 이상인 경우 합격
현장 봉함양생	• 방법: 랩이나 비닐로 감싸 구조물 옆에 보관 • 계획된 재령에서 강도시험
온도추종 양생	• 구조물의 일부 부위와 동일한 온도이력이 관리되도록 제조된 양생용기에서 양생

(좌측 사이드바)

제조 · 시공

단위수량 시험

• 단위 수량 측정 횟수
 − 단위 수량 측정은 콘크리트 120m³마다 콘크리트 타설 직전 1회 이상 측정하며, 필요에 따라 품질관리자와 협의하여 측정 횟수를 조정할 수 있다. 단, 120m³ 이하로 콘크리트를 타설하는 경우에는 콘크리트타설 직전 1회 측정하는 것으로 한다.
• 판정기준
 − 시방배합 단위수량 ±20 kg/m³ 이내

공시체 제작기준

• KS F 4009에 따라 450㎥를 1Lot로 하여 150㎥당 1회(3개) KCS 14 20 10: 360㎥를 1Lot로 하여 120㎥당 1회(3개)
• 28일 압축강도용 공시체: 450㎥ 마다 3회(9개)씩 제작
• 7일 압축강도용 공시체: 1회 (3개) 제작
• 구조체 관리용 공시체: 3회(9 개) 제작

콘크리트 품질의 검사

① 콘크리트의 받아들이기 검사 또는 시공 검사에서 합격 판정되지 않은 경우
② 검사가 확실히 실시되지 않은 경우에는 구조물 중의 콘크리트 품질 검사를 실시
③ 구조물 중의 콘크리트의 품질 검사는 압축강도에 의한 콘크리트의 품질 검사 실시
④ 구조물 중의 콘크리트 품질 검사 시 필요할 경우에는 비파괴시험에 의한 검사를 실시
⑤ 종합적으로 판단한 결과, 구조물의 성능에 의심이 가는 경우에는 적절한 조치

코어채취

- 구조물에 손상이 없도록 채취위치 및 수량 선정
- 철근이 절단되지 않도록 할 것
- 직경: 보통 G_{max} 의 3배, 최소 G_{max} 의 2배
- 높이: 지름의 2배
- 합격기준: 평균값이 설계기준강도의 85% 이상이고, 그중 하나의 값이 설계기준강도의 75% 이상

6-3. 콘크리트 구조물 검사

6-3-1. 검사종류

- 표면상태의 검사
- 콘크리트 부재의 위치 및 형상치수의 검사
- 철근피복 검사

6-3-2. 시험 및 강도 결과

1) 현장에서 양생한 공시체의 제작, 시험 및 강도 결과

- 압축강도시험 결과 규정을 만족하지 못하거나 또는 현장에서 양생된 공시체의 시험 결과에서 결점이 나타나면, 구조물의 하중지지 내력을 충분히 검토해야 하며, 적절한 조치

2) 시험 결과 콘크리트의 강도가 작게 나오는 경우

- 이상이 확인된 경우에는 책임기술자의 지시에 따라 적절한 보수보강을 실시

3) 재하시험에 의한 구조물의 성능시험

- 시험 결과, 구조물의 내하력, 내구성 등에 문제가 있다고 판단되는 경우에는 책임기술자의 지시에 따라 구조물을 보강하는 등의 적절한 조치

6-3-3. 콘크리트 내구성 시험

- 골재 중의 염화물 함유량 시험 방법(KS F 2515)
- 탄산화 깊이 측정 방법(KS F 2596)
- 알칼리 실리카 반응성 시험(KS F 2585)
- 동결융해시험(Freezing and thwing test–KS F 2456

6-3-4. 비파괴 검사

- 슈미트해머: 콘크리트 표면을 타격→반발경도
- 방사선법: 콘크리트 속을 투과하는 방사선의 강도촬영→ 내부조사
- 조합법: 2종류 이상의 비파괴 시험값을 병용
- 인발법: 콘크리트 속에 매입한 볼트 등의 인발내력에서 강도를 측정
- 자기법: 내부 철근의 자기의 변화를 측정→ 위치, 지름, 피복두께 추정
- 초음파법: 초음파의 속도에서 동적 특성이나 강도를 추정

6-4. 표면마무리/ 콘크리트 표면에 발생하는 결함

- 표면층박리(Scaling)
- 콘크리트 동해의 Pop out
- 콘크리트 블리스터(Blister)

콘크리트 성질

성질변화
Key Point

☑ **국가표준**
- KCS 14 20 10

☑ **Lay Out**
- 굳지않은 콘크리트의 성질
- 굳은 콘크리트의 성질
- 내구성

☑ **필수 기준**
- 수분증발률

☑ **필수용어**
- Bleeding
- 소성수축
- 건조수축
- 자기수축
- 탄산화

③ 콘크리트 성질

1. 굳지않은 콘크리트의 성질

1-1. 성질

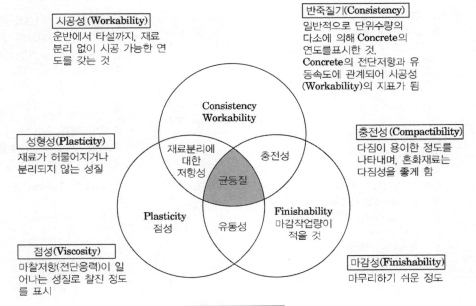

시공성 (Workability)
운반에서 타설까지, 재료분리 없이 시공 가능한 연도를 갖는 것

반죽질기(Consistency)
일반적으로 단위수량의 다소에 의해 Concrete의 연도를표시한 것. Concrete의 전단저항과 유동속도에 관계되어 시공성 (Workability)의 지표가 됨

성형성(Plasticity)
재료가 허물어지거나 분리되지 않는 성질

충전성 (Compactibility)
다짐이 용이한 정도를 나타내며, 혼화재료는 다짐성을 좋게 함

점성(Viscosity)
마찰저항(전단응력)이 일어나는 성질로 찰진 정도를 표시

마감성(Finishability)
마무리하기 쉬운 정도

유동성(Mobility)
Concrete의 유동성 정도를 나타내며 유동화제 등을 사용하여 유동성을 높임

(그림 내부: Consistency Workability / Plasticity 점성 / Finishability 마감작업량이 적을 것 / 재료분리에 대한 저항성 / 충전성 / 균등질 / 유동성)

1-2. 콘크리트 시공성에 영향을 주는 요인

구분	내용
시멘트의 성질	• 분말도가 높은 시멘트: 시공연도는 ↓
골재의 입도	• 0.3mm 이하의 세립분: 콘크리트의 점성 ↑성형성↑ • 입자가 둥근 강자갈: 시공연도↑ • 평평하고 세장한 입형의 골재: 재료가 분리↑
혼화재료	• 감수제: 반죽질기를 ↑, 10~20%의 단위수량↓ • Pozzolan: 시공연도↑ • Fly Ash: 시공연도↑
물시멘트비	• 물시멘트비: 높이면 시공연도↑, 콘크리트의 강도 ↓
굵은골재 최대치수	• 치수가 작을수록 시공연도↑ • 입도가 균등할수록 작업성↑ • 쇄석은 시공연도↓, 골재분리 ↑
잔골재율	• 클수록 콘크리트의 시공연도↑, 강도↓
단위수량	• 커지면 Consistency와 Slump치 ↑, 강도↓
공기량	• 공기량 1% 증가→ Slump 20mm ↑, 단위수량 3% ↓, 강도 4~6% ↓

• 슬럼프의 경시변화

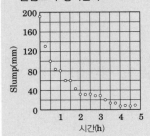

• 단위수량에 미치는 온도의 영향

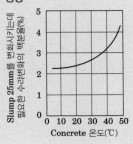

콘크리트 성질

1-3. 콘크리트의 재료분리

> Concrete가 중력이나 외력 등의 원인에 의해 콘크리트를 구성하고 있는 재료들의 분포가 당초의 균일성을 잃는 현상으로 굵은 골재가 국부적으로 집중되거나 bleeding을 보이는 현상

재료분리 방지대책

• 배합설계
 – 물-결합재비를 낮게 조정
 – 단위수량은 적게 조정
 – 적정 혼화제(AE제, 감수제) 사용
 – 입경이 작고 표면이 거친 구형의 골재사용

• 타설관리
 – 부재단면높이가 높을 경우에는 분할타설
 – 타설 시 다짐기를 콘크리트 밀어넣기 목적으로 사용금지
 – 타설 시 타설조닝당 다짐기는 2대 이상 사용
 – 신구 콘크리트 이음부는 레이턴스를 제거

굵은골재	• 굵은골재와 모르타르의 비중차 • 굵은골재와 모르타르의 유동 특성차 • 단위수량 및 물시멘트비, 골재의 종류·입도·입형, 혼화재료, 타설 방법
시멘트 · 물 분리	• 물-결합재비가 클 경우 • 골재의 최대치수가 너무 작거나 클 때 • 과도한 다짐 또는 다짐속도가 지나치게 빠른 경우 • 부어넣는 높이가 높거나 단면적이 넓을 때

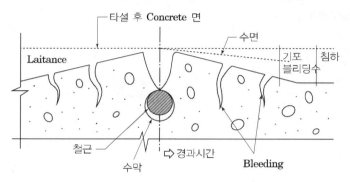

침하량 정도 : 부재두께(h)=300~1000mm일 때
묽은 비빔 1~2%
중간 정도 0.5~1%

1-4. 초기수축(수분증발)
1-4-1. 수분증발률

> ① 표면 수분증발에 영향을 미치는 요인: 대기온도, 상대습도, 풍속, 콘크리트 온도
> ② 수분 증발률이 1시간당 1kg/㎡/h 이상 또는 증발량이 블리딩 초과 시 균열발생

측정방법

• 사례: 조건
 – 대기온도 23℃ 및 습도 40%
 – 콘크리트 온도 27℃
 – 풍속 8km/hr

• 수분증발률 간이 측정법
 – 구조물 시공위치에 상·하부 면적이 같은 Pan에 물을 가득 채워 준비
 – 콘크리트 타설 직전 (Pan+물)의 중량을 측정
 – 15분 또는 20분 간격으로 중량 측정
 – 중량측정차이 산정
 – 중량차이를 1시간 단위로 환산
 – 이것을 다시 1㎡에 대하여 환산

1-4-2. 소성수축균열

> 콘크리트 타설 후 강도가 발현되기 전 소성상태에서 콘크리트 표면의 수분증발속도가 Bleeding 속도보다 빠를 때 콘크리트의 수분손실이 발생하며 이로 인한 체적이 감소하는 현상

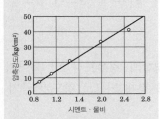

콘크리트 성질

[콘크리트의 강도와
W/C의 상관도]

* 빈배합과 부배합
– 빈배합의 경우 1㎥당의 단위 사용수량이 부배합의 경우보다 더 적어져 빈배합 콘크리트 내의 공극이 상대적으로 적게 되므로 강도가 증가한다는 의미는 건조되는 물의 양이 상대적으로 적으므로 공극발생량이 감소하여 강도가 증가된다는 의미이며, 빈배합 자체가 부배합보다 강도가 증가한다는 의미는 아니다.

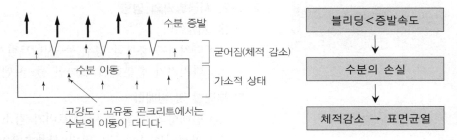

1-5. 침하균열

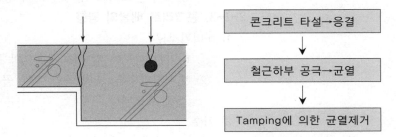

* 콘크리트가 굳기 전에 침하균열이 발생한 경우에는 즉시 다짐이나 재 진동을 실시하여 균열을 제거

2. 굳은 콘크리트성질

2-1. 강도특성 – 압축강도에 영향을 미치는 인자

2-1-1. 구성재료의 영향

1) 시멘트

① 미분쇄한 시멘트는 물과의 접촉면적이 크기 때문에 수화도 빠르고, 특히 단기강도가 증가한다.

② 미세한 시멘트는 골재와 균일하게 혼합되어 골재간 결합을 강하게 하기 때문에 강도는 증대

2) 굵은골재

① 표면이 완전히 매끄러운 골재의 경우가 부순 굵은골재와 같이 표면이 매우 거친 골재의 경우보다 콘크리트의 강도를 10% 정도 감소

② 굵은골재의 치수가 큰 것을 사용하게 되면 단위중량당 시멘트 풀과 접촉할 골재의 표면적이 감소하므로 소요수량이 적게 요구되고 물–시멘트비가 감소하면서 강도는 증가

③ 골재의 입도가 작아지면 동일 slump를 유지하기 위한 단위수량이 증가하기 때문에 배합보정이 이루어지지 않으면 압축강도는 감소

④ 골재의 입형이 납작하거나 모가 나면 실적률도 작기 때문에, 세골재 특히 모래를 많이 필요로 하게 되고 단위수량이 증가하기 때문에 배합보정이 없으면 압축강도가 감소

3) 물

* 골재물의 양 뿐만 아니라 물에 포함된 불순물의 영향도 매우 크다.

콘크리트 성질

2-1-2. 시공방법의 영향

1) 물-시멘트비

① 다지기가 충분한 경우 물-시멘트비가 낮을수록 콘크리트강도는 증가

② 다지기가 충분하지 못하면 물-시멘트비가 낮더라도 강도가 감소

2) 부배합 및 빈배합

① 빈배합의 경우 물-시멘트비가 감소

② 콘크리트 $1m^3$당의 단위 사용수량이 부배합의 경우보다 더 적어져 빈배합 콘크리트 내의 공극이 상대적으로 적게 되므로 강도가 증가

2-1-3. 콘크리트 배합의 영향

1) 비비기 시간

① 비비기 시간이 길수록 시멘트와 물의 접촉이 좋아져 강도가 증가

② 빈배합일수록, 된반죽일수록, 골재치수가 작을수록 비비기 시간이 길게 요구된다.

2) 가수

① 가수량에 따라 강도가 감소

② $1m^3$에 $25kg$의 물을 추가하면 강도는 약 20% 감소하고, $50kg$의 물을 가하면 40%의 강도감소를 초래

2-1-4. 양생

1) 습윤양생

• 동일한 물-시멘트비에서 180일간 습윤양생한 콘크리트의 압축강도는 대기양생한 경우보다 3배 정도 높게 나타난다.

2) 양생기간

• 동일한 물-시멘트비에서 양생기간이 길어질수록 압축강도 증가

3) 양생온도

• 양생온도를 높이면 수화에 따른 화학반응을 촉진시켜 후기 재령에서의 강도에 나쁜 영향을 주지 않고 콘크리트 조기강도에 유리하게 영향을 준다.

2-2. 역학적 특성

2-2-1. 응력과 변형률

① 응력의 종별 조건에 따라 다름(1축, 2축, 3축, 압축, 인장, 휨, 비틀림, 전단)

② 하중조건: 순간적으로 작용하는 충격하중 반복하중, 지속적 하중에 따라

③ 환경조건: 저온, 상온, 고온, 건조, 습윤조건

2-2-2. 탄성계수

• 골재와 시멘트 풀의 탄성계수에 의해 좌우되며, 골재의 탄성계수는 일정하게 유지되지만 물-시멘트비에 따라 시멘트 풀의 공극률이 변화하므로 시멘트 풀의 탄성계수가 달라지면 콘크리트 강도도 영향을 받는다.

콘크리트 성질

2-3. 변형특성/ 물성변화
2-3-1. 크리프(Creep) 현상

> Concrete에 일정한 크기의 하중이 지속적으로 가해진 후 건습이나 온도변화에 의한 변형 이외에 하중의 증가 없이도 변형이 시간과 함께 증가하는 현상

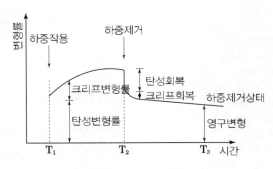

[변형과 시간과의 관계]

2-3-2. 수축의 종류

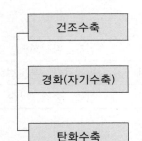

* 시멘트 수화물 내에 존재하는 수분이 장기간에 걸쳐 증발하면서 발생하는 수축

* 시멘트의 화학반응 결과물인 시멘트 수화물의 체적이 시멘트와 물의 체적 합보다 작기 때문에 발생하는 수축

* 시멘트 경화체 내의 수산화칼슘이 공기 중의 이산화탄소와 반응하여 분해되면서 수축

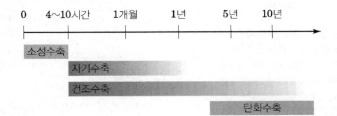

1) 건조수축

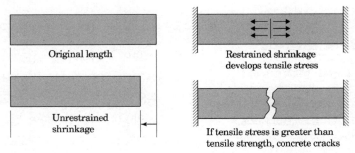

* 수축현상이 외부조건에 의해 구속되었을 때 인장응력이 유발되어 발생

모세공극

- 모세공극은 구성 재료들 틈새에 형성되는 것으로서 충분히 다져진 콘크리트의 경우에도 모세공극이 형성되는 것을 피할 수 없다.
- 모세공극은 다량의 수분을 포함하고 있으며, 상대습도, 40% 이상에서 증발하지만 수분 손실에 따른 수축력은 중간 정도의 크기를 갖는다.
- 자체에 내포된 수분이 증발하기도 하지만 시멘트 수화물의 내부에 존재하는 물을 이동시키는 통로 역할을 함으로써 전체적인 건조수축량을 증가시키는 동시에 건조수축의 비균질성을 완화시키는 기능을 한다.

암기법 📖

염탄알동에서~ 온건
진충하게 파마하는 뜻~

내구성(durability)

- 구조물이 장기간에 걸친 외부의 물리적 또는 화학적 작용에 저항하여 변질되거나 변형되지 않고 소요의 공용기간 중 처음의 설계조건과 같이 오래 사용할 수 있는 구조물의 성능

염화물 함유량 기준

- 해사: 염분의 한도 0.04% 이하
- 콘크리트 배합수: 염소 이온(Cl^-)량 250(mg/L) 이하
- 콘크리트: 염소이온량(Cl^-)으로 0.30kg/m³ 이하

2) 콘크리트 자기수축

초결 이후 시멘트 수화반응에 의해 내부에 건조가 진행되어 콘크리트, 모르타르 및 시멘트페이스트의 체적이 감소하여 수축하는 현상

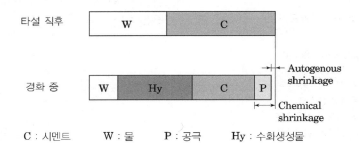

C : 시멘트　　　W : 물　　　P : 공극　　　Hy : 수화생성물

2-3-3. 모세관 공극

수화된 시멘트 입자 사이에 흡착된 물이 수화가 진행되면서 수화물에 의해 충전되면서 구성 재료들 틈새에 형성되는 공극

3. 내구성

요인	세부요인
화학적 요인	염해, 탄산화, 알칼리골재반응
기상적 요인	동결융해, 온도변화, 건조수축
물리적 요인	진동, 충격, 파손, 마모

3-1. 염해

Concrete 중에 존재하는 염화물(CaCl) 혹은 염화물 이온(Cl^-)에 의해 철근이 부식하면서 체적이 팽창(약 2.6배)하고 이 팽창압으로 concrete에 여러 가지 성능을 저하시키는 현상

3-2. 탄산화

시멘트의 수화반응으로 발생한 수산화칼슘이 대기 중의 탄산가스와 반응하여 탄산칼슘으로 변하면서 concrete가 alkali성을 상실하고 중성화하는 현상

1) 탄산화의 메커니즘 및 속도

$$Ca(OH)_2 + CO_2 \rightarrow CaCO_3 + H_2O$$

수산화칼슘은 pH12~13 정도의 강알칼리성을 나타내며, 약산성의 탄산가스(약0.03%)와 접촉하여 탄산칼슘과 물로 변화한다. 탄산칼슘으로 변화한 부분의 pH가 8.5~10 정도로 낮아지는 것으로 인하여 탄산화로 불린다.

콘크리트 성질

중성화 속도 영향요인

- 시멘트 및 골재의 종류
- 혼화재료
- 양생조건
- 환경조건
- 표면마감재의 종류

방지대책

- 알칼리 반응성이 없는 골재 사용
- 등가알칼리량이 0.6% 이하 인 저알칼리 시멘트 사용고 로슬래그시멘트, 플라이애시 시멘트 사용
- 알칼리 총량을 콘크리트 $1m^3$ 당 3kg 이하로 제한

동해열화의 형태와 진행

- 박락(Spalling)
- Pop out
- 표면박리(Scaling)

방지대책

- 콘크리트에 적정량의 AE제 를 첨가하여 Ball Bearing 작용으로 팽창력을 흡수
- 단위수량을 줄이고, W/B 비 를 작게 한다.
- 콘크리트의 수밀성을 좋게 하고 물의 침입방지
- 저 알칼리형 시멘트 사용

2) 탄산화의 진행에 따른 구조물의 수명

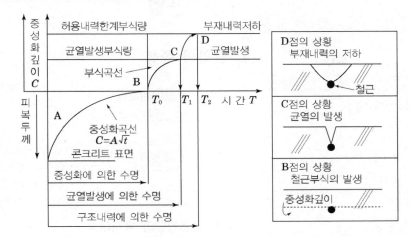

- 여기에서, t_1은 탄산화 깊이가 철근의 표면에 도달하는 시점 t_2를 콘크리트 수명 산정점으로 정의

3-3. 알칼리(Alkali) 골재반응

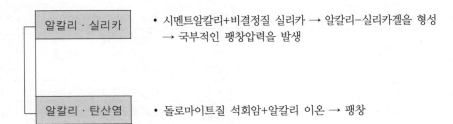

알칼리 · 실리카
- 시멘트알칼리+비결정질 실리카 → 알칼리-실리카겔을 형성 → 국부적인 팽창압력을 발생

알칼리 · 탄산염
- 돌로마이트질 석회암+알칼리 이온 → 팽창

3-4. 동결융해

Concrete 중에 존재하는 수분이 결빙점 이상과 이하를 반복하며, 동결팽창 에 의해 수분이 동결하면 물이 약 9% 팽창하며, 이 팽창압으로 concrete에 팽창·균열·박리·박락 등의 손상을 일으켜 concrete 내구성이 저하되는 현상

Memo

균열

하자

Key Point

☑ **국가표준**
- KCS 14 20 10

☑ **Lay Out**
- 균열의 종류
- 균열의 평가와 보수보강

☑ **필수 기준**
- 균열의 평가

☑ **필수용어**
- 균열

4 균열

1. 균열의 종류

| 미경화 Con'c균열 | • 소성수축 균열
• 침하균열 |

경화 Con'c균열
- 건조수축으로 인한 균열, 열응력으로 인한 균열
- 화학적 반응으로 인한 균열, 자연의 기상작용
- 철근 부식으로 인한 균열, 시공불량으로 인한 균열, 시공시의 초과 하중으로 인한 균열, 외부작용하중으로 인한 균열

1-1. 균열원인과 방지대책

구분	소분류	원인	방지대책
설계단계	온도균열, 수축균열	• 부재의 대단면 • 건조수축 대비 조인트 설계 미흡	• 부재 단면 축소 • E.J 및 D.J
	철근부식	• 피복두께 부족	• 최소 피복두께 준수
	휨균열	• 전단 보강근 미시공	• 전단 보강근 시공
재료	(재료) 시멘트 골재	• 시멘트 수화열 • 골재에 함유되어 있는 분말 • 반응성 골재	• 최적정재료 선정(시멘트 및 골재) • 중용열 시멘트, Fly Ash사용 • 단위수량 및 단위시멘트량 적게
	콘크리트	• 콘크리트의 침하·블리딩	• 전단 보강근 시공
시공	(콘크리트) 비비기 운반 다져넣기 다짐 양생 이어치기	• 혼화재료의 불균일한 분산 • 장시간 비비기 • 펌프압송시 배합의 변경 • 불충분한 다짐 • 경화전 진동과 재하 • 초기양생중의 급격한 건조 • 초기동해 • 부적당한 이어치기의 처리	• 배합기준 준수 • 타설소요시간 및 현장여건 파악공구별/ 부위별 속도조정 • 높이 1.5m 이하 • 진동기는 0.1m 정도 찔러 넣고 0.5m 이하의 간격으로 다짐 • Tamping실시 • 이음부위 레이턴스 제거, 수밀성 유지
	철근	• 피복두께 부족	• 최소 피복두께 준수
	거푸집	• 거푸집의 변형 • 거푸집의 초기제거 • 지보공의 침하	• 긴결재 강도유지 • 동바리 간격유지 • 존치기간 준수
사용·환경	(물리적) 온도 · 습도	• 환경온도·습도의 변화 • 부재양면의 온도·습도의 차이 • 동결융해의 반복화재 • 표면가열	• 표면보양 및 비닐보양(수분증발 방지) 후 살수 • 타설 후 3일 이상 충격, 진동방지 • 5℃ 이상 유지
	화학적	• 산·알칼리 등의 화학작용 • 중성화에 의한 내부 철근의 녹 • 침입 염화물에 의한 내부 철근의 녹	• 콘크리트 수밀성 유지
구조·외력	하중	• 설계하중 이내 및 초과의 영구하중·장기하중·동적하중·단기하중	
	구조설계	• 단면·철근량 부족	
	지수조건	• 구조물의 부동침하 • 동상	• E.J 및 D.J

4-4장

특수
콘크리트

Professional Engineer

마법지

1. 기상 · 온도

- 한중콘크리트
- 서중콘크리트
- 매스콘크리트

2. 강도 · 시공성 개선

- 장수명
- 고강도
- 고성능
- 고유동
- 섬유보강
- 유동화

3. 저항성 · 기능발현

- 저항성능(물, 불, 균열, 방사선)
- 기능발현(경량, 스마트)

4. 환경 · 조건

- 시공법(노출, 진공, Shotcrete)
- 특수한 환경(수중, 해양)
- 친환경

기상 · 온도

온도
Key Point

■ 국가표준
- KCS 14 20 40
- KS F 2560
- KS L 5201

■ Lay Out
- 한중콘크리트
- 서중콘크리트
- Mass콘크리트

■ 필수 기준
- 적용기간
- 온도균열지수

■ 필수용어
- 초기동해
- 적산온도
- 급열양생
- 온도균열
- 균열유발줄눈

용어정리

• 급열 양생(heat curing): 양생기간 중 어떤 열원을 이용하여 콘크리트를 가열하는 양생
• 단열양생(insulating curing): 단열성이 높은 재료로 콘크리트 주위를 감싸 시멘트의 수화열을 이용하여 보온하는 양생
• 피복양생(surface-covered curing): 시트 등을 이용하여 콘크리트의 표면 온도를 저하시키지 않는 양생
• 현장봉함양생(sealed curing at job site): 콘크리트가 기온이 변화함에 따라 콘크리트의 표면에서 물의 출입이 없는 상태를 유지한 공시체의 양생

① 특수한 기상 · 온도

1. 한중콘크리트

① 타설일의 일평균기온이 4℃ 이하 또는 콘크리트 타설 완료 후 24시간 동안 일최저기온 0℃ 이하가 예상되는 조건이거나 그 이후라도 초기동해 위험이 있는 경우 한중 콘크리트로 시공해야 한다.
② 일평균기온(daily average temperature) : 하루(00~24시) 중 3시간 별로 관측한 8회 관측값(03, 06, 09, 12, 15, 18, 21, 24시)을 평균한 기온

1-1. 자재

• 시멘트: 포틀랜드 시멘트를 사용하는 것을 표준
• 골재: 동결되어 있거나 빙설이 혼입되어 있는 골재 사용금지
• 혼화제: AE제, AE 감수제 및 고성능 AE 감수제, 내한성 촉진제
• 재료의 가열: 재료를 가열할 경우, 물 또는 골재를 가열하는 것으로 하며, 시멘트는 어떠한 경우라도 직접 가열 금지

1) 배합원칙
① 공기연행 콘크리트 사용 원칙
② 단위수량: 소요의 워커빌리티를 유지할 수 있는 범위 내에서 ↓
③ 물-결합재비는 원칙적으로 60% 이하
④ 배합강도 및 물-결합재비는 적산온도방식에 의해 결정
2) 한중환경에서 적산온도 방식에 의한 배합강도 결정방법

Concrete 양생온도와 양생시간의 곱(℃ x Hr)의 적분함수로 나타내며 계획배합은 물-시멘트비, 양생온도 및 시간을 정하는 방식

1-2. 시공
① 타설할 때의 콘크리트 온도: (5~20)℃의 범위
② 기상 조건이 가혹한 경우나 단면 두께가 300mm 이하인 경우에는 타설 시 콘크리트의 최저온도를 10℃ 이상 확보

1-3. 양생
① 콘크리트의 온도를 5℃ 이상으로 유지
② 2일간은 구조물의 어느 부분이라도 0℃ 이상이 되도록 유지

기상 · 온도

2. 서중콘크리트

① 타설일의 일평균기온이 4℃ 이하 또는 콘크리트 타설 완료 후 24시간 동안 일최저기온 0℃ 이하가 예상되는 조건이거나 그 이후라도 초기동해 위험이 있는 경우 한중 콘크리트로 시공해야 한다.
② 일평균기온(daily average temperature) : 하루(00~24시) 중 3시간 별로 관측한 8회 관측값(03, 06, 09, 12, 15, 18, 21, 24시)을 평균한 기온

2-1. 기온별 적용기간

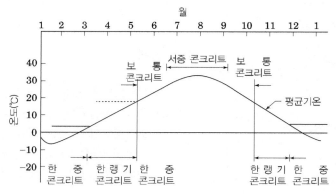

2-2. 중점관리사항

- 시멘트: 저발열 시멘트(벨라이트시멘트) 또는 혼합시멘트를 사용
- 골재: 직사광선을 피하고 물을 뿌려 골재온도가 낮아지도록 한다.
- 배합수: 물탱크나 수송관에 직사광선을 차단할 수 있는 차양시설 및 단열시설을 구비
- 혼화제: AE제, AE 감수제

- 단위수량 및 단위 시멘트량↓
- 비빈 직후의 콘크리트 온도는 기상 조건, 운반시간 등의 영향을 고려하여 타설할 때 소요의 콘크리트 온도가 얻어지도록 낮게 관리
- 운반 및 대기시간의 트럭믹서 내 수분증발을 방지
- 콘크리트를 타설할 때의 온도는 35℃ 이하
- 비빈 후 즉시 타설해야 하며 지연형 감수제를 사용하더라도 1.5시간 이내에 타설
- 5일 이상 습윤양생 실시

문제점

① 콘크리트의 온도상승으로 운반 도중에 슬럼프의 손실 증대
② 연행공기량 감소
③ 응결시간의 단축
④ 워커빌리티 및 시공성 저하
⑤ Cold Joint 발생
⑥ 표면수분의 급격한 증발에 의한 소성수축 균열 발생
⑦ 수화열에 의한 온도균열 발생
⑧ 소요 단위수량 증가로 인하여 재령 28일 및 그 이후의 압축강도 감소

3. Mass Concrete

기상 · 온도

① 부재 혹은 구조물의 치수가 커서 시멘트의 수화열에 의한 온도 상
승 및 강하를 고려하여 설계·시공해야 하는 콘크리트
② 매스 콘크리트로 다루어야 하는 구조물의 부재치수는 일반적인 표
준으로서 넓이가 넓은 평판구조의 경우 두께 0.8m 이상, 하단이
구속된 벽체의 경우 두께 0.5m 이상으로 한다.

3-1. Mass Concrete 적용대상

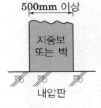

[지반에 따라 하부가 구속]　　　[내압판에 따라 하부가 구속]

큰 단면 → 수화열에 의한 온도상승 → 온도균열 발생

3-2. Mass Concrete의 특성변화

1) 내부구속에 의한 균열발생
   ① 단면 내외의 온도차에 의해 표층에 균열발생
   ② 중앙부와 표면부의 변형률이 서로 다르기 때문에 내부구속응력이
   발생하여 표면부에서 폭 0.2mm 이하의 미세한 균열발생

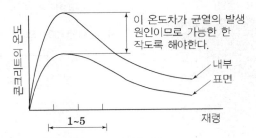

이 시기에 균열발생가능성이 높음

2) 외부구속에 의한 균열발생

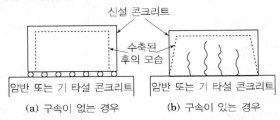

(a) 구속이 없는 경우　　　(b) 구속이 있는 경우

[외부구속에 의한 균열발생 기구]

① 밑부분의 구속으로 인장응력이 발생해 관통되는 균열 유발 가능
② 균열폭 1~2mm의 관통 균열로 누수 및 구조적인 문제야기

기상 · 온도

[수화열 측정]

[수화열 측정]

[파이프 쿨링]

[스프링 쿨러

온도균열지수 표준 값

- 온도균열 제어 수준
  - (I_{cr})1.5 이상
- 균열 발생을 제한할 경우
  - (I_{cr})1.2 이상~1.5 미만
- 유해한 균열 발생을 제한 할 경우
  - (I_{cr})0.7 이상~1.2 미만

3-3. 온도균열의 제어
3-3-1. 온도균열의 제어

- 수축온도철근의 배치 등의 적절한 조치
- 균열의 폭, 간격, 발생 위치에 대한 제어를 실시
- 블록분할과 이음 위치, 콘크리트 타설의 시간간격의 선정, 거푸집 재료 및 종류와 구조, 콘크리트의 냉각 및 양생 방법의 선정
- 신축이음이나 수축이음을 계획하여 균열 발생을 제어
- 콘크리트의 선행 냉각, 관로식 냉각 등에 의한 온도저하 및 제어방법, 팽창콘크리트의 사용에 의한 균열방지방법

3-3-2. 온도응력 완화대책
1) 수축이음
① 벽체 구조물: 길이 방향에 일정간격 단면 감소→ 균열 집중 유도
② 수축이음의 단면 감소율→ 35% 이상

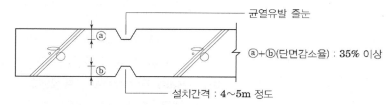

2) 블록분할
- 타설구획의 크기와 이음의 위치 및 구조→ 방열 조건, 구속 조건과 공사용 Batcher Plant의 능력이나 1회의 콘크리트 타설 가능량 등 여러 조건을 종합적으로 판단하여 결정

3) 초지연제에 의한 응결시간 조절

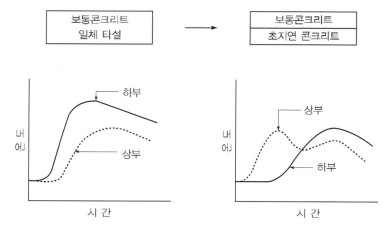

초지연제 의한 응결시간을 조절→ 상부 콘크리트의 온도균열 저감

3-3-3. 균열지수에 의한 평가
1) 정밀한 해석방법에 의한 평가

$$온도균열지수 I_{cr}(t) = \frac{f_{sp}(t)}{f_t(t)}$$

기상 · 온도

용어정리

- 수축이음(contraction joint): 온도균열 및 콘크리트의 수축에 의한 균열을 제어하기 위해서 구조물의 길이 방향에 일정 간격으로 단면 감소 부분을 만들어 그 부분에 균열이 집중되도록 하고, 나머지 부분에서는 균열이 발생하지 않도록 하여 균열이 발생한 위치에 대한 사후 조치를 쉽게 하기 위한 이음으로 수축줄눈, 균열유발이음, 균열유발줄눈이라고도 함
- 온도균열지수(thermal crack index):매스 콘크리트의 균열 발생 검토에 쓰이는 것으로, 콘크리트의 인장강도를 온도에 의한 인장응력으로 나눈 값
- 온도제어양생(temperature-controlled curing): 콘크리트를 타설한 후 일정 기간 콘크리트의 온도를 제어하는 양생

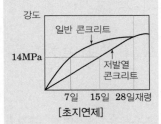
[초지연제]

2) 온도균열지수 선정

- 온도균열지수를 선정하기 위해서는 콘크리트 구조물의 기능 및 중요도, 환경조건 등을 고려해야 한다. 이는 실제 구조물에 있어서 균열 관측 결과 및 실험결과를 정리하여 구한 값

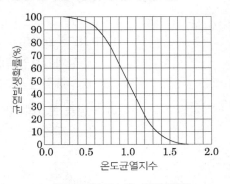
[온도균열지수와 발생확률]

3-4. 온도균열 저감대책

대책	구체적인 대책		
배합	발열량의 저감		저발열형 시멘트의 사용
		시멘트량 저감	양질의 혼화재료 사용
			슬럼프를 작게 할 것
			골재치수를 크게 할 것
			양질의 골재 사용
			강도 판정시기 연장
시공	온도변화의 최소화		양생온도의 제어
			보온(시트, 단열재)가열 양생 실시
			거푸집 존치기간 조절
			콘크리트의 타설시간 간격 조절
			초지연제 사용에 의한 Lift별 응결시간 조절
	시공 시 온도상승을 저감할 것		재료의 쿨링
	계획온도를 엄격히 관리할 것		
설계	설계상 배려		균열유발줄눈의 설치
			철근으로 균열을 분산시킴
			별도의 방수 보강

② 특수한 강도·시공성

강도 · 시공성

성능

Key Point

☑ **국가표준**
– KCS 14 20 33

☑ **Lay Out**
– 강도성능
– 시공성능

☑ **필수 기준**
– 자기충전성

☑ **필수용어**
– 고강도 콘크리트
– 고유동콘크리트
– 섬유보강콘크리트

고강도 콘크리트의 특징

• 장점
 – 부재의 경량화 가능
 – 소요단면 감소
 – 시공능률 향상
• 단점
 – 강도발현에 변동이 커서 취성파괴 우려
 – 시공시 품질변화우려
 – 내화에 취약

내구성능 평가

• 탄산화저항성
• 염분침투 저항성
• 동결융해 저항성

자기충전등급

• 1등급
 – 최소 철근 순간격
 35~60mm 정도
• 2등급
 – 최소 철근 순간격
 60~200mm
• 3등급
 – 최소 철근 순간격 200mm
 정도 이상

1. 강도성능

1) 고강도콘크리트
- 설계기준압축강도가 보통(중량)콘크리트에서 40MPa 이상
- 경량골재 콘크리트에서 27MPa 이상인 경우의 콘크리트

2) 고성능 콘크리트(High Performance Concrete)
① 초고강도 콘크리트(Ultra high strength concrete)

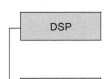

| DSP | • DSP(Densified with Small Particle)
• 입경이 작은 입자들을 사용하여 밀도를 높인 것, 고성능 감수제와 실리카 품의 사용으로 공극률을 크게 낮춘 것 |
| MDF | • Marcro Defect Free
• 폴리머 모르타르를 이용하여 콘크리트의 공극을 채움으로써 매우 강하고 치밀한 매트릭스를 만드는 것 |

② 고인성 콘크리트(high toughness concrete): 섬유의 혼합비율 조절
- SIFCON(slurry infiltrated fibered concrete)
- SIMCON(slurry infiltrated mat concrete)
- ECC(engineered cementitious composites)

③ 초고성능 콘크리트(Ultra-High-Performance Concrete)
- DSP 계열의 원리를 사용하여 강도와 내구성을 향상시킨 고밀도 (compac- tness, 고밀도 콘크리트

3) 고내구성콘크리트(High Durable Concrete)
- 해풍, 해수, 황산염 및 기타 유해물질에 노출된 콘크리트로서 고내구성이 요구되는 콘크리트 공사에 적용

4) 고유동 콘크리트/ 자기충전(Self-Compaction)
- 굳지 않은 상태에서 재료분리없이 높은 유동성을 가지면서 다짐작업 없이 자기 충전성이 가능한 콘크리트

5) 섬유보강 콘크리트(Fiber Reinforced Concrete)
- 강(Steel), 유리(Glass), 탄소(Carbon), 나일론(Nylon), 폴리프로필렌(Polypropylene), 석면(Asbestos) 등의 보강용 섬유를 혼입

6) 폴리머 시멘트 콘크리트(Polymer Cement Concrete)
- 결합재로 시멘트와 시멘트 혼화용 폴리머를 사용한 콘크리트

2. 시공성

1) 유동화 콘크리트(Superplasticized Concrete)
- 미리 비빈 베이스 콘크리트에 유동화제를 첨가하여 이것을 교반하여 유동성을 증대시킨 콘크리트

3 저항성능 · 기능발현

1. 저항성능

1) 수밀 콘크리트(Watertight Concrete)
- 수밀성이 큰 콘크리트 또는 투수성이 적은 콘크리트

2) 폭렬현상(Spalling Failure)
- 화재발생 시 내 외부 조직이 치밀하여 고온에 의한 수증기가 외부로 분출되지 못한 수증기압이 콘크리트의 인장강도보다 크게 될 때 콘크리트 부재표면이 심한 폭음과 함께 박리되는 현상

3) 팽창 콘크리트(Expansive Concrete)
- 팽창재 또는 팽창시멘트의 사용에 의해 팽창성이 부여되어 건조수축 보상에 따른 균열저감 등 내구성 개선을 위해 사용되는 콘크리트

3) 자기치유 콘크리트(Self healing Concrete)
- 콘크리트에 발생된 균열을 추가외력 및 보수작업 없이 스스로 치유하고 복구하는 기능을 가진 콘크리트

4) 자기응력 콘크리트(Self Stress Concrete)
- 경화 시 철근 콘크리트 구조물의 물성을 악화시키거나 파괴하지 않고 강력하게 팽창시켜 구조물의 내구성을 증진시킬 수 있는 콘크리트

4) 차폐콘크리트(Radiation Shielding Concrete)
- 주로 생물체의 방호를 위하여 X선, γ선 및 중성자선을 차폐할 목적으로 사용되는 콘크리트

2. 기능발현

1) 경량 콘크리트(Light Weight Concrete)
- 단위중량을 줄임으로써 단면과 기초의 크기를 축소하고 이를 통해 구조물의 효용성을 높이며, 단열, 방음성 등을 개선할 수 있는 콘크리트

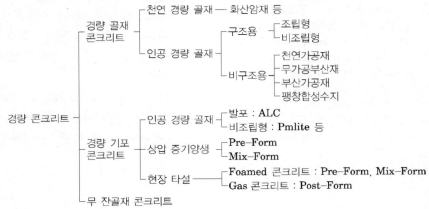

④ 시공 · 환경 · 친환경

시공과 환경

Key Point

■ **국가표준**
- KCS 14 20 01
- KCS 14 20 21
- KCS 14 20 43
- KCS 14 20 44
- KCS 14 20 50
- KCS 14 20 51
- KCS 14 20 60

■ **Lay Out**
- 특수한 시공
- 특수한 환경

■ **필수 기준**
- 저탄소

■ **필수용어**
- 순환골재 콘크리트
- 저탄소 콘크리트

용어정의

- 모따기(chamfering): 날카로운 모서리 또는 구석을 비스듬하게 깎는 것
- 외장용 노출 콘크리트(architectural formed concrete): 부재나 건물의 내외장 표면에 콘크리트 그 자체만이 나타나는 제물치장으로 마감한 콘크리트
- 요철(reveal): 노출 콘크리트 시공 후 모르타르나 매트릭스에서 돌출된 굵은 골재의 정도(projection)를 말함
- 흠집(blemish): 경화한 콘크리트의 매끄럽고 균일한 색상의 표면에 눈에 띄는 표면 결함

1. 특수한 시공

1-1. 노출콘크리트(Exposed Concrete)

> 거푸집에 콘크리트를 타설하고 양생 후에 거푸집을 탈형한 콘크리트 면이 마감 면이 되는 콘크리트

1-1-1. 노출콘크리트의 설계요소

항목	내용
품질기준	현장조건에 따른 시공방법 및 순서
공사비 및 공사기간	현실적인 품셈 및 일위대가를 반영
면의 분할	모듈조합의 선택 및 이음부 간격 및 크기에 따른 콘 선택
면의 질감	일반노출, 광택노출, 무늬노출 등 결정에 따른 거푸집 선정
균열저감 및 코팅	균열을 방지하기 위해 균형 있게 응력이 분포되도록 유도하고 균열유발 줄눈의 배치와 영구적인 유지를 위해 표면 코팅재의 선택

1-1-2. 노출콘크리트의 설계요소

① 점(点, Dot): 일정한 간격을 통해 배치된 콘 구멍의 배치
② 선(線, Line): 수평, 수직 이어치기 줄눈, 균열을 집중시키기 위한 균열유발 줄눈 및 치장줄눈의 간격
③ 면(面, Face): 배합 및 색상, 질감의 변화를 통한 면처리 기법의 적용
④ 양(量, Mass): 노출부위의 양적 설계에 따라 필요한 부재를 노출

1-1-3. 시공계획

① 노출거푸집의 설계(골조도, 패널, 줄눈, 콘 분할도)
② Mock-UP 실험을 통한 시공조건 및 문제점 파악
- 콘크리트: 시멘트 색상, 골재 크기, 물, 혼화제, 설계기준강도, 슬럼프, 공기량, 염분 혼입량 등
- 거푸집 : 거푸집 자재, 표면처리상태, 코너주위 처리상태, 각종 줄눈 상태, 콘 주위 상태, Open-Box (각종 창문, 전기설비, 소화전) 주위상태
- 마감 : 표면 품질상태, 콘크리트 색상, 표면 코팅재 선정
- 기타 : 철근 피복상태, 타설 방법, 진동기 사용방법, 양생 방법, 탈형 방법, 보양 방법, 코팅방법, 유지관리 보수

시공 · 환경

1-2. 진공배수 콘크리트(Vacuum Concrete)

콘크리트 표면에 진공매트를 덮고 진공상태를 만들어 80~100kN/㎡ 의 대기압이 매트에 작용하게 하여 잉여수가 표면으로 나오면 진공펌 프로 배출

용도

- 공장, 전시장 등의 넓은 바닥
- 동절기 공사
- 콘크리트 도로 공사

[진공배수 콘크리트]

1-3. Shotcrete

컴프레서 혹은 펌프를 이용하여 노즐 위치까지 호스 속으로 운반한 콘크리트를 압축공기에 의해 시공면에 뿜어서 만든 콘크리트

2. 특수한 환경

2-1. Preplaced concrete

① 미리 거푸집 속에 특정한 입도를 가지는 굵은 골재를 채워놓고 그 간극에 모르타르를 주입하여 제조한 콘크리트
② 시공속도가 (40~80)㎥/h 이상 또는 한 구획의 시공면적이 (50~250)㎡ 이상일 경우에는 대규모 프리플레이스트 콘크리트의 규정에 따른다.

2-2. 수중콘크리트(Underwater Cocrete)

수중(담수, 안정액, 해수)에서 타설하는 콘크리트로 수면아래에 트레 미관을 내려 펌프로 연속적으로 타설하면서 관을 끌어 올리는 공법

2-3. 해양 콘크리트(Offshore Concrete)

① 항만, 해안 또는 해양에 위치하여 해수 또는 바닷바람의 작용을 받는 구조물에 쓰이는 콘크리트로 설계기준강도는 30MPa 이상
② 해양 콘크리트 구조물은 염해를 받기 쉬운 환경이기 때문에 콘크리 트의 열화 및 강재의 부식에 의해 그 기능이 손상되지 않도록 해 야 한다.

2-4. Lunar 콘크리트

달 표면에서 추출한 흙을 원료로 하여 만든 모르타르를 이용하여 만 든 콘크리트

건식

- 시멘트, 골재, 급결재 등이 혼합된 마른 상태의 재료를 압축공기에 의해 압송하여 노즐 또는 그 직전에서 압 력수를 가하고 뿜어 붙이는 방식

습식

- 시멘트, 골재, 급결재 등이 혼합된 젖은 상태의 재료를 펌프 또는 압축공기로 압송 시켜 노즐 부근에서 급결제 를 첨가시키면서 뿜어 붙이 는 방식

시공 · 환경

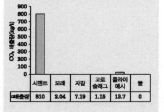
3. 친환경

3-1. Enviromentally Friendly Concrete(Porous Concrete)

지구환경 부하의 감소에 기여함과 동시에 인류를 포함한 생물과의 interface에 친환경적인 콘크리트

3-2. 순환골재 콘크리트(Recycled Aggregate Concrete)

건설폐기물을 물리적 또는 화학적 처리과정 등을 거쳐 품질기준에 적합한 골재로 만든 Concrete

3-3. 저탄소 콘크리트(Low Carbon Concrete)

건설폐기시멘트 대체 혼화재로서 플라이 애시 및 콘크리트용 고로슬래그 미분말을 결합재로 대량 치환하여 제조된 삼성분계 콘크리트 중 치환율이 50% 이상, 70% 이하인 콘크리트물을 물리적 또는 화학적 처리과정 등을 거쳐 품질기준에 적합한 골재로 만든 Concrete

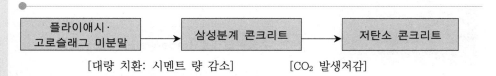

[대량 치환: 시멘트 량 감소]　　　　[CO₂ 발생저감]

3-4. Geopolymer Concrete(지오폴리머 콘크리트)

이산화탄소를 포틀랜드 시멘트보다 적게 배출하는 친환경·고성능 콘크리트로서 미래사회가 요구하는 개념에 부합하는 콘크리트

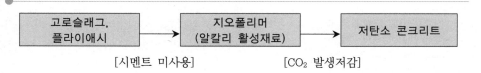

[시멘트 미사용]　　　　[CO₂ 발생저감]

S

4-5장

콘크리트
구조일반

Professional Engineer

마법지

1. 일반사항

- SI단위
- 재료와 단면의 성질
- 보강

2. 구조설계

- 설계 및 하중
- 철근비 & 파괴모드
- RC구조 사용성(처짐, 균열, 진동)

3. Slab & Wall

- 변장비
- 주요슬래브

4. 지진

- 내진 면진 제진

① 구조일반

구조일반

단위

Key Point

☑ **국가표준**

☑ **Lay Out**
– 기본단위 체계
– 재료와 단면의 성질

☑ **필수 기준**
– SI단위 체계

☑ **필수용어**
– 응력 변형률
– 단면 2차 모멘트

SI단위 실례

• $1kgf/cm^2 = \dfrac{9.81}{100} N/mm^2$
  $= 0.0981MPa$
  $(0.1MPa)$

• $1MPa = 1N/mm^2$

• $1kPa = 1kN/m^2$

• $1GPa = 1kN/mm^2$

1. 기본단위 체계

1-1. 강도의 단위로서 Pa(Pascal)

① Pa(Pascal) : 1제곱미터(단위면적)에 1N(Newton)의 힘을 가하였을 때 작용하는 힘, 즉 압력의 단위로 $1N/m^2$
② 압축강도의 단위 kfg/㎠은 단위면적당 가해지는 힘으로, 1MPa는 단위면적 ㎠당 10kg의 하중을 견딜 수 있는 강도

1-2. 압축강도(kg/㎠) 단위환산 방법

• 1kg은 지구상의 힘 또는 무게의 단위를 의미
• N은 국제적인 힘의 단위로 질량을 1kg의 물체를 $1m/s^2$의 속도로 움직이는 힘(1N=9.8kgf)
• 질량 1kg의 물체를 $9.8m/s^2$의 속도로 움직이는 힘은 $9.8N(=9.8kg \cdot m/s^2)$
• Pa(파스칼) : 단위면적당 작용하는 힘 (압력의 단위로 N/m^2)
• $1kgf/cm^2 = \dfrac{9.81}{100} N/mm^2 = 0.0981MPa(0.1MPa)$

• $1kgf/m^2 =$ 약 0.1MPa
• $1kN/m^2 =$ 약 $100kgf/m^2$
• $1kgf = 9.8N$
• $1N = 1/9.8kgf$이므로 $1N=0.102kgf$으로 변환($1N=$ 약 $0.1kgf$)
• $1m^2$ 당 500kg까지 적재 가능

2. 재료와 단면의 성질

2-1. 철근콘크리트의 구조 특성

1) 철근콘크리트 구조체의 원리
   ① 단순보에 하중이 작용

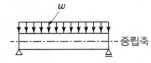

   ② 부재 중립축의 상부는 압축력, 하부는 인장응력이 발생하여 인장 균열 발생

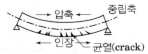

   ③ 철근으로 보강하여 인장력에 저항

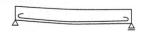

- 장점
  - 철근과 콘크리트가 일체화 되어 내구적
  - 철근이 콘크리트에 의해 피복되므로 내화적
  - 부재의 형상과 치수가 자유롭다.
- 단점
  - 부재의 단면과 중량이 크다.
  - 습식구조이므로 동절기 공사가 어렵다.
  - 공사기간이 길며 균질한 시공이 어렵다.
  - 재료의 재사용 및 제거작업이 어렵다.

호칭정리

- c: Compressive
- k: Characteristic Value

- $(f_c')_u$: 콘크리트 극한강도 (ultimate strength)
- $(f_c')_{28}$: 재령이 28일 때의 콘크리트 압축강도
- f_{cm}: Sample mean compressive strength
- f_{cu}: Cube compressive strength
- f_{cy}: Cylindrical compressive strength

2) 철근콘크리트 구조체의 성립조건

① 하중 분담

- 중립축 상부: 콘크리트가 압축력(Compression) 부담
- 중립축 하부: 철근이 인장력(Tension) 부담

② 재료적인 측면에서 부착성(Bond)이 우수하여 콘크리트 내부에서 철근의 상대적인 미끄러짐을 방지하여 일체로 거동

③ 온도변화에 대한 열팽창계수(선팽창계수)가 거의 유사

철근	콘크리트
$1.2 \times 10^{-5}/℃$	$1.0 \sim 1.3 \times 10^{-5}/℃$

2-2. 콘크리트의 재료적 특성

1) 콘크리트의 압축응력(f_c, Compressive Strength)

① 공시체: 직경 150mm × 높이 300mm 원주형($\varnothing 150 \times 300$)표준

② $f_c = \dfrac{P}{A} = \dfrac{P}{\dfrac{\pi D^2}{4}}$ MPa 하중 분담

2) 설계기준압축강도(f_{ck}), 평균압축강도(f_{cm})

① 설계기준압축강도(f_{ck}, Specified Compressive Strength): 콘크리트 부재를 설계할 때 기준이 되는 콘크리트의 압축강도

② 평균압축강도(f_{cm}, 재령 28일에서 콘크리트의 평균압축강도): 크리프변형 및 처짐 등을 예측하는 경우보다 실제 값에 가까운 값을 구하기 위한 것

$$f_{cm} = f_{ck} + \Delta f \text{(MPa)}$$

3) 배합강도(f_{cr}, Required Average Concrete Strength)

① 구조물에 사용되는 콘크리트 압축강도가 소요의 강도를 갖기 위해서는 콘크리트 배합설계 시 배합강도(f_{cr})를 정해야 한다. 배합강도(f_{cr})는 $(20 \pm 2)℃$ 표준양생한 공시체의 압축강도로 표시하는 것으로 하고, 강도는 강도관리를 기준으로 하는 재령에 따른다.

② 품질기준강도(f_{cq})는 구조계산에서 정해진 설계기준압축강도(f_{ck})와 내구성 설계를 반영한 내구성기준압축강도(f_{cd})중에서 큰 값으로 정한다.

$$f_{cq} = \max(f_{ck}, f_{cd}) \text{(MPa)}$$

③ 기온보정강도(T_n)를 더하여 생산자에게 호칭강도(f_{cn})로 주문해야 한다.

$$f_{cn} = f_{cq} + T_n \text{(MPa)}$$

4) 쪼갬인장강도(f_{sp}, Splitting Strength)

- 콘크리트의 인장강도는 압축강도의 0% 정도이므로 구조설계 시 무시

구조일반

2-3. 라멘구조

기둥 보 바닥으로 구성된 구조로 각 부재간 접합을 강접(Moment Connection)하여 횡력에 저항하게 하는 방식 횡력에 저항하게 하는 구조방식

2-3-1. RC조의 구조형상에 따른 분류

1) 벽식구조
   - 벽과 Slab로 하중을 지지하며, 벽체가 기둥역할을 하여 바닥 슬래브 하중이 하부 벽을 통해 기초와 지반으로 전달

2) 라멘구조
   - 보와 기둥 Slab로 하중에 지지하며, 바닥슬래브의 하중이 보를 통해 기둥으로 전달되고, 기둥에서 기초와 지반으로 전달

3) 무량판 구조
   - 보 없이 기둥과 Slab로 하중에 지지하며, 바닥슬래브의 하중이 기둥으로 전달되고 기둥에서 기초와 지반으로 전달

2-4. 단면 2차 모멘트(I, Second Moment of Area)

임의의 직교좌표축에 대하여 단면 내의 미소면적 dA와 양 축까지의 거리의 제곱을 곱하여 적분한 값

$$I_x = \int_A y^2 \cdot dA$$
$$I_y = \int_A x^2 \cdot dA$$

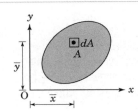

단위는 mm^4, cm^4이며, 부호는 항상 (+)이다.

1) 기본 단면의 단면 2차모멘트

단면	사각형	삼각형	원형
도형	G, h, b	G, h, b	G, D
도심축	$\dfrac{bh^3}{12}$	$\dfrac{bh^3}{36}$	$\dfrac{\pi D^4}{64} = \dfrac{\pi r^4}{4}$
상·하단축	$\dfrac{bh^3}{3}$	하단: $\dfrac{bh^3}{12}$ 상단: $\dfrac{bh^3}{4}$	$\dfrac{5\pi D^4}{64}$

장점

- 벽식
  - 저렴한 시공비
  - 짧은 공사기간

- 라멘
  - 내부공간을 편의에 따라 조정
  - 상부소음이 벽을 타고 전달되지 않아 층간소음에 유리
  - 층고가 높다
  - 노후배관 및 설비교체 쉽다.

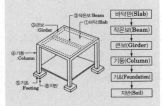

바닥판(Slab)
작은보(Beam)
큰보(Girder)
기둥(Column)
기초(Foundation)
지반(Soil)

2차 모멘트
- 구조물에 작용하는 하중에 의해 단면 내 발생하는 응력을 계산하기 위한 기초 단계로 단면의 특성을 이해하는 것이 중요하다.
- 단면의 형태를 유지하려는 관성(inertia, 慣性)을 나타내는 지표로서 구조역학에서 가장 기본이 되면서 중요한 지표 중의 하나이다.

- 단면 2차 모멘트 용도
  - 구조물의 강약을 조사할 때, 설계할 때 휨에 대한 기본이 되는 지표
  - 단면 2차 반경 r: 압축재 설계
  - 단면계수: $Z = \dfrac{I}{y}$ 휨재 설계
  - 단면 2차 반지름: $r = \sqrt{\dfrac{I}{A}}$
  - 강성도(剛性度): $K = \dfrac{I}{L}$
  - 휨응력: $\sigma_b = \dfrac{M}{I} \cdot y = \dfrac{M}{I} y$

2-5. 응력과 변형률(stress and strain)

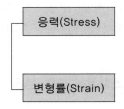

| 응력(Stress) | • 외력에 저항하려는 단위면적당의 힘(수직응력, 휨응력, 전단응력) |
| 변형률(Strain) | • 구조물이 외력을 받는 경우 부재에는 변형을 가져오게 된다. 이때 변형된 정도 즉, 단위길이에 대한 변형량의 값 |

2-5-2. 변형률(Strain)

1) 변형률: 인장력 및 압축력에 대한 부재의 변형된 정도

길이변형률 (ϵ)	가로변형률(ϵ'또는β)	전단변형률(γ)
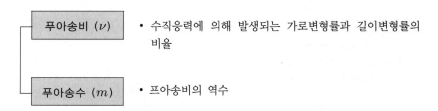		
$\epsilon = \dfrac{\Delta L}{L}$	$\epsilon' = \dfrac{\Delta D}{D}$	$\epsilon = \dfrac{\Delta}{L}(rad)$

2) Poisson's Ratio(ν), Poisson's Number(m)

• 부재가 축방향력을 받아 길이의 변화를 가져오게 될 때 부재축과 직각을 이루는 단면에 대해서는 부재 폭의 변화가 오는데 이 경우 인장력이 작용할 때 부재의 폭은 줄게 되고 압축력이 작용할 때 부재는 굵어진다.

| 푸아송비 (ν) | • 수직응력에 의해 발생되는 가로변형률과 길이변형률의 비율 |
| 푸아송수 (m) | • 프아송비의 역수 |

3) R · Hooke의 법칙

• 탄성(Elasticity)한도 내에서 응력과 변형률은 비례한다.

$\sigma = E \cdot \epsilon_T = E \cdot (\alpha \cdot \Delta T)$

E : E를 탄성계수(Modulus of Elasticity) 또는 영계수(Young's Moduls)

4) 응력 · 변형률 관계

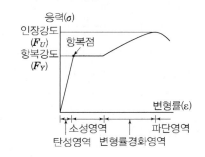

• 탄성영역: 응력(stress)과 변형률(strain)이 비례
• 소성영역: 응력의 증가 없이 변형률 증가
• 변형률 경화영역: 소성영역 이후 변형률이 증가하면서 응력이 비선형적으로 증가
• 파단영역: 변형률은 증가하지만 응력은 오히려 감소

구조일반

• 응력
– 구조물에 외력(External Force)이 작용하면 부재에는 이에 해당하는 부재력 즉, 축방향력, 전단력, 휨모멘트가 발생한다. 이때 부재 내에서는 부재의 형태를 유지하려는 힘이 존재하게 되는데 이를 내력(Internal Force)이라고 하며 단위면적에 대한 내력의 크기를 응력이라고 한다.

• Poisson's Number(m)
– 일반적으로 푸아송수(m)에 의해 재료의 특성을 파악한다.
– Steel: m

늘어난다

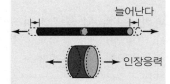

인장응력

• 탄성(Elasticity)
부재가 외력을 받아서 변형한 뒤 외력을 제거할 때 본래의 모양으로 되돌아가는 성질

• 소성(Plasticity)
변형된 부재에 외력을 제거하더라도 본래의 모양으로 되돌아가지 못하는 성질로서, 부재에 탄성한도 이상의 외력을 가할 때에 나타나는 현상으로 외력을 제거하더라도 변형이 남게 되는데 이를 영구변형 또는 잔류변형이라고 한다.

• 온도응력(Thermal Stress)
– E: 탄성계수(MPa)
– α: 열팽창계수(/℃)
– ΔT: 온도 변화량(℃)

구조설계

구조설계
Key Point

☑ **국가표준**

☑ **Lay Out**
- 설계 및 하중
- 철근비와 파괴모드

☑ **필수 기준**
- 설계하중

☑ **필수용어**
- 허용응력설계법
- 극한강도설계법

구조설계 원칙

- 안전성(Safety)
  - 건축물 및 공작물의 구조체는 유효 적절한 구조계획을 통하여 건축물 및 공작물 전체가 건축구조기준의 규정에 의한 각종 하중에 대하여 안전하도록 한다.
- 사용성(Serviceability)
  - 건축물 및 공작물의 내력부재는 사용에 지장이 되는 변형이나 진동이 생기지 아니하도록 충분한 강성을 확보하도록 하며, 순간적 파괴현상이 생기지 아니하도록 인성의 확보를 고려한다.
- 내구성(Durability)
  - 내력부재로서 특히 부식이나 마모훼손의 우려가 있는 것에 대해서는 모재나 마감재에 이를 방지할 수 있는 재료를 사용하는 등 필요한 조치를 취한다.

② 구조설계

1. 설계 및 하중
1-1. 구조설계 작업

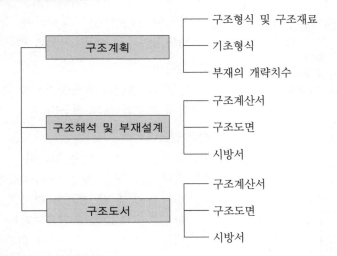

1-2. 구조물의 설계법
1) 허용응력 설계법(ASD, Allowable Stress Design Method)
- 사용하중(Survice Load)의 작용에 의한 부재의 실제 응력이 지정된 그 재료의 허용응력을 넘지 않도록 설계하는 방법

3) 극한강도설계법(USD, Ultimate Strength Design Method)
- 부재의 강도가 사용하중의 안전도를 고려하여 계수하중을 지지할 수 있는 강도 이상이 되도록 설계하는 방법이다.

3) 한계상태설계법(LRFD,Load Resistance and Factor Design Method)
- 한계상태를 명확히 정의하여 하중 및 내력의 평가에 준해서 한계상태에 도달하지 않는 것을 확률 통계적 계수를 이용하여 설정하는 설계법

4) 콘크리트 구조물의 설계법상의 비교

구분	허용응력 설계법	극한강도설계법
개념	응력개념	강도개념
설계하중	사용하중	극한하중
재료특성	탄성범위	소성범위
안전	허용응력으로 규제	사용하중에 하중계수를 곱해 줌

1-3. 주요 설계하중
- 고정하중(Dead Load: 구조체와 부착된 각종 설비 등의 중량
- 활하중(Live Load): 건축물 및 공작물을 점유·사용에 따른 하중
- 적설하중 (Snow Load): 건축물에 내려서 쌓인 눈의 중량
- 풍하중 (Wind Load): 바람이 불 때 구조물이 받는 힘

2. 철근비와 파괴모드

2-1. 철근비

1) 균형철근비(ρ_b, Balanced Steel Ratio)
- 콘크리트의 최대압축응력이 허용응력에 달하는 동시에, 인장철근의 응력이 허용응력에 달하도록 정한 인장철근의 단면적을 균형철근 단면적이라고 하고, 이때의 철근비가 균형(평형)철근비

3) 최소철근비
- 인장 측 철근의 허용응력도가 압축 측 콘크리트의 허용응력도 보다 먼저 도달할 때의 철근비

4) 최대 철근비
① 균형철근비보다 많은 철근비
② 최대 철근량은 철근 Concrete에 가해지는 하중이 증가함에 따라 휨파괴 발생 시 철근이 먼저 항복하여 중립축이 압축 측으로 이동함으로써 Concrete 압축면적이 감소하여 2차적인 압축파괴가 발생되는 연성파괴를 유도하기 위하여 철근량의 상한치를 규정

2-2. 보의 파괴모드 - 중립축의 위치변화

균형철근비 미만($\rho_t < \rho_b$)	균형철근비($\rho_t = \rho_b$)	균형철근비 초과($\rho_t > \rho_b$)
N.A	N.A	N.A
• 인장측 철근이 먼저 항복변형률에 도달 • 과소철근비이므로 중립축이 압축측으로 상향 • 인장철근의 연성파괴 발생	• 인장측 철근의 항복변형률과 압축측 콘크리트의 극한변형률이 동시에 발생 • 각 재료를 최대한 활용하므로 경제적이다. • 취성파괴에 가까운 형태임	• 압축측 콘크리트가 먼저 극한변형률에 도달 • 과대철근비이므로 중립축이 인장측으로 하향 • 콘크리트의 취성파괴가 일어나므로 위험

1) 연성파괴(Ductile Fracture)
- 균형상태보다 적은 철근량을 사용한 보, 압축측 Concrete의 변형률이 0.003에 도달하기 전에 인장철근이 먼저 항복한 후 상당한 연성을 나타내기 때문에 단계적으로 서서히 일어나는 파괴

2) 취성파괴(Brittle Fracture)
- 균형상태보다 많은 철근량을 사용한 보, 인장 철근이 항복하기 전에 압축 측 Concrete의 변형률이 0.003에 도달·파괴되어 사전 징후 없이 갑작스럽게 일어나는 파괴

3) 피로파괴 (Fatigue Fracture)
- 철 부재에 반복하중이 작용하면 그 재료의 항복점 하중보다 낮은 하중으로 파괴되는 현상

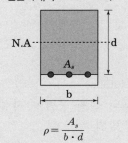

③ Slab · Wall

Slab · Wall

Slab · Wall

Key Point

■ 국가표준

■ Lay Out
- 변장비에 의한 슬래브의 분류
- 주요 Slab
- 벽체

■ 필수 기준
- 설계하중

■ 필수용어
- Flat Slab
- 내력벽

1. 변장비에 의한 슬래브의 분류

> 슬래브는 판 이론(Plate Theory)에 의하여 설계하는 것이 원칙이지만 너무 복잡하기 때문에 근사해법에 의하는 것이 일반적이다.

1-1. 슬래브 해석의 기본사항

1) 설계대(設計帶)

  ① 주열대(Column Strip): 기둥 중심선 양쪽으로 $0.25l_2$와 $0.25l_1$ 중 작은 값을 한쪽의 폭으로 하는 슬래브의 영역을 가리키며, 받침부 사이의 보는 주열대에 포함한다.

  ② 중간대(Middle Strip): 두 주열대 사이의 슬래브 영역

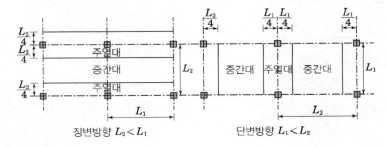

2) 슬래브 변장비 (λ)

1방향 슬래브(1-Way Slab)	2방향 슬래브(2-Way Slab)
변장비$(\lambda) = \dfrac{\text{장변 Span}(L)}{\text{단변 Span}(S)} > 2$	변장비$(\lambda) = \dfrac{\text{장변 Span}(L)}{\text{단변 Span}(S)} \leq 2$
단변 주철근 배근	단변 및 장변 주철근 배근

3) 1방향 슬래브

> 1방향 슬래브는 대응하는 두변으로만 지지된 경우와 4변이 지지되고 장변길이가 단변길이의 2배를 초과하는 경우를 말한다. 1방향 슬래브는 1방향의 휨모멘트만 고려하면 되기 때문에 해석이 쉽고 휨모멘트 방향의 경간이 짧아져서 슬래브의 두께나 철근량을 줄일 수 있다. 1방향 슬래브는 과도한 처짐 방지를 위해 슬래브의 최소 두께는 100mm 이상으로 제한

4) 2방향 슬래브의 최소두께 규정

- 슬래브의 최소두께는 사용성을 고려하여 슬래브의 과도한 처짐을 제한하기 위한 의도로 규정된 것이므로, 규정된 최소두께 이상의 두께를 가진 슬래브에서는 처짐에 대한 별도의 검토를 하지 않아도 된다.

특징

- 구조가 간단
- 층높이를 낮게 할 수 있으므로 실내 이용률이 높다.
- 바닥판이 두꺼워 고정하중이 증가한다.
- 뚫림전단 현상 발생 우려

2. 주요 Slab

1) Flat Plate Slab & Flat Slab – 2방향 슬래브

> - Flat Plate
>   구조물의 외부 보를 제외하고, 내부에는 보가 없이 Slab가 연직
>   하중(Vertical Load)을 직접 기둥에 전달하는 구조
> - Flat Slab
>   Flat Plate에 Drop Panel을 설치하여 뚫림전단에 대비한 구조

① 뚫림전단(Punching Shear)위치: 기둥면에서 $\frac{d}{2}$ 위치

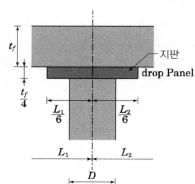

기둥폭 결정(D)
- 기둥 중심간거리 $\frac{L}{20}$ 이상
- 300mm 이상
- 층고의 $\frac{1}{15}$ 이상

② 지판은 받침부 중심선에서 각 방향 받침부 중심간 경간의 $\frac{1}{6}$ 이상 각 방향으로 연장해야 한다.

③ 지판의 슬래브 아래로 돌출한 두께는 돌출부를 제외한 두께의 $\frac{1}{4}$ 이상이어야 한다.

④ Slab 두께(t): 150mm 이상(단, 최상층 Slab는 일반 슬래브 두께 100mm 이상 규정을 따를 수 있다.)

⑤ 구조계산서 전단보강근 상세

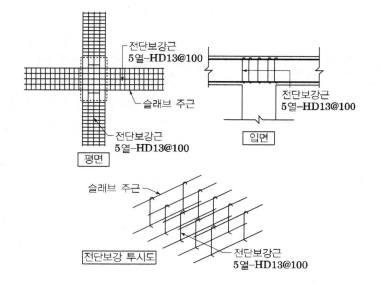

특징

- 구조가 간단
- 층높이를 낮게 할 수 있으므로 실내 이용률이 높다.
- 바닥판이 두꺼워 고정하중이 증가한다.
- 뚫림전단 현상 발생 우려
- 플렛플레이트 구조는 모멘트골조에 비해 횡력에 대한 골조의 강성이 약하므로 횡력에 대해서는 전단벽이 지지하는 것으로 설계하고 있다.

- 뚫림전단(Punching Shear)

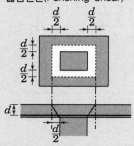

플랫 슬래브와 같이 보 없이 직접 기둥에 지지되는 구조 또는 기둥을 직접 지지하는 기초판에서 집중하중의 작용에 따라 슬래브 하부로부터 경사지게 균열이 발생하여 구멍이 뚫리는 전단파괴

구조기준

① 뚫림전단(Punching Shear) 위치: 기둥면에서 $\frac{d}{2}$ 위치
② 지판은 받침부 중심선에서 각 방향 받침부 중심간 경간의 $\frac{1}{6}$ 이상 각 방향으로 연장해야 한다.
③ 지판의 슬래브 아래로 돌출한 두께는 돌출부를 제외한 두께의 $\frac{1}{4}$ 이상이어야 한다.
④ Slab 두께(t): 150mm 이상 (단, 최상층 Slab는 일반 슬래브 두께 100mm 이상 규정을 따를 수 있다.)

3. 벽체

Slab · Wall

3-1. 내력벽의 높이 및 길이

① 길이 10m 이하
② 조적식구조인 건축물 중 2층 건축물에 있어서 2층 내력벽의 높이는 4미터를 넘을 수 없다.
③ 조적식구조인 내력벽의 길이(대린벽: 서로 직각으로 교차되는 벽을 말한다)의 경우에는 그 접합된 부분의 각 중심을 이은 선의 길이를 말한다. 10미터를 넘을 수 없다.
④ 조적식구조인 내력벽으로 둘러쌓인 부분의 바닥면적은 80제곱미터를 넘을 수 없다.

3-2. 내력벽의 두께

① 조적식구조인 내력벽의 두께(마감재료의 두께는 포함하지 아니한다. 바로 윗층의 내력벽의 두께 이상
② 조적식구조인 내력벽의 두께는 그 건축물의 층수·높이 및 벽의 길이에 따라 각각 다음 표의 두께 이상으로 하되, 조적재가 벽돌인 경우에는 당해 벽높이의 20분의 1 이상, 블록인 경우에는 당해 벽높이의 16분의 1 이상
③ 조적재가 돌이거나, 돌과 벽돌 또는 블록 등을 병용하는 경우에는 내력벽의 두께는 제2항의 두께에 10분의 2를 가산한 두께 이상으로 하되, 당해 벽높이의 15분의 1 이상
④ 조적식구조인 내력벽으로 둘러싸인 부분의 바닥면적이 60제곱미터를 넘는 경우에는 그 내력벽의 두께는 각각 다음 표의 두께 이상

건축물의 층수		1층	2층
층별 두께	1층	190mm	290mm
	2층	190mm	190mm

3-3. 내력벽의 배치

① 평면상 균형 있게 배치
② 위층의 내력벽은 밑층의 내력벽 바로 위에 배치
③ 문꼴 등은 상하층이 수직선상에 오게 배치
④ 내력벽 상부는 테두리보 또는 철근 콘크리트 라멘조로 함
⑤ 내력벽은 보 작은보 밑에 배치

3-4. 내력벽의 종류

1) 대린벽
① 서로 직각으로 교차되는 내력벽
② 수평하중에는 약하나 수직하중에 대단히 강함

2) 부축벽
① 내력벽이 외력에 대하여 쓰러지지 않게 부축하기 위해 달아낸 벽
② 상부에서 오는 집중하중 또는 횡압력 등에 대응

4 지진

1. 내진 耐震(Earthquake Resistant Structure)

내진보강 대상

• 구설계법에 의해 건설된 건축물로서 내진성능이 부족한 경우
• 건축물을 증·개축하거나 용도변경을 위해 새로운 내진 성능 향상이 필요한 경우
• 피해를 입은 건축물에 대해 보강하여 재사용하는 경우

내진보강 종류

• 제진은 지진에너지 흡수에 의한 응답제어효과를 기대할 수 있고, 면진은 면진화에 의한 입력저감효과를 기대할 수 있다.
• 제진보강은 내력 향상과 지진에너지를 흡수하기 위한 제진장치를 이용한다. 제진장치에는 탄소성댐퍼, 마찰댐퍼, 오일댐퍼 또는 좌굴구속브레이스가 있다.

① 구조물의 내진안정성을 제고하기 위해 각 방향의 지진하중에 대하여 충분한 여유도를 가질 수 있도록 횡력저항시스템을 배치하고, 지진하중에 대하여 건물의 비틀림이 최소화되도록 배치한다.
② 긴 장방형의 평면인 경우, 평면의 양쪽 끝에 지진력저항시스템을 배치한다.

1-1. 내진보강 개념

1) 내진보강 개념도

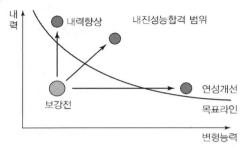

1-2. 내력향상 및 연성개선 기술

종류	내진보강	제진보강	면진보강
목적	지진력에 저항	지진에너지를 흡수하여 지진력을 저감	지진압력을 면하여 지진력을 큰 폭으로 저감
수단	• 강도저항부재 배치 • 연성개선	• 에너지흡수장이 • 댐퍼의 배치	면진장치 배치
부재	• 강조저항 : 벽, 브레이스, 프레임증설 등 • 연성개선: 탄소섬유보강, 슬릿 등	탄소성댐퍼, 마찰댐퍼, 오일댐퍼, 점성댐퍼	• 면진장치: 적층고무, 베어링 • 감쇠장치: 탄소성댐퍼, 오일댐퍼
특징	내력부족 및 높은 안정성 확보에 대응하여 보강 구면 증대	내진보강에 비해 보강구면이 적음	높은 내진안정성과 기능유지확보가 가능
공사량	보강 면적이 큼	보강 면적이 적음	면진층에 공사 집약 가능

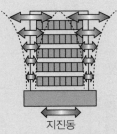
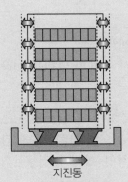
2. 면진 免震(Seismic Isolated Structure)

> 구조물과 기초사이에 진동을 감소시킬 수 있는 기초분리 장치(Base Isolator)와 감쇠장치(Damper)를 이용하여 지반과 건물을 분리시켜 지반진동이 상부건물에 직접 전달되는 것을 차단하는 구조형태이며, 건물의 고유주기를 의도적으로 장주기화 하여 지반에서 상부구조로 전달되는 지진에너지를 저감 시키는 구조

2-1. 면진 免震(Seismic Isolated Structure)계획 시 고려

1) 건물의 형상
- 원칙적으로 지진 또는 태풍 시 비틀림이 발생하지 않도록 계획

2) 건물의 탑상비(높이와 평면의 단변길이 비율)
- 면진장치는 압축력에는 매우 강하지만 인장력에는 비교적 약하므로 건물의 높이와 단변길이의 비는 약 3:1 이하로 하는 것이 무난하다.

3) 면진장치의 배치
- 배치 및 크기, 장치의 수는 건물의 평면형태와 입면형상 등 기본요소와 기둥위치 등 구조계획에 대한 검토필요

4) 변위에 대한 배려
- 면진건물 둘레에 면진구조로 인한 최대 변위를 고려한 이격거리를 확보한다.(최소 약 150mm 이상)

2-2. 면진장치

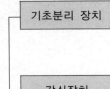

기초분리 장치
- 기초 분리장치(Base Isolator)는 건물의 중량을 떠받쳐 안정시키고 수평방향의 변형을 억제하는 역할(스프링 분리장치와 미끄럼 분리장치로 구분)

감쇠장치
- 감쇠장치(Damper)는 지진 시 건물의 대변형을 억제하면서 종료 후에는 건물의 진동을 정지시키는 역할(탄소성, 점성체, 오일, 마찰 감쇠장치로 구분)

3. 제진 制震(Seismic Controlled Structure)

> 진동을 제어하기 위한 특별한 장치나 기구를 구조물에 설치하여 지진력을 흡수하는 구조이며, 건물의 고유주기를 의도적으로 장주기화 하여 지반에서 상부구조로 전달되는 지진에너지를 저감 시키는 구조

2-1. 제진 制震(Seismic Controlled Structure)계획 시 고려

① 지진에너지 전달경로 자체를 차단
② 건축물의 주기대가 지진동의 주기대를 피하도록 한다.
③ 비선형 특성을 주어 비정상 비공진계로 한다.
④ 에너지 흡수기구를 이용

[적층고무]

[Damper]

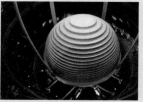

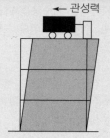

← 관성력

[제어력 부가: Active]

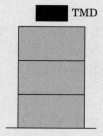

[TMD: Passive]

2-2. TLD(Tuned Liquid Culumn Damper)

유체탱크 내의 유체운동의 고유진동수가 구조물의 진동수와 동조되도록 설계하여 구조물의 진동을 흡수집수통에 일정량의 액체를 삽입 후 진동 흡수하는 장치

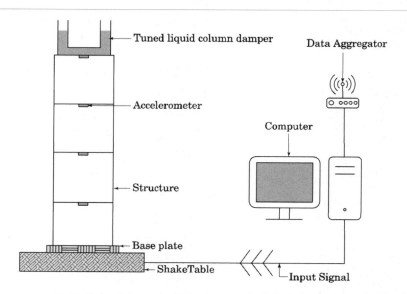

• U자 형태의 관으로 유체가 좌우로 움직이면서 유체의 압력을 이용

2-3. TMD(Tuned Mass Damper)

건물의 옥상층에 건물의 고유주기와 거의 같은 주기를 가지는 추와 스프링과 감쇠장치로 이루어지는 진동계를 부과한 것으로 건물상부에 감쇠기를 설치하는 수동제진 시스템의 가장 대표적인 형태가 질량감쇠 시스템

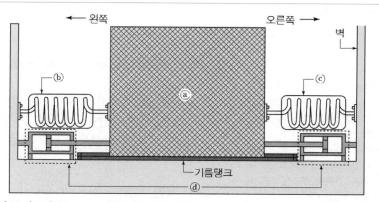

• 건물이 왼쪽으로 기울게 되면 ⓒ의 스프링이 늘어나고 오른쪽으로 기울게 되면 ⓑ의 스프링이 ⓐ를 밀게 된다. ⓓ는 건물의 중심에서 멈추는 기능을 하며, ⓐ는 기름탱크로 인해 건물과 함께 거동하지 않는다.

P·C 공사

마법지

1. 일반사항

- 설계
- 생산방식
- 부재생산
- 허용오차

2. 공법분류

- 구조형태
- 시공방식

3. 시공

- 시공계획
- 접합방식

4. 복합화·모듈러

- 복합화
- 모듈러

일반사항

설계 · 생산
Key Point

■ 국가표준
- KDS 14 20 60
- KCS 14 20 52

■ Lay Out
- 설계
- PC생산방식

■ 필수 기준
- 허용오차

■ 필수용어
- Pre-tension
- Post-tension

설계상 제약사항

- 부재의 분할, 접합부 설계 시 모듈화된 부재를 사용해 야하므로 건축계획에 제약
- 운송과 적재: 특수운송장비 및 도로운송제한
- 크기에 따라 디자인 제약

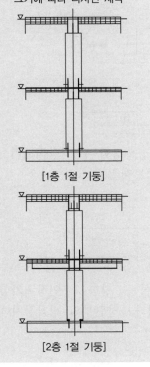

[1층 1절 기둥]

[2층 1절 기둥]

① 일반사항

1. 설계

1-1. 구조적인 원리 및 특성

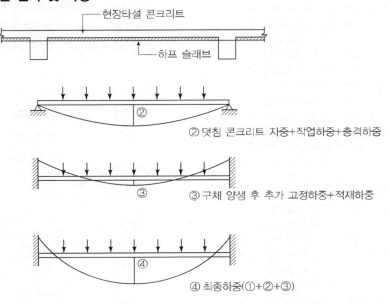

- 현장타설 콘크리트
- 하프 슬래브
- ② 덧침 콘크리트 자중+작업하중+충격하중
- ③ 구체 양생 후 추가 고정하중+적재하중
- ④ 최종하중(①+②+③)

1-2. 구조검토- 지하주차장 Half PC

- Slab의 1-방향 혹은 2-방향 골조구조 적용
- 구조형식에 따라 Slab의 두께를 결정
- 경간의 길이에 따라 보에 Prestress를 도입 or 중공Slab

구조형식	공법 적용	지하층	지붕층
2-Way	Half slab (T=70mm)	8,000 / 8,000 PG2, PG1, PS1, PB1, PS1, PG1, PG2	8,000 / 8,000 RPG2, RPG1, RPS1, RPB1, RPS1, RPG1, RPG2
2-Way	Half slab (T=100mm)	8,000 / 8,000 PG2, PG1, PS1, PG1, PG2	8,000 / 8,000 RPG2, RPG1, RPS1, RPG1, RPG2
1-Way	Half slab (T=70mm)	8,000 / 8,000 PG1, PS1, PG1	8,000 / 8,000 RPG1, RPS1, RPG1

2. PC생산방식

2-1. 개발방식

① Open system: 건물을 구성하는 구성 부재 및 부품을 모듈정합 (modular coordination)화 하여 상호 호환이 가능하도록 설계하고 디자인과 접합방식은 다양한 형태로 생산하는 방식

② Closed System: 특정한 구조물의 형태 및 기능을 사전에 결정하고 이를 구성하는 부재가 부품으로 제작되어 생산하는 방식

구분	Open System	Closed System
생산성	• 소량생산가능	• 대량생산에 적합
구조안전성	• 다양한 부재의 조합으로 구조적 안정성 취약우려	• 전체설계에 의해 결정 • 구조적 안정성 증대
Design	• 다양한 Design 가능	• 제한된 Design
부재의 종류	• 소형부재 가능 • Unit생산 가능	• 대형부재 • 대형건축물
공급방식	• Make to stock (시장조사를 통해 판매예측)	• Make to order (주문 후 제품공급)
전제조건	• 부재의 표준화 • 모듈정합	• 대형시설 • 수요

2-2. 부재생산

1) 제작원리 및 Prestressing 방법

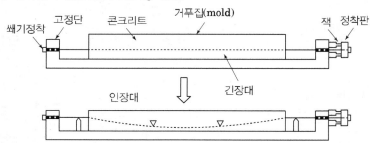

• PS강재에 인장력 가함 → Concrete 타설 → 경화 후 인장력제거→ 콘크리트와 PS 강재의 부착에 의해 프리스트레스를 도입

2) 제작원리 및 Prestressing 방법

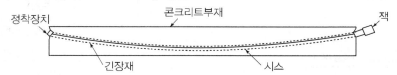

• Sheath관내 PS강선매입 → Concrete 타설 → 경화 후 인장력가함 →Sheath관내 Grout재 주입 후 긴장제거 → 양단부의 정착장치에 고정 후 반력으로 압축력 전달

일반사항

용어의 정의

• **그라우트(grout)**: PS 강재의 인장 후에 덕트 내부를 충전시키기 위해 주입하는 재료

• **덕트(duct)**: 프리스트레스트 콘크리트를 시공할 때 긴장재를 배치하기 위해 미리 콘크리트 속에 설치하는 관

• **솟음(camber)**: 보나 트러스 등에서 그의 정상적 위치 또는 형상으로부터 상향으로 구부려 올리는 것 또는 구부려 올린 크기

• **프리스트레스(prestress)**: 하중의 작용에 의해 단면에 생기는 응력을 소정의 한도로 상쇄할 수 있도록 미리 계획적으로 콘크리트에 주는 응력

• **프리스트레스트 콘크리트 (prestressed concrete)**: 외력에 의하여 일어나는 응력을 소정의 한도까지 상쇄할 수 있도록 미리 인공적으로 그 응력의 분포와 크기를 정하여 내력을 준 콘크리트를 말하며, PS 콘크리트 또는 PSC라고 약칭하기도 함

• **프리스트레싱(prestressing)** : 프리스트레스를 주는 일

• **프리스트레싱 힘 (prestressing force)**: 프리스트레싱에 의하여 부재단면에 작용하고 있는 힘

• **PS 강재(prestressing steel)**: 프리스트레스트 콘크리트에 작용하는 긴장용의 강재로 긴장재 또는 텐던이라고도 함

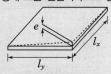

$e < l_x$(단변길이)/180
[모서리 휨의 허용오차]

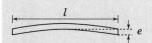

$e < l < 360$, 최대값 20mm 미만
[모서리 굽음의 허용오차]치

공법분류

공법분류
Key Point

☑ **국가표준**
– KDS 14 20 60
– KCS 14 20 52

☑ **Lay Out**
– 구조형태
– 시공방식

☑ **필수 기준**
– 허용오차

☑ **필수용어**
– Half Slab

② 공법분류

1. 구조형태

1-1. 판식(Panel System)

1) 횡벽구조(Long Wall System)

평면구조상 내력벽을 횡방향으로 배치하여 평면계획에 유리

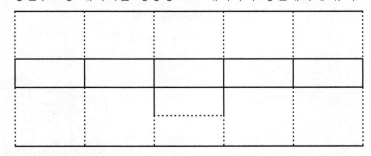

2) 종벽구조(Cross Wall System)

평면구조상 내력벽을 종방향으로 배치하여 경량 Curtain Wall 설치에 유리

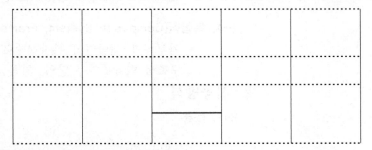

3) 양벽구조(Ring or Two-Span System),Mixed system

종. 횡 방향이 모두 내력벽인 구조에 채택

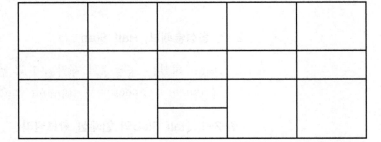

1-2. 골조식(Skeleton System)

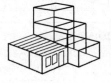
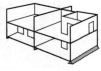
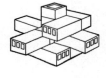

(a) 골조구조   (b) 판구조   (c) 상자구조

공법분류

1-3. 상자식(Box unit System)

1) Space Unit

Space Unit를 순철골조에 삽입

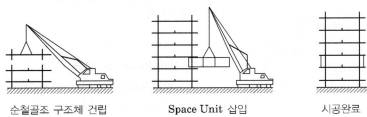

순철골조 구조체 건립   **Space Unit 삽입**   시공완료

2) Cubicle Unit

주거 Unit를 연결 및 쌓아서 시공

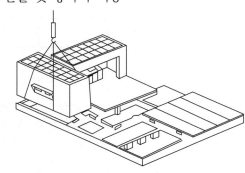

1-4. 복합식(Composite System, Frame Panel System)

- 가구형과 패널형의 복합형태로 철골을 주요 구조재로 하고 패널은 구조적 역할보다는 단열, 차음 및 공간구획 등의 기능만을 수행

2. 시공방식

2-1. 분류

- Full PC
- Half PC
- 적층공법

2-2. 합성슬래브, Half Slab

Slab 하부는 공장에서 제작된 P.C 판을 사용하고, 상부는 전단연결철물(shear connector)과 topping concrete로 일체화

2-2-1. Half Slab의 일체성 확보원리

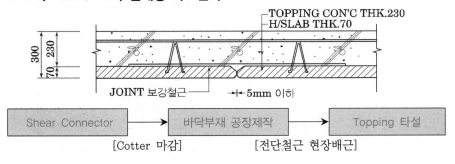

공법분류

2-2-2. 채용 시 유의사항

- 구조: 구조적 안전성, 설계원칙 준수
- 시공: 장비운용, 기초시공, 작업한계, 정도의 확보, 합성 구조체 확보, 균열방지
- 관리: 기성고 관리, Lead Time 확보

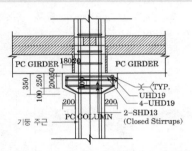
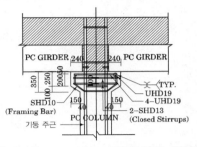

[지하층 보 180mm 헌치 위에 걸침]　[지붕층 보 240mm 헌치 위에 걸침]

2-3. 합성슬래브, Half Slab

1) Hollow Core Slab

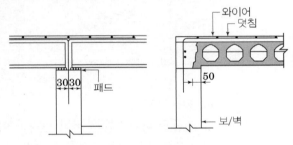

2) Double-T공법

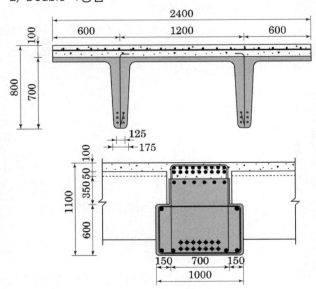

- Prestress가 도입된 2개의 T자를 이어 놓은 형태의 단면을 갖는 Slab

③ 시공

1. 시공순서별 중점관리

> 부재의 생산, 저장 및 출하, 부재의 운송, 현장야적, 양중, 조립 등의 연관성을 충분히 고려하여 전체 공정의 지연없이 실시되도록 공사관리 계획을 수립하도록 한다.

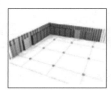

[기초 Con'c 타설/먹매김]　　[Column 조립]　　[B2 Girder & Beam 조립]　　[B2 Half Slab 조립]

[B1 Girder&Beam 조립]　　[B2 Slab Con'c 타설]　　[B1 Half Slab 조립]　　[B1 Slab Con'c 타설]

1) 기초 타설관리
　① 조립을 하기위한 장비의 반경과 야적장의 확보
　② 기초의 분할 타설 계획을 수립
　③ 확보를 위한 시공계획을 면밀히 검토
2) 장비 운용계획
　① 지하주차장의 조립양중 장비는 Mobile Crane이 전담
　② 아파트 본동은 Tower Crane으로 조립하여 관리
3) Anchor

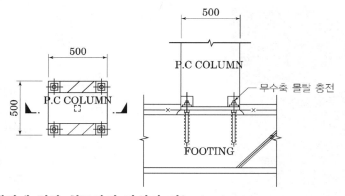

• 먹매김에 의한 철근과의 간섭이 없는 Anchoring

시공

4) Leveling 및 기둥 시공
　① 인접 기둥과의 Level을 고려해 레벨 조정용 라이너를 이용하여 인접기둥의 평균 Level 값을 산정
　② 수직도는 직각방향으로 교차하여 2개소에서 검측을 하여 하부 앵커의 높이를 조절
　③ 무수축 Mortar의 강도는 기둥 강도의 1.5배 이상

5) 보 시공
　① 직교하는 철근 사이에 간섭이 발생하지 않도록 조립
　② 큰 보 하부의 돌출된 주근의 높이가 낮은 부재부터 먼저 조립

6) 바닥판 시공
　• Slab 부재는 특히 양중 및 설치 시 부재의 두께가 얇기 때문에 충격에 의한 파손이 없도록 관리

7) 보, Slab 상부철근을 배근

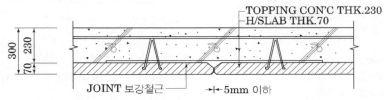

8) Topping Concrete타설
　• 하절기에는 하루 전부터 충분히 살수하여 습윤상태의 Half Slab 위에 Topping Concrete를 타설

9) 접합
　① Wet Joint Method

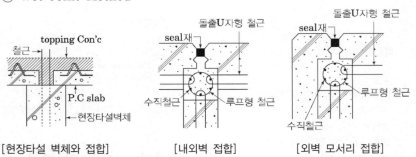

[현장타설 벽체와 접합]　　　[내외벽 접합]　　　[외벽 모서리 접합]

　② 건식접합(Dry Joint Method)

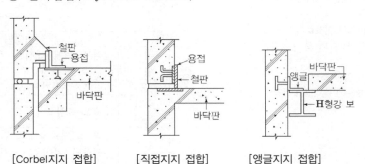

[Corbel지지 접합]　　　[직접지지 접합]　　　[앵글지지 접합]

시공

시공계획

• 생산계획
 – 재고관리
 – 강도확보
 – 몰드계획

• 운송계획
 – 차량운행에 대한 제약이 많
  이 따르고 현장의 조립계획
  및 야적장을 고려하여 계획
  을 수립

• 기초타설 계획
• 장비운용계획
• 부재별 조립계획
• 타부재와 접합부위 처리계획
• 보강철근 조립
• 동바리 존치기간
• Topping Concrete 타설
• 마감계획

접합부 방수처리 유의사항

• 바탕처리
• 구조체와 접합부의 기밀성,
 수밀성 확보
• 접합부 간격 유지
• 습식 접합 후 양생 시 일정
 온도 유지하여 양생
• 접합부의 정밀도 시공으로 강
 도확보
• 실링마감 시 건조철저
• 실링마감 시 두께 및 평활도
 유지
• 배관부위 밀실 충전
• 모서리 부분에 틈새없이 마감

10) 접합부 방수
 ① 외벽 접합

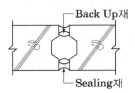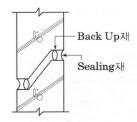

• 접합부 외측에 Back Up재를 넣고 실링재로 밀실하게 충전
 ② 지붕 slab 접합

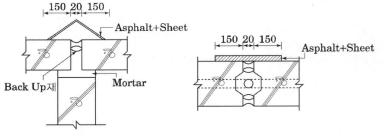

• Slab 사이 코킹처리 후 그 위에 Sheet 부착하여 마감
 ③ Slab+wall 접합

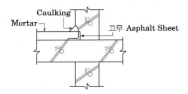

• L형으로 Sheet 방수 후 보호
 Mortar시공과의 Joint를 실링
 재 충전

 ④ Parapet

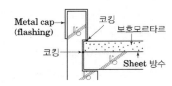

• 접합면에 Sheet방수 후 Parapet
 과 Slab접합부는 실링재 충전

2. 제품의 정밀도 시험 및 검사

항목		시험방법	시험시기·횟수	판정기준
기둥 내력벽	설치 위치	슬래브 위에 표시한 기준선과의 차이는 자로 측정	조립 후 전수[1]	허용오차 범위 내에 있을 것
	기울기	내림추, 수평기 등으로 측정		
	천장 높이	레벨로 측정		
보 슬래브	설치 위치	보의 경우는 슬래브 위에 표시한 기준선과의 차이를, 슬래브의 경우는 보 및 벽까지의 걸침턱을 자로 측정		
	천장높이	레벨로 측정한다.		
1) 조립 작업 중 임시 고정이 완료된 후, 다음 제품이 조립되기 전에 시행한다.				

복합화 · 모듈러

4 복합화 · 모듈러

1. 복합화

① 골조공사에서 재료적 장단점을 부위별, 사용재료별로 분할하여 조합 시공함으로써 기술적 복합화를 통한 최적의 시스템을 선정하는 공법
② 재래식 공법과 공업화 공법의 장점만을 절충·보완하여 발전시킨 공법

Modular

Key Point

■ 국가표준
– KCS 14 20 52

■ Lay Out
– 복합화
– Modular

■ 필수 기준

■ 필수용어
– Modular

공사관리

1) 구조
• 구조적 안전성
• 설계원칙 준수

2) 시공
• 장비운용, 기초시공
• 작업한계, 정도의 확보
• 합성 구조체 확보
• 균열방지

3) 관리
• 기성고 관리
• Lead Time 확보

1-1. 최적 system 선정 Process

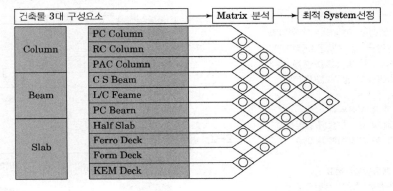

1-2. 특 징

• 골조공사비의 10~20% 절감(전체공사비의 약3%)
• 4–Day Cycle, 적층공법 등을 통한 공기단축 10~20%
• Prefab화에 의한 가설재 감소
• 폐기물 감소
• 품질 및 안전향상
• 현장관리 용이

1-3. 관리기술

Hare Ware 기술	Soft Ware 기술
• 철근 Pre Fab	• 인공지능(AI)
• 철근이음: 기계적 이음	• Big Data
• 자동화 배근(배근 로봇)	• IOT(사물인터넷)
• System 형틀	• BIM
• Half PC공법– U자형 중공보	• 증강현실
• Hi Beam	• RFID
• 합성 Deck Plate	• Drone
• PAC공법(대구경 철근)	• 지리정보 시스템GIS
• Steel Framed House	• GPS 측량

2. Modular

① 표준화된 건축 모듈유닛을 공장에서 제작하여 현장에서 조립하는 공법
② 레고블럭 형태의 유닛 구조체에 창호와 외벽체, 전기배선 및 배관, 욕실 주방가구 등 70%이상의 부품을 공장에서 선조립하는 주택

참조사항

1) 공사유형
공장(21.4%) 저층형 주택 (16.5%) 오피스/사무용빌딩 (16.2%)

2) 활성화 예상되는 주력업종
지붕판금 및 건축물조립(18.9%) 금속구조물 및 창호(18.9%) 실내건축(18.2%) 강구조물(13.5%)

3) 주요 시공부위
벽체(34.5%) 모듈러/경량철골구조(32.9%) 지붕(14.9%)

4) 개발방향/ 목표
주거성능 확보, 생산효율성 향상, 기술적 인프라 구축, 정책적 인프라 구축

OSC 건설공사

(Off-Site Construction)

• 구성요소를 제조공장에서 설계, 시공 및 제작하고 별도로 공사 현장으로 이동시켜서 조립 및 설치하는 방식의 공법을 사용한 건설공사
• 건축시설물이 설치될 부지 이외의 장소에서 부재(Element), 부품(Part), 선조립 부분(Pre-assembly), 유닛(Unit, Modular) 등을 생산 후 현장에 운반하여 설치 및 시공하는 건설방식

2-1. Modular 건축공법 개념도

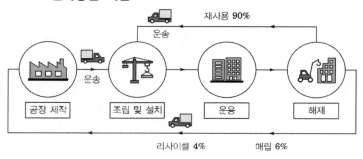

2-2. 공법종류

Unit Box	Panelizing	In Fill
• 공장제작한 Box형 구조 모듈을 적층 • RC대비 공기단축 50%	• 바닥과 벽체 Panel을 현장에서 조립 • RC대비 공기단축 30%	• 철골 시공 후 그 안에 Box를 삽입 • RC대비 공기단축 50%

2-3. 공법 특징

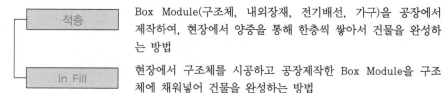

적층 — Box Module(구조체, 내외장재, 전기배선, 가구)을 공장에서 제작하여, 현장에서 양중을 통해 한층씩 쌓아서 건물을 완성하는 방법

In Fill — 현장에서 구조체를 시공하고 공장제작한 Box Module을 구조체에 채워넣어 건물을 완성하는 방법

2-4. 시공 시 유의사항

• 양중 시 파손 주의
• 반입 및 시공에 맞추어 Lead Time 준수
• 설치 시 Level 확인

06

강구조 공사

마법지

1. 일반사항

- 재료
- 공장제작

2. 세우기

- 세우기 계획
- 주각부
- 부재별 세우기

3. 접합

- 고력볼트
- 용접

4. 부재 · 내화피복

- 부재
- 도장 및 내화피복

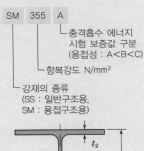

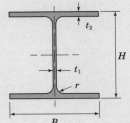

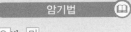

① 일반사항

1. 재료

1) 응력 · 변형률 관계

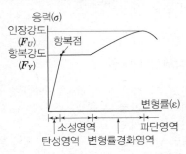

- 탄성영역: 응력(stress)과 변형률(strain)이 비례
- 소성영역: 응력의 증가 없이 변형률 증가
- 변형률 경화영역: 소성영역 이후 변형률이 증가하면서 응력이 비선형적으로 증가
- 파단영역: 변형률은 증가하지만 응력은 오히려 감소

| 외력 → | 응력집중 → | 갑작스러운 파괴 |

[소성변형 없이 진행]　　　　[균열발생 급속화]

2) 강재의 파괴

① 피로파괴(Fatigue Failure)
- 재료가 시간의 경과에 따라 그 크기가 변동하거나 일정한 힘이 반복적으로 가해져 재료가 파괴되는 현상

② 취성파괴(brittleness, 脆性)
- 부재의 응력이 탄성한계 내에서 충격하중에 의해 부재가 갑자기 파괴되는 현상

③ 연성피괴(Ductile Fracture, 延性破壞)
- 재료가 항복점을 넘는 응력에 의해 큰 소성 변형을 일으킨 다음 일어나는 파괴

1-1. 탄소당량(Ceq: Carbon Equivalent)

용접성은 성분을 구성하는 원소의 종류나 양에 따라 좌우된다. 그들 원소의 영향을 강(鋼)의 기본적인 첨가 원소인 탄소의 양으로 환산한 것

1) 탄소당량(Ceq)의 기준 및 활용

$$Ceq(탄소당량, \%) = C_{eq} = C + \frac{Mn}{6} + (\frac{Cr + Mo + V}{5}) + (\frac{Ni + Cu}{15})$$

Ceq(탄소당량) < 0.44: 예열 필요성의 기준

① 합금원소에 따라 나타날 수 있는 여러 가지 영향 검토
② Cold Cracking(저온균열 감수성) 등의 판단에 이용
③ 저합금강의 용접성 판정에 이용
④ 구조용강의 용접 열영향부의 경화성 표현의 척도
⑤ 탄소당량 0.44% 초과는 예열 및 후열 필요

2. 공장제작

2-1. 공작도(Shop drawing)

설계도서에 나타난 강재의 품질, 접합 등을 자세히 표시한 도면으로 모든 설계정보를 반영하여 철골의 공장 제작 및 현장 설치에 적용 가능한 도면을 작성하는 것

일반사항

중점 검토사항

- 건축-구조 SHOP DWG 일치 여부
- 접합부 디테일과 마감부분의 처리
- 건축구조기준에 부합여부
- 정확한 철골의 길이 확인, 보와 기둥과의 연결, 층과 층 사이의 철골
- 설비, 전기 개구부 등의 고려여부
- 공장도장 부분 표기
- 내화도장 부분 표기(방화관리기준과 크로스 검토)
- 부속철물의 위치
- Deck Plate 및 현장 지붕의 Camber 값 확인

명기원칙 KCS 41 31 15

- 강구조 바닥틀 도면, 가구도, 부재목록 등
- 강구조 부재의 상세한 형상, 치수, 부재번호, 제품수량, 제품부호, 재질 등
- 용접 및 고장력볼트 접합부의 형상, 치수, 이음매 부호, 볼트종류, 등급 등
- 설비관련 부속철물, 철근관통구멍, 가설철물, 파스너 관련 상세 등
- 121, 129 서술 기출

포함되어야 할 안전시설

- 외부 비계받이 및 화물 승강 설비용 브래킷
- 기둥 승강용 트랩
- 구명줄 설치용 고리
- 건립에 필요한 와이어걸이용 고리
- 난간 설치용 부재
- 기둥 및 보 중앙의 안전대 설치용 고리
- 방망 설치용 부재
- 방호선반 설치용 부재

1) 시공상세도의 내용

- 주심도, 각 절별·층별 평면도, 입면도, 주단면도, 부재 접합부 상세도
- 베이스 플레이트, 브래킷, 보강재, 오프닝 주위 상세도
- 앵커볼트 상세도
- 부재별 단면도(규격, 간격, 구조부재의 위치, 오프닝, 부착, 조임에 관한 표시)
- 각 주요부재의 Camber 표시
- 용접의 표시는 KS B 0052에 따라야 하며, 각 용접의 크기, 길이, 형식 표기
- 볼트의 형태와 크기 및 길이 표시
- 페인트칠 또는 방청처리 부위 및 시공여부

2) 시공 상세도 주요 검토사항

구분	검토내용
건축물 층고 치수 및 기둥 이음확인	• 각 층의 기준레벨과 철골의 위치확인, 특히 주각 베이스플레이트 하단 위치와 고름모르타르 두께에 주의 하고 모르타르 강도 체크 • 기둥 부재 각 길이, 폭, 무게 등이 도로상황, 도로교통법 등에 문제가 없는지 확인, 기둥 이음방식 확인
사용재료의 일치성	• 기둥, 보 등의 재질 및 형상 확인 • H 형강, BH강의 구별
앵커볼트	• 앵커볼트 위치확인 • 앵커볼트 재질, 형상, 길이 확인 • 베이스 플레이트 크기 확인 • 앵커볼트 구멍의 크기확인
접합	• 볼트의 종류(H/S, T/S) • 용접공법의 종류 • 접합/설치부분의 시공성 • 개선 형상 및 치수 • 엔드탭의 종류 및 형상
골조 정합성	• 철골과 골조의 중심선 확인 • 스팬 및 층 높이 치수확인 • 건축도면 치수와 철골 치수와의 교차확인: 계단, 골조와 접합부 등 • 이음위치
기타	• 가설 조립 피스의 위치 • 슬리브 관통 위치와 보강 • 기둥, 보와의 철근 간섭처리 • 페인트 시공여부 • 사전 검토사항 확인

2-2. 철골 공장제작

2-2-1. 검사계획(ITP: inspection test plan)

- 입회점(Witness Point)으로 지정된 검사는 품질관리자 및 검사원에 의한 입회검사를 수행
- 필수 확인점(Hold Point)은 품질관리자 및 검사원의 입회검사를 수행

2-2-2. 공정간 검사

1) 원자재 검사

- 외관상태 확인(상태에 따라 ABC 등급으로 구분)

품질검사 항목	세부 내용	사진
외관검사	굽음, 휨, 비틀림, 야적상태	
치수검사	가로, 세로, 높이, 두께, 대각선	
Mill Sheet	종류, 규격, 제조사, 시험성적서	

2) Cutting

품질검사 항목	세부 내용	사 진	
절단 및 구멍뚫기	Punching Drilling 절단면 및 개선 가공상태 Scallop Metal Touch Stiffener	[Diameter of bolt hole]	[Diameter of hole to hole]
		[Distance from member end to gusset plate]	[Beam identification]
		[Groove]	[Scallop]
		[Metal touch]	[Stiffener]

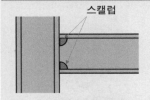

스캘럽

- 마찰면 처리
1) 고장력볼트 마찰면 처리는 미끄럼계수가 0.5 이상 확보되도록 하고 가능한 마찰면 처리는 블라스트 처리한다. 이외의 특수한 마찰면의 처리방법은 공사 특기시방서에 따른다.
2) 마찰면은 숏 블라스트 또는 그릿 블라스트 처리하며, 표면의 거칠기는 50μ mRy 이상으로 한다.
3) 마찰면 처리
① 마찰면의 와셔가 닿는 면에는 들뜬 녹, 먼지, 기름, 도료, 용접 스패터 등을 제거한다.
② 마찰면에는 용접 스패터, 클램프 자국 등 요철이 없어야 한다.

가스절단

- 가스절단 하는 경우, 원칙적으로 자동 가스절단기를 이용한다.

전단절단

- 전단절단 하는 경우, 강재의 판두께는 13mm 이하로 한다, 절단면의 직각도를 상실한 흘림, 끌림, 거스러미 등이 발생한 경우에는 그라인더 등으로 수정한다.

일반사항

변형교정

- 교정방법
  ① 가공 중에 발생한 변형은 정밀도를 확보 할 수 없는 변형량인 경우, 재질이 손상되지 않도록 상온교정 또는 가열교정(점상가열, 선상가열, 쐐기형가열) 한다.
  ② 상온 교정은 프레스 또는 롤러 등을 사용한다.
- 가열교정의 표준온도 범위
  ① 가열 후 공랭하는 경우 850~900(℃)
  ② 가열 후 즉시 수냉하는 경우 600~650(℃)
  ③ 공랭 후 수냉하는 경우 850~900(℃) (다만, 수냉 개시 온도는 650℃ 이하)

조립용접

- 조립용접은 플럭스코아드 아크용접 또는 가스실드 아크용접을 적용하는 것을 원칙으로 한다. 다만, 책임기술자의 협의에 따라 일반구조용 강재의 조립용접에 피복아크용접을 적용하는 경우, 저수소계 용접재를 사용하는 것을 원칙으로 한다.
- 조립용접에 종사하는 용접공은 공인 기술자격시험 기본급수 이상의 시험에 합격한 유자격자로 한다.
- 조립용접은 조립, 양중, 이동, 본 용접작업 과정에서 조립부재의 형상을 유지하고, 동시에 조립용접이 떨어지지 않도록 각장 4mm 이상, 용접간격 400mm를 기준으로 한다.

[조립용접의 최소 비드 길이]

판두께 (mm)[1]	조립용접의 최소 비드 길이 (mm)
t ≤ 6	30
t > 6	40

주1) 조립용접 부분의 두꺼운 쪽 판 두께

3) Fit Up

품질검사 항목	세부 내용	사 진
Marking	조립철물의 위치 거리, 방향, 경사도, 부재번호	
가조립 상태	조립정밀도, 부재치수, 가용접 상태	[Fit-up]

4) Welding
- 부재의 용접검사는 육안검사로 하며, 의심스러운 부분은 침투탐상검사를 한다.
  ① 방사선 투과법
     - 완전용입 용접부에 대한 내부결함검사에 한함
     - 주요부재 연결개소에 적용
  ② 초음파탐상검사
     - 완전용입 용접부의 품질보증을 위하여 실시
     - 완전용입 용접부에 한하여 100% 초음파 검사 실시
  ③ 자분탐상검사
     - 용접부 표면과 표면직하 내부결함검사에 대하여 실시
     - Built Up 부재의 용접장에 대한 10% 자분탐상검사 실시

품질검사 항목	세부내용	사 진	
용접 전 검사	용접환경 재료보관 End tab	[Welder Performance Test]	[End tab]
용접 중 검사	예열, 전류 전압, 속도 순서, 자세		
용접 후 검사	결함육안검사 비파괴검사	[UT]	[MT]

5) 최종검사/ 완성검사
- 공정간 품질관리기준에 따른 작업이 이루어졌는지 확인
- 비파괴검사 결과 및 원자재 시험성적서 등과 함께 최종검사 기록서를 작성하여 품질기록으로 유지
- 검사종류: 외관검사, 치수검사, Stud Bolt 타격시험

일반사항

6) Painting

- 육안검사를 통하여 표면처리 등급에 합당한지 확인
- 표면조도 측정기로 확인($25\mu m \sim 75\mu m$)

품질검사 항목	세부내용	사 진	
표면처리 검사	온습도 및 대기환경 조건 Profiles	[Weather condition Check For Shot Blasting]	[Surface Profile Check For Painting]
도막두께 검사	도장재료 도장횟수 도장결함 부착력 시험	[UT]	[MT]

7) Packing

품질검사 항목	세부 내용	사 진
Marking	부재번호표, Bar Code, Packing List	[결속] [Shipping mark]
결속상태 검사	포장방법, 결속상태, Unit별 중량	[상차확인 검사]

일반사항

2-2-3. 철강구조물제작공장 인증제도

철강구조물 제작공장의 제작능력에 따른 등급화를 통해 철강구조물의 품질을 확보하기 위함

1) 등급별 세부기준 및 심사항목

- 공장 개요(공장 부지 면적, 제품가공작업장 면적, 가조립장 면적, 현도장의 작업장 면적, 계약전력, 공장종업원수, 상근하는 사내 외주기능공수, 연간가공실적)
- 공장 기술인력 현황:(조직도, 종업원 수, 관리기술자 명부, 기능자 명부)
- 공장규모 및 설비 현황을 기재한 서류(연간 가공실적, 제작 및 설비 기기 현황)
- 면적: 공장부지 면적, 제품가공 작업장 면적, 가공장 면적
- 연간 가공실적
- 기술인력:국토부 고시 기준
- 제작 및 시험설비: 제작용 설비기기, 기중기, 시험검사 설비기기
- 품질관리 실태: 종합관리, 제작기술, 제작상황, 작업환경

2-2-4. Mill sheet Certificate

① 공장에서 제작된 강재의 납품 시 제조번호, 강재번호, 화학성분 및 기계적 성질 등을 기록하여 놓은 강재규격증명서
② 강재의 주재별 등급, 자재 등급별 표식 등이 주문 내용과 일치하는지 검토 및 확인한다.

1) Mill Sheet기재사항(검사항목)

품명	치수	수량	중량	HEAT NO	화학성분							역학적 시험		
					C	Mn	Si	Ni	Cr	Mo	V	TS	YS	EL

제품의 제원	화학성분	역학적 시험
• 품명 • 치수 • 수량 • 단위중량 • 형상 두께 지름	• 탄소(C) • 망간(Mn) • 규소(Si) • Ni(니켈) • Cr(크롬) • Mo(몰리브덴) • V(바나듐)	• 인장강도 • 항복강도 • 연신율

분야, 등급

- 교량분야
- 건축분야
- 분야별로 4개 등급

- 대상: 건설현장에 철강구조물을 제작납품하는 공장

검사항목

- 시험: 시험기준, 방법, 시험기관
- 제품번호: 제품번호, 제조일, 제조사

② 세우기

세우기

정밀도
Key Point

☑ **국가표준**
– KCS 41 31 45

☑ **Lay Out**
– 주각부
– 세우기

☑ **필수 기준**
– 수직 정밀도

☑ **필수용어**
– Anchor Bolt 매립공법
– Buckling

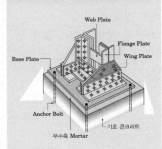

Web Plate
Flange Plate
Wing Plate
Base Plate
Anchor Bolt
무수축 Mortar
기초 콘크리트

암기법 📖

고 가내용 고부전 이~

1. 주각부

1-1. Anchor Bolt 매립공법

1) 고정매립법

① 거푸집판에 고정

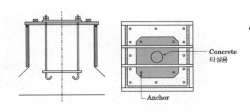

Concrete
타설용

Anchor

• 두께 2~3mm 이상의 강판에 Base plate와 같은 위치로 볼트 구멍 및 Concrete 타설용 구멍(150mm정도 지름)을 설치하여 거푸집에 고정

② 강재 frame으로 고정

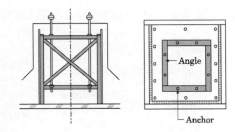

Angle

Anchor

• 프레임은 외력에 견딜 수 있도록 제작하여 수평 고정한 후 프레임 상부에 앵커 볼트를 세팅

2) 가동매립법

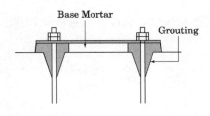

Base Mortar
Grouting

• Anchor Bolt의 두부가 조정될 수 있도록 원통형의 강판재나 스티로폼으로 둘러싸고 Concrete를 타설 후 제거하여 위치를 조정

3) 나중매립법

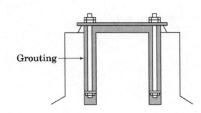

Grouting

• Anchor Bolt 한 개씩 거푸집에 넣거나 앵커군 주변에 거푸집을 넣어서 앵커 볼트 매립 부분의 Concrete를 나중에 타설

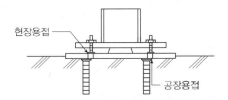

세우기

4) 용접공법

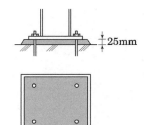

현장용접

공장용접

- 콘크리트 선단에 앵커가 붙어 있는 철판, 앵글 등을 시공한 다음 콘크리트 타설 후 그것에 앵커 볼트를 용접하여 부착

1-2. 기초상부 고름질(Padding)

1) 고름 모르타르 공법 – 전면바름법

25mm

- Base Plate보다 약간 크게 모르타르나 Concrete를 수평으로 깔아 마무리

2) 부분 Grouting – 나중채워넣기 중심바름법

모르타르

25~30mm

주의 **Grouting**
이 지연되어, 과대하중으로 인한 좌굴이 발생하지 않도록 주의

- Plate 하단 중앙 부분에 된비빔 모르타르(1 : 2)를 깔고 Setting, 강판(철재 라이너) 내부에 모르타르를 충전하고 윗면을 쇠흙손마무리
- 세우기 교정(다림추보기)을 하고 앵커 볼트 조임

3) 전면 grouting 공법 – 나중채워넣기법

쐐기

50mm 이상

주의

- 주각을 앵커 볼트 및 너트로 레벨 조정한 후 라이너로 간격 유지
- 무수축 모르타르를 중력식으로 흘려 넣거나 주위에 거푸집을 설치하고 팽창성 모르타르 주입

세우기

1-3. 철골 Anchor Bolt 시공 시 유의사항

1) Anchor Bolt형상, 치수 품질

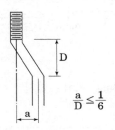

- Anchor Bolt는 급각도로 절곡하지 않도록 유의

2) Anchor Bolt 고정, 매입방법

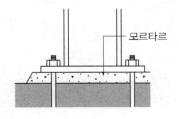

모르타르

- Mortar가 기초 콘크리트와 부착되기 쉽도록 콘크리트면을 거칠게 하고 레이턴스나 먼지를 제거

3) Anchor Bolt 양생

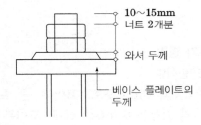

10~15mm 너트 2개분

와셔 두께

베이스 플레이트의 두께

- Anchor Bolt설치부터 주각부 및 부재 설치기간까지 보호양생을 한다.
- Anchor Bolt의 Nut 조입은 조립 완료 후 장력이 균일하도록 실시

4) Base Plate의 지지

   Base Plate 지지공법은 설계도서 또는 특기시방서에 따르는 것을 원칙으로 하고, 사전에 구조 설계자와 협의 및 확인하여 이를 설치공사 도서 등에 반영

5) Base Mortar의 형상, 치수 및 품질

   ① 이동식 공법에 사용하는 Mortar는 무수축 Mortar로 한다.

   ② Mortar의 두께는 30mm 이상 50mm 이내

   ③ Mortar의 크기는 200mm 각 또는 직경 200mm 이상

6) Base Mortar의 양생

   Base Mortar과 접하는 Concrete면은 Laitance를 제거하고, 매우 거칠게 마감하여 Mortar과 Concrete가 일체화가 되도록 한다.

7) Anchor의 시공 정밀도

   ① Anchor Bolt의 위치: 콘크리트 경화 전에 계측 확인하며, 현장시공 정밀도에 따르는 것을 원칙

   ② Anchor Bolt의 노출길이: 2중 Nut 조임하고, 나사산이 3개 이상 나오는 길이로 하는 것을 원칙

세우기

• 중심선과 Anchor Bolt 위치의 어긋남

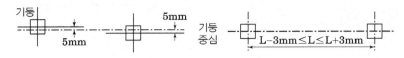

$-5mm \leq e \leq +5mm$(한계허용차)

• Base Plate 설치

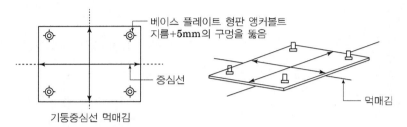

기둥중심선 먹매김과 Base Plate 형판의 중심선을 맞추어 구멍에 Anchor Bolt가 들어가도록 조정

2. 세우기

2-1. 세우기 방법

1) 구조 형식별
   ① R.C와 S.R.C구조: 코어부 등 주요구조물의 RC로 설계, 기타부재의 기둥은 S.R.C로 설계, 코어부 선시공
   ② S.R.C: 철골시공 후 RC기둥과 Deck를 후시공
   ③ Truss: 빔이나 파이프 등을 이용하여 지상조립 및 공중조립 병행

2) 접합별
   ① Bolting
      Bolting접합은 접합부를 Splice를 사용하여 두 부재를 T.S Bolt 및 H.T.B로 접합하는 방법
   ② Welding
      접합부를 용접하여 접합하는 방법

3) 형태별
   ① 고층
      몇절씩 나누어 T/C도 함께 수직 상승하면서 시공
   ② 저층
      공장건물 등 1개절로 시공(주로 수평이동 시공)
   ③ Truss
      경기장 등 대형 건물로 수평이동 가능한 크레인 및 레일을 이용하여 대형부재를 이동

Crane 선정

• 기종결정
  – 철골부재의 최대 중량
    (Maximum Weight)
  – 전기설비, Elevator Motor
    의 중량

• 대수결정
  – 부재의 반입 장소 및 작업
    반경
  – 부재 수량 및 설치 Cycle
    Time

세우기

4) 세우기 순서

① Block별 구분하여 세우기

- 고층이면서 면적이 넓은 건물은 2개 Block으로 나누어 한 개 Block이 다른 한 개 Block을 따라 올라가면서 시공
- 저층이면서 길이가 긴 건물은 수평으로 순차적 진행 또는 건물 양단에서 시작해서 중앙부에서 결합

② 장비위치에 따라 세우기

- 크레인의 경우는 가까운 곳부터, 먼곳으로 이동이 가능한 장비의 경우는 먼 곳에서 부터 시공

5) 세우기 공정(설치량 산정)

① 하루 설치량 산정

② 하루 Bolting량 산정

③ 하루 Welding량 산정

2-2. 세우기 공법

1) Tier공법(재래식)

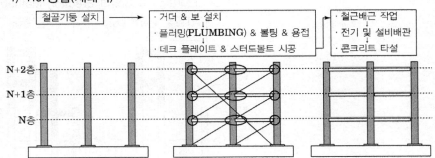

- 첫 번째 절의 기둥길이를 동일하게 하며, 기둥의 이음위치를 3~4 개층 1개절 단위로 하여 동일한 층에서 집단으로 연결하는 공법

2) N공법

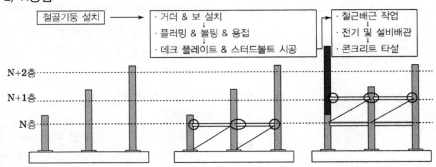

- 첫 번째 절의 기둥길이를 다르게 하며, 기둥의 이음위치를 층별로 분산하여 용접, 수직도 조정 등이 용이하도록 하고 층단위로 설치 하는 공법

세우기

3) 미국식

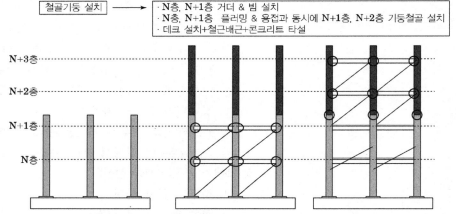

철골기둥 설치	→	· N층, N+1층 거더 & 빔 설치

· N층, N+1층 플러밍 & 용접과 동시에 N+1층, N+2층 기둥철골 설치
· 데크 설치+철근배근+콘크리트 타설

- 첫 번째 절의 기둥 길이를 동일하게 하며, 철골부재의 설치가 완료된 후 다음 절의 철골부재 설치작업을 진행하는 동시에 조정 및 본체작업은 철골작업이 진행되는 바로 밑의 절에서 같은 속도로 진행하는 공법

4) D–SEM(Sigit & Spiral Erection Method)

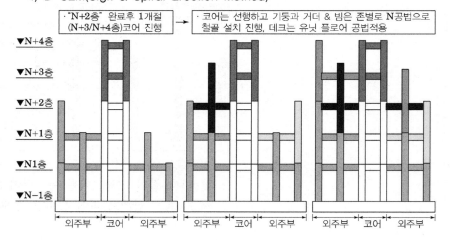

· "N+2층" 완료후 1개절
(N+3/N+4층)코어 진행 → · 코어는 선행하고 기둥과 거더 & 빔은 존별로 N공법으로 철골 설치 진행, 데크는 유닛 플로어 공법적용

- 첫 번째 절의 기둥 길이를 코어와 외주부를 다르게 하며, 코어가 선행하고 외주부는 구역별로 조닝(zoning)하여 N공법과 유닛 플로어 공법을 병행 시행하는 공법

2-3. 세우기 시 풍속확인

1) 풍속 확인

① 풍속 10m/sec 이상일 때는 작업을 중지
② 풍속의 측정은 가설사무소 지붕에 풍속계를 설치하여 매일 작업 개시 전 확인
③ Beaufort 풍력 등급을 이용해 간이로 풍속을 측정

세우기

2-4. 부재별 세우기

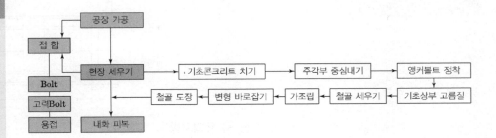

1) 기둥
① 기둥 제작 시 전 길이에 웨브와 플랜지의 양방향 4개소에 Center Marking 실시
② 기 설치된 하부절 기둥의 Center Line과 일치되게 조정한 후 1m 수평기로 기둥 수직도를 확인한 다음 Splice Plate의 볼트조임 실시

2) 거더/빔 설치
① 들어올리기용 Piece 또는 매다는 Jig사용
② 인양 와이어로프의 매달기 각도는 양변 60°를 기준으로 2열로 매달고 와이어 체결지점은 수평부재의 1/3지점을 기준으로 해야 한다.

3) 가볼트 조립
① 풍하중, 지진하중 및 시공하중에 대하여 접합부 안전성 검토 후 시행
② 하나의 가볼트군에 대하여 일정 수 이상을 균형 있게 조임.
③ 고력 볼트 접합: 1개의 군에 대하여 1/3 또는 2개 이상
④ 혼용접합 및 병용접합: 1/2 또는 2개 이상

2-5. 철골조립작업 시 계측방법/수직도 관리/ 철골세우기 수정

1) 측정Column 선정

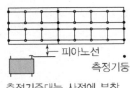

측정기준대는 사전에 부착

- 외주Column: 4 귀퉁이 Column과 요소가 되는 Column선정
- 내부Column: 정밀도가 요구되는 Column 선정

2) Spanning – Column간 수평치수 실측

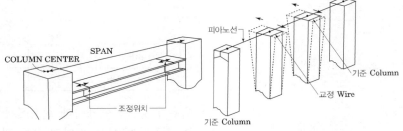

[Column 조정]   [Spanning 조정위치]

Clearance(5mm)+제작오차, Bolt Hole 간격차이 → 조정

[기둥 세우기]

[기둥자립 보강]

[거더/빔 설치]

[거더/빔 이음부 가조립]

• 세우기 수정 작업순서

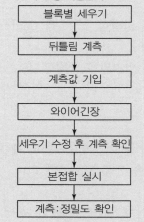

- 블록별 세우기
- 뒤틀림 계측
- 계측값 기입
- 와이어긴장
- 세우기 수정 후 계측 확인
- 본접합 실시
- 계측 : 정밀도 확인

[Plumbing]

• 철골 수직 정밀도 기준
– 기둥 1절당 한계 허용차

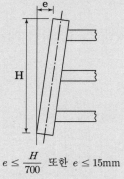

$$e \le \frac{H}{700} \quad \text{또한 } e \le 15mm$$

3) Plumbing(수직도 확인)

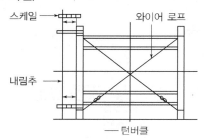

4) 수정 시 유의사항
- 면적이 넓고 Span의 수가 많은 경우는 유효한 Block마다 수정
- 절, 각 블록의 수정 후 다시 조립 정밀도를 교정하여 균형 있게 조정

5) 측정방법

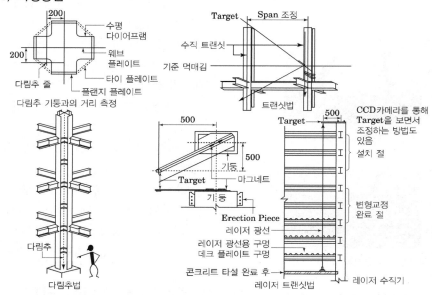

6) 누적 정밀도 관리 및 Level의 조정

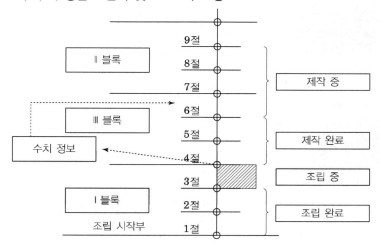

- 세우기 중 각 단계마다 현장에서 보 상단 level 및 기둥 상부 level
을 측정하여 다음 절의 제작에 반영

접합

접합의 원리

Key Point

■ **국가표준**
- KCS 41 31 05
- KCS 41 31 25
- KCS 41 31 20
- KS D 7004

■ **Lay Out**
- Bolting
- Welding

■ **필수기준**
- 예열온도
- 용접사 기량시험

■ **필수용어**
- TS볼트
- 용접사 기량시험
- 비파괴시험

접합의 요구성능

① 구조적 연속성 확보
② 구조적 안전성 확보
③ 이음 개소 최소화
④ 수직도 · 수평도 확보
⑤ 내구성 및 내식성 확보
⑥ 시공의 용이성 확보

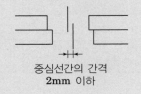

중심선간의 간격
2mm 이하

③ 접합

1. Bolting

> 고탄소강이나 저합금강을 열처리한 항복강도 700MPa 이상·인장
> 강도 900MPa 이상의 고장력 bolt를 nut에 조여서 부재간의 마찰
> 력으로 응력전달을 하는 접합공법

1-1. 반입검사

1) 검사성적표 확인
   - 제작자의 검사성적표의 제시를 요구하여 발주조건 만족 여부 확인
2) 볼트장력의 확인
   - 토크관리법을 이용하여 고력볼트의 볼트 장력을 확인 검사

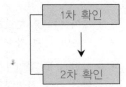

- 1Lot마다 5Set씩 임의로 선정, 볼트 장력 평균 값 산정
  → 상온(10℃~30℃)일 때 규정 값 확인
  → 상온 이외의 온도에서 규정 값 확인
- 1차 확인 결과 규정 값에서 벗어날 경우 동일 Lot에서
  다시 10개를 취하여 평균 값 산정
  → 10 Set의 평균 값이 규정 값 이상이면 합격

1-2. 고력볼트의 취급

1) 볼트 구멍처리

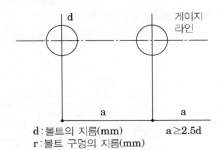

d:볼트의 지름(mm)   a≥2.5d
r:볼트 구멍의 지름(mm)

- Bolt 상호간의 중심 거리는 지름
  의 2.5배 이상
- 고력볼트
  → d≤22 일 경우, r=d+2mm
  → d>22 일 경우, r=d+3mm

- 어긋남 2mm 이하: Reamer로 수정, 2mm 초과: 안전성 검토

3) 고력볼트의 길이산정

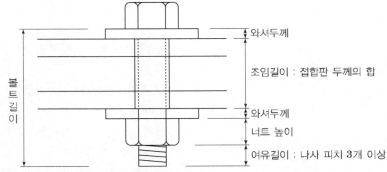

- Bolt길이= 조임길이+(Nut높이+Washer 2장두께+여유길이)

접합

Torque Coefficient

- 고력 볼트의 체결 토크값을 볼트의 공칭 축경(軸徑)과 도입 축력으로 나눈 값. 볼트로의 안정한 축력 도입을 위한 관리에 사용
- 계산식: T=k×d×B
  T: 토크값
  k: 토크계수
  d: 볼트직경(mm)

- 토크계수 값의 평균 값
  – A세트: 0.110~0.150
  – B세트: 0.150~0.190

마찰접합, Friction Grip Joint
볼트, Bolt

F 10T – M 20
Bolt 직경

최저 인장강도 10tf/cm² =1,000MPa

주1) 토크계수값이 A는 표면 윤활처리
주2) 토크계수값이 B는 방청 유 도포상태

3) 공사현장에서의 취급
  ① 고력 볼트는 종류, 등급, 사이즈(길이, 지름), Lot별로 구분하여 빗물, 먼지 등이 부착되지 않고 온도 변화가 적은 장소에 보관
  ② 운반, 조임 작업 시 나사산이 손상된 것은 사용금지
  ③ 전용의 보관함이나 비닐 등을 보양

1-3. 특수 고장력볼트(T.S 볼트)

1) 특수 고장력볼트(T.S 볼트)의 형상

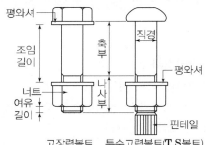

평와셔
축부
직경
조임 길이
평와셔
너트 여유 길이
나사부
핀테일
고장력볼트   특수고력볼트(T.S볼트)

- 고장력볼트는 모든 볼트머리와 너트 밑에 각각 와셔 1개씩을 끼우고, 너트를 회전시켜서 조인다.
- 토크-전단형 볼트(T.S Bolt)는 너트 측에만 1개의 와셔를 사용한다.

2) TS Bolt의 체결순서

| 1차 조임 |
- 부재의 밀착을 도모하는 단계
- 1차 조임 토크 값

| 금매김 |
- 축회전 유무 확인에 필요함
- 축회전 발생 가능성에 주의하여 시공

| 본 조임 |
- TS 전용 전동Wrench를 사용

- 1차조임 후 금매김 → 축회전 유무 판별이 시공관리 Point

1-4. 고력볼트 접합부 처리

1) 마찰 접합부의 응력전달 Mechanism

2P ← → P
→ P

마찰
볼트 축력

모재와 Cover Plate 사이에 볼트의 축력 작용

↓

Cover Plate에 마찰력 전달

↓

부재의 축과 직각으로 응력 전달

- 접합부의 마찰: 접합부의 마찰이 끊어지기까지는 높은 강성을 나타낸다.
- 허용내력: 고력볼트 마찰접합의 허용내력은 마찰 저항력에 의해 결정된다.
- 마찰계수: 마찰 저항력은 고력볼트에 도입된 축력과 접합면 사이의 마찰계수로 결정된다.
- $\nabla \mu$ 마찰계수: 0.5 이상으로 한다.

접합

• 임팩트 렌치(Impact Wrench)

• 토크 렌치(Torque Wrench)

2) 마찰면의 준비
  • 마찰면과 덧판은 녹, 흑피, 도료 등을 Shot Blast로 제거하여 미끄럼계수 0.5이상 확보

2) 접합부 단차수정 – 부재의 표면 높이가 서로 차이가 있는 경우

높이차이	처리방법
1mm 이하	별도처리 불필요
1mm 초과	끼움재 사용

3) 볼트구멍의 어긋남 수정
  • 어긋남 2mm 이하: Reamer로 수정, 2mm 초과: 안전성 검토

1-5. 고장력볼트의 조임방법/Torque Control법

1) 1차조임

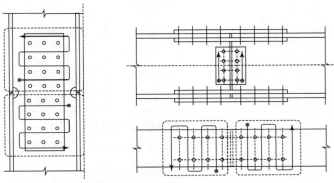

(주) ① ⸝⸝⸝⸝ 조임 시공용 볼트의 군(群)
    ② ⟶ 조이는 순서
    ③ 볼트 군마다 이음의 중앙부에서 판 단쪽으로 조여간다.

2) 1차조임 토크   (단위 : N·m)

고장력볼트의 호칭	1차조임 토크
M16	약 100
M20, M22	약 150
M24	약 200
M27	약 300
M30	약 400

  • 1차조임은 프리세트형 토크렌치, 전동 임팩트렌치 등을 사용

3) 금매김

1차조임 후 모든 볼트는 고장력볼트, 너트, 와셔 및 부재를 지나는 금매김을 한다.

4) 강구조 건축물 고장력볼트(육각볼트)의 본조임
  ① Torque Control법
  • 볼트장력이 볼트에 균일하게 도입되도록 볼트 조임기구를 사용하여 사전에 조정된 토크로 볼트를 조이는 방법
  ② Nut 회전법
  • 볼트장력이 볼트에 균일하게 도입되도록 볼트 조임기구를 사용하여 사전에 조정된 토크로 볼트를 조이는 방법. 120° ± 30°의 너트회전

접합

1-6. 조임 시 유의사항

구 분	유의사항
기기의 정밀도	• 조임 기구는 조일 수 있는 적정한 개수가 있으며, 그 이상이 되면 정밀도 저하 • 조임 기기의 조정은 매일 조임 작업 전에 확인, 실시 • 토크렌치와 축력계의 정밀도는 3% 오차범위가 되도록 충분히 정비
부재의 상태	• 마찰면의 처리 → 마찰면의 표면과 접촉상태가 마찰계수에 큰 영향을 초래 → 마찰면은 이물질 제거 및 적정한 녹 발생 확인 → 자연상태에서 2주 정도 방치 → 접촉면에 틈이 없도록 Filler 등을 끼움 조치 • 건조상태 → 접합부의 건조 상태와 고력 볼트의 토크계수에 큰 영향을 초래 → 비가 온 후는 접합부에 모세관 현상으로 물이 배어 들 우려 • 볼트 구멍 → 접합편끼리 구멍의 차이가 있을 경우 볼트를 집어 넣으면 나사가 파손

1-7. 고력볼트 조임검사

1) Torque Control법에 의한 조임검사

육안검사	• 볼트군의 10% 볼트를 표준으로 토크렌치로 실시 (Sampling 검사) • 조임 시공법 확인을 위한 검사결과에서 얻어진 평균 토크의 ±10% 이내
처리	• 불합격한 볼트군은 다시 그 배수의 볼트를 선택하여 재검사하되, 재검사에서 다시 불합격한 볼트가 발생하였을 때에는 (전수검사) 실시 • 10%를 넘어서 조여진 볼트는 교체

2) Nut 회전법에 의한 조임검사

방법	• 모든 볼트는 1차조임 후에 표시한 금매김의 어긋남으로 동시회전의 유무, 너트회전량, 너트여장의 과부족 등을 육안으로 검사 • 본조임 후에 너트회전량이 120°±30°의 범위를 합격
처리	• 범위를 넘어서 조여진 고장력볼트는 교체 • 너트의 회전량이 부족한 너트는 소요 너트회전량까지 추가로 조인다.

○ 120 × × ×

조임 시 유의사항

① 기기의 정밀도
② 마찰면 처리
③ 틈새처리
④ 조임순서
⑤ 금매김
⑥ 토크관리법
⑦ Nut 회전법
⑧ 위치검사

암기법 📖

기마틈 조금토너 위치

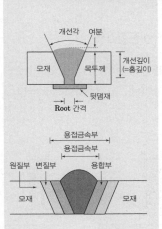

Shield 형식

- 수동용접(피복아크 용접)
  - 용접봉의 송급과 아크의 이동을 수동으로 하는 것
- 반자동용접 (CO₂아크 용접)
  - 용접봉의 송급만 자동
- 자동용접 (SAW 용접)
  - 용접봉의 송급과 아크의 이동 모두 자동으로 사용

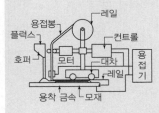

[자동용접]

2. Welding

2-1. 용접형식

1) Groove Welding

접합하고자 하는 두 부재의 단면을 적절한 각도로 개선한 후 서로 맞대어 홈(groove)에 용착금속을 용융하여 접합하는 방식

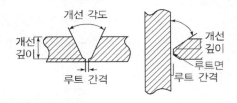

2) Fillet Welding

부재의 끝부분을 가공하지 않고 목두께의 방향이 모재의 면과 45°의 각을 이루는 용접

[판을 겹쳐 이을 경우]　　　[T형으로 잇는 경우]

2-2. 용접종류

1) 피복 Arc용접(수동용접)

수동아크용접(SMAW: Shielded Metal-Arc Welding)피복제(Flux)를 도포한 용접봉과 피용접물의 사이에 arc를 발생시켜 그 열을 이용하여 모재의 일부와 용접봉을 녹여서 접합되는 용접

2) CO_2 arc 용접(반자동)

CO_2가스를 사용하여 아크와 용접용 와이어 주위에 차폐가스 코어를 형성시켜 용융금속의 산화를 막아주는 용접방식 용융금속을 접합하는 Gas Shield 전극식 아크용접공법

3) Submerged Arc용접

용접 이음의 표면에 flux를 공급관을 통하여 공급시켜 놓고 그 속에 연속된 Wire로 된 전기 용접봉을 넣어 용접봉 끝과 모재 사이에 아크를 발생시켜 접합되는 용접공법

• 육안 검사용 표본 추출
– 1개 검사 단위 중에서 길거
나 짧은 것 또는 기울기가
큰 것을 택한다.

$+\varDelta L, \theta$

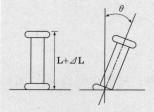

L+⊿L

[마무리, 기울기 검사]

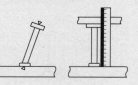

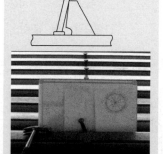

4) Electro Slag 용접

아크열이 아닌 와이어와 용융 슬래그 사이에 흐르는 전류의 저항열을
이용하여 접합되는 전기 용융 용접공법

5) Stud bolt의 정의와 역할, 스터드 용접 (Stud Welding)품질검사

환봉의 양끝에 나사를 절삭한 볼트로서 bolt를 piston 형태의 holder
에 끼우고 대전류를 이용하여 bolt와 모재 사이에 순간적으로 arc를
발생시켜 모재에 용착시키는 용접공법

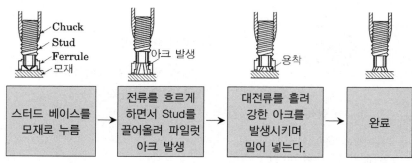

| | | Chuck |
| Stud |
| Ferrule |
| 모재 |

아크 발생 / 용착

| 스터드 베이스를 모재로 누름 | → | 전류를 흐르게 하면서 Stud를 끌어올려 파일럿 아크 발생 | → | 대전류를 흘려 강한 아크를 발생시키며 밀어 넣는다. | → | 완료 |

구 분		판정기준
육안검사	더돈기 형상의 부조화	• 더돈기는 스터드의 반지름 방향으로 균일하게 형성 • 더돈기는 높이 1mm 폭 0.5mm 이상
	언더컷	• 날카로운 노치 형상의 언더컷 및 깊이 0.5mm 이상의 언더컷은 허용불가
	마감높이	• 설계 치수의 ±2mm 이내
굽힘검사 및 기울기	검사로트: 100개 또는 주요 부재 1개에 용접한 숫자 중 적은 쪽을 1개 검사로트로 한다. 1개 검사로트마다 1개씩 검사	15° • 합격 · 불합격 판정은 구부림 각도 15°에서 용접부에 균열, 기타 결함이 발생하지 않은 경우에는 합격 • 스터드의 기울기 5° 이내

2-3. 용접준비

1) 용접절차서(Welding Procedure Specification)

ASME Code의 기본 요건에 따라 현장의 용접을 최소한의 결함으로
안정적인 용접금속을 얻기 위하여 각종 용접조건들의 변수를 기록하여
만든 작업절차 지시가 담겨 있는 사양서

접합

• 부위별 용접자세

아래보기자세   수직자세
수직자세   수평자세
수평자세
아래보기자세   아래보기자세
위보기자세   위보기자세

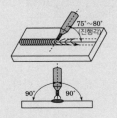

• 아래보기(1G) Flat Welding

• 수평보기(2G)
Horizontal Welding

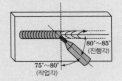

• 수직보기(3G)
Vertical Welding

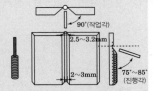

• 위보기(4G)
Overhead Welding

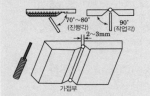

2) 용접사 기량시험(WPQ Test)Welder Performance Qualification Test

> 용접사가 건전한 용접을 수행할 수 있는 용접기능을 보유하고 있는지를 확인하는 시험

① 용접시공 시험대상 및 종류, 방법

> • 강재 두께가 40mm를 초과하는 항복강도 355MPa급 강재 및 두께 25mm를 초과하는 항복강도 420MPa급 이상 강재의 경우
> • 강종별 용접법에 따른 한 패스의 최대 입열량 값을 초과하는 경우
> • 시험강재는 공사에 사용하는 강재를 원칙으로 한다.
> • 용접은 시공에 사용하는 용접조건으로 하고 용접자세는 동일 자세로 한다.
> • 서로 다른 강재의 그루브용접 시험은 실제 시공과 동등한 조합의 강재로 실시
> • 용접재료는 낮은 강도의 강재 규격을 따른다.
> • 같은 강종으로 판두께가 다른 이음은 판두께가 얇은 쪽의 강재로 시험 할 수도 있다.
> • 재시험은 처음 개수의 2배로 한다.

② 용접공 시험 기준

시험종류	시험항목	시험편 형상	시험편개수	시험방법	판정기준
그루브 용접 시험	용접이음 인장시험	KS B ISO 4136	2	KS B ISO 4136	인장강도가 모재의 규격치 이상
	용착금속 인장시험	KS B 0801 10호	1	KS B ISO 5178	인장강도가 모재의 규격치 이상
	횡방향 측면굽힘시험	KS B ISO 5173	4	KS B ISO 5173	결함길이 3mm 이하
	충격 시험	KS B 0809 4호	3	KS B 0810	용착금속으로 모재의 규격치 이상(3개의 평균치)
	매크로 시험	KS D 0210	2	KS D 0210	균열없음. 언더컷 1mm 이하 용접치수 확보
필릿용접 시 험	매크로 시험	KS D 0210	1	KS D 0210	균열없음. 언더컷 1mm 이하 용접치수 확보 루트부 용융
스터드 용접시험	스터드 굽힘시험	KS B 0529	3	KS B 0529	용접부에 균열이 생겨서는 안된다.

2-4. 용접시공

1) 기후 조건

① 기온이 -5℃ 이하의 경우는 용접 금지

② 기온이 -5~5(℃) 경우는 접합부로부터 100mm 범위의 모재 부분을 최소예열온도 이상으로 가열 후 용접

③ 비가 온 후 또는 습도가 높은 때는 수분제거 가열처리 하여 모재의 표면 및 틈새 부근에 수분 제거를 확인한 후 용접

④ 보호가스를 사용하는 가스메탈 아크용접 및 플럭스코어드 아크용접에 있어서 풍속이 2m/s 이상인 경우에는 용접금지

접합

• 예열효과
- 용접부의 냉각속도가 늦어져서 용접부의 경화와 약 200℃ 이하의 저온균열(cold crack)의 발생 방지효과
• 예열방법
- 전기저항 가열법, 고정버너, 수동버너 등으로 강종에 적합한 조건과 방법을 선정하되 버너로 예열하는 경우에는 개선면에 직접 가열해서는 안 된다.
- 온도관리는 용접선에서 75mm 떨어진 위치에서 표면온도계 또는 온도쵸크 등으로 한다.
• 예열온도 조절
- 특별한 시험자료에 의하여 균열방지가 확실히 보증될 수 있거나 강재의 용접균열 감응도 P_{cm} 이 T_p(℃)= 1,440 P_w −392의 조건을 만족하는 경우는 강종, 강판두께 및 용접방법에 따라 값을 조절

2) 용접조건 및 순서

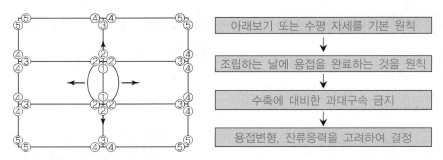

• 용접순서는 중앙에서 외주방향으로 대칭으로 진행

3) 용접재료의 사용조건

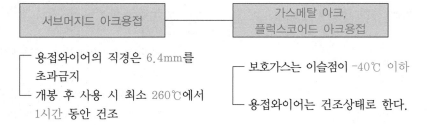

4) 조립용접
① 용접방법과 용접재의 사용은 본 용접과 동일
② 용접 자세: 본 용접과 똑같은 자세로 용접
③ 비드 길이 및 간격은 400mm 이하
④ 그루브용접부의 홈에는 가용접을 하지 않는 것을 원칙

5) 용접부 사전 청소 및 건조
① 기공이나 균열을 발생시킬 염려가 있는 흑피, 녹, 도료, 기름 제거
② 용접부에 습기 또는 수분이 있는 경우 예열 처리하여 반드시 제거

6) 예열 및 층간온도

① 예열 원칙
• 최대 예열온도: 250℃ 이하 원칙(KCS 14 31 20기준: 230℃ 이하)
• 이종강재간 용접: 상위등급의 강종 기준으로 예열
• 40mm 이상의 두꺼운 판 두께는 높은 구속을 받는 이음부 및 보수용접의 경우, 균열방지를 위해 최소 예열온도 이상으로 예열
• 경도시험에 있어서 예열하지 않고 최고 경도(H_v)가 370을 초과할 때
② 예열범위
• 예열은 용접선의 양측 100mm 및 아크 전방 100mm의 범위 내의 모재를 최소예열온도 이상으로 가열
• 모재의 표면온도는 0℃ 이하: 20℃ 이상까지 예열

7) End Tab의 조립
① 응력전달이 되는 유효단면 내에는 완전한 용접이 될 수 있도록 엔드탭을 사용
② 기둥보 접합부의 엔드탭은 뒷댐재를 설치

접합

암기법 📖

C B S 방송국 용 C U P 에
그려진 푸 O O 를 보고
각목을 휘두르는 라멜라양

표면에 P C C F 를 라멜라와
내부에서 찍는 시카고 불스~
형 언 니 오빠 오버해서
목아플때는 용각산이 최고~

대책

① 예열
② 용접순서
③ 개선정밀도
④ 용접속도
⑤ 용접봉 건조
⑥ 적정전류
⑦ 숙련도
⑧ 잔류응력
⑨ 돌림용접
⑩ 기온
⑪ End Tab

암기법 📖

예순에 개속 건전한 숙련
도로 잔돌리기엔 빠르다.

암기법 📖

트구를 모자로 쓰고
용접봉을 들고 운전하는데
외저리도 비참해 보이냐~
방에서 초를 켜고 침대에서
자니까~

8) Back Strip의 조립
- 그루브용접부는 용접금속이 뒷댐재와 완전히 용융되도록 한다.

2-5. 용접결함

2-5-1. 용접결함의 종류

결함 명			현상	원인
표면	Pit		표면구멍	용융금속 응고 수축 시
	Crack	발생 장소	용접금속 균열: 종균열, 횡균열, Crater 열영향부 균열: 종균열, 횡균열, Root균열 모재균열: 횡균열, 라멜라티어	과대전류 용접 후 급냉각/응고 직후 수축응력
		발생 온도	고온균열: 용접 중 혹은 용접 직후의 고온(융점의 1/2 이상의 온도), 저온균열 200℃ 이하	
		크기	매크로 균열, 저마이크로 균열	
	Crater		분화구가 생기는 균열	과대전류, 용접 중심부에 불순물 함유 시
	Fish Eye		Blow Hole 및 Slag가 모여 생긴 반점	
	Lamellar Tearing		모재표면과 평행하게 계단형태로 발생되는 균열	표면에 직각방향으로 인장구속응력 형성되어 열영향부가 가열, 냉각에 의한 팽창 및 수축 시
내부	Slag감싸들기		Slag가 용착금속내 혼입	전류가 낮을 때 좁은 개선각도
	Blow Hole		응고 중 수소, 질소, 산소의 용접금속 내 간 힘에 의해 발생되는 기공	아크길이가 크거나 모재의 미청결
형상	Under Cut		모재와 용융금속의 경계면에 용접선 길이방향으로 용융금속이 채워지지 않음	과대전류, 용접속도과다, 위빙잘못
	Over Lap		용착금속이 토우부근에서 모재에 융합되지 않고 겹쳐진 부분	모재 표면의 산화물 전류과소 기량부족
	Over Hung		용착금속이 밑으로 흘러내림	용접속도가 빠를 때
	용입 불량		모재가 충분한 깊이로 녹지 못함	Root Gap 작음, 전류과소
	각장부족		다리길이 부족	전류과소, 미숙련공
	목두께 부족		목두께 부족	전류과소, 미숙련공

2-5-2. 용접검사 항목

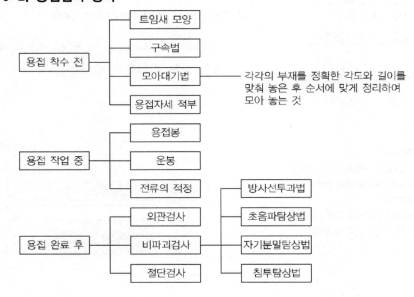

각각의 부재를 정확한 각도와 길이를 맞춰 놓은 후 순서에 맞게 정리하여 모아 놓는 것

접합

- 각변형
  - 온도 편차로 인한 가장자리 가 상부로 변형
- 종수축
  - 길이가 긴재부가 용접선 방향으로 수축
- 회전변형
  - 미용접된 개선부가 외측으로 커지거나 좁아짐
- 비틀림
  - 길이가 긴재부가 용접선 방향으로 수축
- 종굽힘 변형
  - 길이가 긴 T형 부재에서 좌우 용접선의 수축량
- 횡수축
  - 용접선에 따라 직각방향으로 수축
- 좌굴
  - 수축응력으로 중앙부에 파도모양으로 변형

방지법

① 억제법: 응력발생 예상부위에 보강재 부착
② 역변형법: 미리 예측하여 변형을 주어 제작
③ 냉각법: 용접 시 냉각으로 온도를 낮추어 방지
④ 가열법: 용접부재 전체를 가열하여 용접 시 변형을 흡수
⑤ 피닝법: 용접부위를 두들겨 잔류응력을 분산

암기법 📖

각종회비가 종횡으로 좌굴 되고 있다.

후대에 비교될거야

억지역으로 냉가피나 가져와

- 적용범위
  - 맞대기 용접부 및 T 이음, 모서리이음 홈용접부
- 결함대상
  - 내부결함(블로우홀, 용입불량, 균열, 슬래그혼입)

2-5-3. 표면결함 검사 및 정밀도 검사

1) 육안검사– 추출검사(용접부 전체를 대상)
   ① 표본 검사대상: 각 로트로부터 부재수 10 %
   ② 검사로트의 합격·불합격 판정: 전용접선 중 불합격되는 용접선이 10% 미만인 경우 합격

2-6. 용접보수

- 불합격된 용접부는 외관불량, 치수불량, 내부결함 등 모두 보수를 하고, 재검사하여 합격해야 한다.
- 모든 보수용접 시, 예열 및 패스간의 온도를 관리하여 보수 용접한다.

2-7. 용접변형

1) 용접변형의 종류 및 형태

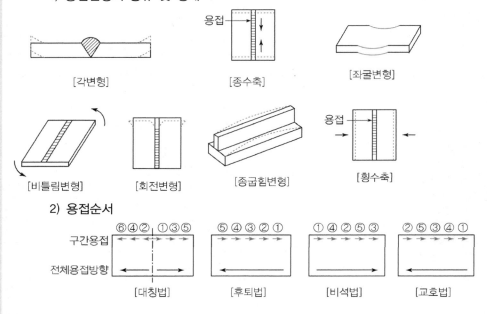

[각변형] [종수축] [좌굴변형]

[비틀림변형] [회전변형] [종굽힘변형] [횡수축]

2) 용접순서

[대칭법] [후퇴법] [비석법] [교호법]

2-8. 철골공사의 비파괴 시험(Non-Destrucitive Test)

2-8-1. R.T: Radiographic Test

시험체에 방사선(X선, Y선)을 투과시켜 Film에 그 상을 재생하여 시험체의 내부 결함을 검출하는 방법

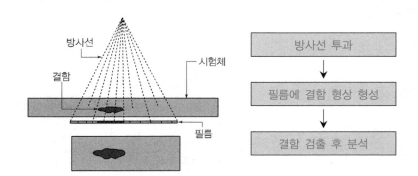

2-8-2. UT: Ultrasonic Test

시험체에 초음파를 전달하여 내부에 존재하는 불연속면으로 부터 반사한 초음파의 에너지양, 진행시간을 CRT Screen에 표시하여 결함위치와 크기로 내부 결함을 검출하는 방법

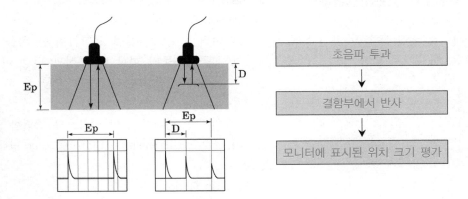

| 초음파 투과 |

| 결함부에서 반사 |

| 모니터에 표시된 위치 크기 평가 |

2-8-3. MT: Magnetic Particle Test

강자성체를 자화시키고 자분을 적용시켜 누설자장에 의해 자분이 모이거나 붙어서 불연속부의 표면결함을 검사하는 방법

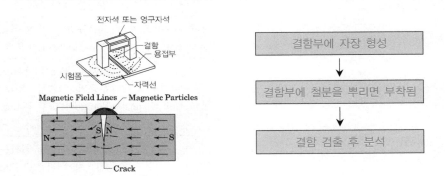

Magnetic Field Lines — Magnetic Particles

| 결함부에 자장 형성 |

| 결함부에 철분을 뿌리면 부착됨 |

| 결함 검출 후 분석 |

2-8-4. PT: Liquid Pentration Test

표면개구부로 침투액을 넣어 불연속 내의 침투액이 만드는 지시모양을 관찰함으로써 표면결함을 검출하는 방법

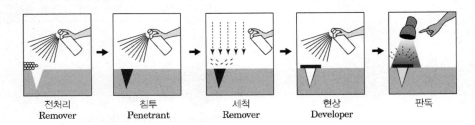

전처리 Remover · 침투 Penetrant · 세척 Remover · 현상 Developer · 판독

접합

- RT 종류
  - 직접촬영: X-선 필름으로 직접촬영
  - 투시법: 노출과 동시에 바로 판독
  - X-선 CT법: 물체의 단면 파악가능

- UT

- 적용범위
  - 부재의 두께 측정
  - 탄성계수 등 물성 측정
  - 결함의 신호·길이·위치·파악
  - 방사선 투과가 곤란한 경우
- 결함대상
  - 내부결함(블로우홀, 용입불량, 균열, 슬래그혼입)
- 수신방법
  - 펄스 반사법
  - 투과법
  - 공진법
- 초음파의 전달방법
  - 접촉법
  - 수침법
- MT

- 적용범위
  - 자성체의 검사에만 사용(철, 니켈 코발트 및 이들의 합금)
- 결함대상: 표면결함
- 자분의 종류
  - 형광자분(Flourescent): 자외선을 조사하면 형광으로 구분되는 자분
  - 비형광 자분(Non-Fluorescent): 형광 자분과 대조적으로 형광이 발생하지 않는 부분

온도변화 대응

Key Point

■ **국가표준**
- KCS 41 31 55
- KCS 41 31 30
- KCS 41 31 40
- KCS 41 31 50
- KCS 41 43 02
- KCS 41 47 00

■ **Lay Out**
- 부재
- 내화피복

■ **필수기준**
-내화성능 기준

■ **필수용어**
- 내화피복
- 내화페인트

4 부재 및 내화피복

1. 부재

1-1. 기둥

1) Built Up Column
  ① 여러 작은 부재들을 조합하여 큰 힘을 받도록 주문생산 및 제작
  ② 철골구조물의 형상 및 특성과 현장 여건에 맞게 임의의 크기로 자유롭게 조립하여 시공하는 기둥

2) Box Column
  2개의 U형 형강을 길이 방향으로 조립한 Box 형태의 Column이나 4개의 극후판(Ultra Thick Plate)을 Box 형태로 조립한 Column

1-2. 보

1) Built Up Girder

종류	세부내용
플레이트 거더 (Plate Girder)	강재로 제작된 철판을 절단하여 보의 Flange와 Web의 가공 및 제작이 완료된 후 Flange를 Web와 상호 맞대고 Flange Angle를 덧대어 용접이음 혹은 Bolt로 접합하여 강성을 높인 조립보
커버 플레이트 보 (Cover Plate Beam)	표준규격의 H-형강 혹은 I-형강의 Flange에 강판(Cover Plate)을 맞대고 용접 혹은 bolt로 접합한 조립보
사다리보 (Open Web Girder)	강재로 Web를 대판(大板)으로 제작하며 등변 ㄱ형강이나 부등변 ㄱ형강 등을 사용하여 Flange ㄱ형강의 상부 Flange와 하부 Flange의 양측 사이에 끼워 넣은 후 Bolt로 접합하여 만든 조립보
격자보 (Lattice Girder)	강재로 제작된 철판을 절단하여 보의 Web재를 사선(斜線)으로 배치하고 Flange ㄱ형강의 상부 Flange와 하부 Flange의 양측 사이에 끼워 넣은 후 Bolt로 접합
상자형보 (Box Girder)	상부 Flange와 하부 Flange 사이의 Web를 Flange 양끝 단부에 대칭이 되도록 2개를 사용하여 속이 빈 상자모양으로 만든 보
Hybrid Beam	Flange와 Web의 재질을 다르게 하여 조합

2) 기타
  ① Hybrid beam
  ② 철골 Smart Beam
  ③ 하이퍼 빔(Hyper Beam)
  ④ Hi-beam(Hybrid-Integrated)-Beam
  ⑤ TSC보

1-3. Slab

1) Deck Plate의 분류

거푸집 Deck Plate	• 거푸집재의 용도로만 사용
합성 Deck Plate	• 콘크리트와 일체로 되어 구조체 형성
철근Truss Deck Plate	• 주근+거푸집 Deck Plate
구조 Deck Plate	• Deck Plate만으로 구조체 형성
Cellular Deck Plate	• 배관, 배선 System을 포함

2) 시공 Flow

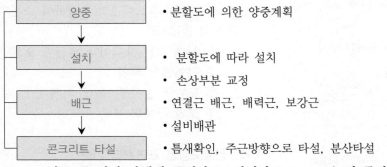

- 양중 → • 분할도에 의한 양중계획
- 설치 → • 분할도에 따라 설치 · 손상부분 교정
- 배근 → • 연결근 배근, 배력근, 보강근 · 설비배관
- 콘크리트 타설 → • 틈새확인, 주근방향으로 타설, 분산타설

- 시공 중 처짐 발생에 주의하고, 지점간 3.6m 초과 시 중간에 Support 설치

3) 시공 일반사항

① 데크 플레이트는 박판으로 쉽게 변형하므로 반입, 양중 시에 주의
② 양중은 반드시 2점 걸기로 하여 양중 시 변형 최소화
③ 설치 후 바로 용접 등으로 고정
④ 슬래브 작업시에는 반드시 걸침폭(골방향 50mm 이상, 폭방향 30mm 이상) 확보
⑤ 근로자 안전작업을 위해 이동 가능한 작업용 발판을 설치하고, 추락방지를 위한 안전난간을 확보

1-4. 계단

Ferro Stair: 공장에서 생산된 철골계단을 현장에서 접합하여 완성하는 시스템화된 계단설치공법

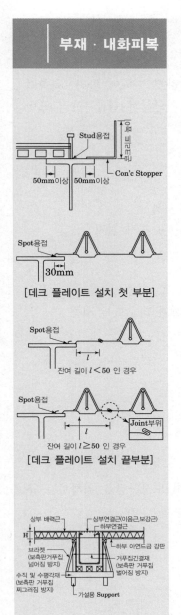

부재 · 내화피복

[데크 플레이트 설치 첫 부분]
[데크 플레이트 설치 끝부분]

부재 · 내화피복

2. 내화피복

2-1. 철골방청도장

> 철골방청도장은 철골의 표면에 도료를 균일하게 칠하여 물리·화학적으로 고화된 피막을 형성하여 물과 산소를 차단시켜 철골부재의 표면을 보호하고 부식의 진행을 사전에 방지한다.

1) 바탕처리
  ① 바탕처리가 불완전하면 도막의 내구성 저하
  ② 바탕의 이물질(뜬 녹, 유분, 수분 및 기타) 제거 철저
2) 도막두께
  ① 1회 도장: 0.035mm
  ② 2회 도장: 0.07mm
  • 도장은 반드시 2회 도장하여 소정의 두께가 나오도록 시공
3) 도막 불량처리
  ① 눈에 띄는 요철이나 부풀어 오른 부
  ② 균열발생 부위
  ③ 도막의 손상부, 녹에 의해 들뜬 부위
  ④ 도막 두께의 부족

2-2. 철골도장면 표면처리 기준

> 철골도장의 표면처리는 도장 전처리 단계이며 도장마감을 위해서는 규정된 표면처리가 필수적이다.

1) 블라스트의 일반사항

> ① 노즐의 구경은 일반적으로 8~13mm 사용
> ② 연마재의 입경은 쇼트 볼(shot ball)에서 0.5~1.2mm를 사용
> ③ 강재 표면 상태에 따라 입경이 작은 0.5mm와 입경이 큰 1.2mm 범위 내에서 적절히 혼합(3 : 7 또는 4 : 6)하여 사용
> ④ 규사에서는 0.9~2.5mm를 사용해야 한다.
> ⑤ 분사거리는 연강판의 경우에는 150~200mm, 강판의 경우에는 300mm 정도로 유지
> ⑥ 연마재의 분사각도는 피도물에 대하여 50~60 정도로 유지
> ⑦ 도장할 부위와 피복재의 적응성 체크
> ⑧ 도장하지 않을 경우: 들뜬녹 발생 시 내화피복 전 제거

바탕처리 재료의 결정

• 바탕처리의 양부는 도장의 내구성을 결정하므로 내화피복과의 관계를 고려

도장시공 금지구간

• 현장용접부

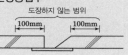

• 고력볼트 접합부의 마찰면

• 콘크리트에 매립되는 부분

• 표면연마재(shot ball)의 선택
① 표면처리 연마재는 작업효율 및 조도를 고려하여 선정
② 연마재는 유분 및 염분이 규정치 이하인 깨끗하고 건조한 것
③ 연마재 입자의 크기 및 형상은 블라스트에 적합할 것

부재 · 내화피복

2-3. 철골 내화피복공법

건축 구조물의 화재 시 주요 구조부를 고열로부터 보호하기 위한 내화 뿜칠 피복공법, 내화보드 붙임 피복공법과 내화도료 도장공법 등 일반적인 강구조 내화피복공사에 대하여 적용한다.

암기법 📖

도습 건합 타뿜미조 성휘세

압송, 혼합 뿜칠

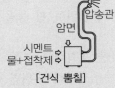

[건식 뿜칠]

압송, 혼합 뿜칠

[반습식 뿜칠]

[습식 뿜칠]

2-3-1. 내화구조의 성능기준

용 도	층수/ 최고높이(m)		내력벽 (내 · 외벽)	비내력벽(내 · 외벽)			보/ 기둥	바 닥	지 붕
				연소有	연소無	(경계벽, 승강기, 계단실의 수직벽)			
일반시설	12/50	초과	3	1	0.5	2	3	2	1
		이하	2	1	0.5	1.5	2	2	0.5
	4/20	이하	1	1	0.5	1	1	1	0.5
주거시설 · 산업시설	12/50	초과	2	1(1.5)	0.5	2(1.5)	3	2	1
		이하	2	1	0.5	1	2	2	0.5
	4/20	이하	1	1	0.5	1	1	1	0.5

2-3-2. 내화구조, 내화피복의 공법 및 재료

구 분	공 법	재 료
도장공법	내화도료공법	팽창성 내화도료
습식공법	타설공법	콘크리트, 경량 콘크리트
	조적공법	콘크리트 블록, 경량 콘크리트, 블록, 돌, 벽돌
	미장공법	철망 모르타르, 철망 파라이트, 모르타르
	뿜칠공법	뿜칠 암면, 습식 뿜칠 암면, 뿜칠 모르타르, 뿜칠 플라스터실리카, 알루미나 계열 모르타르
건식공법	성형판 붙임공법	무기섬유혼입 규산칼슘판, ALC 판, 무기섬유강화 석고보드, 석면 시멘트판, 조립식 패널, 경량콘크리트 패널, 프리캐스트 콘크리트판
	휘감기공법	
	세라믹울 피복공법	세라믹 섬유 Blanket
합성공법	합성공법	프리캐스트 콘크리트판, ALC 판

2-3-3. 공법별 유의사항

1) 뿜칠 피복공사
   ① 뿜칠재료와 물과의 혼합은 제조사의 시방에 따른다.
   ② 뿜칠은 노즐 끝과 시공면의 거리는 500mm를 유지
   ③ 시공면과의 각도는 90°를 원칙, 70° 이하의 뿜칠시공은 금지
   ④ 뿜칠될 바탕면의 전면에 공극이 없는 균일한 면이 되도록 뿜칠
   ⑤ 1회의 뿜칠두께는 20mm 기준

2) 내화보드 붙임 피복공사
   ① 철골 부재와의 연결철물(크립, 철재바)의 설치는 500~600mm마다 설치
   ② 내화보드는 시공부위에 맞게 절단하여 나사못을 사용 연결철물에 고정

1) 외관확인
① 인정 내화구조의 외관은 지정표시 확인, 포장상태, 재질, 평활도, 균열 및 탈락의 유무를 육안으로 검사.
② 인정내화구조 재료 견본과 비교하여 이상여부를 검사

2) 두께확인
1회 뿜칠 두께는 30mm 이하

① 두께측정을 위해 선정한 부분은 구조체 전체의 평균두께를 확보할 수 있는 대표적인 부위 선정
② 두께측정기를 피복재에 수직으로 하여 핀을 구조체 피착면 바닥까지 밀어넣어 두께를 측정한다. 핀이 피착면에 닿았을 때 피복재 표면이 평면이 되도록 충분한 힘을 주어서 슬라이딩 디스크를 밀착시킨 다음 디스크가 움직이지 않도록 유의하면서 빼내어 두께 지시기를 읽어 1mm단위로 두께를 측정한다.

3) 밀도확인
35mm×35mm 견본뿜칠 후 양끝을 잘라내고, 10cm각의 시료를 만들고 9개를 잘라서 비중체크

① 밀도 측정용절취기로 떼어낸 다음 손실이 안되게 유의하면서 시료 봉투에 담아 시험실 건조기에서 상대습도 50%이하, 온도 50℃로 함량이 될 때까지 건조 후 중량을 측정한다.

3) 내화 도장공사

> • 표면이 일정온도가 되면 도막두께의 약 70~80배 정도로 발포팽창하여 단열층 형성
> • 형성된 단열층은 화재열이 철골 강재에 전달되는 것을 일정시간 동안 차단하거나 지연
> • 일정시간 동안 강재 표면의 평균온도 538℃ 이하, 최고온도 649℃ 이하로 유지시켜야 한다.

① 시공 시 온도는 5℃~40℃에서 시공
② 도료가 칠해지는 표면은 이슬점보다 3℃ 이상 높아야 한다.
③ 시공 장소의 습도는 85% 이하, 풍속은 5m/sec 이하에서 시공

2-3-4. 내화피복 공사의 검사 및 보수

1) 미장공법, 뿜칠공법 (1,500m²)KCS 14 31 50 기준
① 미장공법의 시공 시에는 시공면적 5m²당 1개소 단위로 핀 등을 이용하여 두께를 확인하면서 시공
② 뿜칠공법의 경우 시공 후 두께나 비중은 코어를 채취하여 측정
③ 측정 빈도는 층마다 또는 바닥면적 500m²(1,500m²)마다 부위별 1회를 원칙으로 하고, 1회에 5개소 측정
④ 연면적이 500m² (1,500m²)미만의 건물에 대해서는 2회 이상 측정

2) 조적공법, 붙임공법, 멤브레인공법, 도장공법(1,500m²)KCS 14 31 50 기준
① 재료반입 시, 재료의 두께 및 비중을 확인한다.
② 빈도는 층마다 또는 바닥면적 500m²(1,500m²)마다 부위별 1회
③ 1회에 3개소로 한다.
④ 연면적이 500m²(1,500m²)미만의 건물에 대해서는 2회 이상 측정

3) 불합격의 경우, 덧뿜칠 또는 재시공하여 보수
4) 상대습도가 70% 초과조건: 습도에 유의

2-3-5. 내화구조의 인정 및 관리업무 세부운영지침

구분	검사로트	로트선정	측정방법	판정기준
1시간 (4층/20m 이하)	매층 마다	각층연면적 1,000m² 마다	• 각 면을 모두 측정 • 각 면을 3회 측정	3회 측정값의 평균이 인정두께 이상
1시간 (4층/20m 초과)	4개층 선정	각층연면적 1,000m² 마다	• 각 면을 모두 측정 • 각 면을 3회 측정	3회 측정값의 평균이 인정두께 이상

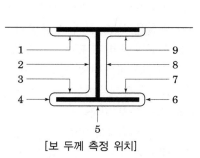

[보 두께 측정 위치]

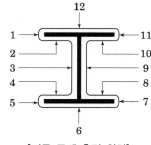

[기둥 두께 측정 위치]

초고층 및 대공간 공사

마법지

1. 설계 · 구조

- 설계
- 구조 영향요소
- 구조형식

2. 시공계획

- 코어선행
- 코어후행
- 접합부
- Column Shortening

3. 대공간 구조

- 구조형식
- 건립공법

4. 공정관리

- 공정관리 기법

요소계획

Key Point

■ **국가표준**
- KCS 41 31 65

■ **Lay Out**
- 설계
- 구조

■ **필수 기준**
- 건축물 법규

■ **필수 용어**
- Stack Effect
- CFT

건축물

- 고층건축물
  - 30층 이상이거나 건축물 높이 120m 이상인 건축물
- 준초고층 건축물
  - 건축물 층수 30층 이상 49층 이하
  - 건축물 높이 120m 이상 200m 미만
- 고층건축물
  - 50층 이상이거나 건축물 높이 200m 이상인 건축물

특수성, 문제점

- 내부적 문제
  - 고심도화: 작업장 부족, 흙막이 안전성, 기초 허용 침하량
  - 고층화: 수직동선 증가, 양중높이 증가, 양중횟수 증가
  - 중량화: 부재의 Mass화
- 외부적 문제
  - 인접건물
  - 교통문제
  - 소음 진동 분진

---

① 설계 및 구조

1. 설계

① 50층 이상이거나 건축물 높이 200m 이상인 건축물
② 구조적 관점: Tallness을 가진 건축물로 세장비(건물의 높이와 단변길이의비)가 5이상인 건물
③ 횡하중에 저항하기 위해 특별한 구조형식을 도입할 필요가 있는 건물

1-1. 검토요소

1) Design(구조, 경관, 기능)

   주변지형과 위치에 따른 Lay Out, Sky Line, Landmark

2) 배치계획(거주, 일사, 채광, 방향)

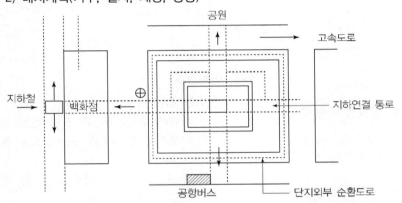

[주변지형과 위치에 따른 Lay Out]

3) 동선계획(내부, 외부, 교통, 피난계획)

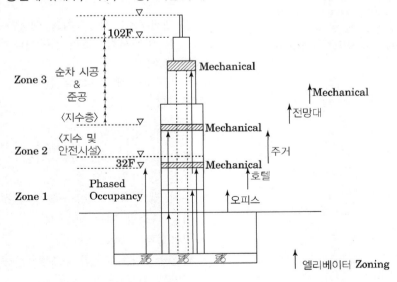

설계 및 구조

- 초고층건축물의 상부공사를 수행하면서 하부에 공사가 완료된 부분을 임시사용승인(Temporary Occupancy Permit, T.O.P)을 얻어 조기에 사업비를 회수하는 제도

① 로비, 저층부, 기준층, 전망층, 주차장, 기계실 등의 기능과 용도에 따른 층별 수직 Zoning

② 주변건물과의 연결 및 진출입, Services시설과의 연계

③ 지하연결, 교통시설, 반출입 시설

④ 화재상황을 고려한 연결통로 및 차단, 비상용 E/V

4) 설비(방재, E/V,기계실, I.B)

① 면적별, 용도별, 수직개구부 등에 따른 방화구획을 검토하고 배연설비 및 소방설비 자동화

② Sky Lobby방식 및 Double deck방식 적용

③ 기계실의 분산배치 및 구획설정

④ 에너지의 효율적인 관리, Network 기술을 사용한 Building자동화 DDC(Direct Digital Control)

5) 제도 및 법규

① 공사 완료층 임시사용승인(Phased Occupancy)

② 기타: 방재기준 및 피난층 기준(옥상광장 등), 헬리포트

2. 구조

구성요소

① 재료 : 강재 콘크리트 합성 재료

② 수직 하중 저항 시스템 : 슬래브와 보 기둥 트러스 기초

③ 매층마다 반복되므로 작은 변화도 전체적으로는 큰 변화가 됨

④ 횡하중 저항 시스템 벽체 골조 트러스 다이아프램

⑤ 횡하중의 형태와 크기 풍하중 지진하중

⑥ 강도 및 사용성 횡변위 가속도 연성

2-1. 영향요소

1) 풍진동 저항

① 바람에 의한 건물의 진동 검토

② 외장재용 풍하중과 구조골조용 풍하중 산정을 통한 내풍설계

2) 지진에 저항

① 내진구조: 높은 강도와 강성, 변형 능력을 확보하여 지진에 대해 견딜 수 있는 구조

② 면진구조: 면진장치를 이용하여 건물의 고유주기를 의도적으로 장주기화 하여 지반에서 상부구조로 전달되는 지진에너지를 저감하는 구조

③ 제진구조: 제진장치를 이용하여 건물의 진동을 감쇠시키거나 공진을 억제시킴으로써 진동에너지를 흡수하는 구조

3) 하중에 저항

무거운 하중에 견딜 수 있는 기초구조 및 수직부재의 강성확보

2-2. 검토사항

- 구조재료의 결정
- 하중의 산정(바람, 지진, 하중)
- 토질 및 기초
- 수직 및 수평력 저항구조 방식 결정
- 기둥 축소량 예측 및 보정
- 연돌효과(Stack effect)
- 컴퓨터 용량을 고려한 구조해석용 프로그램구조해석 및 부재설계
- 접합부 설계

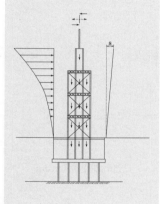

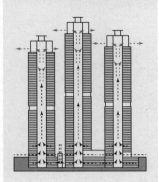

설계 및 구조

발생원인

- 겨울
  - 난방 시 실내공기가 외기보다 온도가 높고 밀도가 적기 때문에 부력이 발생하여 건물위쪽에서는 밖으로 아래쪽에서는 안쪽을 향하여 압력이 발생
- 여름
  - 냉방 시 실내공기가 외기보다 온도가 낮고 밀도가 크기 때문에 발생하며, 겨울철 난방시와 역방향의 압력 발생
- 공통 발생원인
  - 외기의 기밀성능 저하
  - 내부 공조시스템에 의한 온도차 발생
  - 저층부 공용공간과 고층부 로비의 연결로에서 외기 유입

적용사례

- Petronas twin Tower(Kuala Lumpur, 92F)
- 갤러리아 팰리스(잠실 46F)
- 타워팰리스(도곡동 66F, 57F, 69F)
- 하이페리온(목동 69F)
- 슈퍼빌(서초동 46F)

2-2-1. Sack effect

건물 내외부 온도차 및 빌딩고(Height)에 의해 발생하는 압력차로 인한 외기의 침기(Infiltration)현상과 유출(Exfiltration)현상

1) 발생 Mechanism

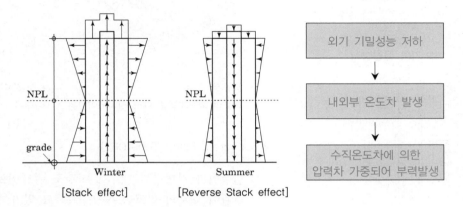

[Stack effect] [Reverse Stack effect]

외기 기밀성능 저하 → 내외부 온도차 발생 → 수직온도차에 의한 압력차 가중되어 부력발생

2-3. 구조형식

1) Out rigger & Belt truss

① Outrigger: 횡력에 저항하기 위하여 내부 Core와 외곽기둥 또는 Belt Truss를 연결시켜 주는 보 또는 Truss
② Belt Truss & Belt Wall: 내부 Core와 외곽기둥 또는 Belt Truss를 연결시켜 주는 보 또는 Truss

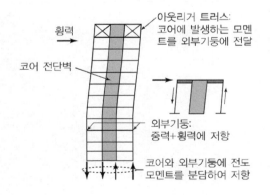

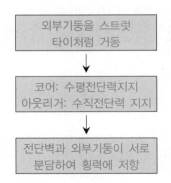

외부기둥을 스트럿 타이처럼 거동 → 코어: 수평전단력지지 아웃리거: 수직전단력 지지 → 전단벽과 외부기둥이 서로 분담하여 횡력에 저항

설계 및 구조

• Diaphragm
 – 보 기둥 접합부에서 보의
  응력을 충분히 전달하고 강
  관의 변형을 방지할 목적으
  로 강관기둥 내화에 횡단면
  으로 설치한 강재

보 기둥 접합방식

[내측 diaphragm]

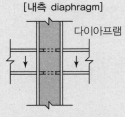

• 보의 전단력이 diaphragm으
 로부터 내부의 콘크리트에
 직접전달
• 콘크리트 타설 시 막힘이나
 공극이 생길 위험이 있음

[외측 diaphragm]

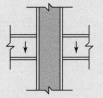

• 보의 전단력이 강관에만 전달
• 콘크리트 타설 시 막힘이나
 공극이 생길 위험이 비교적
 적음

• Outrigger: 내부 Core와 외곽기둥 또는 Belt Truss를 연결시켜 주는 보 또는
 Truss

[Belt Truss System]

벨트 트러스
아웃리거
코어
외부기둥

[Belt Wall System]

벨트 월
아웃리거
코어
외부기둥

• 시공성 우수
• 건물의 외곽기둥을 다라 설치되어있는
 Truss

• 구조성능 우수
• 내부 Core와 외곽기둥을 따라 설치되
 어있는 Wall

2) Concrete Filled Tube(CFT)

① 원형이나 각형강관 내부에 고강도 콘크리트를 충전한 구조
② 강관이 내부의 콘크리트를 구속하고 있기 때문에 강성, 내력, 변형성
 능, 내화, 시공 등의 측면에서 우수한 특성을 발휘하는 구조시스템

• 강관의 구속효과

강관이 내부 콘크리트 구속
↓
국부좌굴 방지
↓
고내력, 고성능 부재

Memo

② 시공계획

1. 공사관리

- 가설계획(가설구대, 지수층, 동절기 보양)
- 측량계획(GPS측량, Column Shortening)
- 굴착 및 기초공사
- 양중계획(Hoist, T/C)
- 철근(Prefab)
- 거푸집(SCF)
- 철골(세우기 방법)
- 콘크리트(고강도, Pumping System, VH분리타설)
- Curtain Wall
- 설비(E/V, 공조, 조명)

1-1. Core 선행공법

구조설계 적용조건

- 코어월이 순수RC구조
- 단순한 구조
- 내부 코어월이 횡력에 저항하는 구조
- 외부의 철골보가 코어월에 지지되는 구조

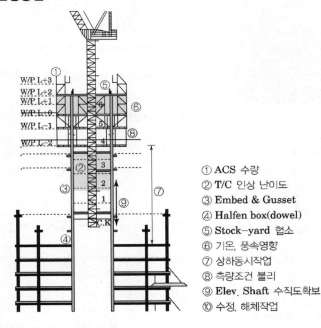

W/P.L+3
W/P.L+2
W/P.L+1
W/P.L±0.
W/P.L-1
W/P.L-2
C.K

① ACS 수량
② T/C 인상 난이도
③ Embed & Gusset
④ Halfen box(dowel)
⑤ Stock–yard 협소
⑥ 기온, 풍속영향
⑦ 상하동시작업
⑧ 측량조건 불리
⑨ Elev. Shaft 수직도확보
⑩ 수정, 해체작업

- 코어부와 주변부 작업 분할
- Core공사를 외주부보다 선행시켜 주공정에서 제외

ACS	• 해체없이 반복시공 가능
	• 양중장비 없이 자체상승
철근 Prefab	• 지상에서 수직벽체 철근을 조립
	• T/C를 이용하여 양중 및 설치
콘크리트	• 고강도 콘크리트 타설
	• 분배기 or CPB활용

[철골 보]

[PC 보]

- Transfer Girder 철근보강

END   X:HD19@300
TRANSFER GIRDER 철근보강

【 적용 시 고려사항 】

- 전기설비 위치 Shop
  Drawing 검토
- 콘크리트 분리타설위치 및
  시기
- 철근보강
- 제작 거푸집 양중방법
- 시스템동바리 배치

---

2. 요소기술

2-1. Link beam

> ① RC전단벽 구조에서 개구부로 단속된 양측 벽체에 설치하여 Coupled
> Shear Wall로 작용할 수 있도록 연결해주는 부재
> ② Core 내외부를 관통하는 출입구 위에 각 층 바닥과 연결되어 설치
> 한다.

1) Link Beam 개념

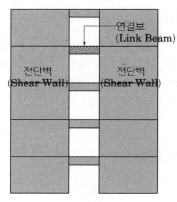

(Coupled Shear Wall System)

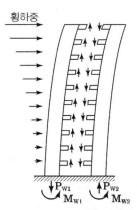

전도모멘트 $M_o = M_{W1} + M_{W2} + P_{W1}L$

- Coupled Action을 통한 횡력저항성 증가

2-2. Transfer Girder

> 건물 상층부의 골조를 어떤 층의 하부에서 별개의 구조형식으로
> 전이하는 형식의 큰보

1) Transfer Girder Concrete 분리타설

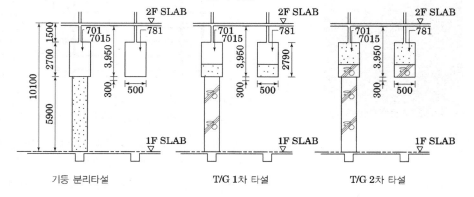

기등 분리타설   T/G 1차 타설   T/G 2차 타설

2-3. Column shortening

① 고층 구조물 수직부재는 하중에 의해 탄성축소가 일어나며, 시간이 지나면서 크리프와 건조수축에 의해 내부 코어부의 수축과 외부 기둥의 수축차이가 발생되는 현상
② 탄성 Shortening: 기둥부재의 재질이 상이, 기둥부재의 단면적 및 높이 상이, 구조물의 상부에서 작용하는 하중의 차이
③ 비탄성 Shortening: 방위에 따른 건조수축에 의한 차이, 콘크리트 장기하중에 따른 응력차이

2-3-1. 기둥 축소량 개념 및 보정

1) 기둥 축소량(Up to & Sub to Slab)개념

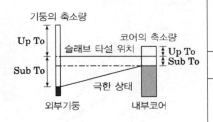	Up To 슬래브 타설 전 축소량
	• 하부에 작용하는 탄성 축소량과 그 시간까지의 비탄성 축소량을 합한 값 • 수평부재에 부가하중을 유발하지 않으며 시공 시 슬래브 레벨을 맞추는 과정에서 자연스럽게 보정이 된다.
	Sub To 슬래브 타설 후 목표일까지 축소량
	• 슬래브 설치이후의 상부 시공에 의한 추가하중과 콘크리트의 비탄성 축소에 의하여 발생 • 구조설계 시 이에 대한 영향을 미리 반영해야 하며 미리 예측하여 수평부재 설치시 반영하지 않으면 보정할 수 없다.

• Total=UP to+Sub to

2) 기둥 축소량 보정

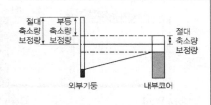

• 절대 축소량: 부재의 고유한 축소량
• 부등 축소량: 인접 부재와의 상대적인 축소량, 절대 축소량 보정 불필요

• 기둥 축소량 보정: 건물의 완공 후 일정시점(골조 공사 시작 후 1,000일 또는 10,000일 후)에서 수평부재가 설계레벨을 확보하고 수평이 되도록 하는 것

• 기둥 축소량 해설 프로그램 계산순서

기둥 축소량 보정법

• 상대 보정법
 – 기둥 및 벽체에 계산된 보정 설계값을 일정하게 적용하는 방법으로 위치별 수직 부재 축소량 보정값 만큼 수직 부재를 높게 시공
• 절대 보정법
 – 부재의 제작단계에서 보정값 만큼 정확하게 예측하여 제작하여 설계레벨에 맞추어 일정하게 적용하는 보정법
• 탄성 축소량
 – 하중차이에 따른 응력 불균 등에 의해 발생

2-3-2. RC 보정법

1) 기둥하부 보정법(동시치기)

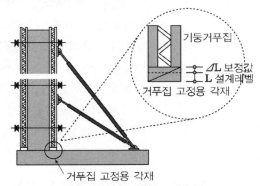

[거푸집 고정용 각재의 높이 조절]

2) 기둥상부 보정법(동시치기)

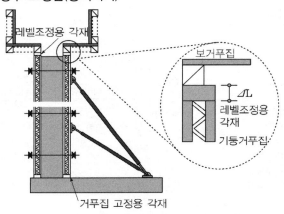

[각재, 철재를 기둥 거푸집 상부에 덧댐]

3) Slab 상부보정(동시치기)

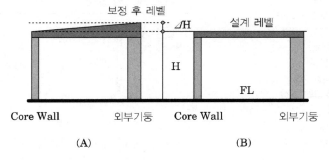

• 타설 시 보정: 보정 값을 고려하여 높게 타설
• 타설 후 보정: 보정 높이만큼 올려 콘크리트를 타설한 후 모르타르로 조정

시공계획

4) Slab 상부보정(분리치기)

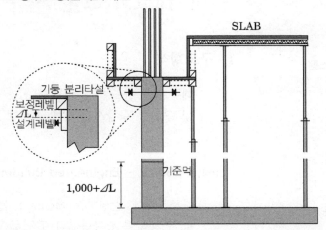

수직부재 콘크리트 타설완료 후 수평레벨 값에 따라 보정값 만큼 높게 슬래브를 설치하는 공법으로 VH 분리 타설이다.

2-3-3. 강구조 보정법

1) 절대 보정법

제작단계에서 각 절 기둥의 위치별 보정 값과 제작 오차 값을 측정하여 이를 반영하여 제작

2) Shim Plate 설치

부재의 반입 시 수직부재에 얇은 철판을 이용하여 보정

3) 수치정보 Feed-Back형 보정법

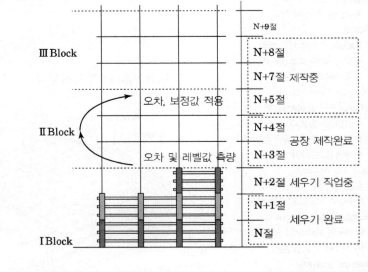

[시공오차 및 변형의 수치정보관리]　　[오차수정 보정 값 반영]

대공간 구조

장스팬

Key Point

☑ **국가표준**
.

☑ **Lay Out**
– 구조형식
– 건립공법

☑ **필수 기준**

☑ **필수 용어**
– PEB(Pre – Engineered Building)

주요부재

- Main Column
  - Column의 Type은 일반적으로 Tapered Column으로 해석하며, 필요에 따라서 Straight Column으로 해석하기도 한다.
  - 응력의 크기에 따라 Plate 두께 및 Web의 폭이 결정
- Rafter
  - Tapered Rafter로 해석 소규모일 경우 Straight Rafter으로 해석하기도 한다.
- Haunch Connection
  - Column과 Rafter의 연결은 수평연결 방법과 수직연결 방법이 있으며, 일반적으로 수평연결 방법이 사용
- Butt Connection
  - 같은 방향의 경사면에서 Rafter와 Rafter의 접합부분
- Ridge Rafter Connection
  - Rafter와 Rafter의 용마루 부분에서의 접합부분
- Interior Column
  - Multi Span 구조물 일때 내부에 설치되는 기둥

③ 대공간 구조

1. 구조형식

대공간을 만들기 위해 인장, 압축, 휨에 저항하기 위한 역학적 성능 및 구조를 향상시킨 형태 저항형 구조시스템

1-1. PEB(Pre – Engineered Building)

구조부재에 발생하는 Moment 분포상태에 따라 Computer Program을 이용하여 H자형상의 단면두께와 폭에서 불필요한 부분을 가늘게 하여 건물의 물리적치수와 하중조건에 필요한 응력에 대응하도록 설계 제작된 철골 건축 System

1) 부재의 Moment Diagram

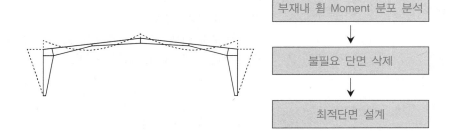

부재내 휨 Moment 분포 분석

↓

불필요 단면 삭제

↓

최적단면 설계

2) PEB System의 주요부재

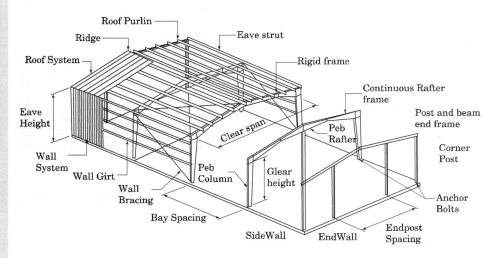

대공간 구조

[Ball]

[Pipe배치]

[연결부위]

1-2. 공간 Truss 구조, 입체 Truss구조(MERO System; SPace Frame)

형강이나 봉강의 부재를 Ball에 Pin접합으로 결합한 것으로, 힘의 흐름을 3차원적으로 전달시킬 수 있도록 구성된 입체Truss 구조

1) 하중분산 Mechanism

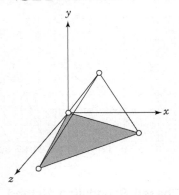

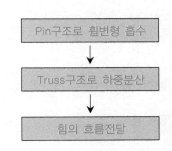

Pin구조로 힘변형 흡수
↓
Truss구조로 하중분산
↓
힘의 흐름전달

1-3. 막구조(Membrane Structure)

공기막

막 재료로 덮여진 공간에 공기를 주입하고, 내부의 공기 압력을 높여, 막을 장력 상태로서 자 하중 및 외력에 대하여 저항한 구조

골조막

철골 등의 골조에 의하여, 산형, 아치 형태, 입체 프레임 등의 골조를 형성하고, 지붕재 및 벽재로서 막재료를 이용한 구조

서스펜션막

막 재료를 주체로서 이용하여 기본 형태를 잡은 구조

공정관리

공정계획

Key Point

☑ **국가표준**
.

☑ **Lay Out**
– 공정운영 방식
– 공기단축

☑ **필수 기준**

☑ **필수 용어**
– LOB(Line Of Balance, 연속반복방식)

4 공정관리

1. 공정운영 방식

1-1. LSM(Linear Scheduling Method, 병행시공방식)

선행작업(하층→상층진행) → 후속작업 가능시점에서 병행

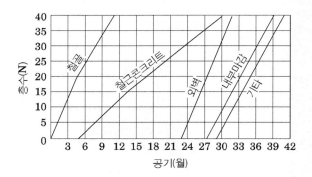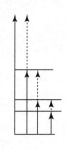

1-2. PSM(Phased Scheduling Method, 단별시공방식)

선행작업 철골완료→층개념으로 단을 나누어 후속작업 진행

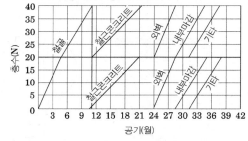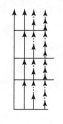

1-3. LOB(Line Of Balance, 연속반복방식)

기준층의 기본공정 구성→(하층→상층진행)균형유지, 연속반복

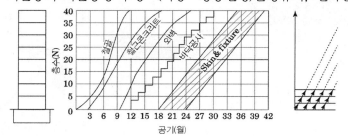

1-4. Fast Track(고속궤도 방식)

Curtain Wall 공사

마법지

1. 일반사항

- 설계
- 시험

2. 공법분류

- 형식분류
- 조립방식

3. 시공

- 먹매김
- 1차 Fastener
- 2차 Fastener
- Unit

4. 하자

- 하자

일반사항

요구 성능
Key Point

■ 국가표준
- KDS 41 00 00
- KCS 41 54 02

■ Lay Out
- 설계
- 시험

■ 필수 기준
- 풍동실험
- Mock Up Test
- Field Test

■ 필수용어
- 풍동실험
- Mock Up Test
- Field Test

요구성능

- 풍압력
- 수밀성
- 기밀성
- 차음성
- 단열
- 층간변위 추종성
- 안전성
- 내구성

암기법 📖

풍 수 기 차는 단 층 에서 안 내

부재설계 시 사전 검토사항

- 건물의 위치 및 높이
- 건물의 층고
- 입면상의 모듈
- 수평재의 간격
- 부재의 이음과 Anchor
- 내부마감 형식

1 일반사항

1. 설계

1-1. 설계하중 기준

1) 설계풍압

① 바람의 방향

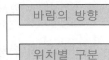

- 정압(Positive Pressure)과 부압(Negative Pressure)
- Typical Zone과 Edge Zone
  (주로 건물의 코너, 돌출부)

② 경제적인 설계

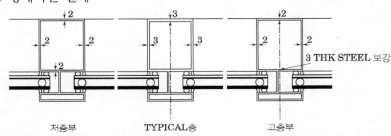

저층부　　TYPICAL층　　고층부

건물의 풍동실험 결과치를 반영하는 것이며, 풍동실험을 하지 않은 경우는 법규에 의해 산정한다.

1-2. 구조 요구 성능

1-2-1. 커튼월 부재

1) 금속 커튼월 부재의 처짐 허용치

　금속 Panel의 처짐 허용치(150%, 100%, - 50%, - 100% 4단계 증감)

2) 금속 Panel의 처짐 허용치

- 단변길이 L/60을 초과금지

3) 층간 변위와 열팽창 변위의 흡수설계

- 열팽창계수(23.4×10^{-6}/℃), 구조체의 움직임에 의한 층간 변위량은 L/400(L=층고)로 정한다.
- +82℃～-18℃의 금속 표면온도에 발생되는 수축팽창을 흡수설계

1-2-2. Glass

- Bending Moment 및 Deflection 값은 단순보와 같이 계산
- 유리의 처짐은 설계 풍하중에 대해서 25.4mm 이하

1-2-3. Fastener · Anchor(긴결류 및 고정철물)

그 지점에서 발생하는 반력으로 구조계산하며, 힘의 전달, 하중지지, 변형 및 오차의 흡수, 강도확보 등을 고려하여 방식을 결정

1-2-4. Sealing재의 물림 치수 및 두께

- 실링재의 팽창률: 주요 구조부재와 인접한 부재 사이의 실링재 줄눈에서의 팽창률은 설계상 치수에서 25% 초과 금지

일반사항

[Mullion부재 작용Moment]

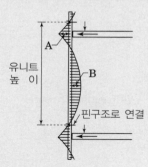

Negative Moment (A)와 Positive Moment (B)의 최대 크기가 비슷한 지점에 연결되도록 설계

층간변위 흡수설계

- 알루미늄의 열팽창계수는 철의 약 2배정도 되므로 부재의 변형을 고려하여 Stack Joint에서 최소 12mm 이상으로 변위에 대응하도록 설계

풍동실험을 해야하는 경우

- 풍진동 영향에 의한 형상비가 크고 유연한 건축물
- 특수한 지붕골조 및 외장재
- 골바람 효과 발생 건설지점
- 신축으로 인해 인접 저층건물에 풍하중 증가 우려시
- 특수한 형상 건축물

2. 시험

2-1. Wind Tunnel Test

> 풍동실험실에서 Simulation을 통해 외장재용 풍하중과 구조 골조용 풍하중을 파악하여 내풍 안전성 설계를 하기 위한 실험

1) 실험대상 모형제작

반경 600~1200m의 인공적인 지형, 건물배치를 1/400~600 축척모형으로 제작

2) 실험방법

과거 10~100년 전까지의 최대 풍속을 가하여 실험

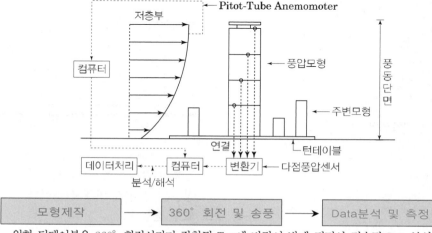

원형 턴테이블을 360° 회전시키며 장착된 Tap에 바람이 받게 되면서 전송된 Data분석

2-2. Mock up Test

> 실물 Curtain Wall을 시험소에서 대형 시험 장치를 이용하여 시험

2-2-1. 시험대상 및 항목 선정 - 시험소에 실물 설치

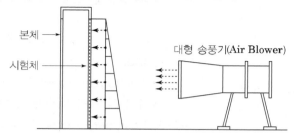

시험체 크기	• 3 Span 2 Story로 시험소에 실물을 설치
시험대상 선정	• 일반적으로 대상건물의 대표적 부분을 선정(기준층) • 풍압력이 가장 크게 작용하는 부분(모서리 부분) • 구조적으로 취약한 부분(모서리 부분)
시험항목 선정	• 기본 성능시험과 복합성능 시험으로 구분되며, 건물의 규모, 커튼월 방식에 따라 성능시험 항목을 선정한다.

[기밀시험]

[정압수밀 시험]

[동압수밀 시험]

[구조성능 시험]

2-2-2. 성능확인 시험항목

1) 예비시험–AAMA 501

설계 풍압의 + 50%를 최소 10초간 가압 → 시료의 상태 점검 → 시험실시 가능 여부 판단(AAMA 501)

2) 기밀시험–AAMA 501 & ASTM E283

> 기밀성능은 압력차에 대한 단위 벽면적, 단위시간당의 통기량으로 표시하고, 단위는 $\ell/m^2 \cdot min$ 혹은 $\ell/m \cdot min$

3) 정압수밀시험–AAMA 501 & ASTM E331

> 커튼월 부재 또는 면적을 근거해 실내측에 누수가 생기지 않는 한계의 압력차로 표시하고, 단위는 Pa

4) 동압수밀시험–AAMA 501 & ASTM E331

> 가압 시에는 비행기 프로펠러나 팬 혹은 이에 상응하는 장치를 사용

5) 구조시험–AAMA 501 & ASTM E330

① 금속 Panel의 처짐 허용치(150%, 100%, − 50%, − 100% 4단계 증감)

```
수직방향 ── • 알루미늄: L ≤ 4113mm : L/175 이하
                        L > 4113mm : L/240+6.35mm 이하
                        [L= 지점에서 지점까지의 거리]

중력방향 ── • 기타 구조부재 3.2mm 이하, 개폐창 부위 1.6mm 이하

잔류변형 ── • L/500 이하(KCS), 2L/1000 이하(ASTM)
           • 잔류변형량 측정은 설계 풍압의 ± 150%에 대해 실시
```

• 설계 풍압의 ± 100% 아래에서 구조재의 변위와 측정 유리의 파손 여부를 확인, 설계 풍압의 ± 150%에 대해 실시. 가압 후 10초 유지

② 금속 Panel의 처짐 허용치

• 단변길이 L/60을 초과금지

③ 유리의 처짐 허용치

• 유리의 처짐은 설계 풍하중에 대해서 25.4mm 이하

④ 실링재 물림 치수 및 두께

• 실링재의 팽창률: 주요 구조부재와 인접한 부재 사이의 실링재 줄눈에서의 팽창률은 설계상 치수에서 25% 초과 금지

6) 기타

• 층간 변위 시험(AAMA 501.4), 열순환 시험(AAMA 501.5) 및 결로 시험, 열전달 및 결로 저항시험(AAMA 1503) 등 지정된 추가 시험을 수행할 수 있다.

일반사항

2-3. Curtain Wall의 Field Test

① 현장에 시공된 Curtain Wall이 요구성능을 충족하도록 시공되었는
지를 직접현장에서 실시하여 현장 여건에 적합한지는 확인하는 시험
② 현장에 설치된 Exterior Wall에 대해 기밀성과 수밀성을 확인

2-3-1. 시험방법 및 성능 확인사항

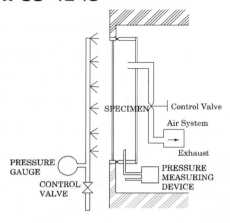

· 현장 준비사항
- 시편크기: 3 Span 1 Story
- 살수파이프: 작업발판, 곤돌라,
  비계 등을 이용하여 부착하고
  여건이 안되면 Crane을 사용

1) AAMA 501·2

현장에 설치된 Curtain Wall, Storefronts, Skylight 등의 영구적으로
밀폐를 요하는 부위에 대한 누수 여부 확인

2) AAMA 502

Window와 Sliding Glass Door 등과 같이 작동되는 시료에 대한 기밀
성능과 수밀성 확인

3) AAMA 503

Curtain Wall, Storefronts, Skylight에 대한 기밀성능과 수밀성능
확인

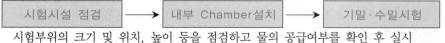

시험부위의 크기 및 위치, 높이 등을 점검하고 물의 공급여부를 확인 후 실시

2-3-2. 시험 실시시점 기준

| 공정률 기준 | · 공사기간에 따라 공정률 5% 30% 50% 75% 95% 등으로 구분하여 성능기준에 만족하는지 여부 확인 |
| 층 기준 | · 건물의 전체 층수에 따라 10~30층 구간으로 구분하여 성능기준에 만족하는지 여부 확인 |

공법분류

2 공법분류

1. 외관형태

1) Mullion Type

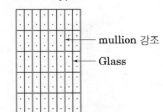

mullion 강조

Glass

- 수직부재인 Mullion이 강조되는 입면
- 주로 금속 Curtain Wall에 적용

2) Spandrel Type(스팬드럴 방식)

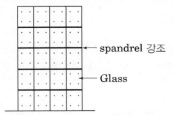

spandrel 강조

Glass

- 수평선이 강조되는 입면

3) Grid Type(격자 방식)

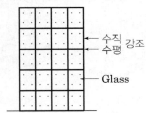

수직 강조
수평 강조

Glass

- 수직과 수평이 격자로 강조되는 입면
- 첨부사진은 입면이 아닌 시공방식으로 보면 Panel로 덮는 Sheath Type으로도 볼 수 있다.

4) Sheath Type(덮개 방식)

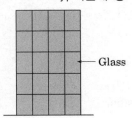

Glass

- Panel과 유리의 Joint가 노출되는 입면
- 첨부사진은 Panel Joint의 형상으로 보면 Gride Type으로도 볼 수 있다.

2. 재료별

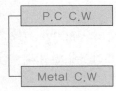

P.C C.W
- 석재 PC 커튼월
- 타일 PC 커튼월
- 콘크리트 PC 커튼월

Metal C.W
- 알루미늄 커튼월
- 스틸 커튼월
- 스테인리스 스틸 커튼월

[멀리온 타입: 31 빌딩]

[스팬드럴 타입: 국제 빌딩]

[그리드 타입: LG트윈타워]

[쉬스 타입: 63빌딩]

공법분류

3. 구조형식

1) Mullion 방식

> 수직부재인 멀리언의 각층 슬래브 정착이 구조의 기본이 되는 방식

- 수직부재가 먼저 설치된 후 유닛을 설치하는 방법
- Anchor설치 → Mullion설치 → 유닛설치

2) Panel 방식

> Vision부분을 제외한 나머지 부분의 마감까지 마무리한 Panel을 현장에서 설치하는 방법

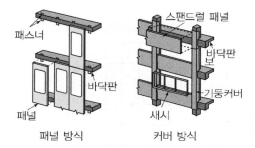

패널 방식   커버 방식

- Panel의 설치 및 창호를 설치하는 작업만 현장에서 하는 방법
- Anchor설치 → Panel설치

4. 조립방식

1) Unit Wall System

> Curtain Wall 부재를 공장에서 Frame, Glass, Spandrel Panel 까지 Unit으로 일체화 제작하여 현장에서 조립

2) Stick Wall System

> 각 부재를 개별로 가공, 제작하여 현장에서 부재 하나씩 조립 설치

3) Window Wall System

> Stick Wall 방식과 유사하지만, 창호 주변이 패널로 구성됨으로써 창호의 구조가 패널트러스에 연결되는 점이 Stick Wall과는 구분됨

[Unit

[Winch wire체결 후 양중]

[설치장소 이동 조립]

[Fastener고정]

[Unit System Stack Joint]

공법분류

4-1. Unit Wall System

① Curtain Wall 부재를 공장에서 Frame, Glass, Spandral Panel까지 Unit으로 일체화 제작하여 현장에서 Unit상호간 조립을 하면서 구조체에 고정하는 System

② Stack Joint부위에서 20mm의 신축줄눈을 이용하여 ±20mm의 변위를 흡수할 수 있고, 외부작업이 곤란한 고층 및 초고층 철골조 Project에 적합한 조립 System

1) 현장 설치개념 및 구성부재

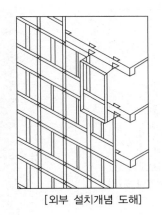
[외부 설치개념 도해]

Spandrel Panel
Ceranc Panel Part
Vision Part
Thk 24mm
Open Vent Part
[Unit 구성도]

2) 설치 및 조립 Process

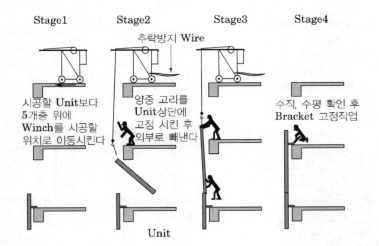

원제품 검사 → 출하 → 운반 및 야적 → 양중 → 내부로 Unit이동보관 → Unit에 1차 Fastener취부 → 2차Fastener취부 → Mobile Crane 또는 Winch를 시공 할 위치로 양중하여 설치 → Faatener고정 → 마감 → 현장검사

공법분류

4-2. Stick Wall System

① Curtain Wall 부재를 공장에서 개별로 가공, 제작하여 현장에서 부재를 조립하는 방법이며, 조립 설치중 문제점 발생 시 현장여건에 맞게 수정 및 보완 할 수 있는 System

② Splice Joint부위에서 15mm의 신축줄눈을 이용하여 ±7mm의 변위를 흡수할 수 있고, 외부작업이 용이하며 Design의 변화가 많은 Project에 적합한 조립System

1) 설치개념 및 구성부재

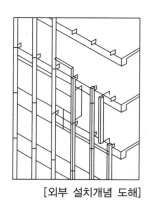

[외부 설치개념 도해]

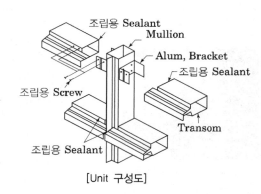

[Unit 구성도]

2) 설치 및 조립 Process

| Stage1 | Stage2 | Stage3 |

옥상

옹벽

작업층

Unit
(Glass가 미취부됨)

Glass

옹벽부분의 경우 골조 옥상 완료후 옥상에서 **GONDOLA**를 내려 저층부터 작업한다

Glass가 미취부된 **Unit**를 적층공법으로 하부부터 시공한다

원제품 검사 → 출하 → 운반 및 야적 → 양중 → 보관 → 1차Fastener취부 → 2차 Fastener취부 → Mullion설치 → Transom설치 → 개폐창설치 → 마감 → 현장검사

Stick Wall

- 개별부품 가공이란 의미에서 Knock Down Method 이라 하며, 현장에서 완제품으로 조립 할수 있도록 각각의 부재를 부품형태로 제작하는 방법. 커튼월에서는 구성부재별로 제작

[Stick Wall System]

시공

③ 시공

요구조건
Key Point

☑ **국가표준**
- KCS 41 54 02

☑ **Lay Out**
- 먹매김
- Anchor
- Fastener
- Unit

☑ **필수 기준**
- 기준먹

☑ **필수용어**
- 기준먹
- Stack Joint
- 단열 Bar

1. 먹매김

수직과 수평 기준을 5개층 정도마다 설치하고 각층으로 분할하여 오차를 보정해가면서 면내방향 기준먹과 면외방향 기준먹매김을 Marking하면서 Unit의 위치와 Fastener의 위치를 설정한다.

1-1. 커튼월 기준먹 결정기준

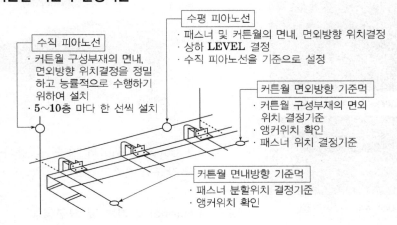

수직 피아노선
· 커튼월 구성부재의 면내, 면외방향 위치결정을 정밀하고 능률적으로 수행하기 위하여 설치
· 5~10층 마다 한 선씩 설치

수평 피아노선
· 패스너 및 커튼월의 면내, 면외방향 위치결정
· 상하 LEVEL 결정
· 수직 피아노선을 기준으로 설정

커튼월 면외방향 기준먹
· 커튼월 구성부재의 면외 위치 결정기준
· 앵커위치 확인
· 패스너 위치 결정기준

커튼월 면내방향 기준먹
· 패스너 분할위치 결정기준
· 앵커위치 확인

1-2. Marking의 이동방법

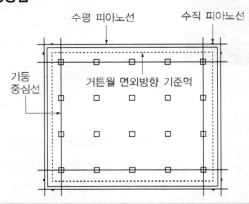

수평 피아노선 　 수직 피아노선

기둥 중심선

거튼월 면외방향 기준먹

- **기준**: 하부층 Curtain Wall 기준먹매김과 구조체 기준먹매김
- **방법**: 상층부에서 다림추와 Transit을 이용하여 Marking
- **원칙**: 오차의 누적을 줄이기 위해 5개층 단위로 기준층을 설정
- **이동**: 보정을 하면서 상층부로 이동

피아노선

• 수직 피아노선
 - 외부의 수평거리 및 좌·우 수직도를 결정
• 수평 피아노선
 - Unit의 위치와 구조체와의 이격거리, 층간거리, Floor의 높이, Mullion의 취부 높이를 결정

[먹매김]

시공

2. Fastener

Fastener는 Curtain Wall Unit을 구조체에 연결하는 부재로서 커튼월의 자중을 지지하고, 커튼월에 가해지는 지진, 바람 및 열팽창에 의한 외력에 충분히 대응할 수 있는 강도가 확보되면서 면내외 방향의 층간변위와 오차를 흡수하는 기능을 하는 연결철물

2-1. Fastener의 구성과 하중전달 경로

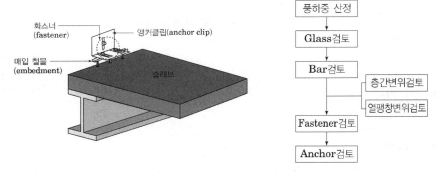

• Curtain Wall의 자중 및 풍하중에 대응할 수 있는 강도 확보와 층간변위 흡수

2-2. Fastener의 기능 및 요구성능

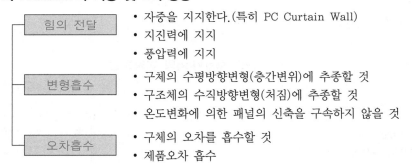

힘의 전달	• 자중을 지지한다.(특히 PC Curtain Wall) • 지진력에 지지 • 풍압력에 지지
변형흡수	• 구체의 수평방향변형(층간변위)에 추종할 것 • 구조체의 수직방향변형(처짐)에 추종할 것 • 온도변화에 의한 패널의 신축을 구속하지 않을 것
오차흡수	• 구체의 오차를 흡수할 것 • 제품오차 흡수 • 설치오차 흡수

2-3. Fastener의 형식별 지지방법 및 변위흡수 방법

1) Sliding(수평이동 방식)Type – Panel Type에서 적용

① 층간변위 추종

[Stick Wall Type 고정방식]

[Unit Wall Type 고정방식]

참고사항

• 고정 Fastener는 변형흡수 기능이 없으므로 조정 후 모두 변형이 일어나지 않도록 사각 와셔 용접 등으로 고정해야 한다.

시공

② 변위 및 지지형태

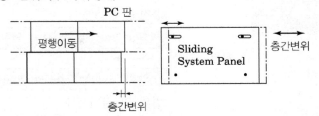

- Curtain Wall 부재가 횡으로 긴 Panel System에 좌.우 수평으로 변위추종

③ 적용방식

구 분	방 법	상세도
Pin Arm 방식	• Arm의 회전으로 변형 흡수	
Loose Hole 방식	• Loose Hole 내 Slide을 통하여 변형 흡수	
Slide Arm 방식	• Arm의 Slide 을 통하여 변형 흡수	

2) Locking(회전 방식)Type – Panel Type에서 적용

① 층간변위 추종

② 변위 및 지지형태

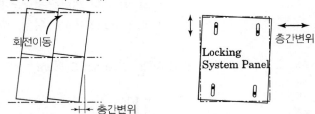

- Curtain Wall 부재가 종으로 긴 Panel System에 회전하면서 변위추종

③ 적용방식

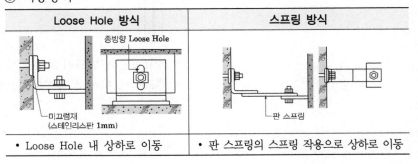

Loose Hole 방식	스프링 방식
• Loose Hole 내 상하로 이동	• 판 스프링의 스프링 작용으로 상하로 이동

시공

3) Fixed(고정 방식)Type - AL커튼월에 적용

① 층간변위 추종

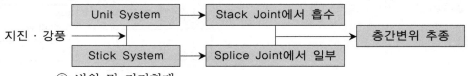

② 변위 및 지지형태

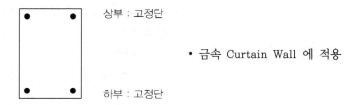

상부 : 고정단

• 금속 Curtain Wall 에 적용

하부 : 고정단

2-4. Fastener 설치

1) Embeded Plate

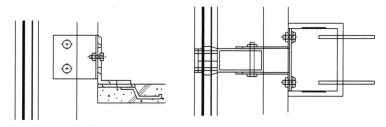

• 규격상이로 매건 마다 구조계산 필요
• 철판 하단 콘크리트 충전 철저
• 콘크리트 면과 Plate면이 일치하도록 철근배근 부위에 Shear Stud를 정착하여 설치
• 콘크리트 타설 시 위치변동이 없도록 견고하게 설치
• Embedded Plate 시공오차 20mm 이내로 관리
• Embedded Plate 위치, 수량 확인 후 콘크리트 타설

2) Cast in Channel System

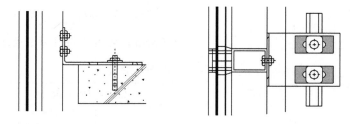

• Bolt접합은 반드시 2개 이상 사용
• 콘크리트 타설시 홈 부분 보양 철저

커튼월 매립철물 종류

• Embeded Plate
• Embeded Anchor
• Cast In Chanel
• Set Anchor
 - 외부의 수평거리 및 좌·우 수직도를 결정

시공

[Cast In Channel]

[타설전 매립]

3) Set Anchor System

콘크리트 타설 후 먹매김위치에 따라 Drilling작업을 통해 고정

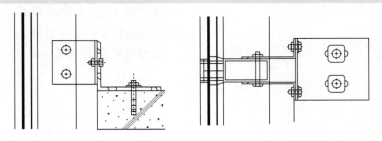

3. Unit

3-1. Curtain wall의 수처리 방식

1) 빗물침입의 원인 및 접합부 구조개선

구분	우수유입 원인	구조 개선
중력	이음부 틈새가 하부로 향하면 물의 자중으로 침입	상향조정 / 물턱 틈새, 이음의 방향을 위로 향하게 한다.
표면장력	표면을 타고 물이 흘러 들어온다.	물 끊기 물 끊기 턱을 설치한다.
모세관 현상	폭 0.5mm 이하의 틈새에는 물이 흡수되어 젖어든다.	에어포켓 / 틈새를 넓게 이음부 내부에 넓은 공간을 만든다. 틈새를 크게 한다.
운동 에너지	풍속에 의해 물이 침입한다.	미로 운동에너지가 소멸되도록 미로를 만든다.
기압차	기압차에 의해 빗물이 침입한다.	틈새의 기압차이를 없앤다.

2) Closed Joint System

① 부재의 Joint를 부정형 Sealing재로 밀폐시켜 틈을 제거하여 물의
침투를 막는 수처리 방식
② Joint의 외부에 부정형 Sealing재로 1차 밀폐시키고, 실내측에 정형
실링재로 2차 밀폐시켜 방수층을 구성하는 방식

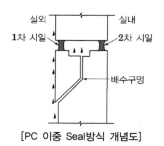

[PC 이중 Seal방식 개념도]

• 시간이 경과함에 따라 열화현상으로
1차 Sealing이 파손되더라도 침투된
물이 2차 Sealing에 도달하기전에
배수처리 되는 System이 있어야
한다.

외부 1차Seal ⟶ 내부 배수System ⟶ 내부 2차Seal

누수의 원인중에서 틈새를 제거하는 것을 목적으로 하는 수처리 system

3) Open Joint System

부재의 Joint부위를 Open시키고 내부에 등압 공간을 형성하여 실외의
기압과 같은 등압을 유지하게 만들어 물의 침투를 막는 수처리 방식

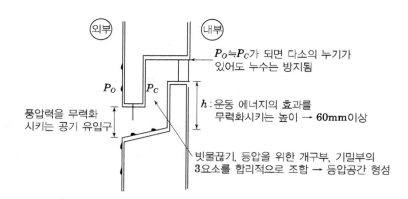

외부 내부

$P_O ≒ P_C$가 되면 다소의 누기가
있어도 누수는 방지됨

P_O P_C

h : 운동 에너지의 효과를
무력화시키는 높이 → **60mm이상**

풍압력을 무력화
시키는 공기 유입구

빗물끊기, 등압을 위한 개구부, 기밀부의
3요소를 합리적으로 조합 → 등압공간 형성

• 시간이 경과함에 따라 열화현상으로 1차 Sealing이 파손되더라도 침
투된 물이 2차 Sealing에 도달하기 전에 배수처리 되는 System이
있어야 한다.

공기유입구 ⟶ 내부 등압공간 ⟶ 내부 기밀층

틈을 통해 물을 이동시키는 기압차를 없애는 수처리 system

시공

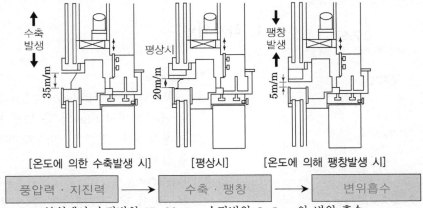

3-2. 변위대응 방식

1) Curtain Wall의 Stack Joint

수축발생 · 평상시 · 팽창발생

[온도에 의한 수축발생 시] [평상시] [온도에 의해 팽창발생 시]

풍압력 · 지진력 → 수축 · 팽창 → 변위흡수

Joint부위에서 수직변위 15~20mm, 수평변위 6~8mm의 변위 흡수

2) Curtain Wall의 Splice Joint

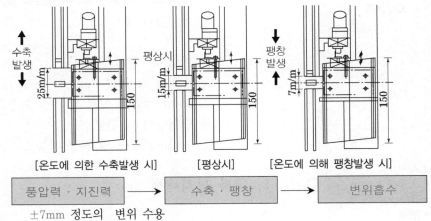

[온도에 의한 수축발생 시] [평상시] [온도에 의해 팽창발생 시]

풍압력 · 지진력 → 수축 · 팽창 → 변위흡수

±7mm 정도의 변위 수용

[Stick System Transom]

[Unit System Stack Joint]

- Splice Joint 변위대응
  - 이동 하중에 의한 층간변위 및 온도에 의한 층간변위 및 온도에 의한 수축팽창의 변위에 대응하기 위한 Splice Joint가 15mm정도이며, ±7mm 정도의 변위를 수용할 수 있다.
  - 현장조립으로 시공정밀도에 따라 성능이 크게 좌우될 수 있으며, Sealant로 Joint를 처리하기 때문에 과도한 변위 발생 시 누수가 발생할 수 있다.

[Azone Bar]

[Polyamide Bar]

3-3. Curtain Wall의 단열 Bar

단열바의 원리는 알루미늄의 높은 열전도율로 인해 결로현상을 방지하기 위해 알루미늄바와 바 사이에 열전도율이 낮은 물질을 삽입해 알루미늄의 열전도성을 낮추게 하는 것이다.

Fig 1 — Azon 단열 공법

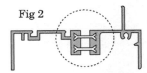
Fig 2 — 폴리아미드 스크립을 이용한 공법

- Azon System • 액체상태의 고강도 Polyurethane을 알루미늄바에 충전하여 경화시킨 후 절단하여 생산하는 방식
- Polyamid • 유리섬유를 함유한 고체 상태의 Polyamid를 알루미늄 바에 삽입 및 압착하여 생산하는 방식

하자

요구조건

Key Point

■ **국가표준**
- KCS 41 54 02

■ **Lay Out**
- 하자원인
- 하자 방지대책

■ **필수 기준**
- 기준먹

■ **필수용어**
- 층간변위(Side Sway)
- 발음현상

하자유형

• 누수
• 차음
• Sealing재 오염
• 변형
• 발음
• 결로
• 단열

암기법

누 차 말하지만 실재 변발 은
결단 이 필요하다.

4 하자

1. 하자원인

1) 1차 Fastener
① 설치오차: 콘크리트 타설 시 Level 불량으로 슬래브 위로 1차 Fastener가 돌출되면서 Slab와 틈 발생 방지
② 먹매김 오차 조정 및 Slab와 밀착이 되도록 Shim Plate로 조정 후 용접처리

2) 2차 Fastener
① 조립방식 및 구조형식에 맞는 방식선정
② 설치오차 준수
③ 용접부는 면처리 후 방청도료 도장
④ 너트풀림 방지

3) Unit
① 단열Bar 설계
② 수처리 방식 및 Bar 내부 구조개선
③ Joint 접합부 설계 및 시공 기능도
④ 단열유리 및 간봉
⑤ Sealing 선정 및 시공 기능도

2. 하자 방지대책

1) 설계
• Weep hole, Bar의 Joint 설계
2) 재료
• Bar 및 유리단열 성능, 유리 공간. 재질, 실링재
3) 시공
• 먹매김, Fastener, 접합부 시공, 기능도
4) 환경
• 실내 환기 및 통풍(설비 시스템), 내외부 온도차
5) 관리
• 생활습관, 주기적인 점검

CHAPTER

09

마감공사 및
실내환경

Professional Engineer

마법지

1. 쌓기공법

- 일반사항
- 공법분류
- 시공

2. 붙임공법

- 타일공사(일반사항, 공법분류, 시공)
- 석공사(일반사항, 공법분류, 시공)

3. 바름공법

- 미장공사(일반사항, 공법분류, 시공)
- 도장공사(일반사항, 공법분류, 시공)

4. 방수공사

- 일반사항
- 공법분류(재료별, 부위별)

마법지

5. 설치공사

- 목공사(재료, 품질관리, 설치공법)
- 유리 및 실링공사(재료, 시공, 현상, 실링공사)
- 창호공사
- 수장공사

6. 기타 · 특수재료

- 지붕공사
- 금속 및 잡철공사
- 부대시설 및 특수공사
- 특수재료

7. 실내 환경

- 실내 열환경(단열 결로)
- 실내 음환경(흡음 차음 층간소음)
- 실내 공기환경

9-1장

—

쌓기공법

Professional Engineer

마법지 | 조적공사

1. 일반사항
   - 콘크리트 벽돌
   - 점토벽돌
2. 공법분류
   - 쌓기방식
   - 기타 쌓기공법(콘크리트 블록, 보강콘크리트 블록 공사, ALC블록공법)
3. 시공
   - 공간쌓기(Cavity wall)
   - 부축벽(Buttress wall)
   - 치장벽돌 쌓기(Point joint)
   - 콘크리트 벽돌공사 균열
   - 백화현상

일반사항

재료일반
Key Point

■ **국가표준**
- KCS 41 34 05
- KS F 4002
- KS F 4004
- KS L 4201

■ **Lay Out**
- 콘크리트 벽돌
- 점토 벽돌

■ **필수 기준**
- 압축강도와 흡수율

■ **필수용어**
- 압축강도시험

시험빈도: 10만 매당

• 겉모양치수
1조 10매 현장시험

• 압축강도, 흡수율
1조 3매 현장시험

1 일반사항

1. 콘크리트 벽돌

시멘트, 물, 골재, 혼화재료를 계량하여 물/시멘트비 35% 이하로 진동 압축 등 콘크리트를 치밀하게 충전할 수 있는 방법으로 성형하여 500℃를 표준으로 실내 양생하여 만든 벽돌

1-1. 종류
1) 모양에 따른 구분
  ① 기본 벽돌: 모양 및 치수(길이, 높이, 두께)가 품질기준에 적합한 벽돌
  ② 이형 벽돌: 기본벽돌 이외의 벽돌
2) 사용용도 및 품질에 따른 구분
  ① 1종 벽돌: 옥외 또는 내력 구조에 주로 사용되는 벽돌
  ② 2종 벽돌: 옥내의 비내력 구조에 사용되는 벽돌

1-2. 품질기준
1) 압축강도와 흡수율

구 분	압축강도(N/mm²)	흡수율(%)
1종(낮은 흡수율, 내력구조) 외부	13 이상	7 이하
2종(아파트 내부 칸막이, 비내력벽)옥내	8 이상	13 이하

• 기건 비중은 필요 시 이해당사자 간의 합의에 의하여 측정한다.

2) 겉모양
  • 벽돌은 겉모양이 균일하고 비틀림, 해로운 균열, 홈 등이 없어야 한다.
3) 치수 및 허용차

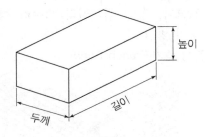

단위: mm

모양	길이	높이	두께	허용차
기본 벽돌	190	57 90	90	± 2
이형 벽돌	홈 벽돌, 둥근 모접기 벽돌과 같이 기본 벽돌과 동일한 크기인 것의 치수 및 허용차는 기본 벽돌에 준한다. 그 외의 경우는 당사자 사이의 협의에 따른다.			

공법분류

쌓기방식

Key Point

☑ **국가표준**
– KS F 2701
– KCS 41 34 09

☑ **Lay Out**
– 콘크리트 벽돌
– 점토 벽돌

☑ **필수 기준**
– 압축강도와 흡수율

☑ **필수용어**
– 압축강도시험

암기법 📖

영화를 보니 불미스러운
길이 마구 엿에 보인다.

② 공법분류

1. 쌓기방식

조적조의 구조적 안전성, 소요의 강도, 내구성 등을 위해 사용 용도별 쌓는 방식을 결정한다.

1) 영식 쌓기(English Bond)

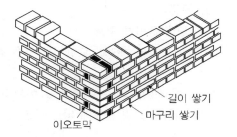

벽 길이면과 마구리면이 보이도록 한 켜씩 번갈아 쌓기하고, 마구리 쌓기켜의 모서리 벽 끝에는 반절 또는 이오토막(1/4)을 사용하는 쌓기 방식

2) 화란식 쌓기(Dutch Bond)

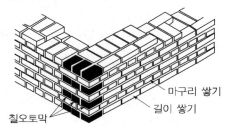

길이면과 마구리면이 보이도록 한 켜씩 번갈아 쌓는 것은 영식 쌓기와 같으나, 길이 쌓기켜의 모서리 벽 끝에는 칠오토막(3/4)을 사용하는 쌓기 방식

3) 불식 쌓기(French Bond)

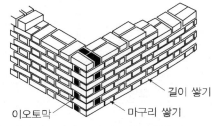

매 켜마다 길이쌓기와 마구리쌓기가 번갈아 나오는 형식으로 통줄눈이 많이 생기고 토막벽돌이 많이 발생하는 쌓기 방식

4) 미식 쌓기(American Bond)

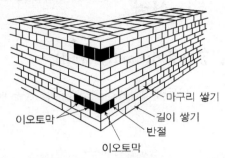

뒷면은 영식 쌓기하고 표면에는 치장 벽돌을 쌓는 것으로 5켜 까지는 길이쌓기로 하고 다음 한 켜는 마구리 쌓기로 하여 마구리 벽돌이 길이벽돌에 물려 쌓는 방식

5) 기본 쌓기

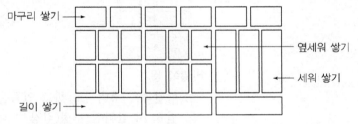

- 길이 쌓기(Stretching Bond): 벽돌의 길이가 보이도록 쌓는 것
- 마구리 쌓기(Heading Bond): 벽면에 마구리가 보이게 쌓는 것
- 옆 세워 쌓기(Laid on Side): 마구리를 세워 쌓는 것

2. 기타 쌓기공법

2-1. ALC블록공법

> 석회질 또는 규산질 원료를 분쇄한 것에 물을 섞어 반죽하고 발포제인 알루미늄 분말을 첨가하여 다공질화한 것을 오토클레이브 양생(온도 약 180℃, 압력: 0.98MPa)하여 만든 경량 기포콘크리트

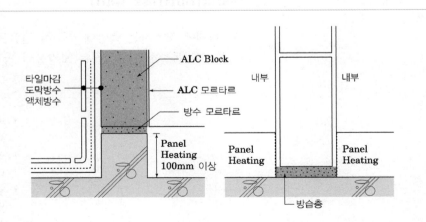

비내력벽 벽체의 크기제한

- 높이: H≤6m
- 길이: L≤12m
- Control Joint: 8m 이내마다
- 외벽두께: 200mm 이상
- 내벽두께: 125mm 이상

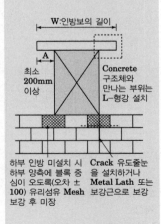

하부 인방 미설치 시 하부 양측에 블록 중심이 오도록(오차 ± 100) 유리섬유 Mesh 보강 후 미장

Crack 유도줄눈을 설치하거나 Metal Lath 또는 보강근으로 보강

시공

시공일반
Key Point
☑ **국가표준**
– KCS 41 34 02

☑ **Lay Out**
– 시공
– 콘크리트 벽돌공사 균열
– 백화

☑ **필수 기준**
– 쌓기기준

☑ **필수용어**
– 테두리보

③ 시공

1. 공간쌓기(Cavity wall)

> 벽돌벽, 블록벽, 석조벽 등을 쌓을 때 중간에 공간을 두어 이중으로 쌓는 방법

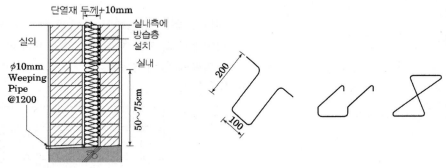

1) 바깥쪽 쌓기
① 바깥쪽을 주벽체로 하고 안쪽은 반장쌓기로 한다.
② 필요 시 물빠짐 구멍(직경 10mm) 시공

2) 안쌓기
① 주벽체 시공 후 최소 3일 이상 경과 후 시공
② 0.5B 콘크리트 벽돌 쌓기
③ 안쌓기는 연결재를 사용하여 주 벽체에 튼튼히 연결
④ 벽돌을 걸쳐대고 끝에는 이오토막 또는 칠오토막을 사용한다.

3) 연결재
- 수평거리 900mm 이하 수직거리 400mm 이하
- 개구부 주위 300mm 이내에는 900mm 이하 간격으로 연결철물을 추가 보강

2. 부축벽(Buttress wall)

> 벽체에 작용하는 측압에 충분히 견딜 수 있도록 외벽에 대해서 직각방향으로 돌출하여 설치하는 보강용의 벽체 혹은 기둥 형태의 보강벽체

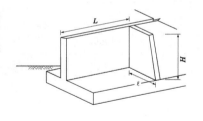

$\ell \leq 4m$
$\ell \geq H/3$정도
$L \leq 10m$

- 조적벽체의 횡하중에 대한 저항
- 상부의 집중하중이나 횡압력에 대한 저항
- 옹벽 후면에 보강용으로 설치
- 형태는 평면적으로 좌우대칭구조

시공

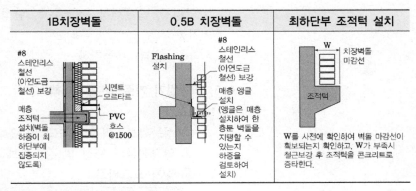

평줄눈	볼록줄눈
민줄눈	오목줄눈
엇빗줄눈	내민줄눈
빗줄눈	둥근줄눈

3. 치장벽돌 쌓기(Point joint)

의장적 효과를 위한 줄눈으로 돌·벽돌·block·tile 등의 각 개체를 겹쳐 쌓거나 붙인 다음 접착제인 mortar를 8~10mm 정도 줄눈파기하고 치장용 mortar로 마무리 하는 줄눈

1B치장벽돌	0.5B 치장벽돌	최하단부 조적턱 설치
#8 스테인리스 철선 (아연도금 철선) 보강 / 시멘트 모르타르 / 매층 조적턱 설치(벽돌 하중이 최하단부에 집중되지 않도록) / PVC 호스 @1500	Flashing 설치 / #8 스테인리스 철선 (아연도금 철선) 보강 / 매층 앵글 설치 (앵글은 매층 설치하여 한 층분 벽돌을 지탱할 수 있는지 하중을 검토하여 설치)	W 치장벽돌 마감선 / 조적턱 / W를 사전에 확인하여 벽돌 마감선이 확보되는지 확인하고, W가 부족시 철근보강 후 조적턱을 콘크리트로 증타한다.

4. 콘크리트 벽돌공사 균열

암석이 오랜 동안에 풍화 또는 분해되어 생성된 무기질 점토 원료를 혼합하여 혼련, 성형, 건조, 소성시켜 만든 벽돌

4-1. 균열유형

1) 균열발생 Mechanism

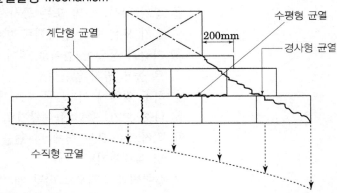

2) 균열발생 형태

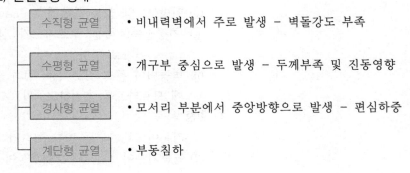

- 수직형 균열 • 비내력벽에서 주로 발생 – 벽돌강도 부족
- 수평형 균열 • 개구부 중심으로 발생 – 두께부족 및 진동영향
- 경사형 균열 • 모서리 부분에서 중앙방향으로 발생 – 편심하중
- 계단형 균열 • 부동침하

시공

4-2. 균열발생원인

- 재료
  강도, 흡수율, 철물부식
- 시공
  쌓기 기준
- 환경
  열팽창, 습윤팽창, 건조수축, 탄성변형, Creep, 철물부식, 동결팽창
- 거동
  하중, 충격, 부동침하

4-3. 벽돌쌓기 기준 및 방지대책

1) 재료

① 성능확보: 벽돌의 강도 및 흡수율

② 연결철물의 재질 및 강도확보

③ 쌓기 모르타르

> Mortar 배합비 • 시멘트: 모래=1:3을 표준으로 함

> 조적벽체 강도 • 벽돌의 강도와 Mortar의 강도 중 낮은 강도 기준

※ 쌓기 전 물축임하고 내부 습윤, 표면 건조 상태에서 시공

2) 쌓기 기준

① 줄눈: 가로 및 세로줄눈의 너비는 10mm를 표준으로 하고, 세로줄눈은 통줄눈 금지

② 쌓기 방식: 도면 또는 공사시방서에서 정한 바가 없을 때에는 영식 쌓기 또는 화란식 쌓기로 한다.

③ 가급적 동일한 높이로 쌓아 올라가고, 벽면의 일부 또는 국부적으로 높게 쌓지 않는다.

④ 하루 쌓기 높이: 1.2m(18켜)를 표준, 최대 1.5m(22켜)이하

⑤ 나중 쌓기: 층단 들여쌓기로 한다.

⑥ 직각으로 오는 벽체 한 편을 나중 쌓을 때: 켜 걸음 들여쌓기(대린벽 물러쌓기)

⑦ 블록벽과 직각으로 만날 때: 연결철물을 만들어 블록 3단마다 보강

⑧ 연결철물: @450

⑨ 인방보: 양 끝을 블록에 200mm 이상 걸친다.

⑩ 치장줄눈: 줄눈 모르타르가 굳기 전에 줄눈파기를 하고 깊이는 6mm 이하로 한다.

⑪ 벽돌벽이 콘크리트 기둥(벽)과 슬래브 하부면과 만날 때는 그 사이에 모르타르를 충전하고, 필요시 우레탄폼 등을 이용한다.

4) 한중 시공

① 기온이 4℃ 이상, 40℃ 이하가 되도록 모래나 물을 데운다.

② 평균기온이 4℃~0℃: 내후성이 강한 덮개로 덮어서 보호

시공

5. 백화현상

벽돌 벽체에 침투하는 빗물에 의해서 접착제인 mortar 중의 석회분과 벽돌의 황산나트륨이 공기중의 탄산가스와 반응하여 경화체 표면에 침착하는 현상

5-1. 백화발생 Mechanism

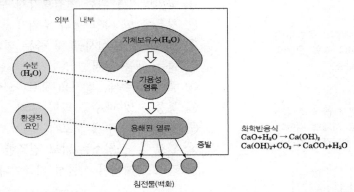

수분에 의해 모르타르성분이 표면에 유출될 때 공기 중의 탄산가스와 결합하여 발생

5-2. 백화의 종류 및 원인

1) 백화의 종류

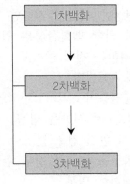

- 모르타르 자체보유수에 의해 발생, 시공 직후 비교적 넓은 부위에 생기고 시공 시 조건(온도, 골재)에 따라 좌우

- 건조한 시멘트 경화체 내에 외부로부터 우수나 지하수, 양생수 등이 침입하여 시멘트 경화체 속의 가용성분을 재용해시켜 나타나는 현상, 비교적 좁은 부위에 집중적으로 발생

- 발수제 도포 시 실런트나 왁스, 파라핀 등을 희석한 경우 표면의 광택발생과 함께 백화발생

2) 원인

- 재료
  흡수율이 클 때, 모르타르에 수산화칼슘이 많을수록
- 시공(물리적 조건)
  균열발생 부위에서 침투하거나 동절기 시공으로 양생불량부위
- 환경
  저온 → 수화반응 지연, 다습 → 수분제공, 그늘진 곳 → 건조속도 경화

실리콘 발수제

• 유성 실리콘
신속하고 발수성이 우수하며,
건축물 표면이나 주위 환경에
영향을 작게 받음

• 수성 실리콘
액상 발수제로서 물에 희석하
여 사용하므로 화재의 위험이
없으나 처리 후 경과 시간이
길다.

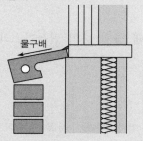

물구배

• 창호하부 벽돌 구배시공을
통하여 백화 예방

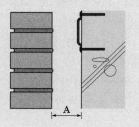

A

• Flexible Anchor를 통하여
벽체면에 평행한 힘에 대해
서는 구조체와 벽체가 상이한
거동을 할 수 있도록 거동
하여 균열을 방지하고 백화
를 예방

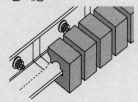

• 창호인방 ㄷ자형 이형벽돌

5-3. 방지대책

1) 재료

점토벽돌 흡수율 5~8% 이하, 발수제 선정

2) 준비

① 기상상태(동절기 및 장마철)를 고려한 시공계획

② 조적 모르타르가 치장면으로 흘러가지 않도록 물끊기 시공

3) 쌓기

① 균열방지를 위한 연결보강재 보강

② 창문틀 및 차양 등의 주위가 물이 스며들지 않게 밀실시공

③ 모르타르 밀실시공 및 줄눈 넣기 조기시공

④ 줄눈 채움 철저

⑤ 줄눈+방수제, 쌓기용 모르타르에 파라핀 에멀션 혼화제 혼입

⑥ 통풍구 및 배수구 막힘 주의

⑦ 시공 후 발수제 도포

⑧ 완료 후 물청소는 맑고 건조한 날

⑨ 건조 상태에서 식물성 기름이나 실리콘 오일로 얇게 피복

5-4. 백화 후 처리

1) 발수제 도포

• 백화원인의 근본적인 원인이 제거되지 않는 부분에는 발수제 도포

2) 발수처리

• 1차 백화현상은 시간이 지나면 사라질 수 있지만 2차 백화현상이나
기후조건에 의한 백화현상은 쉽게 지워지지 않으며, 실리콘 발수제
등으로 처리하는 것이 좋다.

3) 실리콘 발수제 시공방법

① 줄눈의 균열틈이 0.5mm 이상인 경우 코팅처리

② 분사식 또는 붓 시공을 병행

③ 1회 용액이 완전 건조 전 2회 시공

④ 백화된 벽돌을 보수할 경우 수성실리콘에 물을 10~15배 혼합한 방
수액을 칠하여 밀봉

Memo

9-2장

붙임공법

Professional Engineer

일반사항

재료일반

Key Point

■ 국가표준
- KCS 41 48 01
- KS L 1001

■ Lay Out
- 타일재료
- 타일 분임재료

■ 필수 기준
- 종류별 기준 및 허용오차

■ 필수용어
- 전도성 타일

원재료 종류별 특징

• 자기질
 - 점토에 암석류를 다량 배합하여 고온에서 소성
 - 투광이 있으며, 흡수율이 | 없고, 단단
• 도기질
 - 점토류를 주원료로 소량의 암석류를 배합, 저온에서 소성
 - 다공질로 흡수성이 많고 강도가 약하다.
 - 투광성이 적고 두드리면 탁음

암기법 📖

자석도

뒷굽 형태

• 평판형
• 플렛형
• 프레스형
• 압출형

1 일반사항

1. 타일재료

Tile은 동해, 백화 등으로 박락 및 탈락 현상 등의 문제점이 있어 설계, 시공, 관리에 있어서 설치장소 및 마감정밀도에 따른 물성을 사전 점검하여 선정한다.

1) 원재료의 조성과 소성온도와의 관계

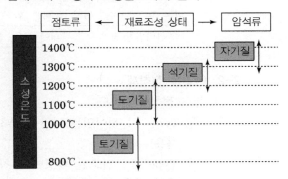

2) 종류별 기준 및 허용오차

구분	유약 유무	원료	흡수율 한도	타일의 특성
자기질	시유 무유	점토, 규석, 장석, 도석	3% 이하	완전 자기화: 흡수율 0%
				자기화: 내·외장, 바닥, 모자이크 타일
석기질	시유 무유	유색점토, 규석, 장석, 도석	5% 이하	반자기화: 내·외장, 바닥, 클링커 타일(흡수율 8% 이하)
도기질	시유	점토, 규석, 석회석, 도석	18% 이하	도기: 내장타일

3) 유약의 유무

- 재료를 섞고 몰드로 찍은 후 한번 구워 비스킷을 만든 후 유약을 바르고 다시 구운 타일
- 유약을 미리 배합 후 몰드로 찍어 가마에서 굽는다. (파스텔 타일, 폴리싱 타일)

① 파스텔 타일: 소지에 안료를 혼합하여 고온소성한 색소지 자기질 무유타일, 흡수율 0%
② 폴리싱타일: 자기질 무유타일을 연마하여 대리석 질감과 흡사하게 만든 타일

2. 타일 붙임재료

> Tile 바탕은 구조체 표면을 tile 붙임에 적합하도록 불순물 및 이물질 제거, 청소, 접착제 바름 등의 tile 붙임전에 하는 선 작업

2-1. 타일 붙임재료

1) 현장배합 붙임 모르타르

떠붙임 공법	압착공법	개량 압착공법
Mortar 배합 후 60분 이내에 시공 바른 후 5분 이내 접착	Mortar 배합 후 15분 이내에 시공 바른 후 30분 이내 접착	Mortar 배합 후 30분 이내 시공 바른 후 5분 이내 접착
건비빔한 후 3시간 이내에 사용, 물을 부어 반죽한 후 1시간 이내 사용		

2-2. 타일용 접착제

1) 본드 접착제의 용도
   ① Type Ⅰ: 젖어있는 바탕에 부착하여 장기간 물의 영향을 받는 곳에 사용
   ② Type Ⅱ: 건조된 바탕에 부착하여 간헐적으로 물의 영향을 받는 곳에 사용
   ③ Type Ⅲ: 건조된 바탕에 부착하여 물의 영향을 받지 않은 곳에 사용

2) 시공 시 유의사항
   ① 내장공사에 한하여 적용한다.
   ② 바탕이 고르지 않을 때에는 접착제에 적절한 충전재를 혼합하여 바탕을 고른다.
   ③ 붙임 바탕면을 여름에는 1주 이상, 기타 계절에는 2주 이상 건조시킨다.
   ④ 이성분형 접착제를 사용할 경우에는 제조회사가 지정한 혼합비율대로 정확히 계량하여 혼합한다.
   ⑤ 접착제의 1회 바름 면적은 $2m^2$ 이하로 하고 접착제용 흙손으로 눌러 바른다.
   ⑥ Open time: 보통 15분 이내
   ⑦ 타일 및 접착제 Maker, 계절, 바람에 따라 Open Time 조정

2-3. 줄눈재료

주성분
• 합성수지계 에멀션형
• 에폭시 수지계
• 우레탄 수지계
• 변성 실리콘

줄눈용 타일시멘트	·시멘트+잔골재+혼화제
탄성 줄눈재	·폴리머 시멘트 모르타르, 시멘트+아크릴 수지+잔골재+고무 라텍스
내약품성 줄눈재	·에폭시수지+필러(충전재)

공법분류

붙임방식

Key Point

■ 국가표준
 – KCS 41 48 01

■ Lay Out
 – 종류

■ 필수 기준

■ 필수용어
 – 떠붙임 공법

암기법 📖

떠개압개 접착

② 공법분류

1. 떠붙임공법

① 바탕 Mortar 표면에 쇠빗질을 한 다음 타일 뒷쪽에 붙임 Mortar를 올려놓고 두드리면서 하부에서 상부로 붙여 올라가는 공법
② 뒷면에 공동부분이 생기면 박리와 백화의 원인이 되므로 박리를 막기 위해 뒷굽이 깊은 타일을 사용하고, 타일의 뒷면에 빈배합 모르타르를 놓고 붙이므로 숙련공이 요구된다.

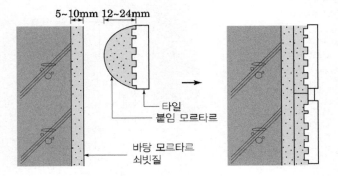

2. 개량 떠붙임 공법

① 바탕 Mortar를 초벌과 재벌로 두 번 발라 바탕을 고르게 마감한 다음 tile 뒷면에 7~9mm의 붙임 Mortar를 발라 붙이는 공법
② 떠붙임 공법의 단점을 개선한 공법으로 구조체 표면의 바탕면에 붙임 Mortar를 얇게 발라 바탕면을 평탄하게 마무리 한 후 시공하는 것으로, 떠붙임공법에 비해 작업진행이 빠르다.

특징

• 접착강도의 편차가 적다.
• 붙임모르타르가 빈배합이므로 경화 시 수축에 의한 영향이 적다.
• 타일면을 평탄하게 조정할 수 있다.
• 박리 하자가 적다.
• 숙련도가 필요하다.

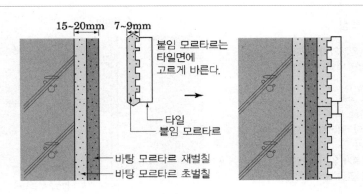

3. 압착 공법

① 바탕 Mortar를 15~20mm 2회로 나누어 시공한 다음 그 위에 붙임 Mortar를 5~7mm 바르고 자막대로 눌러가면서 위에서 아래로 붙여가는 공법

② Open time이 길면 접착력 저하로 인해 tile의 탈락이 발생된다.

특징

- 시공편차가 적고 양호한 접착강도 발형
- 공극과 백화가 발생하지 않음
- 떠붙임공법 만큼의 숙련도가 필요하지 않음

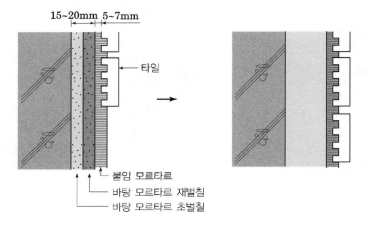

4. 개량압착 공법

① 바탕 Mortar를 15~20mm 2회로 나누어 시공한 다음 그 위에 붙임 Mortar를 4~6mm 바르고, 타일 뒷면에도 3~4mm의 붙임 Mortar를 전면에 발라 비벼 넣는 것처럼 눌러서 위에서 아래로 붙여가는 공법

② 타일에도 붙임 Mortar를 발라 뛰어난 접착강도를 발현시킨다.

특징

- 타일과 붙임재와의 사이에 공극이 없어 백화가 발생하지 않음
- 시공능률이 양호
- 붙임모르타르 바른 후 방치하는 시간이 길어지면 시공불량의 원인
- 붙임모르타르가 얇기 때문에, 바탕의 시공정밀도가 요구된다.

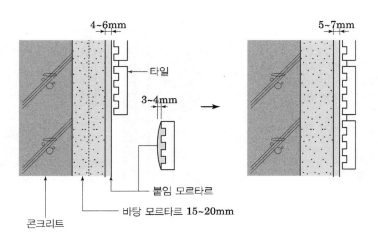

공법분류

5. 접착공법

① 유기질 접착제를 비교적 얇게 바른 후, tile을 한 장씩 붙이는 공법
② 주제와 경화제의 2성분으로 이루어진 반응경화형 접착제의 경우
반드시 제조자가 지정한 비율을 준수한다.

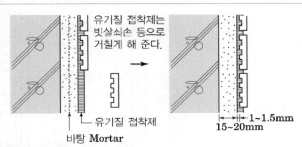

유기질 접착제는 빗살쇠손 등으로 거칠게 해 준다.

유기질 접착제
바탕 Mortar
1~1.5mm
15~20mm

특징

- 접착성이 좋다.
- 타일과 붙임재와의 사이에 공극이 없어 백화가 발생하지 않는다.

6. 바닥 손붙임공법

외부 바닥타일은 압착 붙임공법을 원칙으로 한다.

1) 구배 Mortar 붙임공법

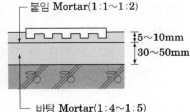

붙임 Mortar(1:1~1:2)
5~10mm
30~50mm
바탕 Mortar(1:4~1:5)

- 작은 규모의 물 구배가 필요한 바닥
- 마감정도가 양호
- 200mm 각 이하에 적합
- 필요한 물구배를 잡음
- 경화 후 붙임 Mortar를 갈고 타일을 붙임

2) 깔기 Mortar 붙임공법

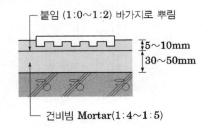

붙임 (1:0~1:2) 바가지로 뿌림
5~10mm
30~50mm
건비빔 Mortar(1:4~1:5)

- 큰 타일의 시공에 적합
- 뒷굽의 높이가 일정하지 않은 타일
- Cement Paste를 뿌리면서 타일을 위치표시 실에 맞추어 붙임

특징

- 접착제는 Mortar 등과 비교할 때 연질이어서 바탕 움직임의 영향을 덜 받는다.
- 시공능률이 높다.
- 건식하자에 대한 시공이 유효하다.

3) 압착 붙임공법

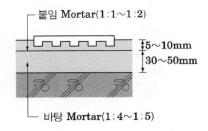

붙임 Mortar(1:1~1:2)
5~10mm
30~50mm
바탕 Mortar(1:4~1:5)

- 넓은 면적, 구배가 필요 없는 장소
- 차도, 중보행 장소
- 동결의 위험이 있는 장소
- 200mm 각 이하에 적합
- 바닥미장 또는 제물마감 콘크리트면 위에 직접 Mortar를 바르고 바탁타일을 붙임

7. 타일 거푸집 선부착공법, 타일 시트법, TPC공법

1) Sheet 공법

Sheet공법은 45mm×45mm~90mm×90mm 정도의 모자이크 타일을 종이 또는 수지필름을 사용하여 만든 유닛을 바닥 거푸집 면에 양면테이프, 풀 등으로 고정시키고 콘크리트를 타설

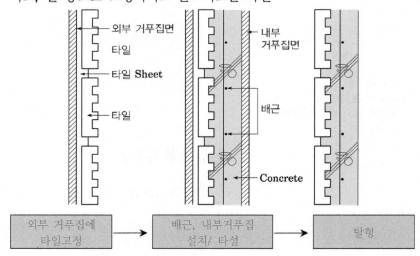

2) 타일 단체법

단체법(單體法)은 108mm×60mm 이상의 타일에 사용되는 것으로, 거푸집 면에 발포수지, 고무, 나무 등으로 만든 버팀목 또는 줄눈 칸막이를 설치하고, 타일을 한 장씩 붙이고 콘크리트 타설

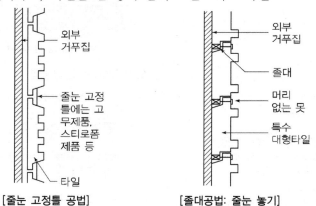

[줄눈 고정틀 공법]　　　　[졸대공법: 줄눈 놓기]

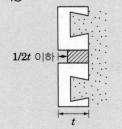
③ 시공

1. 줄눈나누기

① 줄눈나누기 및 tile 마름질은 수준기, level 및 다림추 등을 사용하여 기준선을 정한다.
② 창문선, 문선 등 개구부 둘레와 설비 기구류와의 마구리 줄눈너비는 10mm 정도로 한다.
③ 벽체 tile이 시공되는 경우 바닥 tile은 벽체 tile을 먼저 붙인 후 시공한다.

2. 타일치장줄눈

① 타일을 붙이고, 3시간 경과한 후 줄눈파기를 한다.
② 24시간이 경과한 뒤 붙임 mortar의 경화 정도를 살핀다.
③ 작업 직전에 줄눈 바탕에 물을 뿌려 습윤케 한다.

3. 타일신축줄눈

외기온도에 따른 구조체와 Mortar의 신축 및 Mortar의 건조수축에 의해 타일의 부착력과 팽창응력 발생에 따른 타일의 박리를 막기 위하여 신축영향을 감소하는 기능을 한다.

3-1. 신축줄눈의 마감

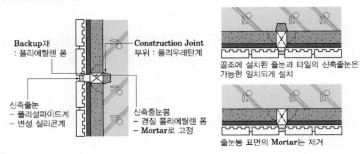

3-2. 줄눈간격 및 폭

수직	────	수평

─ 간격 3m정도: 줄눈폭 6mm 이상
─ 간격 4m정도: 줄눈폭 9mm 이상
─ 간격 5m정도: 줄눈폭 12mm 이상

─ 줄눈폭: 10~20mm
─ 간격: 각층 수평 타설 이음부

4. Open time(붙임시간)·Pot Life(작업가능시간)

① Open time(붙임시간): 구조체 표면의 바탕면 혹은 tile면에 접착 mortar나 접착제를 얇고 균일하게 발라 tile붙이기에 적합한 상태가 확보 가능한 최대 한계시간(타일 붙임재료 도포시점~타일 부착시점)

② Pot Life(작업가능시간): 타일 붙임재료를 물 또는 경화제와 혼합 후 정상적으로 사용가능한 시간(제품 도포 후 접착성능이 유지되는 시간)

시공

Open time

• 화학적 반응에 의한 최적의 접착력을 가질 때까지의 대기시간(10~20분)

Pot Life

• 사용가능 시간
• 접착성능 유지시간
 – 예폭시계: 15~25분
 – 폴리머계: (40~50분)
• 정해진 시간내 작업 가능량
• 시간당 도포면적 산출
• 작업인원 산출

경화시간

• 작업 완료 후 보행 가능시간

4-1. 타일의 뒷굽모양에 따른 Open Time과 접착강도

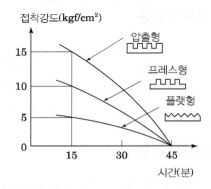

• Tile의 종류 및 tile의 뒷발 형태에 따라 다름
• open time은 탈락 사고 방지상 가장 중요한 인자
• 계절, 주위 환경, 바탕의 상태, 붙임 mortar의 특성, 온도·습도에 따라 달라짐
• 기준 접착강도인 $4kgf/cm^2$을 얻을 수 있어야 함

4-2. 접착강도

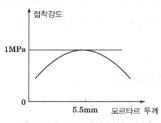

[모르타르 두께와 접착강도]

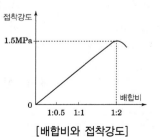

[배합비와 접착강도]

4-3. Open Time과 Pot Life

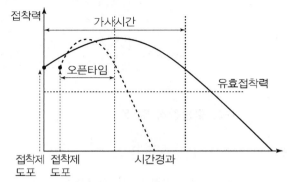

A ----- 접착제 도포후 시간에 따른 접착력 변화
B ——— 접착제 교반후 시간에 따른 접착력 변화

• 타일 붙임재료를 혼합 후 접착력의 변화

5. 타일접착 검사법/접착력시험

타일의 박리를 조사하기 위해 박리가능성이 높은 부위를 선정하여 타일의 접착강도를 확인하는 시험

접착력 시험

① 시험 수량: 타일면적 200m 당, 공동주택은 10호당 1호에 한 장씩 시험
② 준비: 시험할 타일은 먼저 줄눈 부분을 콘크리트 면까지 절단하여 주위의 타일과 분리시킨다.
③ 타일 크기: Attachment(부속장치) 크기로 하되 그 이상은 180×60mm 크기로 타일이 시공된 바탕면까지 절단. 다만, 40mm 미만의 타일은 4매를 1개조로 하여 부속장치를 붙여 시험한다.
④ 판정: 타일인장 부착강도가 0.39MPa 이상

초음파 방식

(마감면에서 7cm 이내 박리를 감지)
• 타결에 의한 진동해석 방식
• 연속가진·진동측정 방식
• 적외선 센서방식

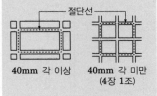

40mm 각 이상   40mm 각 미만
                (4장 1조)

5-1. Tile 시공 후 검사

1) 시공 중 검사
   눈높이 이상이 되는 부분과 무릎 이하 부분의 타일을 임의로 떼어 뒷면에 붙임 모르타르가 충분히 채워졌는지 확인
2) 타음법 – 줄눈 시공 후 2주 후 시행
   ① Test hammer로 tile을 타격하여 그 타음을 청각에 의해서 듣고, tile의 박리 유무와 종류를 판정
   ② 검사봉으로 타일면을 두들겨 그 발생음으로 박리의 유무 확인
3) 접착력 시험 – 줄눈 시공 후 4주 후 시행

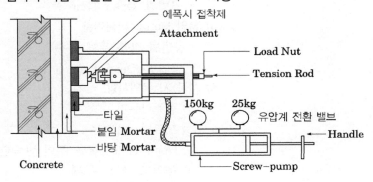

6. 타일공사 하자원인과 대책

6-1. 발생원인

• 재료
  타일 뒷굽 부족, 철물의 부식, 붙임모르타르의 조합 및 두께 불량
• 시공
  접착증강제 사용미숙, 두들김 횟수 불량, 오픈타임 미준수, 신축줄눈 미설치, 코너부위 및 이질재와 만나는 부위의 처리불량
• 환경
  동결융해에 의한 팽창, 방수불량으로 인한 누수, 양생불량
• 거동
  부동침하 및 진동에 의한 거동, 바탕면 균열

시공

6-2. 방지대책

1) 재료

　타일 뒷굽, 흡수율, 강도

2) 준비

　① 바탕면에 따른 공법선정

　② Sample시공: 뒷면 밀착률 확인 및 줄눈나누기, 시공성 판단

3) 바탕 Mortar 바름기준

- 바탕 고르기 모르타르를 바를 때에는 2회에 나누어서 바른다.
- 바름 두께가 10mm 이상일 경우에는 1회에 10mm 이하로 하여 나무 흙손으로 눌러 바른다.
- 바탕 모르타르를 바른 후 타일을 붙일 때까지는 여름철(외기온도 25℃ 이상)은 3~4일 이상, 봄, 가을(외기온도 10℃ 이상, 20℃ 이하)은 1주일 이상의 기간을 두어야 한다.
- 타일붙임면의 바탕면의 정밀도: 벽의 경우는 2.4m당 ±3mm
- 공법별 Open Time 준수

4) 붙임 Mortar 바름기준

- 공법별 바름 두께 준수
- 공법별 Open Time 준수

5) 시공 시 유의사항

　① 줄눈나누기

　② 모르타르 배합

　③ Open Time: 물을 부어 반죽한 후 1시간 이내 사용

　④ 붙임모르타르 두께

　⑤ 치장줄눈: 줄눈깊이, 충전성

　⑥ 신축줄눈: 간격, 줄눈폭, 마감상태

　⑦ 뒷면 충전

　⑧ 두들김

5) 양생

　계절에 따른 양생, 진동 및 충격 금지

Memo

| 마법지 |

석공사

1. 일반사항
   - 석재의 물성 및 결점
   - 석재의 가공 및 반입검사, 가공 시 결함
2. 공법분류
   - 석공사 공법분류
   - 습식공법
   - 온통사춤공법
   - 간이사춤 공법
   - 깔기 Mortar 공법
   - 반건식(절충공법)
   - 건식공법
   - Fastener의 형식
   - Anchor긴결공법
   - Metal Truss System
   - Steel Back Frame System
   - 석재의 Open joint공법
3. 시공
   - 벽체 석재 줄눈공사
   - 석공사 하자원인과 방지대책
   - 바닥석재 백화현상과 방지대책

일반사항

재료일반

Key Point

☑ **국가표준**
- KCS 41 35 01
- KS F 2530

☑ **Lay Out**
- 석재의 물리적 성질
- 석재의 가공 및 반입검사,
  가공 시 결함

☑ **필수 기준**
- 암석물성기준

☑ **필수용어**
- 석재의 물성 및 결함

① 일반사항

1. 석재의 물성 및 결점

> 석재는 균열, 파손, 얼룩, 띠, 철분, 풍화, 산화 등의 결함이 없고, 특히 철분의 함유량이 적어야 하며, 가공 마무리한 규격이 정확해야 한다.

1-1. 석재의 물리적 성질

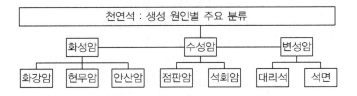

1) 암석의 물성기준

구분		흡수율 (최대%)	비중(최대 %)	압축강도 (N/mm²)	철분 함량(%)
화성암(화강암, 안산암)		0.5	2.6	130	4
변성암 (대리석, 사문암)	방해석	0.8	2.65	60	2
	백운석	0.8	2.9		
	사문석	0.8	2.7		
수성암 (점판암, 사암)	저밀도	13	1.8	20	5
	중밀도	8	2.2	30	5
	고밀도	4	2.6	60	4
	보통	21	2.3	20	5
	규질	4	2.5	80	4
	규암	2	2.6	120	4

2) 석재의 압축강도에 의한 분류(KS F 2530)

구분	압축강도(MPa)	참고값	
		흡수율(%)	겉보기 비중(g/cm²)
경석	50 이상	5 미만	약 2.5 이상
준경석	10이상~50 미만	5 이상~15 미만	약 2.5~2
연석	10 미만	15 이상	약 2 미만

석재의 등급

• 1등급
  흐름(구름무늬, 얼룩), 점(흰점, 검은점), 띠(흰줄, 검은줄), 철분(녹물), 끊어지는 줄(균열, 짬), 산화, 풍화 등이 조금도 없는 석재
• 2등급
  1등급의 기준에 결점이 심하지 않은 석재
• 3등급
  시공의 실용상 지장이 없는 것

3) 석재의 결점형태(KS F 2530)

결함종류	형태
구부러짐	석재의 표면 및 옆면의 구부러짐
균열	석재의 표면 및 옆면의 금 터짐
썩음	석재 중에 쉽게 떨어져 나갈 정도의 이질부분
빠진 조각	석재의 겉모양 면의 모서리 부분이 작게 깨진 것
오목	석재의 표면이 들어간 것
반점	석재의 표면에 부분적으로 생긴 반점 모양의 색 얼룩
구멍	석재표면 및 옆면에 나타난 구멍
물듦	석재표면에 다른 재료의 색깔이 붙은 것

1-2. 석공사에 사용되는 부속자재

1) 철물

① 석재 1개에 대하여 최소 2개 이상을 사용

② 연결철물 중 앵커, 볼트, 너트, 와셔 등은 STS 304 동등이상의 내식성을 가지는 제품을 사용

2) Mortar

[모르타르 배합(용적비) 및 줄눈 너비]

자재용도	시멘트	모래	줄눈 너비
통돌	1	3	실내, 외벽, 벽·바닥은 3~10mm
바닥모르타르용	1	3	실내, 외부, 바닥 벽 3~6mm
사춤모르타르용	1	3	가공석의 경우 실내외 3~10mm
치장모르타르용	1	0.5	거친 석재일 경우 3~25mm
붙임용 페이스트	1	0	

3) 실링재

① 백업재는 폴리에틸렌과 같이 수분을 흡수하지 않는 재질을 사용

② 백업재는 줄눈 폭보다 2~3mm 정도 큰 것을 사용

③ 실링재 줄눈 깊이는 6~10mm 정도가 되도록 충전한다.

2. 석재의 가공 및 반입검사, 가공 시 결함

2-1. 가공 시 공통 유의사항

① 석재의 마주치는 면 및 모서리 마감은 너비 15mm 이상, 기타 보이지 않게 되는 부분은 30mm 이상 마무리한다.

② 손(手)갈기 마무리일 때에는 거친갈기, 물갈기, 본갈기 공정으로 마감한다.

③ 기계 가공 시 원석을 할석한 후 가공한다.

④ 단위석재 간의 단차는 0.5mm 이내, 표면의 평활도는 10m당 5mm 이내가 되도록 설치한다.

⑤ 줄눈의 깊이는 석재 두께 50mm까지 10mm 이상, 석재 두께 50mm 이상의 경우는 15mm 이상 충전한다.

일반사항

2-2. 가공 종류별 유의사항

1) 혹떼기
- 거친 돌이나 마름돌의 돌출부 등을 쇠메로 쳐서 평탄하게 마무리
2) 정다듬
- 정으로 쪼아 평평하게 다듬은 것
3) 도드락 다짐
- 도드락 망치는 날의 면이 약 5cm 각에 돌기된 이빨이 돋힌 것
4) 잔다듬
- 날망치 날의 나비는 5cm 정도의 자귀모양의 공구
5) 물갈기
- 잔다듬한 면을 각종 숫돌, 수동기계 갈기하여 마무리하는 것

2-3. 석재의 가공 시 결함 · 원인 · 대책

결 함	제작공종	원 인	대 책
판의 두께가 일정하지 않음	Gang Saw 절단	절단 속도가 빠름	적정한 절단 속도의 선정 및 유지
얼룩·녹(철분)·황변현상 발생	Gang Saw 절단 후 판재 청소	절단 후 물씻기 부족 연마재의 물씻기 부족 세정제(인산, 초산 등) 사용	세정제 사용 없이, 고압수로 물 씻기
판재의 휨 현상	Burner 가공 후 처리	열을 가한 후 물뿌리기	석재 표면에 열을 가한 후 물뿌리기 금지
Crack으로 깨지는 현상	표면마감	판이 얇은 경우 Jet burner 마감 시 발생	두께 27mm 이상
구멍 뚫은 위치에 얼룩무늬나 황변현상 발생	꽂음촉, 꺽쇠 혹은 Shear connector 구멍 뚫기	깊이나 각도의 차이가 커서 유효두께 부족	깊이나 각도를 측정 기구로 검사
철분 녹의 발생	포장	Steel band에 의한 오염	옥내 보관, 석재와 bond 사이 완충재 사용
포장재에 의한 오염	포장	Cushion재 등의 얼룩 베어남	Cushion재의 오염시험
얼룩무늬나 황변현상 발생	시공	안료 · 발수제 사용에 의한 색깔 맞춤	안료 · 발수제에 의한 표면처리 금지
		이면 처리 재료나 접착 재료 도포 시 석재에 얼룩 발생	• 시방기준에 의한 배합비 준수 • 오염현상 없는 접착제 선정 • 바탕면을 완전히 건조 후 접착제 도포
백화현상 발생	시공	• 누수에 의한 수분이 석재 배면(背面)에 침투 • 줄눈 균열에 의한 누수	• 방수 정밀 시공 • 줄눈 충전 검사 • 석재 배면용 발수 처리 재료 도포

일반사항

2-4. 석재의 검수 및 보관

- 채석장 검수
  - 사전에 채석장을 방문하여 가공기술 파악
  - 동일 원석 확인
- 현장검수
  - 부재의 색상, 표면가공 상태, 이물질에 의한 오염여부, 규격화
- 석재보관
  - 반입된 석재는 규격별 위치별로 보관하며, 눈 및 비 등에 오염되지 않도록 조치

2-5. 사용부위를 고려한 바닥용 석재표면 마무리 종류 및 사용상 특성

1) 정다듬, 도드락다듬, 잔다듬
   ① 날망치, 도드락망치를 이용
   ② 역사적 유적지 바닥마감

2) 물갈기 광내기: 연마(물갈기, Polished)
   ① 유리표면 같은 형태
   ② 물청소를 하지 않는 실내 주방, 현관바닥, 복도, lobby
   ③ 왁스관리 및 건조 상태 유지

3) 물갈기 혼드가공 Honed Surface (반광, 반연마 #semiglossy)
   ① 무광혼드(#로우혼드), 유광혼드 400#600#800#(#하이혼드)
   ② 빛반사 없는 마감, 파스텔톤 느낌

4) 버너마감(Burner, Flamed)
   ① 판석의 표면을 액화산소와 천연가스(LPG)를 분사하여 발생된 화염으로 태워 판석표면의 광물을 튀겨내는 표면처리 방법
   ② 화염온도는 약 1,200 ~ 1,400℃ 정도, 열의 팽창을 이용하는 방법으로 석판의 균열 등이 우려 되므로 두께가 20cm 이하는 사용금지
   ③ 계단 및 경사로, 현관외부 입구 논슬립 용도, 와일드한 컨셉

5) 버너 & 브러쉬
   ① 버너마감의 탁해지는 색상보정
   ② #사틴(#부드러운표면)의 촉감을 위한 마감
   ③ 버너 후 브러쉬로 샌딩하듯 표면 돌가루와 거친 부분을 살짝 갈고 닦아내는 작업

6) 표면#워터젯(waterjet)마감
   ① #물버너 마감
   ② 고압의 물을 사용해서 표면 박피를 하는 것
   ③ 버너마감의 강한 열에 의한 색상퇴색 단점을 보완

7) 샌드블라스트(Sand blast)
   ① 판재의 두께가 얇거나 잔다듬 가공조건이 갖춰지지 않은 상황에서 사용
   ② 판석의 표면에 금강사를 고압으로 분사하여 석재 표면을 곱게 벗겨낸 마감

8) 석재 혼드마감(Honded Surface)
   ① 화강석 표면마감에서 광도를 다르게 가공하는 것으로 연마의 중간단계
   ② 무광혼드(#로우혼드), 유광혼드 400#600#800#(#하이혼드)로 구분되며, 빛반사 없는 마감, 파스텔톤 느낌을 낼 때 사용

공법분류

2 공법분류

붙임방식

Key Point

■ **국가표준**
– KCS 41 35 06

■ **Lay Out**
– 습식공법
– 반건식 공법
– 건식공법

■ **필수 기준**

■ **필수용어**
– Pin Hole 공법
– 강제트러스 공법

1. 습식공법

> 구조체와 석재 사이를 연결철물로 연결한 후 mortar를 채워 넣어 구조체와 석재를 일체화시키는 공법

1-1. 온통 사춤공법 – 외벽

구조체와 석재 사이를 연결(긴결)철물로 연결한 후 구조체와의 사이에 간격 40mm를 표준으로 사춤 Mortar를 채워 넣어 부착시키는 공법

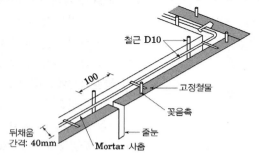

① 사춤 : 시멘트 : 모래 = 1 : 3비율
② 종방향 철근간격 @600mm
③ 횡방향 철근은 줄눈의 하단에 맞추어 설치

1-2. 간이사춤 공법 – 외벽

구조체와 석재 사이를 철선 및 탕개, 쐐기 등으로 고정한 후 구조체와의 사이에 Mortar를 사춤하는 공법으로 외부 화단 등 낮은 부분에 적용된다.

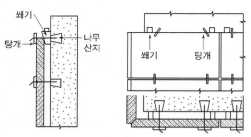

1-3. 깔기 Mortar 공법 – 바닥

건비빔 Mortar(시멘트 : 모래 = 1 : 3)를 바닥면에 40~70mm 정도 깔아 놓고 Cement Paste를 뿌린 후 고무망치로 두들겨 시공하는 공법

2. 석재 반건식(절충공법)

구조체와 석재를 황동선(D4~5mm)으로 긴결 후 긴결 철물 부위를 석고(석고:시멘트=1:1)로 고정시키는 공법

2-1. 설치부위

1) 옹벽에 설치하는 경우

구조체와 석재 사이를 연결(긴결)철물로 연결한 후 구조체와의 사이에 간격 40mm를 표준으로 사춤 Mortar를 채워 넣어 부착시키는 공법

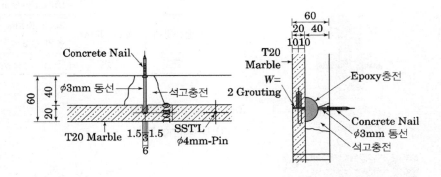

2) 경량벽체에 설치하는 경우

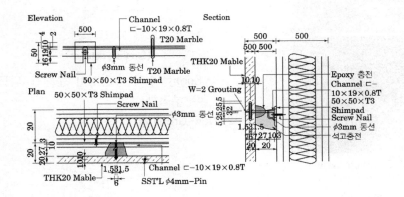

부자재

- 동선: 돌의 이탈방지와 마감거리 유지
- 석고: 동선을 감싸주어 외부에서 받는 충격이나 압력을 지탱
- 에폭시: 접착역할

Memo

[FZP Anchor]
독일 Fischer 社

[DCT Anchor]
독일 Keil 社

[AL Extrusion System]

3. 건식공법

구분	공법	적용 System	고정 Anchor
고정방식	옹벽 Anchor긴결	옹벽에 직접고정	Pin Hole
	Truss Anchor긴결 & Back Frame System	Steel Back Frame System Back Frame Stick System	AL Extrusion System Back Anchor
		Metal Truss System Back Frame Unit System	AL Extrusion System Back Anchor
줄눈형태	Open Joint	Back Frame O.J 옹벽 O.J	AL Extrusion System Back Anchor
PC	GPC	(Unit System)	

3-1. Fastener의 형식

1) Grouting 방식

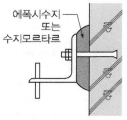

에폭시수지 또는 수지모르타르

[Single Fastener]

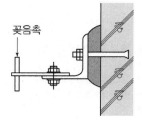

꽂음촉

[Double Fastener]

- Epoxy 수지 충전성이 문제가 되므로 층간변위가 크거나 고층의 경우 부적합

2) Non-Grouting

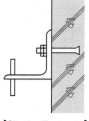

[Single Fastener]

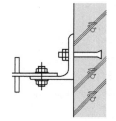

[Double Fastener]

① Single fastener 방식: Fastener의 X축, Y축, Z축 방향 조정을 한 번에 해야 하므로 정밀도 조정이 어렵고, 조정 가능 범위가 작아 정밀한 구조체 바탕면이 필요하며 여러 종류의 fastener가 필요
② Double fastener 방식: Fastener의 slot hole로 오차 조정이 가능하므로 비교적 작업이 용이하며, 가장 많이 적용되고 있는 방식

3-2. 석재 Anchor긴결공법(Pin Hole공법)

구조체와 석재 사이를 anchor, fastener, pin(꽂음촉) 등으로 연결한 후 석재를 설치 · 부착하는 공법

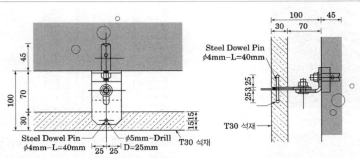

3-3. 강제(鋼製) 트러스 지지공법(Metal Truss System)

Unit화된 구조물(Back Frame)에 석재를 현장의 지상에서 시공한 뒤 구조물과 일체가 된 유닛석재 패널을 조립식으로 설치하는 공법

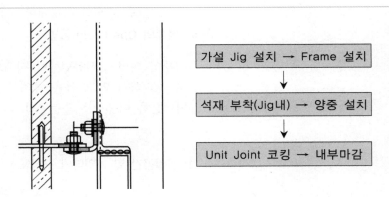

가설 Jig 설치 → Frame 설치
↓
석재 부착(Jig내) → 양중 설치
↓
Unit Joint 코킹 → 내부마감

3-4. Steel Back Frame System

아연도금한 각 파이프를 구조체에 긴결시킨 후 수평재에 Angle과 Washer, Shim Pad를 끼우고 앵글을 상하 조정하여 너트로 고정시키고 조인다음 앵글에 조정판을 연결하고 고정 시키는 공법

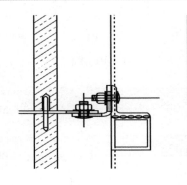

Frame 제작 → 공장가공
↓
Frame 설치 → 석재설치
↓
Unit Joint 코킹 → 내부마감

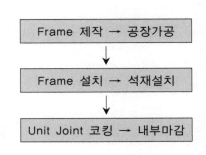

공법분류

[연결철물의 구성]

너트
스프링와샤
일반와샤
고정핀
조정판
양카볼트
양카캡
앵글
근각볼트
앵글조립도

중점관리 사항

건식 석재공사는 석재의 하부는 지지용으로, 석재의 상부는 고정용으로 설치하되 상부 석재의 고정용 조정판에서 하부 석재와의 간격을 1mm로 유지하며, 촉구멍 깊이는 기준보다 3mm 이상 더 깊이 천공하여 상부 석재의 중량이 하부 석재로 전달되지 않도록 한다.

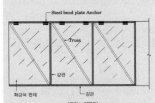

[트러스 입면도]

[Steel Back Frame]

2) 특 징

① 설치공법: Pin Dowel 공법

② 줄눈공사: 석재 시공 후 Selant 처리

③ Frame의 Expansion Joint는 있으나 마감재에 비노출

3) 시공 시 유의사항

① 석재내부에 단열재를 설치하게 되므로 시공 후 우수에 의한 누수를 반드시 확인할 것

② 단열재는 석재면으로부터 간격을 멀리하고 맞댄 면은 은박지 등 방습지를 바름

③ 단열재 두께에 따른 시공성을 감안하여 상세결정

④ 이종금속간 부식방지 방안: Frame과 Fastener사이에는 네오프렌 고무를 끼워 이질재의 이온전달에 의한 부식을 방지

3-5. 석재의 Open joint공법

> 석재의 외벽 건식공법에서 석재와 석재 사이의 줄눈(joint)을 sealant 로 처리하지 않고 틈을 통해서 물을 이동시켜 압력차이로 없애는 등 압이론을 이용하는 줄눈공법

1) 등압공간 및 기밀막의 구성요소

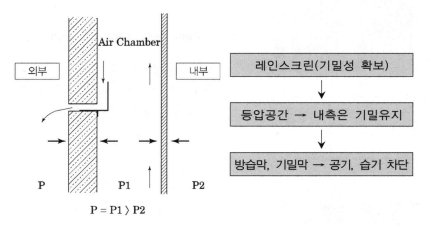

• 창호 Frame 주위에 공기의 유입을 차단시키는 Air-tightening 기능으로 기밀성 확보

• Rain Screen을 설치하고 Mullion과 만나는 부위 Sealant 처리로 기밀성 확보

시공

시공

Key Point

☑ 국가표준
- KCS 41 35 01
- KCS 41 35 06

☑ Lay Out
- 벽체 석재 줄눈공사
- 반건식 공법
- 건식공법

☑ 필수 기준

☑ 필수용어

유형

- 파손/ 탈락/ 균열
- 변색/오염
- 줄눈불량
- 찍힘
- 이음부 불량
- 구배 불량

하자원인

- 재료
  - 선정 및 가공
- 시공
  - 운반, 보관, 골조 바탕면 간격 및 수직수평
- 환경
  - 양생 및 보양, 동절기, 우기
- 거동
  - 부동침하 및 진동에 의한 거동, 바탕면 균열

③ 시공

1. 벽체 석재 줄눈공사

> 실링재는 접착성, 탄성, 내후성, 내약품성 등을 갖추어야 한다.

1-1. 벽체 석재 줄눈 크기
① 외부벽체: 6~12mm
② 내부 반건식: 3mm
③ 내부 건식: 4mm
④ 화단 벽체: 6~8mm

1-2. 시공순서
줄눈점검 및 청소 → Back Up재 설치 → 마스킹테이프 가설치 → 프라이머 도포 및 실란트 충전 → Tooling → 마스킹 테이프 제거

1-3. 시공 시 유의사항
① 실리콘 실란트는 비오염성으로 오염된 산성비, 눈, 및 오존 등에 반영구적 내후성을 발휘하며 석재를 오염시키지 않는 부정형 1성분형(습기 경화형) 변성실리콘으로서 온도변화에 영향을 받지 않는 실리콘 실란트를 사용
② 실링재 작업 전 줄눈 주위의 페인트, 시멘트, 먼지, 기름, 철분 등을 제거
③ Back up재는 폴리에틸렌과 같이 수분을 흡수하지 않는 재질을 사용
④ Back up재는 줄눈 폭보다 2~3mm 정도 큰 것을 사용
⑤ 실링재 줄눈 깊이는 6~10mm 정도가 되도록 충전

2. 석공사 하자 원인과 대책

2-1. 하중전달에 의한 석재 파손

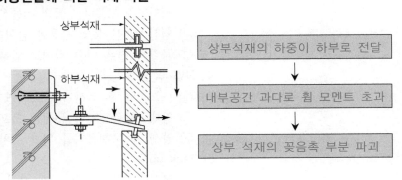

시공

2-2. 방지대책

① 상부 석재의 고정용 조정판에서 하부 석재와의 간격을 1mm로 유지

② 촉구멍 깊이는 기준보다 3mm 이상 더 깊이 천공하여 상부 석재의 중량이 하부 석재로 전달 금지

③ 석재 두께 30mm 이상을 사용

④ 줄눈에는 석재를 오염시키지 않는 부정형 1성분형 변성실리콘을 사용

⑤ 석재 내부의 마감면에서 결로방지를 위해 줄눈에 물구멍 또는 환기구를 설치

⑥ 발포성 단열재 설치 구조체에 석재를 설치 시 단열재 시공용 앵커를 사용

⑦ 구조체에 수평실을 쳐서 연결철물의 장착을 위한 세트 앵커용 구멍을 45mm 정도 천공하여 캡이 구조체 보다 5mm 정도 깊게 삽입

⑧ 연결철물은 석재의 상하 및 양단에 설치하여 하부의 것은 지지용으로, 상부의 것은 고정용으로 사용

⑨ 연결철물용 앵커와 석재는 핀으로 고정시키며 접착용 에폭시는 사용금지

⑩ 설치 시의 조정과 층간 변위를 고려하여 핀 앵커로 1차 연결철물(앵글)과 2차 연결철물(조정판)을 연결하는 구멍 치수를 변위 발생 방향으로 길게 천공된 것으로 간격을 조정

⑪ 판석재와 철재가 직접 접촉하는 부분에는 적절한 완충재(kerf sealant, setting tape 등)를 사용

2-3. 표면오염 방지대책

1) 석재의 반입 및 보관

① 석재와 석재 사이는 보호용 cushion재 설치

② 석재끼리 마찰에 의한 파손 방지

2) 운반

① 운반시의 충격에 대해 면·모서리 등을 보양

② 면: 벽지·하드롱지·두꺼운 종이 등으로 보양

③ 모서리: 판자·포장지·거적 등으로 보양

3) 청소

① 석재면의 모르타르 등의 이물질은 물로 흘러내리지 않게 닦아 낸다.

② 염산·유산 등의 사용을 금한다.

③ 물갈기 면은 마른 걸레로 얼룩이지지 않게 닦아 낸다.

4) 작업 후 양생

① 1일 작업 후 검사가 완료되면 호분이나 벽지 등으로 보양

② 창대·문틀·바닥 등에는 모포 덮기·톱밥 등으로 보양한다.

③ 양생 중 보행금지를 위한 조치를 취한다.

5) Back up재

① 규격에 맞는 back up재 삽입

② Bond breaker 방지

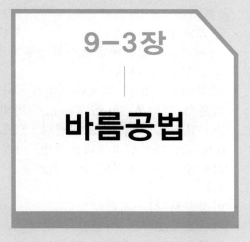

9-3장

바름공법

Professional Engineer

마법지 | 미장공사

1. 일반사항
   - 미장용 골재의 품질기준
   - 미장혼화재료
   - 접착증강제
   - 미장공사에서 게이지비드(Gauge bead)와 조인트비드(Joint bead)
   - Coner Bead
2. 공법분류
   - 공법분류
   - 벽체미장: 얇은바름재, 합성수지플라스터 바름/수지미장, 단열모르타르
   - 바닥미장: 경량 기포콘크리트, 바닥온돌 경량기포콘크리트의 멀티폼(Multi Foam), 방바닥 온돌미장, 셀룰로스 섬유보강재, 셀프레벨링 모르타르 Self leveling mortar, 바닥강화재바름공법, 제물마감, 노출 바닥콘크리트공법 中 초평탄 콘크리트
3. 시공
   - 미장공사 시공계획
   - 시멘트모르타르 미장공사 하자
   - 무근콘크리트 슬래브 컬링(Curling)

재료
Key Point

■ 국가표준
- KCS 41 46 01

■ Lay Out
- 미장용 골재의 품질기준
- 미장용 혼화재료
- 접착증강제

■ 필수 기준
- 모래의 표준입도

■ 필수용어
- 모래의 표준입도

일반사항

① 일반사항

1. 미장용 골재의 품질기준

① 모래는 유해한 양의 먼지, 흙, 유기불순물, 염화물 등을 포함하지 않아야 하며, 내화성 및 내구성에 나쁜 영향을 미치지 않는 것으로 한다.
② 모래의 표준입도로 하고, 최대 크기는 바름 두께에 지장이 없는 한 큰 것으로서, 바름두께의 반 이하로 한다.

1-1. 모래의 표준입도

체의 공칭치수 (mm)	체를 통한 것의 질량백분율(%)					
입도의 종별	5	2.5	1.2	0.6	0.3	0.15
A종	100	80~100	50~90	25~65	10~35	2~10
B종	–	100	70~100	35~80	15~45	2~10
C종	–	–	100	45~90	20~60	5~15
D종	100	80~100	65~90	40~70	15~35	5~15

2. 미장 혼화재료

미장혼화재료는 작업성 향상, 강도증진, 접착력 증강 등 사용용도에 따라 제조사의 사용방법을 준수하여 사용한다.

미장용 혼화재료

• 보수재료
- 모르타르 경화에 필요한 수분을 외부에 빼앗기는 것 (Dry Out)을 방지
- 재료분리 방지
• 혼화재료
- 실리카계의 광물질 미분말
- 작업성 향상, 장기강도 증진, 투수성 저감
• 접착증강제
- 모르타르의 접착력을 증강시키는 효과
- 모르타르 비빔 후 30분 이내 사용

3. 접착증강제

미장재료의 부착력을 향상시킬 목적으로 concrete 표면에 도포하거나 mortar 배합 시 혼합하는 합성수지 에멀션(emulsion)

접착 증강제 사용방법

• 도포
- 일반적으로 물에 3배 희석해서 사용
- 모르타르 비빔 후 30분 이내에 사용
• Paste에 혼합

$$\frac{P(폴리머\ 중량)}{C(시멘트\ 중량)} = \frac{0.135}{1}$$

• Mortar에 혼합

$$\frac{P(폴리머\ 중량)}{C(시멘트\ 중량)} = \frac{0.075}{1}$$

3-1. 접착증강제의 접착증대원리

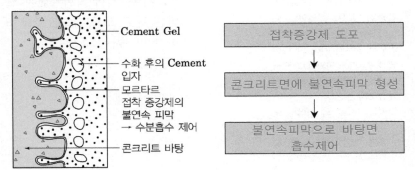

② 공법분류

1. 벽체미장

1) 시멘트 모르타르 바름
 • 기성배합 또는 현장배합의 시멘트, 골재 등을 주재료로 한 시멘트 모르타르를 벽, 바닥, 천장 등에 바르는 경우

2) 시멘트 스터코 바름
 • 시멘트 모르타르를 흙손 또는 롤러를 사용하여 바르는 내·외벽의 마감공사
 • 자재: 시멘트 모르타르, 합성수지 에멀션 실러, 합성수지계 도료

3) 시멘트 모르타르 얇은 바름재
 • 시멘트계 바탕 바름재: 내구성이 있는 얇은 바름이 가능하도록 입도 조정 된 잔골재, 무기질 혼화재, 수용성 수지 등을 공장에서 배합한 분말체
 • 얇게 바름용 모르타르: 시멘트, 합성수지 등의 결합재, 골재, 광물 질계 분체를 주원료로 하여 주로 건축물의 내·외벽을 뿜칠, 롤러 칠, 흙손질 등으로 시공하는 경우

3) 석고플라스터 바름
 • 기성배합 석고 플라스터에 질석, 한수석, 기타 골재와 동시에 여물 류를 공장에서 배합한 플라스터 및 합성수지계 혼화제 등을 배합

4) 돌로마이트 플라스터 바름
 • 돌로마이트 플라스터에 미리 섬유, 골재 등을 공장에서 배합

5) 합성수지 플라스터
 • 합성수지 에멀션, 탄산칼슘, 기타 충전재, 골재 및 안료 등을 공장 에서 배합한 것으로 적당량의 물을 가하여 반죽상태로 사용

6) 회반죽 바름
 • 소석회에 미리 섬유, 풀, 골재 등을 공장에서 배합

7) 단열 모르타르
 • 건축물의 바닥, 벽, 천장 및 지붕 등의 열손실 방지를 목적으로 외 벽, 지붕, 지하층 바닥면의 안 또는 밖에 경량골재를 주재료로 하여 만든 단열 모르타르를 바탕 또는 마감재로 흙손바름, 뿜칠 등에 의 하여 미장하는 공사

2. 바닥미장

공법분류

- 물걷힘 정도: 발라 붙인 바름층의 수분이 바람, 온도 등 외기 영향에 의해 증발되거나 바탕에서 흡수하여 상실되는 정도
- 물축이기: 모르타르, 플라스터 등의 응결경화에 필요한 비빔 시의 물이 미장 바탕면으로 과도하게 흡수되지 않도록 미장 바탕면에 미리 물을 뿌리는 것
- 바탕처리: 요철 또는 변형이 심한 개소를 고르게 손질바름하여 마감 두께가 균등하게 되도록 조정하고 균열 등을 보수하는 것. 또는 바탕면이 지나치게 평활할 때에는 거칠게 처리하고, 바탕면의 이물질을 제거하여 미장바름의 부착이 양호하도록 표면을 처리하는 것
- 손질바름: 콘크리트, 콘크리트 블록 바탕에서 초벌바름하기 전에 마감두께를 균등하게 할 목적으로 모르타르 등으로 미리 요철을 조정하는 것
- 실러 바름: 바탕의 흡수 조정, 바름재와 바탕과의 접착력 증진 등을 위하여 합성수지 에멀션 희석액 등을 바탕에 바르는 것
- 이어 바르기: 동일 바름층을 2회의 공정으로 나누어 바를 경우 먼저 바름공정의 물걷기를 보아 적절한 시간 간격을 두고 겹쳐 바르는 것
- 초벌, 재벌, 정벌바름: 바름벽은 여러 층으로 나뉘어 바름이 이루어진다. 이 바름층을 바탕에 가까운 것부터 초벌바름, 재벌바름, 정벌바름이라 한다.
- 흡수조정제 바름: 바탕의 흡수 조정이나 기포발생 방지 등의 목적으로 합성수지 에멀션 희석액 등을 바탕에 바르는 것

1) 경량기포 콘크리트
- 기포제 제조업자의 제품자료에 따라 소요 경량기포 콘크리트의 성능이 될 수 있도록 배합

2) 방바닥 온돌미장
- 모르타르의 배합비는 소요강도를 얻을 수 있어야 하며, 팽창재 또는 수축저감제를 사용

3) 셀프레벨링재 바름
- 석고계 셀프 레벨링재: 석고에 모래, 경화지연제, 유동화제 등 각종 혼화제를 혼합하여 자체 평탄성이 있는 것.
- 시멘트계 셀프 레벨링재: 시멘트에 모래, 분산제, 유동화제 등 각종 혼화제를 혼합하여 자체 평탄성이 있는 것

4) 바닥강화재 바름
- 금강사, 규사, 철분, 광물성 골재, 시멘트 등을 주재료로 하여 콘크리트 등 시멘트계 바닥 바탕의 내마모성, 내화학성 및 분진방지성 등의 증진을 목적으로 마감

5) 제물 마감
- 콘크리트 타설과 동시에 콘크리트 표면을 기계미장흙손, 쇠흙손 등을 이용하여 평탄하게 문지르거나, 숫돌 또는 그라인더 등으로 경화된 콘크리트면을 갈아내어 콘크리트 표면 자체를 마감하는 공법

6) 노출 바닥콘크리트공법 中 초평탄 콘크리트
- Laser System에 의해 콘크리트 타설면을 제어하고 별도의 마감재 없이 콘크리트 자체 표면강도를 극대화 시키는 공법

7) 주차장 진출입을 위한 램프조면마감
- 경사진입로(ramp)에 진입 시 차량의 미끄러짐이나 밀림 등을 방지하기 위해 요철성능을 가지도록 시행하는 마감

Memo

시공계획
Key Point

☑ **국가표준**
– KCS 41 46 01
– KCS 41 46 02

☑ **Lay Out**
– 시공계획
– 미장공사 하자

☑ **필수 기준**
– 배합비
– 바름두께의 표준

☑ **필수용어**

③ 시공

1. 미장공사 시공계획

1-1. Sample 시공

① 견본의 색상, 문양, 질감 및 배열 등의 미적 효과를 확인하고, 재료의 품질, 가공 조립 및 설치 등에 관한 작업숙련도의 기준을 결정할 필요가 있는 경우에 발주자대리인이 지정한 장소와 면적을 설치한다.

② 개구부를 포함한 외벽 면적이 $1,500m^2$ 이상인 건물

③ 대표적인 장소에 설치하는 미장 재료를 시공도에 명시한 방법으로 바탕면의 재질별로 견본 시공

④ 지정된 장소의 벽체 또는 바닥 너비 전체를 최소 $1,800mm$의 길이 또는 $10m^2$ 이상의 면적을 시공

1-2. 자재 : 재료의 선택

- 바탕재에 따른 적합재료 선정
- 결합재 · 혼화재료 · 보강재료 · 보조재료 사용검토

1-3. 시공

1) 공정관리

① 재료수급 계획을 수립하여 작업을 진행

② 사용재료와 공법적용에 충분한 공기를 확보

2) 현장안전관리

- 적절한 채광, 조명 및 통풍 등이 되도록 창호를 열고, 조명, 환기설비를 준비한다.

3) 재료의 취급

① 시멘트, 석고 플라스터, 건조시멘트 모르타르 등과 같이 습기에 약한 재료는 지면보다 최소 $300mm$ 이상 높게 만든 마룻바닥이 있는 창고 등에 건조 상태로 보관하고, 쌓기 단수는 13포대 이하로 한다.

② 폴리머 분산제 및 에멀션 실러를 보관하는 곳은 고온, 직사일광을 피하고, 또한 동절기에는 온도가 5℃ 이하로 되지 않도록 주의

4) 배합 및 비빔

① 재료의 배합

- 바탕에 가까운 바름층 일수록 부배합, 정벌바름에 가까울수록 빈배합으로 한다.
- 결합재와 골재 및 혼화재의 배합은 용적비로, 혼화제, 안료, 해초풀 및 짚 등의 사용량은 결합재에 대한 질량비로 표시

② 재료의 비빔

- 건비빔상태에서 균질하게 혼합 후 물을 부어서 다시 잘 혼합한다. 액체상태의 혼화재료 등은 미리 물과 섞어둔다.

시공

· 섬유를 혼합할 물이 접착액인 경우는 이 접착액에 섬유를 분산시켜 접착액으로서 모르타르를 혼합하여 사용

③ 재료혼합의 제한

· 석고 플라스터에 시멘트, 소석회, 돌로마이트 플라스터 등을 혼합하여 사용하면 안 된다.

· 결합재, 골재, 혼합재료 등을 미리 공장에서 배합한 기성배합 재료를 사용할 때에는 제조업자가 지정한 폴리머 분산제 및 물 이외의 다른 재료를 혼합해서는 안 된다.

5) 바탕의 점검 및 조정

① 표면 경화 불량은 두께가 2mm 이하의 경우 와이어 브러시 등으로 불량부분을 제거

② 초벌바름이 건조한 것은 미리 적당히 물축임한 후 바름작업을 시작한다.

6) 흙손 바름

① 바름면의 흙손작업은 갈라지거나 들뜨는 것을 방지하기 위해 바름층이 굳기 전에 끝낸다.

② 바름표면의 흙손바름 및 흙손누름작업은 물기가 걷힌 상태를 보아가며 한다.

7) 뿜칠

① 뿜칠은 얼룩, 흘러내림, 공기방울 등의 결함이 없도록 작업한다.

② 압송뿜칠기계로 바름하는 두께가 20mm를 넘는 경우는 초벌, 재벌, 정벌 3회로 나누어 뿜칠바름을 하고, 바름두께 20mm 이하에서는 재벌뿜칠을 생략한 2회 뿜칠바름을 하며, 두께 10mm 정도의 부위는 정벌뿜칠만을 밑바름, 윗바름으로 나누어 계속해서 바른다.

8) 보양

① 시공 전의 보양

· 바름면의 오염방지 외에 조기건조를 방지하기 위해 통풍이나 일조를 피할 수 있도록 한다.

② 시공 시의 보양

· 미장바름 주변의 온도가 5℃ 이하일 때는 원칙적으로 공사를 중단하거나 난방하여 5℃ 이상으로 유지

③ 시공 후의 보양

· 조기에 건조될 우려가 있는 경우에는 통풍, 일사를 피하도록 시트 등으로 가려서 보양

· 정벌바름 후 24시간 이상 방치하여 건조 및 보양

시공

2. 시멘트모르타르 미장공사 하자

2-1. 요구조건 및 중점관리 사항

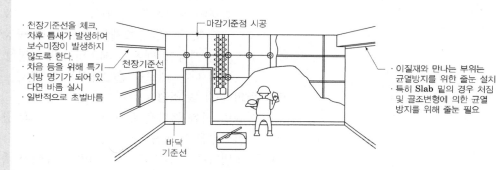

· 천장기준선을 체크, 차후 틈새가 발생하여 보수미장이 발생하지 않도록 한다.
· 차음 등을 위해 특기시방 명기가 되어 있다면 바름 실시
· 일반적으로 초벌바름

마감기준점 시공

천장기준선

바닥기준선

· 이질재와 만나는 부위는 균열방지를 위한 줄눈 설치
· 특히 Slab 밑의 경우 처짐 및 골조변형에 의한 균열 방지를 위해 줄눈 필요

| 재료 | • 소요강도, 접착성능, 균열 저항성 |
| 바탕 | • 조면도, 평활도, 두께, 강도, 균열 |

2-2. 하자유형 및 원인

유형	원 인
균열	구조체 및 바름 불량, 바탕처리 미흡
박리	구조체 및 바름 불량, 바탕처리 미흡
불경화	동절기
흙손반점	마무리 시점 불량
변화	재료 불량
동해	동해
오염	보양 불량
백화	배합 불량
곰팡이반점	경화 불량

2-3. 시공 시 유의사항

1) 바탕

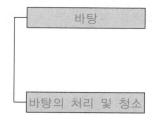

| 바탕 | • 콘크리트, 프리캐스트 콘크리트, 콘크리트 블록 및 벽돌, 고압증기양생 경량 기포콘크리트 패널, 메탈 라스, 와이어 라스, 목모 시멘트판 및 목편 시멘트판 |
| 바탕의 처리 및 청소 | • 표면 경화 불량은 두께가 2mm 이하의 경우 와이어 브러시 등으로 불량부분을 제거
• 초벌바름이 건조한 것은 미리 적당히 물축임한 후 바름작업을 시작한다. |

시공

2) 모르타르의 현장배합(용적비)

바탕	바르기 구분	초벌바름 시멘트:모래	라스먹임 시멘트:모래	고름질 시멘트:모래	재벌바름 시멘트:모래	정벌바름 시멘트:모래
콘크리트, 콘크리트 블록 및 벽돌면	바닥	–	–	–	–	1 : 2
	내벽	1 : 3	1 : 3	1 : 3	1 : 3	1 : 3
	천장	1 : 3	1 : 3	1 : 3	1 : 3	1 : 3
	차양	1 : 3	1 : 3	1 : 3	1 : 3	1 : 3
	바깥벽	1 : 2	1 : 2	–	–	1 : 2
	기타	1 : 2	1 : 2	–	–	1 : 2

3) 바름두께의 표준

바탕	바르기 구분	바름두께(단위:mm)					
		초벌바름	라스먹임	고름질	재벌바름	정벌바름	합계
콘크리트, 콘크리트 블록 및 벽돌면	바닥	–	–	–	–	24	24
	벽	7	7	–	7	4	18
	천장/차양	6	6	–	6	3	15
	바깥벽/기타	9	9	–	9	6	24

4) 재료의 비빔 및 운반
① 비빔은 모르타르 믹서로 하는 것을 원칙으로 한다.
② 1회 비빔량은 2시간 이내 사용할 수 있는 양으로 한다.

5) 초벌바름 및 라스먹임
① 바른 후에는 쇠갈퀴 등으로 전면을 거칠게 긁어 놓는다.
② 초벌바름 또는 라스먹임은 2주일 이상 방치

6) 고름질
• 바름 두께가 너무 두껍거나 요철이 심할 때는 고름질을 한다.
• 초벌바름에 이어서 고름질을 한 다음에는 초벌바름과 같은 방치기간

7) 재벌바름
• 재벌바름에 앞서 구석, 모퉁이, 개탕 주위 등은 규준대를 대고 평탄한 면으로 바르고, 다시 규준대 고르기를 한다.

8) 정벌바름
• 재벌바름의 경화 정도를 보아 정벌바름은 면 개탕 주위에 주의하고 요철, 처짐, 돌기, 들뜸 등이 생기지 않도록 바른다.

9) 줄눈
• 모르타르의 수축에 따른 흠, 균열을 고려하여 적당한 바름 면적에 따라 줄눈을 설치

10) 보양
• 바람 등에 의하여 작업장소에 먼지가 날려 작업면에 부착될 우려가 있는 경우는 방풍보양
• 정벌바름 후 24시간 이상 방치하여 건조 및 보양

11) 바름 후 확인사항
• 평활도 확인: 수평대 및 직각자를 이용하여 요철확인
• 들뜸 여부 확인: 끝이 뾰족한 망치 등으로 미장면을 긁어서 확인

| 마법지 | 도장공사 |

1. 일반사항
   - 도장재료의 구성 및 특성
2. 공법분류
   - 공법분류(KS 규격별 분류)
   - 도장방법
   - 바탕별: 콘크리트·모르타르부 도장, 철재부 도장, 목재부 도장
   - 재료별: 천연페인트, 수성도장, 바니시 도장, 폴리우레탄 수지 도료 도장, 바닥재 도료 도장, 에폭시도료, 금속용사(金屬溶射) 공법, 도장공사의 미스트 코트(Mist coat), 지하주차장 뿜칠재 시공
3. 시공
   - 도장공사 시공계획
   - 도장공사 하자

일반사항

재료
Key Point

☑ **국가표준**
- KCS 41 47 00

☑ **Lay Out**
- 도장재료의 구성 및 특성

☑ **필수 기준**
- 광택 및 점도조절

☑ **필수용어**
- 도료의 구성요소

전색제(Vehicle)

- 수지, 용제를 총칭하여 전색제라고 한다.
- 전색제는 원래 물감 등의 안료를 희석하는 아마인유(Linseed Oil), 물 등의 용액을 의미하는 단어

참고사항

- 도료의 구성에 있어 안료를 포함하지 않는 도료를 클리어(Clear, 투명)도료, 착색안료를 포함하는 도료를 에나멜(Enamel, 착색)도료라 한다.
- 도료에서는 경화반응을 이용하지 않고 용제증발 등의 물리적 건조만으로 막을 형성하는 열가소성 수지 도료와 경화반응에 의해 3차원 그물눈을 형성하여 막을 형성하는 열경화성 수지도료가 있다.

① 일반사항

1. 도장재료의 구성 및 특성

> 도료의 구성 요소는 크게 안료, 전색제, 용제, 보조제의 성분을 혼합하여 용해 분산시킨 것이며 각자의 성분이 가지고 있는 기능을 합리적으로 조합함으로써 도료의 성능을 발휘하도록 만든 것이다.

1-1. 도료의 구성요소

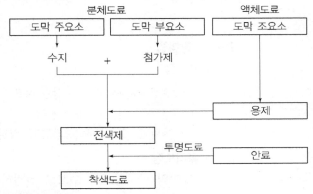

1-2. 성분과 기능

- **수지(Resin)**
  - 성분: 유지, 천연수지, 열가소성 합성수지, 열경화성 합성수지, 아크릴 수지
  - 기능: 용융 및 가연성이 있고 도막을 형성하는 주재료

- **첨가제(Additive)**
  - 성분: 분산제, 침전방지제, 증점제, 광안정제, 조제, 소광제, 방부제, 동결방지제, 소포제 등
  - 기능: 도료의 제조, 저장, 도막형성을 위한 기능발휘

- **안료(Pigment)**
  - 성분: 체질안료, 방청안료, 착색안료 등
  - 기능: 도장의 색상을 나타내며, 바탕면을 정리하고 햇빛으로 부터 결합제의 손상을 보호

- **용제(Solvent)**
  - 성분: 진용제, 조용제, 희석제 등
  - 기능: 도료의 점도조절, 작업성, 도막건조

1-3. 광택 및 점도조절

광택분류(기준: 60° 은면 반사율)	도료의 점도 조절
• 유광(Full Gloss): 70° 이상 • 반광(Semi Gloss): 30~70° • 반무광(Egg Shell): 10~30° • 무광(Flat): 10° 이하	• 용제: 녹일 수 있는 용액 • 신너(Thinner): 여러 용제들의 혼합물 • 수성페인트: 물을 용제로 사용 • 유성페인트: 희석제(신너)를 용제로 사용

공법분류

KS규격
Key Point

☑ **국가표준**
– KCS 41 47 00
– KS M 5001

☑ **Lay Out**
– KS 규격별 분류
– 도장방법

☑ **필수 기준**
– KS 규격별 분류

☑ **필수용어**

• 붓도장
– 평행하고 균등하게 하고 붓 자국이 생기지 않도록 평활하게 한다.
• 롤러도장
– 도장속도가 빠르므로 도막 두께를 일정하게 유지하도록 한다.
• 스프레이 도장
– 표준 공기압을 유지하고 도장면에서 300mm를 표준으로 한다.
– 운행의 한 줄마다 스프레이 너비의 1/3 정도를 겹쳐 뿜는다.
– 각 회의 스프레이 방향은 전회의 방향에 직각으로 한다.

(뿜칠재)

• 물성: 순수 무기질계로 불연성
• 구성재료: 펄라이트, 질석, 석고, 시멘트, 무기 접착제, 기포제, 발수제
• 공법선정: 의장성, 시공성, 경제성
• 관리Point: 기온, 골조 Crack, 바탕면처리 및 함수율, 색상, 설비시공시기

2 공법분류

1. KS 규격별 분류

> 도료의 종류는 일반적으로 도막을 구성하는 주성분에 의한 분류, 용액체·반고체·고체 등의 형태에 의한 분류, 특수한 용도로 전용 등의 용도에 따른 분류로 구분된다.

2. 도장방법

2-1. 도장방법
1) 붓도장
   - 유성도료용: 고점도, 말털 사용
   - 래커용: 저점도, 양털사용
   - 에멀션, 수용성용: 중간점도, 양털 또는 말털 사용

2) 롤러도장
   롤러의 마모상태를 수시로 점검하여 교체사용

3) Air Spray 도장
   - 외부 혼합식: 유동성이 양호한 저점도 도료용
   - 내부 혼합식: 고점도, 후막형 도장용

4) Air Less Spray 도장
   공기의 분무에 의하지 않고 도료자체에 압력을 가해서 노즐로부터 도료를 안개처럼 뿜칠하는 방법

5) 정전 분체도장
   접지한 피도체에 양극, 도료 분무장치에 음극이 되게 고전압을 주어, 양극 간에 정전장을 만들어 그 속에 분말 도료를 비산시켜 도장

6) 전착 도장
   수용성 도료 속에 전도성의 피도체를 담궈 도료와 반대 전하를 갖도록 전류를 흐르게 하여 전기적 인력으로 도장

2-2. 도장 시 각 요인이 도막수명에 미치는 영향

요인	기여율(%)
표면처리	5
도막두께	25
도료의 종류	5
기타, 도장조건(환경, 숙련도)	25

2-3. 시공 공통사항- 바탕 만들기

1) 퍼티먹임
① 표면이 평탄하게 될 때까지 1~3회 되풀이하여 빈틈을 채우고 평활하게 될 때까지 갈아낸다.
② 퍼티가 완전히 건조하기 전에 연마지 갈기를 해서는 안 된다.

2) 흡수방지제
① 바탕재가 소나무, 삼송 등과 같이 흡수성이 고르지 못한 바탕재에 색올림을 할 때에는 흡수방지 도장을 한다.
② 흡수방지는 방지제를 붓으로 고르게 도장하거나 스프레이건으로 고르게 1~2회 스프레이 도장한다.

3) 착색
① 붓도장으로 하고, 건조되면 붓과 부드러운 헝겊으로 여분의 착색제를 닦아내고 색깔 얼룩을 없앤다.
② 건조 후, 도장한 면을 검사하여 심한 색깔의 얼룩이 있을 때에는 다시 색깔 고름질을 한다.

4) 눈먹임
① 눈먹임제는 빳빳한 털붓 또는 쇠주걱 등으로 잘 문질러 나뭇결의 잔구멍에 압입시키고, 여분의 눈먹임제는 닦아낸다.
② 잠깐 동안 방치한 후 반건조하여 끈기가 남아 있을 때에 면방사 헝겊이나 삼베 헝겊 등으로 360° 회전하면서 문지른 후 다시 부드러운 헝겊 등으로 닦아낸다.

5) 갈기(연마)
① 나뭇결 또는 일직선, 타원형으로 바탕면 갈기 작업을 한다.
② 갈기는 나뭇결에 평행으로 충분히 평탄하게 하고 광택이 없어질 때까지 간다.

도장 시 대기조건
- 기온 5℃ 미만, 상대습도 85% 초과 시 도장 금지
- 도장바탕면의 온도가 잇ㄹ점보다 3℃ 이상 높아야 함

Memo

③ 시공

시공계획
Key Point

■ **국가표준**
– KCS 41 47 00

■ **Lay Out**
– 시공계획
– 도장공사 하자

■ **필수 기준**
– KS 규격별 분류

■ **필수용어**

1. 도장공사 시공계획

① 도장공사는 피도장 물체의 표면에 도료를 균일하게 칠하여 물리 · 화학적으로 고화 된 피막을 형성하여 피도장 물체의 보존 · 파손 · 부식 방지로 내구성을 향상시키고 색채와 광택을 통해 의장적 · 시각적 효과를 높이기 위한 공사이다.
② 공사전 도장 계획을 세워 조합표, 공정표, 끝손질, 각종 도장의 각 회수별 도장견본 등을 구비하여 색상 · 광택 등에 대하여 틀림없이 한다.

1-1. 품질보증
1) 재료선정
• 도장재료는 한국산업표준(KS)에 적합한 제품을 사용
• 공인된 친환경 재료 (환경표지인증, 실내공기질마크, HB마크 등)를 우선 사용
• 도장재료는 전과정에 걸쳐 에너지 소비와 이산화탄소 배출량이 적은 것을 우선적으로 선정
• 환경영향이 적은 것을 우선적으로 선정
• 폐기물 발생을 최소화할 수 있는 도장재료를 우선적으로 사용
2) 시공방법 및 장비선정
① 천연자원 보전에 도움이 되는 공법, 폐기물 배출을 최소화하는 공법을 사용
② 환경영향이 적은 것을 우선적으로 사용
③ 폐기물 발생을 최소화할 수 있는 공법을 먼저 사용

1-2. 자재
1) 도장시험(샘플시공)
① 견본보다 큰 면적의 판 또는 실물에 도장
② 실제의 벽면과 그 외의 외부 및 내부 건물 부재에 견본도장의 경우 최소 $10m^2$ 크기의 지정하는 표면 위에 광택 및 색상과 질감이 요구하는 수준에 도달할 때까지 마감도장을 한다.
2) 도료의 조색
① 도료의 조색은 전문 제조회사가 견본의 색상, 광택으로 조색함을 원칙으로 한다.
② 사용량이 적을 때에는 현장에서 동종 도료를 혼합하여 조색

시공

1-3. 시공

1) 도료의 배합

- 도료의 배합은 제출된 도료 설명서를 참조하고, 희석제는 전용 희석제를 사용

2) 건조시간

- 건조시간(도막양생시간)은 온도 약 20℃, 습도 약 75%일 때, 다음 공정까지의 최소 시간
- 온도 및 습도의 조건이 많이 차이 날 경우에는 담당원의 승인을 받아 건조시간을 결정

3) 바탕 및 바탕면의 건조

① 도장의 바탕 함수율은 도장의 종류 및 바탕의 소재에 따라 처리 후 충분한 양생기간을 두어 건조

② 최소 8% 이하의 함수율 여부를 확인 후 다음 공정의 작업을 진행

4) 도장하지 않는 부분

① 마감된 금속표면은 별도의 지시가 없으면 도금된 표면, 스테인리스강, 크롬도금판, 동, 주석 또는 이와 같은 금속으로 마감된 재료는 도장하지 않는다.

② 움직이는 품목 및 라벨의 움직이는 운전부품, 기계 및 전기부품으로 밸브, 댐퍼 동작기, 감지기 모터 및 송풍기 샤프트는 특별한 지시가 없으면 도장하지 않는다.

5) 도장하기

① 도료의 제조업체 사용설명서가 명기된 건조 도막 두께와 도장 방법에 따르고 고임, 얼룩, 흘러내림, 주름, 거품 및 붓자국 등의 결점이 생기지 않도록 균등하게 도장한다.

② 도장 공정 중 "회"와 "회차"의 구분은 예를 들어 상도(1회차)로 명기된 사항은 상도 도장을 1번만 시공하는 것을 말하고, 상도(2회차)로 명기된 사항은 앞서 1번 시공한 부위에 1번 더 시공하는 것을 말한다.

6) 보양

- 도장면에 오염 및 손상, 주위환경의 오염을 주지 않도록 주의하고, 필요에 따라 보양재(비닐, 테이프, 종이, 천막지 등)로 보양작업을 한다.

7) 환경 및 기상

- 도장하는 장소의 기온이 낮거나, 습도가 높고, 환기가 충분하지 못하여 도장건조가 부적당할 때, 주위의 기온이 5℃ 미만이거나 상대습도가 85%를 초과할 때 눈, 비가 올 때 및 안개가 끼었을 때
- 수분 응축을 방지하기 위해서 소지면 온도는 이슬점보다 높아야 한다.

2. 도장공사 하자

2-1. 하자유형

결함유형		원인
도료 저장 중 하자		점도상승, 안료침전, 피막생성하자, 겔화 하자
도장 공사 중 발생 하자	붓자국 (Brush Mark)	도료의 유동성 불량
	패임(Cratering)	도장조건이 고온다습하고 분진이 많은 하절기(분진과 수분)
	오렌지필 (Orangepeel)	굴껍질 같은 요철: 흡수가 심한 바탕체에 도장, 고 점도 도료사용
	색분리(Flooding)	2종 이상의 안료로 제조하면 입자의 크기, 비중, 응집성의 차이로 침강 속도차 (색상 상이)
	색얼룩(Floating)	도료표면에 부분적인 색상차(색분리와 동일)
	흐름 (Sagging, Running)	수직면에 도장한 경우 도료가 흘러내려 줄무늬모양
건조 중	백화 (Blushing)	도막면이 백색으로 변함. 고온다습한 경우, 증발이 빠른 용제를 사용할 경우
	기포 (Bubble)	용제의 증발속도가 지나치게 빠른 경우, 기포가 꺼 지지 않고 남음
	번짐(Bleeding)	하도의 색이 상도의 도막에 스며나와 변함
건조 후	광택소실 (Clouding)	하도의 흡수력이 심할 때, 시너를 적게 희석할 때, 건조불충분
	Pin Hole	바늘구멍, 건조불량, 고온다습 및 분진
장기간 경과 후	벗겨짐, 박리 (Flaking)	부착불량, 점착테이프 사용 시, 왁스 및 오일잔존으로
	부풀음 (Blistering)	도막의 일부가 하지로부터 부풀어 지름이 10mm~ 그 이하로 분산불량과 같은 미세한 수포발생 (고온다습, 물)
	메탈릭 얼룩 (Metalic Mark)	금속분이 균일하게 배열되지 않고 반점상, 물결모 양을 만드는 현상. Thinner의 증발이 너무 늦을 때, 도료의 유동성이 너무 양호할 때
	균열(Cracking)	건조도막이 갈라지거나 터진 현상. 건조불량 및 두 께 두꺼울 때
	변색 (Discoloration)	외부의 영향으로 인해 본 색상을 잃어버리는 현상

2-2. 작업조건

- 적정온도
  5℃ 이상
- 바탕
  도장바탕면의 온도가 이슬점보다 3± 이상 높아야 함
- 시공
  옥외작업 시 40hr 미만
- 환경
  청정한 공기 지속적 공급

9-4장

보호공법

Professional Engineer

마법지

방수공사

1. 일반사항
   - 방수공법 공법선정, 시공계획
   - 수팽창지수판
   - 수팽창지수재
   - 아스팔트 재료의 침입도(Penetration Index)
2. 공법분류
   - 공법분류
   - 재료별: 아스팔트방수, 개량아스팔트 시트방수, 합성고분자계 시트방수, 자착형(自着形) 시트방수, 점착유연형 시트 방수공사, 도막방수, 폴리우레아방수, 시트 및 도막 복합 방수공사, 시멘트모르타르계 방수/ 폴리머시멘트모르타르계 방수공사, 규산질계 도포방수공사, 금속판 방수공사, 벤토나이트 시트방수)
   - 부위별: 지하구조물에 적용되는 외벽 방수재료 및 공법, 콘크리트 지붕층 슬래브 방수의 바탕처리 방법, 인공지반녹화 방수방근공사, 지하저수조 내부 방수 방식 공사, 발수공사
3. 시공
   - 방수 시공 후 누수시험
   - 누수발생원인 및 방지대책
   - 누수보수공사

일반사항

공법선정
Key Point

■ 국가표준
- KCS 41 40 01
- KCS 41 40 16
- KS M 2252

■ Lay Out
- 공법선정, 시공계획
- 누수발생원인 및 방지대책
- 방수 후 누수시험

■ 필수 기준
- 바탕 함수율
- 누수시험

■ 필수용어
- 누수시험

방수공사의 적정 환경

• 강우 시
- 함수율 8% 이하

• 고온 시
- 바탕이 복사열을 받아 온도가 상승하여 내부의 물이 기화
·팽창하므로 부풀림 우려

• 저온 시
- 5℃ 이하에서는 시공금지
- 접착제 건조 지연에 따른 접착불량
- 도막의 경화시간 지연에 따른 피막형성 불량

① 일반사항

1. 방수공법 공법선정, 시공계획

1-1. 공법선정

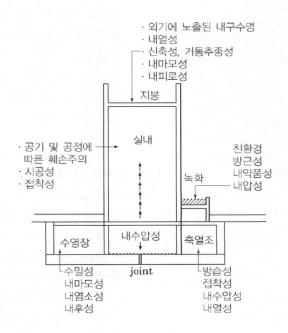

1-2. 시공계획 및 사전 조치사항
1-2-1. 시공계획의 절차
① 시방서 파악-지시사항 및 요구 성능 및 품질의 확인(재료, 공법)
② 설계도 파악-공사내용과 시공성의 확인(시공범위, 바탕, 관련공사와의 적합성)
③ 협력사 결정-시공능력, 시공실적, 기술인력, 품질관리실태 등을 종합적 검토
④ 시공도 작성-전·후 공사와의 관련검토, 시공도, 상세도
⑤ 시공계획-품질보증 절차에 의거한 공종별 품질 및 시공계획서 작성
⑥ 공정표-전·후 작업과의 관련에 의한 시공순서 결정, 공정 전체의 일정, 바탕방수의 건조기간 확보 및 유지
⑦ 반입 및 보관-반입시기, 보관 장소, 보관방법, 규격, 제조자 및 품명, 반입수량 검토
⑧ 바탕-청소, 결함부위 보수·보강, 물매(구배)확인, 건조도 확인
⑨ 시험-KS 기준, 시방서에 의거한 시험 실시, 담수 test 실시
⑩ 신축줄눈-간격, 위치, 범위, 설치방법 검토
⑪ 먹매김-구체(바탕) 정밀도 확인, 분할 검토
⑫ 시공-방수공정 순서, 강우·강설·강풍시의 대책
⑬ 양생-시공 중 혹은 다음 공정까지의 양생 및 보양방법 검토
⑭ 누름-운반 및 시공방법 검토

재료·부위
Key Point

■ 국가표준
– KCS 41 40 16

■ Lay Out
– 재료별
– 부위별

■ 필수 기준
– 바탕 함수율

■ 필수용어
– 개량아스팔트 시트방수
– 도막방수
– 인공지반녹화 방수방근

시공공법 분류

• 접착공법
– 접착제를 바탕면에 도포
– 가황, 비가황고무계시트 사용
– 전면접착, 부분접착

• 금속고정 공법
– 고정철물 이용
– 용제의 접착성과 열용착성이
우수한 염화비닐계 시트사용

• 자착식 공법
– 접착제 도포가 불필요한 시
트를 사용
– 고무아스팔트계, 부틸고무계,
천연고무계 사용

---

② 공법분류

1. 재료별

1-1. 개량 아스팔트 시트 방수공사

① Sheet 뒷면에 asphalt를 도포하여 현장에서 torch로 가열하여 용융시킨 후, primer 바탕 위에 밀착되게 붙여 방수층을 형성하는 공법

② 공정(시공)이 짧고 대규모 장비와 장치가 필요 없고 접합부의 수밀성과 방수성에 대한 신뢰성이 높으며, asphalt의 냉각이 빨라 후속공정이 빨라진다.

1-2-1. 시공 시 유의사항

1) 프라이머의 도포

① 바탕을 충분히 청소한 후, 프라이머를 솔, 롤러, 뿜칠기구 및 고무주걱 등으로 균일하게 도포한다.

② Primer의 건조시간(아스팔트 계 24시간 이상, 합성수지계 15분 이상)

2) 개량 아스팔트 방수시트 붙이기

① 토치로 개량 아스팔트 시트의 뒷면과 바탕을 균일하게 가열하여 개량 아스팔트를 용융시키고, 눌러서 붙이는 방법을 표준으로 한다.

② 접합부는 개량 아스팔트가 삐져나올 정도로 충분히 가열 및 용융시켜 눌러서 붙인다.

③ 상호 겹침은 길이방향으로 200mm, 너비방향으로는 100mm 이상

④ 물매의 낮은 부위에 위치한 시트가 겹침 시 아래면에 오도록 접합

⑤ ALC패널 및 PC패널의 단변 접합부는 300mm 정도의 덧붙임용 시트로 처리

⑥ 치켜올림의 개량 아스팔트 방수시트의 끝부분은 누름철물을 이용하여 고정하고, 실링재로 실링처리

3) 단열재 붙이기

① 노출용 단열재 삽입(M-MiT) 공법에서의 단열재는 공정 2의 단열재용 접착제를 균일하게 바르면서 빈틈없이 붙이고, 그 위를 점착층 붙은 시트로 붙인다.

② 보행용 전면접착(M-PrF) 공법에서의 단열재는 단열재용 접착제를 이용하여 붙이든지 또는 이미 시공된 개량 아스팔트 방수시트의 표면을 토치로 부분적으로 가열하여 빈틈없이 붙인다.

4) 특수부위의 처리

① 오목모서리와 볼록 모서리 부분은 미리 너비 200mm 정도의 덧붙임용 시트로 처리

② 드레인 주변은 미리 드레인 안지름 정도 크기의 구멍을 뚫은 500mm
각 정도의 덧붙임 용 시트를 드레인의 몸체와 평면부에 걸쳐 붙인다.
③ 파이프 주변은 미리 파이프의 직경보다 400mm 정도 더 큰 정방형
의 덧붙임용 시트를 파이프 면에 100mm 정도, 바닥면에 50mm
정도 걸쳐 붙인다.

1-3. 합성고분자계 시트 방수공사

합성고무나 합성수지를 주성분으로 하는 합성고분자 roofing(THK
1.0~2.0mm 정도)을 primer, 접착제(adhesives), 고정 철물 등을 사
용하여 바탕면에 밀착되게 붙여 방수층을 형성하는 공법

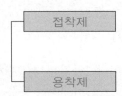

접착제 ── 합성고무계나 합성수지계, 톨루엔 등을 함유하지 않은
비유기용제형과 수성 에멀션 타입 또는 폴리머 시멘트
페이스트계의 것

용착제 ── 염화비닐수지계 시트 상호간 또는 시트와 고정철물 상
호간을 용착시키는 것

1-4. 자착형(自着形) 시트방수

유체 특성을 갖는 겔(gel) 형 방수재와 이를 보호하기 위한 경질 혹은
연질형 시트방수재가 상하로 일체되어 적층구조로 형성된 재료로 방
수층을 형성하는 공법

1-5. 점착유연형 시트 방수공사

유체 특성을 갖는 겔(gel) 형 방수재와 이를 보호하기 위한 경질 혹은
연질형 시트방수재가 상하로 일체되어 적층구조로 형성된 재료로 방
수층을 형성하는 공법

1-6. 도막방수

방수용으로 제조된 우레탄고무, 아크릴고무, 고무아스팔트 등의 액상
형 재료를 소정의 두께가 될 때까지 바탕면에 여러 번 도포하여, 이
음매가 없는 연속적인 방수층을 형성하는 공법

1-7. 폴리우레아 방수공사

주제인 이소시아네이트 프리폴리머와 경화제인 폴리아민으로 구성된
폴리우레아수지 도막 방수재를 바탕면에 여러 번 도포하여 소정의 두
께를 확보하고 이음매가 없는 방수층을 형성하는 공법

1-8. 시트 및 도막 복합 방수공사

방수를 필요로 하는 부위에 시트계 방수재와 도막계 방수재를 적층
복합하여 방수층을 형성하는 공법

공법분류

[전용 Roller]

[현장 특수제작 3구경 Torch]

[보호재 및 스테인리스 판]

[보호재 시공]

[보호 콘크리트 타설]

1-9. 시멘트모르타르계 방수/폴리머시멘트모르타르계 방수

시멘트를 주원료로 규산칼슘, 규산질미분말, 등의 무기질계 재료 또는 지방산염, Paraffin Emulsion 등의 유기질계 재료를 물과 함께 혼합하여 방수층을 형성하는 공법

1-10. 규산질계 도포방수공사

① 습윤환경 조건하의 콘크리트 구조물에 규산질계 분말형 도포방수재를 도포하여, 콘크리트의 공극에 침투시켜 방수층을 형성하는 공법
② 현장에서 통용어로 '침투성 방수 or 구체방수'를 말한다.

1-11. 금속판 방수공사

구조체의 바닥이나 마감바닥 밑에 내식성이 있는 납판, 동판, aluminium 판, stainless판 등을 가공하여 접어 붙이기, 용접연결, 고정철물을 고정하여 방수층을 형성하는 공법

1-12. 벤토나이트 방수공사(bentonite waterproofing)

① 물을 흡수하면 팽창하고, 건조하면 수축하는 성질인 Bentonite를 Panel, Sheet, Mat 바탕위에 부착하여 방수층을 형성하는 공법
② 몬모릴로나이트(montmorillonite)계통의 팽창성 3층판(Si-Ai-Si)으로 이루어져 팽윤 특성을 지닌 가소성이 매우 높은 점토광물로 소디움(sodium)계가 주로 사용되고 있다.

2. 부위별

2-1. 지하방수

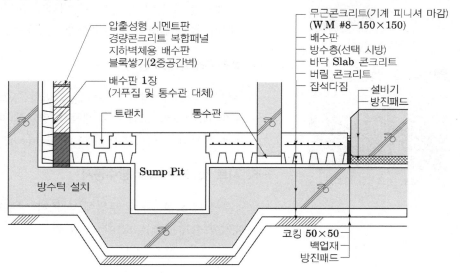

2-1-1. 건축물 지하 누수 방지대책

공법분류

- 바탕
  - 콘크리트 타설관리(구조체)
  - Joint 처리(지수판, 지수재)
- 사용 방수 재료별 관리
  - 시트 방수 공법의 조인트 접합 및 바탕접착 관리
  - 도막방수공사의 두께 확보 및 바탕접착 관리
  - 복합방수의 재료별 접착 관리
  - Joint 처리(지수판, 지수재)
- 작업환경
  - 외기온도
  - 지하수 관리
- 시공
  - Sample 시공
- 보양 및 양생
  - 되메우기 전 누수여부 확인

2-2. 지붕방수

2-2-1. 지붕의 형태

1) 평지붕

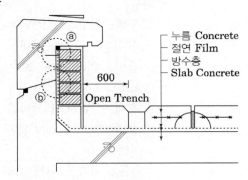

┌ ⓐ 부위: Stainless재질의 고정철물로 고정 후 Caulking
└ ⓑ 부위: 벽돌 누름층은 뒷면에 모르타르를 밀실하게 충전

2) 박공지붕

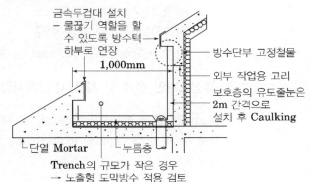

공법분류

2-2-2. 신축줄눈의 배치기준

1) 신축줄눈의 간격

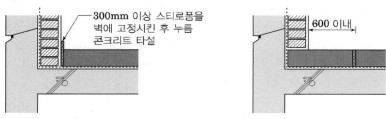

[보호벽돌에 신축줄눈 설치]　　　　[보호벽돌에서 이격하여 신축줄눈 설치]

2) 설치 상세

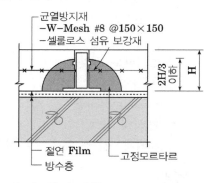

- 신축줄눈의 폭: 20~25mm
- 깊이: 누름 콘크리트의 바닥면까지 완전분리
- 모르타르로 줄눈재를 고정하는 경우: 바름높이를 누름 콘크리트 두께의 2/3 이하로 한다.

2-2-3. 누수 방지 대책

- 바탕
  - 구배: 비노출 1/100~1/50, 노출 1/50~1/20
  - 함수율: 8~10% 이내
  - 균열보수 및 누수 보수공사
- Drain
  - 구배 및 위치: 벽체마감에서 Drain중심부까지 300mm 이상 이격
  - 슬래브보다 30mm 낮게 시공
- 모서리
  - 방수층 접착을 위해 L=50~70mm 코너 면잡기
- Parapet
  - 방수면 보다 100mm 높게 이어치기 및 물끊기 시공
- 누름층
  - 신축줄눈의 두께: 60mm 이상
  - 신축줄눈의 폭: 20~50mm
  - 신축줄눈의 간격: 3m 이내
  - 외곽부 줄눈 이격: Parapet 방수 보호층에서 600mm 이내

2-3. 옥상드레인 설계 및 시공 시 고려사항

Drain의 효율적인 역할은 옥상 바닥면의 물매상태에 있으므로 지붕의 형상과 물매에 따라 drain 배수능력을 고려하여 설계 및 시공한다.

2-4. 인공지반녹화 방수방근공사

> 지붕녹화 system에서 빗물과 식생을 위한 물 등이 구조체에 유입되는 것을 방지하기 위한 것으로, 조경 수목의 종류·수령, 토량, 녹화 system, 지붕의 형상, 물배(구배), 재질 그리고 drain의 배수 능력을 고려한다.

2-4-1. 옥상녹화 시스템 구성요소

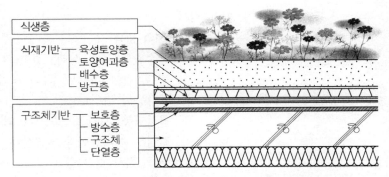

[옥상녹화시스템 구성요소 (기존건축물 적용시)]

2-4-2. 인공지반녹화용 방수층 및 방근층 시공 시 유의사항

요 인	방 법
녹화 공사 및 조경 수목의 뿌리에 의한 방수층(방근층)의 파손(보호 대책)	① 방수재의 종류 및 재질 선정 　- 아스팔트계 시트재보다는 합성고분자계 시트재 사용 ② 방근층의 설치(방수층 보호) 　- 플라스틱계, FRP계, 금속계의 시트 혹은 필름, 조립 패널 성형판 　- 방수·방근 겸용 도막 및 시트 복합, 조립식 성형판 등
배수층 설치를 통한 체류수의 원활한 흐름	방수층 위에 플라스틱계 배수판 설치
체류수에 의한 방수층의 화학적 열화	① 방수재의 종류 및 재질 선정 　- 아스팔트계 시트재보다는 합성고분자계 시트재 사용 ② 방수재 위에 수밀 코팅 처리 　(비용 증가 및 시공 공정 증가)
바탕체의 거동에 의한 방수층의 파손	① 콘크리트 등 바탕체가 온도 및 진동에 의한 거동 시 방수층 파손이 없을 것 ② 합성고분자계, 금속계 또는 복합계 재료 사용 ③ 거동 흡수 절연층의 구성
유지관리 대책을 고려한 방수시스템 적용	① 만일의 누수 시 보수가 간편한 공법(시스템)의 선정 ② 만일의 누수 시 보수대책(녹화층 철거 유무) 고려

공법분류

③ 시공

시공
Key Point

☑ **국가표준**
 – KCS 41 40 01

☑ **Lay Out**
 – 방수 시공 검사
 – 누수보수

☑ **필수 기준**
 – 누수시험

☑ **필수용어**
 – 누수시험

시공 시의 고려사항

• 누수 보수재료는 수중 혹은 습윤 상태에 적용되기 때문에 콘크리트 바탕면과의 부착력이 충분히 고려되어야 한다.
• 누수 보수재료는 수중 혹은 습윤 상태에 적용되기 때문에 물과 친수성이 있어야 한다.
• 시공 시에는 콘크리트 바탕면과 접착력을 저하시키는 요인을 해결한 후 시공해야 한다.

1. 방수 시공 검사

> 방수층 시공 후 누수시험은 방수 시공된 부위의 모든 drain을 막고 방수층 끝 부분이 감기지 않도록 물을 채우고, 48시간 정도 누수여부를 확인한다.

1-1. 검사

1) 시공 시의 검사
  ① 방수층의 구성 상태, 결함(찢김, 들뜸 등) 상태 및 끝 부분(치켜올림부, 감아 내림부 등)의 처리상태
  ② 방수층의 겹침부(2겹, 3겹, 4겹 붙인 부분 등)의 처리상태
  ③ 경사지붕, 슬래브 및 지하 외벽의 경우에는 물의 흐름 방향에 대한 겹침부 처리방법과 처리상태

2) 완성 시의 검사 및 시험
  ① 규정 수량이 확실하게 시공(사용)되어 있는지의 유·무
  ② 방수층의 부풀어 오름, 핀 홀, 루핑 이음매(겹침부)의 벗겨짐 유·무
  ③ 방수층의 손상, 찢김(파단) 발생의 유·무
  ④ 보호층 및 마감재의 상태
  ⑤ 담수시험을 하는 경우에는 다음의 순서에 따라 실시
    • 배수관계의 구멍(배수트랩, 루프드레인)은 이물질 등이 들어가지 않도록 막아둔다.
    • 방수층 끝 부분이 감기지 않도록 물을 채우고, 48시간 정도 누수여부를 확인

2. 누수보수공사

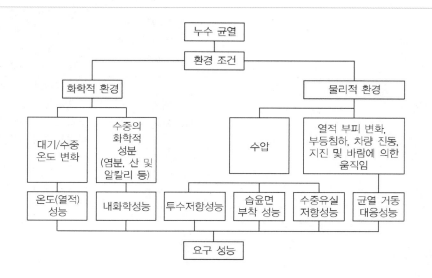

9-5장

설치공사

Professional Engineer

마법지	목 유리 실링공사

1. 목공사
   - 목재의 조직 및 성질
   - 목재의 함수율과 흡수율
   - 목재의 섬유포화점
   - 목재건조의 목적 및 방법
   - 목재의 방부처리
   - 목재의 내화공법
   - 목재 천장틀
2. 유리 실링
   - 유리공법분류와 요구성능
   - 유리부품의 제작
   - Pair Glass (복층유리)
   - 복층유리의 단열간봉(Spacer)
   - 진공복층유리(Vacuum Pair Glass)
   - 강화유리
   - 배강도유리
   - 열선 반사유리(Solar Reflective Glass)
   - 로이유리(Low Emissivw Glass), 저방사 유리
   - 접합유리
   - 망 판유리 및 선 판유리(Wired Glass)
   - 유리블럭
   - 유리설치 공법
   - 대형판유리 시공법
   - SSG(Structural Sealant Glazing System)공법
   - SPG(Structural Point Glazing), Dot Point Glazing
   - 유리의 자파(自破)현상
   - 유리의 영상현상
   - 열파손 현상
   - 실링공사
   - Bond Breaker/실링방수의 백업재 및 본드 브레이커
   - 유리공사에서 Sealing 작업시 Bite

마법지	**창호 수장공사**

3. 창호공사
- 창호의 분류 및 하자
- 소방관 진입창
- 갑종방화문 시공상세도에 표기할 사항, 구조 및 부착철물
- 방화셔터
- 방화유리문
- 창호의 지지개폐철물
- 창호공사의 Hardware Schedule

4. 수장공사
- 드라이월 칸막이(Dry Wall Partition)의 구성요소
- 경량철골천장
- 시스템 천장(System celling)
- 도배공사
- 방바닥 마루판 공사
- Access Floor, OA Floor
- 주방가구 설치공사
- 주방가구 상부장 추락 안정성 시험

[곧은결]

[무늬결]

① 목공사

1. 재료

1-1. 목재의 조직 및 성질

> 목재의 조직은 목질부, 형성층, 나이테, 수피 등으로 구분되며, 각 부위에 따른 특성이 다르므로 목재의 조직에 대한 충분한 이해를 바탕으로 사용 용도에 적합한 목재를 이용한다.

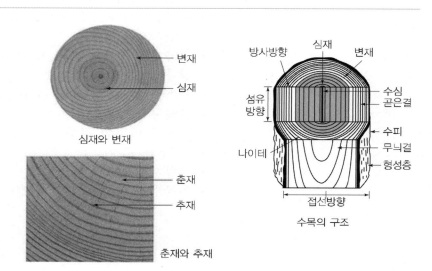

심재와 변재

춘재와 추재

수목의 구조

1) 목재의 함수율

용도	함수율
구조재	20% 이하
수장재	15% 이하
마감재	13% 이하

2) 섬유포화점(Fiber Saturation Point)

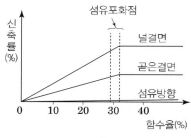

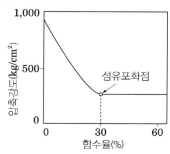

① 섬유포화점 이상에서는 강도·신축률이 일정하다.
② 섬유포화점 이하에서는 강도·신축률의 변화가 급속히 진행된다.
수목재 세포가 최대 한도의 수분을 흡착한 상태. 함수율이 약 30%의 상태이다.

목공사

함량

8시간 간격으로 질량을 측정하여 질량 변화율이 0.2% 이하인 것

목재의 함수율(%)

목재의 무게에 대한 목재 내에 함유된 수분 무게의 백분율(%)로서 함유수분의 양을 목재의 무게로 나누어서 백분율로 구하며, 기준이 되는 목재의 무게를 구하는 시점에서의 함수율에 따라 다음과 같이 두 가지로 구분함

건량 기준 함수율(%)

함유 수분의 무게를 목재의 전 건무게로 나누어서 구하며 일반적인 목재에 적용되는 함수율

습량 기준 함수율(%)

함유 수분의 무게를 건조 전 목재의 무게로 나누어서 구하며 펄프용 칩에 적용되는 함수율

목재와 수분

섬유포화점 이상에서 목재의 강도는 일정하고, 섬유포화점 이하에서는 함수율이 감소함에 따라 목재는 수축하고, 강도는 증가하는 등 물리적 성질과 기계적 성질이 변한다.

건축용 목재의 함수율

- 내장 마감재 목재의 함수율은 15% 이하(필요에 따라서 12% 이하)
- 한옥, 대단면 및 통나무 목공사에 사용되는 구조용 목재 중에서 횡단면의 짧은 변이 900mm 이상인 목재의 함수율은 24% 이하

3) 밀도와 비중

| 섬유포화점 이하 | • 함수율이 감소함에 따라 목재는 수축하고, 강도는 증가한다. |
| 섬유포화점 이상 | • 강도는 일정하고, 자유수의 증가에 따라 목재는 무거워지며 밀도가 더욱 커진다. |

- 전건재의 비중은 목재의 공극률에 따라 달라지는데 실적률만의 진비중은 1.5 정도이다.

1-2. 목재의 함수율과 흡수율

① 목재의 함수율은 시편을 103±2℃로 유지되는 건조기 내에서 항량에 도달할 때까지 건조시킨 후 질량 감소분을 측정하고, 이 질량 감소분을 시편의 건조 후 질량으로 나누어 백분율로 나타낸 것
② 목재의 전건재 중량에 대한 함수량의 백분율이다.
③ 목재의 흡수율은 흡수 전 체적에 대한 흡수 후 증가한 체적의 백분율

1-2-1. 목재의 함수율

1) 건축용 목재의 함수율

종별	건조재 12	건조재 15	건조재 19	생재	
				생재 24	생재 30
함수율	12% 이하	15% 이하	19% 이하	19% 초과 24% 이하	24% 초과

주 1) 목재의 함수율은 건량 기준 함수율을 나타낸다.

- 내장 마감재 목재의 함수율은 15% 이하(필요에 따라서 12% 이하)
- 한옥, 대단면 및 통나무 목공사에 사용되는 구조용 목재 중에서 횡단면의 짧은 변이 900mm 이상인 목재의 함수율은 24% 이하

1-2-2. 목재의 흡수율

1) 목재의 흡수율

종별	방부목 적삼목	일반 고밀도 목재	합성목재	고강도 외장용목재
흡수율	13%	2%	1.2%	1%

2) 흡수율 산정식

$$흡수율(\%) = \frac{흡수후 체적 - 흡수 전 체적}{흡수 전 체적}(\%)$$

2. 품질관리

2-1. 목재의 건조목적 및 방법

목재가 건조해지면 수분이 줄어 가벼워지나 목재의 비중은 증가하게 되고 강도도 증가하여 더욱 우수한 능력을 발휘 할 수 있다.

목공사

건조의 목적

① 강도를 증가시킨다.
② 부패나 충해를 방지한다.
③ 목재를 경량으로 한다.
④ 사용 후 신축휨 등의 변형을 방지한다.
⑤ 도장이나 약재처리가 손쉽도록 한다.

• 두께 25mm oak 재목의 천연 건조기간(함수율 20%까지)
 – 잔적시기 6월초: 60일
 – 잔적시기 11월초: 150일

2-1-1. 목재의 건조과정

건조 1단계	• 표면 수분 증발 후 수분이 표면으로 이동 (모세관 유동)
건조 2단계	• 수분의 확산
건조 3단계	• 수분과 수증기의 확산

2-1-2. 목재의 건조 전 처리법

1) 수침법(침재법)

원목을 흐르는 담수에 1년 정도 담가두는 방법으로 목재 전신을 수중에 잠기게 하거나, 상하를 돌려서 고르게 수침 시키는 방법

2) 증기법(증재법)

원통형 증기 가마에 목재를 쌓고 밀폐한 후 포화 수증기로 목재의 함유 물질을 유출하는 방법

3) 자비법(자재법)

원목재를 열탕에 끓인 후 꺼내서 자연 대기 건조

2-1-3. 자연건조

1) 정의

목재를 대기 중에 서로 엇갈리게 수직으로 쌓고, 일광이나 비에 직접 닿지 않도록 건조하는 방법

2) 건조방법

① 목재 상호 간의 간격, 지면과의 충분한 거리 이격
② 건조를 균일하게 하기 위해 상하좌우로 뒤집어준다.
③ 마구리에서의 급속 건조를 막기 위해 마구리면에 일광을 막거나 페인트칠

3) 종류

① 천연건조(air drying, natural drying)
② 촉진천연건조(accelerated air drying)
③ 태양열건조

2-1-4. 인공건조

1) 정의

인위적으로 조절된 환경에 목재를 둠으로써 함수율을 제어하는 방법

2) 필요시설

① 가열 장치: 실내 공기를 가열하는 방법으로 전열, 증기 또는 온수 이용
② 조습 장치: 가열 장치를 증기로 사용할 땐 증기를 그대로 조습용으로 이용
③ 공기 순환: 송풍기를 이용하여 공기의 순환속도를 빨리할 수 있다.
④ 건조: 인공건조 시 적당한 온도와 습도를 조절하고 건조 종료 때의 함수율은 보통 목재에서는 기건상태보다 2~5% 낮게 유지

목공사

암기법 📖

훈증열에 전연진씨
고마해라~

암기법 📖

도주할때는 침으로 표시하는
게 약이다.

시공 시 유의사항

① 목재의 방부 및 방충처리는
반드시 공인(예를 들면 국
립산림과학원 고시에 적합
한 것으로 인정)된 공장에
서 실시
② 방부처리목재를 절단이나
가공하는 경우에 노출면
에 대한 약제 도포는 현
장에서 실시
③ 방부처리목재를 현장에서 가
공하기 위하여 절단한 경우
에는 방부처리목재를 제조하
기 위하여 사용되었던 것과
동일한 방부약제를 현장에서
절단면에 도포
④ 방부 및 방충처리 목재의
현장 보관이나 사용 중에
과도한 갈라짐이 발생하여
목재 내부가 노출된 경우
에는 현장에서 도포법에 의
하여 약제를 처리
⑤ 목재 부재가 직접 토양에
접하거나 토양과 근접한
위치에 사용되는 경우에는
흰개미 방지를 위하여 주
변 토양을 약제로 처리

암기법 📖

표난대

3) 종류

① 훈연 건조(Smoking seasoning)
② 증기 건조(Steam timber seasoning)
③ 열기 건조(Hot air seasoning)
④ 전열 건조(Electric heat water seasoning)
⑤ 연소가스 건조(Hot air seasoning)
⑥ 진공 건조(Vacuum seasoning)
⑦ 고주파 건조(Dielectric heat seasoning)
⑧ 마이크로파 건조(Microwave seasoning)

2-2. 목재의 방부처리(wood preservative method)

> 목재의 부패원은 일정한 온도(20~40℃)·습도(90% 이상)·공기·양분이 적절한 상태에서 부패균에 의해 리그닌(lignin)과 셀룰로오스(cellulose)가 용해되는 것

방 법	내 용
도포법(塗布法)	• 목재를 충분히 건조시킨 후 균열이나 이음부 등에 붓이나 솔 등으로 방부제를 도포하는 방법. 5~6mm 침투 • 도포처리에 사용하는 목재방부제는 유용성인 IPBC 및 IPBCP이며 예방구제처리를 목적으로 하는 부분에만 사용할 수 있다.
주입법(注入法)	• 상압주입법(常壓注入法): 방부제 용액에 목재를 침지하는 방법으로 80~100℃ Creosote Oil 속에 3~6시간 침지하여 15mm 정도 침투 (침지처리로 상압처리에 사용하는 목재방부제는 수용성인 AAC와 유용성인 IPBC 및 IPBCP이며 처리제품은 사용환경 범주 H1 사용환경에 사용할 수 있다.) • 가압주입법(加壓注入法): 고온·고압(대기압을 초과하는 압력)의 tank 내에서 방부제를 주입하는 방법(KS F 2219)
침지법(浸漬)	• 상온에서 목재를 Creosote Oil 속에 몇 시간 침지하는 것으로 액을 가열하면 더욱 깊이 침투함. 15mm 정도 침투
표면 탄화법	• 목재의 표면을 약 3 ~ 12mm 정도 태워서 탄화시키는 방법
약제 도포법	• 크레오소트, 콜타르, 아스팔트, 페인트 등을 표면에 칠한다.

2-3. 내화공법

방 법	내 용
표면처리	• 목재 표면에 모르타르·금속판·플라스틱으로 피복한다. • 방화 페인트를 도포한다.(연소 시 산소를 차단하여 방화를 어렵게 한다.)
난연처리	• 인산암모늄 10%액 또는 인산암모늄과 붕산 5%의 혼합액을 주입한다. 화재 시 방화약제가 열분해 되어 불연성 가스를 발생하므로 방화효과를 가진다.
대단면화	• 목재의 대단면은 화재 시 온도상승하기 어렵다. • 착화 시 표면으로부터 1~2cm의 정도 탄화층이 형성되어 차열효과를 낸다.

유리 · 실링

② 유리 및 실링공사

설치

Key Point

■ **국가표준**
- KCS 41 55 09
- KCS 41 40 12
- KS F 4910

■ **Lay Out**
- 재료
- 시공
- 현상
- 실링공사

■ **필수 기준**
- 목재의 함수율

■ **필수용어**
- 목재의 함수율
- 방부처리

1. 재료

1-1. 유리공법의 분류와 요구성능

① 유리재료의 종류는 제조방법, 적용부위, 사용성, 내구성 등에 의해 여러 종류로 분류된다.
② 규사 소다회 탄산석회 등의 혼합물을 고온에서 녹인 후 냉각하는 과정에서 결정화가 일어나지 않은 채 고체화되면서 생기는 투명도가 높은 물질

1-1-1. 유리의 KS 규격

제품명	KS 규격	용도
보통 판유리	KS L 2001	건축용 창유리
강화유리(Tempered Glass)	KS L 2002	건축물의 출입문, 자동차 및 선박의 창, 오디오 · 주방용기
복층유리 (Sealed Insulating Glass)	KS L 2003	건축용 창유리, 쇼케이스, 냉동차량
접합유리(Laminated Glass)	KS L 2004	건축용 창유리, 쇼케이스, 냉동차량
무늬유리(Figured Glass)	KS L 2005	주택, 공동주택, 목욕탕, 화장실
망판유리 및 선판유리	KS L 2006	방화지역, 비상통로 감시창
열선흡수 판유리 (Heat Reflective Glass)	KS L 2008	건축용 유리, 자동차용 유리가구, 선박유리
플로트판유리 및 마판유리	KS L 2012	건축용 유리, 자동차용 유리거울, 가구, 가전제품
열선반사유리 (Heat Reflective Glass)	KS L 2014	건축용 창유리, 자동차용 유리
배강도 유리 (Heat Stredgthened Glass)	KS L 2015	대형건축물, 아파트의 창
로이유리(Low – emissivity glass)	KS L 2017	건축용 창유리
거울유리	KS L 2104	가구 화장실, 쇼윈도
유리블록	KS F 4903	건축용 유리

1-2. 복층유리(Pair Glass)

두 장 이상의 판유리를 Spacer로 일정한 간격을 유지시켜 주고 그 사이에 건조 공기를 채워 넣은 후 그 주변을 유기질계 재료로 밀봉 · 접착하여 단열 및 소음차단 성능을 높인 유리

1-2-1. 복층유리의 단열 Mechanism

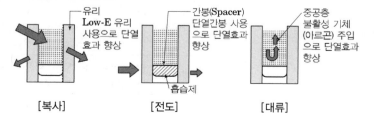

[복사]　　　[전도]　　　[대류]

1-2-2. 복층유리의 구성(Composition of insulated glass)

간봉 (spacer)
- 알루미늄 또는 단열 소재로 된 바(bar) 형태의 스페이서로서 유리와 유리 사이의 간격을 유지

흡습제 (desiccant)
- 간봉(spacer) 안에 있으며 복층유리 내부의 일반 공기가 가지고 있는 미량의 습기를 흡수할 수 있는 건조제

공기층 (air or gas)
- 복층유리 내부에는 건조공기로 채워져 있거나, 단열성을 높이기 위해 열전도율이 낮은 특정 가스 주입

1-3. 진공복층유리(Vacuum Pair Glass)

실외측에 로이유리와 실내측에 두장의 판유리 사이를 약 0.1~0.2mm의 진공층을 형성하고, 공기압력을 견딜 수 있도록 filler를 일정한 간격으로 심은 뒤 내부의 잔류가스를 제거해 밀봉하여 만든 진공유리를 사용하여 만든 복층유리

1-4. 강화유리(Tempered Glass)

① 플로트 판유리를 연화점부근(약 700℃)이상으로 가열 후 양 표면에 냉각공기를 흡착시켜 유리의 표면에 $67N/mm^2$~$69N/mm^2$의 압축응력층을 갖도록 한 가공유리
② 내풍압 강도, 열깨짐 강도 등은 동일한 두께의 플로트 판유리의 3~5배 이상의 성능을 가지며, 깨어질 때 작은 조각이 되도록 처리한 것

1-5. 배강도유리

① 플로트 판유리를 연화점부근(약 700℃)까지 가열 후 양 표면에 냉각공기를 흡착시켜 유리의 표면에 $20N/mm^2$~$60N/mm^2$의 압축응력층을 갖도록 한 가공유리로 반강화유리라고도 한다.
② 내풍압 강도, 열깨짐 강도 등은 동일한 두께의 플로트 판유리의 2배 이상의 성능을 가진다. 그러나 제품의 절단은 불가능하다.

1-6. 열선 반사유리(Solar Reflective Glass)

① 판유리의 한쪽 면에 금속·금속산화물인 열선반사막을 표면코팅하여 얇은 막을 형성함으로써 일사열의 차폐성능을 높인 유리
② 밝은 쪽을 어두운 쪽에서 볼 때 거울을 보는 것과 같이 보이는 경면효과가 발생하며 이것을 Half Mirror라고 한다.

유리·실링

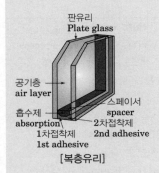

판유리
Plate glass

공기층
air layer

흡수제
absorption

스페이서
spacer

2차접착제
2nd adhesive

1차접착제
1st adhesive

[복층유리]

KS L 2003

- A종: 일반 복층유리
- B종: 저방사(로이)복층유리
- C종: 열선반사 복층유리

유리 · 실링

1-6-1. 열선 흡수유리 -KS L 2008

> 실외측에 로이유리와 실내측에 두장의 판유리 사이를 약 0.1~0.2mm 의 진공층을 형성하고, 공기압력을 견딜 수 있도록 filler를 일정한 간 격으로 심은 뒤 내부의 잔류가스를 제거해 밀봉하여 만든 진공유리를 사용하여 만든 복층유리

1-7. 저방사 유리, 로이유리(Low Emissivity Glass)

> ① 열 적외선(infrared)을 반사하는 은소재 도막으로 코팅하여 방사율 과 열관류율을 낮추고 가시광선 투과율을 높인 유리
> ② 겨울철에는 건물 내에 발생하는 장파장의 열선을 실내로 재반사 시켜 실내 보온성능이 뛰어나고, 여름철에는 코팅막이 바깥 열기 를 차단하여 냉방부하를 저감시킬 수 있다.

1-7-1. 코팅면에 따른 적용방법

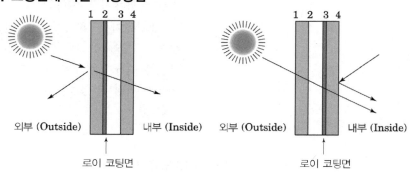

1-7-2. 가공방법에 따른 종류

구분	Soft Low-E 유리	Hard Low-E 유리
Coating 방법	• 스퍼터링공법 (Sputtering Process) • 기 재단된 판유리에 금속을 다층 박막으로 Coating	• 파이롤리틱공법(Pyrolytic Process) • 유리 제조 공정 시 금속용액 혹은 분말을 유리 표면 위에 분사하여 열적으로 Coating
장점	• Coating면 전체에 걸쳐 막 두께 가 일정하여 색상이 균일하다. • 다중 Coating이 가능하고 색상, 투과율, 반사율 조절이 가능	• Coating면의 내마모성이 우수하여 후 처리가공이 용이 • 단판으로도 사용 가능 • Out-Line System으로 생산
단점	• 공기 및 유해가스 접촉 시 Coating막 의 금속이 산화되어 기능이 상실 되므로 반드시 복층유리로만 사용 • 곡(曲)가공이 어려움	• Coating막이 두껍게 형성되므로 반사율이 높음 • 제조공정 특성상 Pin Hole, Scratch 등 제품 결함 우려 • 생산 Lot마다 색상의 재현이 어려움
주의사항	• 현장 반입 유리에 대한 Coating 두께 등 성능의 검측 및 확인	

유리·실링

1-8. 접합유리(Laminated Glass)

① 2장 이상의 판유리 사이에 접합 필름인 합성수지 막을 전면에 삽입하여 가열 압착한 안전유리

② 두 장의 판유리 사이에 투명하면서도 점착성이 강한 폴리비닐부티랄 필름(polyvinyl butyral film)을 삽입하고, 판유리 사이에 있는 공기를 완전히 제거한 뒤에 온도와 압력을 높여 완벽하게 밀착시켜 만들어진 유리

1-9. 망 판유리 및 선 판유리(Wired Glasses)

금속재 망을 유리 내부에 삽입한 판유리로 화재 시 가열로 인해 파괴되어도 유리파편이 금속망에 붙어 있어 떨어지지 않으므로 화염이나 불꽃을 차단하는 방화성이 우수한 유리

연화점: Softening Point

• 유리가 유동성을 가질 수 있는 온도를 의미하며, 일반 소다석회 유리의 경우 약 650℃~700℃

```
망 판유리 ── • 금속제 망을 유리 내부에 삽입한 판유리
선 판유리 ── • 평행한 금속선을 방향이 제판시의 흐름 방향이 되도록 유리 내부에 삽입한 판유리
```

구분		내용
망 판유리	마름모망 판유리	사각형 망눈의 금속제 망을 금속선의 방향이페판 시의 흐름 방향에 대하여 비스듬하여, 교점을 지나는 2개의 금속선의 방향이 제판시의 흐름 방향의 직선에 대하여 서로 대칭이 되도록 유리 내부에 삽입한 판유리
	각망 판유리	사각형 망눈의 금속제 망을 교점을 지나는 2개의 금속선의 방향이 제판시의 흐름 방향 및 그것과 직각 방향이 되도록 유리 내부에 삽입한 판유리
선 판유리	망무늬 판유리 및 선무늬 판유리	압연 롤에 의한 성형 그대로 한 면에 무늬 모양이 있는 망·선 판유리
	망 마판유리 및 선 마판유리	압연 롤에 의한 성형 후 양면을 갈아서 매우 평활하게 한 망·선 판유리

[열간유지시험/Heat-soak test]

1-10. 유리블럭(Glass Block)

2장의 유리(원형 혹은 사각형)를 고열(약 600℃)로 가열하여 용착시키고, 내부는 0.5기압의 건조공기를 일정량 주입하여 속이 빈 상자 모양으로 만든 block

2. 시공

2-1. 유리 설치 공법

2-1-1. 부정형 실링재 시공법

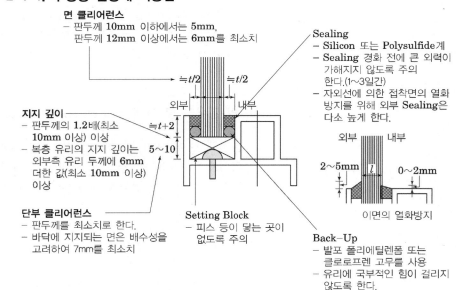

면 클리어런스
– 판두께 10mm 이하에서는 5mm,
  판두께 12mm 이상에서는 6mm를 최소치

Sealing
– Silicon 또는 Polysulfide계
– Sealing 경화 전에 큰 외력이 가해지지 않도록 주의한다.(1~3일간)
– 자외선에 의한 접착면의 열화 방지를 위해 외부 Sealing은 다소 높게 한다.

지지 깊이
– 판두께의 1.2배(최소 10mm 이상) 이상
– 복층 유리의 지지 깊이는 외부측 유리 두께에 6mm 더한 값(최소 10mm 이상) 이상

단부 클리어런스
– 판두께를 최소치로 한다.
– 바닥에 지지되는 면은 배수성을 고려하여 7mm를 최소치

Setting Block
– 피스 등이 닿는 곳이 없도록 주의

이면의 열화방지

Back-Up
– 발포 폴리에틸렌폼 또는 클로로프렌 고무를 사용
– 유리에 국부적인 힘이 걸리지 않도록 한다.

[Setting Block]

Setting Block

• 유리의 양단부에서 유리폭의 1/4에 설치

[4변지지 방식]

[2변지지 방식]

2-1-2. SSG(Structural Sealant Glazing System)공법

건물의 창과 외벽을 구성하는 유리와 패널류를 구조용 실란트(structural sealant)를 사용해 실내측의 멀리온, 프레임 등에 접착 고정하는 공법

1) 4변고정 SSG공법

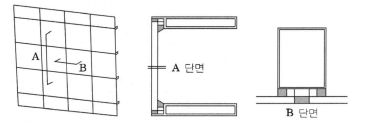

A 단면

B 단면

• 유리의 4변 모두 구조용 Sealant로 고정

2) 2변고정 SSG공법

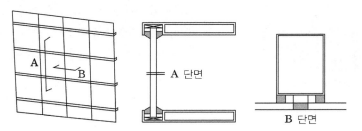

A 단면

B 단면

• 유리의 2변은 Glazing Bead로 고정, 다른 2변은 구조용 Sealant로 고정

2-1-3. SPG(Structural Point Glazing), Dot Point Glazing

① 유리에 홀 가공을 한 후 특수 볼트와 하드웨어를 사용하여 판유리 간 지지구조를 시스템화 한 유리고정 시스템
② 유리는 필요에 의하여 연결구와 구조체에 기계적으로 결합이 되며 연결 부위는 유리에 구멍을 가공하여 적절한 응력이 발생되도록 설계한다.

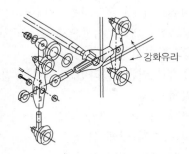

강화유리

- 특수 가공한 볼트를 결합시킨 판유리를 서로 접합시킨 공법으로 유리에 풍압력 발생 시 구멍 주위의 집중응력을 분산시키는 효과
- 유리를 분할하는 다양한 방향으로 의 힘을 회전 힌지를 사용하여 유리두께의 중심에 놓는다.

3. 현상

3-1. 유리의 자파(自破)현상

강화유리는 급냉과정을 거치기 때문에 황화니켈(Nickel Sulfide) 함유물이 계속 존재하다가 시간경과에 따라 주변의 유리원소를 계속적으로 밀어내어 부피팽창에 따른 국부적 인장응력의 증가로 인해 어느 순간에 Crack이 발생하여 자연파손되는 현상

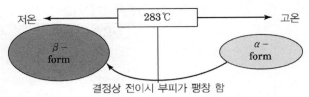

저온 ← 283℃ → 고온

β-form

α-form

결정상 전이시 부피가 팽창 함

- 급냉으로 인해 전이할 시간이 없어 a-form으로 계속 존재하며, 시간이 경과함에 따라 전이가 진행되어 부피 팽창을 일으키고 이에 따른 인장응력에 의해 국부적인 Crack 발생

3-2. 열파손 현상

① 열에 의해 유리에 발생되는 인장 및 압축응력에 대한 유리의 내력이 부족한 경우 균열이 발생하며 깨지는 현상
② 대형유리의 유리중앙부는 강한 태양열로 인해 온도상승·팽창하며, 유리주변부는 저온상태로 인해 온도유지·수축함으로써 열팽창의 차이가 발생한다.

유리 · 실링

열간유지시험 (Heat Soak Test)

- 강화유리 내에 함유되어 있는 황화니켈(NiS) 성분으로 인하여 자파가 발생됨으로 사전에 테스트를통하여 황화니켈(NiS)이 α에서 β로 전이 되는 속도를 인위적으로 증가시켜 파손시킴으로서 강화유리 자파의 가능성을 제거하는 시험

[열간유지시험/Heat-soak test]

특징

- 열파손은 항상 판유리 가장자리에서 발생한다.
- Crack선은 가장자리로부터 직각을 이룬다.
- 색유리에 많이 발생(열흡수가 많기 때문)
- 열응력이 크면 파단면의 파편수가 많으며, 동절기 맑은 날 오전에 많이 발생(프레임과 유리의 온도차가 클 때)
- 열파손은 서서히 진행하며 수개월 이내에 시발점에서 다른 변으로 전파된다.

원인

① 태양의 복사열로 인한 유리의 중앙부와 주변부의 온도차이
② 유리가 두꺼울수록 열축적이 크므로 파손의 우려 증대
③ 유리의 국부적 결함
④ 유리배면의 공기순환 부족
⑤ 유리 자체의 내력 부족

유리 · 실링

3-2-1. 열파손 현상 발생 Mechanism – 판유리의 응력분포

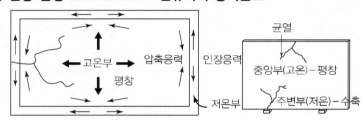

중앙부와 주변부와의 온도차이로 인한 팽창성 차이가 응력을 발생시켜 파손

3-2-2. 방지대책

① Glass 판 내 온도차를 최대한 적게 한다.

② 양호한 절단과 시공으로 Glass Edge 강도를 저하시키지 않는 것이 중요하다.

③ 유리와 커튼, 블라인드 사이를 간격을 두어 흡수된 열을 방출할 수 있게 한다.

④ 냉난방용의 공기가 직접 유리창에 닿거나 강렬한 빛을 부분적으로 계속 받지 않게 한다.

⑤ 유리면에는 반사막이나, 코팅, 종이를 붙이지 않는다.

> 실링재의 요구조건

• 수밀 기밀성 유지, Joint 거동에 신축대응, 우수한 내구성, 내후성, 오염성, 내열성, 도장성

---

4. 실링공사

4-1. 실링공사

> 접착부재의 신축 · 진동에 장기간 견딜 수 있는 내구성 · 접착성 · 비오염성을 갖는 것을 선정한다.

4-1-1. 실링재 선정 시 고려사항

1) 실링재 선정기준

재료명	사용용도	비고
실리콘 2액형	• 유리 주변 줄눈	• 내자외선성을 갖는 프라이머는 실리콘계뿐임
	• AL-Mullion과 Mullion 사이 줄눈	• 유리 주변의 줄눈과 연속시공되므로 필요
	• Open Joint 방색의 줄눈 (실내측 줄눈)	• 실내측에 있으므로 줄눈 주변의 오염 우려 불필요
실리콘 1액형	• 변위가 적은 유리 주변 줄눈	• 신축성이 약하므로 변위가 큰 곳은 2액형 실리콘 사용
	• 의장성을 중요시하고 움직임이 적은 석재판	• 석재와 석재 사이 줄눈 (비오염성)
변성 실리콘 2액형	• PC 커튼월 패널 사이 줄눈 • 금속 케튼월 패널 사이, AL 두겁대 주위	• 내구성면에서는 실리콘 2액형이 좋으나 오염 문제 내재
폴리우레탄 2액형	• ALC, 스판크리트 등의 패널 사이 줄눈	• Sealing에 도장 가능

유리 · 실링

4-1-2. 실링공사 일반

1) 줄눈폭(W)의 산정식

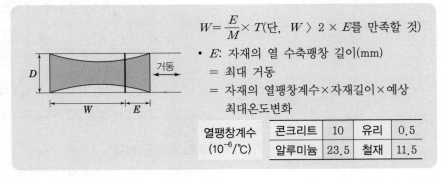

$$W = \frac{E}{M} \times T \text{(단, } W \rangle 2 \times E \text{를 만족할 것)}$$

- E: 자재의 열 수축팽창 길이(mm)
  = 최대 거동
  = 자재의 열팽창계수×자재길이×예상 최대온도변화

열팽창계수 $(10^{-6}/℃)$	콘크리트	10	유리	0.5
	알루미늄	23.5	철재	11.5

2) 줄눈의 깊이(D)

- 일반적으로 $1/2 \leq D/W \leq 1$의 범위

줄눈폭	일반 줄눈	Glazing 줄눈
$W \geq 15$	1/2~2/3	1/2~2/3
$15 \rangle W \geq 10$	2/3~1	2/3~1
$10 \rangle W \geq 6$	–	3/4~4/3

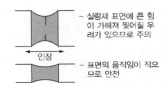

- 실링재 표면에 큰 힘이 가해져 찢어질 우려가 있으므로 주의
- 표면의 움직임이 작으므로 안전

4-1-3. Sealing 작업 전 준비사항

1) 줄눈의 상태

① 줄눈에는 엇갈림 및 단차가 없을 것
② 줄눈의 피착면은 결손이나 돌기면 없이 평탄하고 취약부가 없을 것
③ 피착면에는 실링재의 접착성을 저해할 위험이 있는 수분, 유분, 녹 및 먼지 등이 부착되어 있지 않을 것

2) 시공관리

① 강우 및 강설 시 혹은 강우 및 강설이 예상될 경우 또는 강우 및 강설 후 피착체가 아직 건조되지 않은 경우에는 시공금지
② 기온이 현저하게 낮거나(5℃ 이하) 또는 너무 높을 경우(30℃ 이상, 구성부재의 표면 온도가 50℃ 이상)에는 시공을 중지
③ 습도가 너무 높을 경우(85% 이상)에는 시공을 중지

3) 피착면의 확인 및 청소

실링재의 접착 저해요소	완전제거
• 수분, 먼지, Cement 풀, Laitance, 느슨한 입자	• 와이어브러시, Sander, 솔 이용

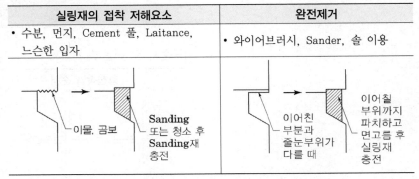

- 이물, 곰보
- Sanding 또는 청소 후 Sanding재 충전
- 이어친 부분과 줄눈부위가 다를 때
- 이어칠 부위까지 파치하고 면고름 후 실링재 충전

- 실링재의 시공에 지장이 없도록 피착면을 청소

유리 · 실링

4) Back – Up재

구 분	내 용	
재 료	• 발포 폴리에틸렌이나 폴리우레탄의 원형 또는 사각형 제품 • Joint 폭보다 3~4mm 큰 것으로 설치	
시 공	• 두께를 일정하게 유지하도록 일정한 깊이에 설치 • 당일 실링재 충전부위만 설치 • Back-Up재의 설치깊이가 나오지 않는 경우 → Bond Breaker Tape 사용(2면 접착)	

5) 마스킹 테이프 바름

시 공	• 프라이머 도포 전, 정해진 위치에 곧게 설치 • 제거 시 점착액이 남지 않는 제품 선택
제 거	• 실링재의 가용시간 내 주걱 마무리한 직 후 • 40°~60° 각도로 제거

4-1-4. Sealing 재의 충전

1) 프라이머 도포

• 함수율 7% 이하

2) Bond Breaker의 설치

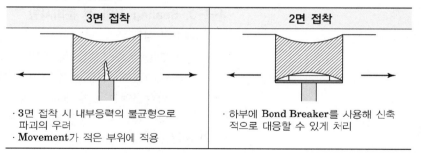

3면 접착	2면 접착
·3면 접착 시 내부응력의 불균형으로 파괴의 우려 ·Movement가 적은 부위에 적용	·하부에 **Bond Breaker**를 사용해 신축적으로 대응할 수 있게 처리

3) Back – Up재의 설치

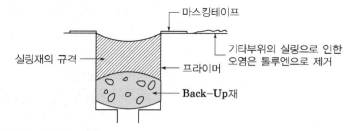

4) 시공순서 및 이음부 처리

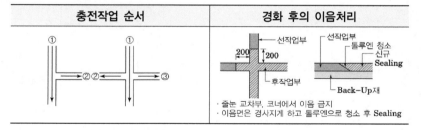

충전작업 순서	경화 후의 이음처리
	·줄눈 교차부, 코너에서 이음 금지 ·이음면은 경사지게 하고 톨루엔으로 청소 후 Sealing

창호공사

설치
Key Point

■ 국가표준
- KCS 41 55 01~07
- KS F 2268-1

■ Lay Out
- 창호공사
- 소방관 진입창
- 방화문 품질관리

■ 필수 기준
- 창호의 요구성능

■ 필수용어
- 방화문

암기법 📖
내 수 기 차 단 방 에 고쳐라~

하자유형

• 주변과의 마감불량
• Door Closer 흔들림
• Door 휨
• Door Lock 작동불량, Door Stopper 흔들림
• 단열
• 누수
• 결로
• 흠집 및 오염

③ 창호공사

1. 창호공사

1-1. 창호의 요구성능

- 내풍압
  건축물의 높이, 형상, 입지조건
- 수밀성
  Sash 틈새에서 빗물이 실내측으로 누수되지 않는 최대 압력차
- 기밀성
  Sash 내, 외 압력차가 $10~100N/㎡$(해당풍속 $4~13m/s$)일 때 공기가 새어나온 양(m^3/hm^2)
- 차음성
  기밀이 필요한곳
- 단열성
  열관류저항으로 일정기준 이상이어야 한다.
- 방화성
  방화, 준방화 지역에서 연소의 우려가 있는 부위의 창

1-2. 하자 방지대책

- 설계 및 계획
  ① 하드웨어 설치보강
  ② 표면재질 검토
  ③ 도어의 크기 검토
  ④ 표면마감 검토
- 재료
  ① 하드웨어 종류
  ② 문틀재질
- 시공
  ① 먹매김
  ② 보강재 시공
  ③ 고정방법 및 위치
  ④ 수직수평
  ⑤ 설치 후 검사

창호공사

설치 예외조건

• 직접 지상으로 통하는 출입구
가 있어 소방관이 내부로 진
입하는 데 지장이 없는 경우
소방관 진입창 설치를 제외

성능기준

• KS F 3109(문세트)에 따른
비틀림강도 · 연직하중강도 ·
개폐력 · 개폐반복성 및 내충
격성 외에 다음의 성능을 추
가로 확보해야 한다. 다만,
미닫이 방화문은 비틀림강
도 · 연직하중강도 성능을 확
보하지 않을 수 있다.
• KS F 2268-1(방화문의 내화
시험방법)에 따른 내화시험
결과 건축물의피난 · 방화구
조등의기준에관한규칙 제26
조의 규정에 의한 비차열 또
는 차열성능
• KS F 2846(방화문의 차연성
시험방법)에 따른 차연성시
험 결과 KS F 3109(문세트)
에서 규정한 차연성능
• 방화문의 상부 또는 측면으로
부터 50센티미터 이내에 설
치되는 방화문인접창은 KS F
2845(유리 구획부분의 내화시
험 방법)에 따라 시험한 결과
해당 비차열 성능
• 도어클로저가 부착된 상태에
서 방화문을 작동하는데 필
요한 힘은 문을 열 때 133N
이하, 완전 개방한 때 67N
이하

2. 소방관 진입창

모든 건축물 2층~11층까지 소방관이 진입할 크기의 창을 확보하고 그
창문에는 역삼각형 빛 반사등 붉은색을 표시하게 하는 창

2-1. 소방관 진입창 기준

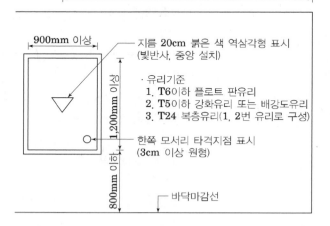

3. 방화문의 품질관리

방화문은 항상 닫혀있는 구조 또는 화재발생 시 불꽃, 연기 및 열에
의하여 자동으로 닫힐 수 있는 구조여야 한다.

60분+ 방화문	• 연기 및 불꽃을 차단할 수 있는 시간이 60분 이상이고, 열을 차단할 수 있는 시간이 30분 이상인 방화문
60분 방화문	• 연기 및 불꽃을 차단할 수 있는 시간이 60분 이상인 방화문
30분 방화문	• 연기 및 불꽃을 차단할 수 있는 시간이 30분 이상 60분 미만인 방화문

수장공사

설치
Key Point

■ **국가표준**
- KCS 41 51 04

■ **Lay Out**
- 드라이월 칸막이(Dry Wall Partition)의 구성요소
- 경량철골 천정
- 도배공사
- 온돌마루판 공사
- Access Floor
- 주방가구 설치공사

■ **필수 기준**
- 창호의 요구성능

■ **필수용어**
- 방화문

구성요소

- Metal Stud
  - 냉연용 용도금강판(KSD 3609)을 소재로 제작한 제품으로 수직하중에 견디는 수직메인 부재
- Metal Runner
  - 냉연용용도금 강판(KSD 3609)을 소재로 제작한 제품으로 천장과 바닥면에 설치하여 스터드를 지지하는 판넬
- 보강용 채널
- 단열재

4 수장공사

1. 드라이월 칸막이(Dry Wall Partition)의 구성요소

용융아연도금으로 된 Stud 및 runner를 설치 한 다음 내부에는 흡음 단열재를 시공하고, 외부에 방화용 석고보드를 부착하여 마감하는 건식 칸막이

1-1. Stud 구성요소와 설치기준

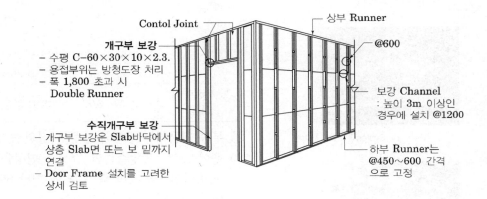

Contol Joint
상부 Runner
@600

개구부 보강
- 수평 C-60×30×10×2.3.
- 용접부위는 방청도장 처리
- 폭 1,800 초과 시 Double Runner

보강 Channel
: 높이 3m 이상인 경우에 설치 @1200

수직개구부 보강
- 개구부 보강은 Slab바닥에서 상층 Slab면 또는 보 밑까지 연결
- Door Frame 설치를 고려한 상세 검토

하부 Runner는 @450~600 간격으로 고정

1-2. Runner의 고정

콘크리트 • ∅3.5mm 길이 27mm Power Driven Fastener @600

Steel • ∅3.5mm 길이 16mm Power Driven Fastener @450

1-3. 시공 시 유의사항

① 경량철골은 용융아연도금 제품을 사용할 것
② Stud는 이음 없이 한 부재로 설치를 원칙으로 하며, 이음 필요 시 200mm 이상 겹치게 설치하고 각 날개에 2개의 Screw로 고정
③ 석고보드 주변부의 고정은 단부로부터 10mm 내외 외측 위치에서 한다.
④ 페인트 마감일 경우 석고보드 이음매 및 요철면은 아크릴계 에멀션으로 3회 이상 퍼티 후 컴파운드로 처리
⑤ 코너부, 단부, Control Joint 걸레받이 부위는 조건에 맞는 비드 사용
⑥ Door 개폐에 따른 충격을 고려하여 각종 보강 및 고정방법을 사전 검토
⑦ 설비에 의한 관통구간은 차음 및 방화를 고려하여 밀실하게 시공
⑧ Duct와 벽체 사이의 공간을 T1.6 Bent Steel Plate로 최소화한 후 방화용 Sealant로 처리

[M Bar System]

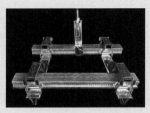

[Clip Bar System]

[T Bar System]

2. 경량철골천장

경량천장 구조의 시공은 특수한 천장 구조로서 품질 확보를 위하여 품질관리계획과 품질시험계획을 수립하고 이에 따라 품질시험 및 검사를 실시해야 한다.

2-1. 자재

1) 무기질계
- 목모보드, 섬유 강화 시멘트판, 석고보드류, 석고 시멘트판 합판

2) 금속계

바탕재 종류	형상, 치수	해당규격	녹막이처리
반자틀 및 반자틀받이	ㄷ자형 $-60 \times 30 \times 10 \times 1.6$ $-40 \times 20 \times 1.6$	KS D 3861	전기아연도금 혹은 녹막이 도장
행 어	FB-3×38	KS D 3861	전기아연도금 혹은 녹막이 도장
클 립	St · 1.6t	KS D 3512	전기아연도금 위 크로메이트
달대볼트 및 너트	10, W "3/8"	KS D 3554	전기아연도금

① 부속 철물에는 몸체와 동등 이상의 방청처리를 해야 한다.
② 행어볼트는 일정수준의 강성과 연성을 확보하기 위해 KS D 3506 (용융아연도금 강판 및 강대)에 의한 SGCC의 항복점, 인장강도 기준 이상으로 하되 연신율은 30% 이상

③ 고정철물은 아연니켈크롬 도금, 동판의 경우에는 구리못으로 한다.

3) 합성고분자계
- 열경화성수지 천장판

2-2. 시공

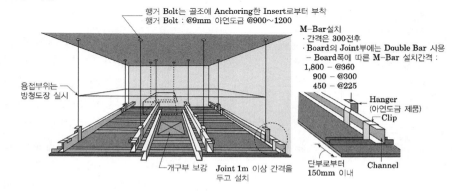

행거 Bolt는 골조에 Anchoring한 Insert로부터 부착
행거 Bolt : @9mm 아연도금 @900~1200

용접부위는 방청도장 실시

개구부 보강   Joint 1m 이상 간격을 두고 설치

M-Bar설치
· 간격은 300전후
· Board의 Joint부에는 Double Bar 사용
  – Board폭에 따른 M-Bar 설치간격 :
    1,800 – @360
      900 – @300
      450 – @225

Hanger
(아연도금 제품)
Clip

단부로부터
150mm 이내

Channel

| 수장공사 |

3. 도배공사

1) 일반사항

① 도배지의 보관장소의 온도는 항상 5℃ 이상으로 유지

② 도배공사를 시작하기 72시간 전부터 시공 후 48시간이 경과할 때까지는 시공 장소의 적정온도를 유지

2) 바탕조정

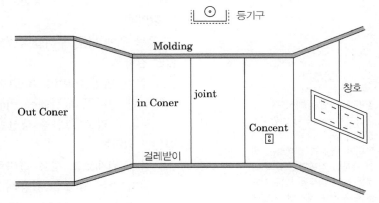

3) 붙이기

① 직접붙임

- 얇은 도배지는 음영이 생기지 않는 방향으로 10mm 정도 겹쳐 붙인다.
- 두꺼운 도배지는 20~30mm 겹침질하여 맞댐 붙임으로 한다.

② 초배지 붙임

- 붙임 방법은 한지 또는 부직포를 60~70mm 정도 너비로 적당히 자른 종이에 전면 풀칠하여 온통 붙임으로 한다. 붙임부를 연결하는 경우 10mm 정도 겹침
- 초배지 온통붙임: 바탕 전체에 종이 바름하여 균일한 바탕면을 만들기 때문에 전지 또는 2절지 크기로 한 한지 또는 부직포 전면에 접착제를 도포하고 바탕 전면에 붙인다.
- 초배지 봉투붙임: 바탕에 300×450mm 크기의 한지 또는 부직포의 4변 가장자리에 3~5mm 정도의 너비로 접착제를 도포하고 바탕에 붙인다.
- 봉투 붙이기의 횟수는 2회를 표준으로 한다.
- 초배지 공간 붙임(공간 초배): 초배지의 공간 붙임은 바탕의 좌우 2변에만 70~100mm 정도의 너비로 접착제를 도포하여 부직포를 붙인다.

③ 정배지 붙임

- 직접 붙임 공정과 같은 방법으로 정배지를 붙이며 코너 부위는 본드 시공을 실시하여 인장에 의한 벽지의 찢어짐을 방지한다.
- 이음은 맞대거나 또는 3mm 내외 겹치기로 하고 온통 풀칠하여 붙인 후, 표면에서 솔 또는 헝겊으로 눌러 밀착시킨다.
- 정배지는 음영이 생기지 않는 방향으로 이음을 두어 6mm 정도로 겹쳐 붙인 다음, 표면에서 솔, 헝겊 등으로 문질러 주름살과 거푸집(들뜬 곳)이 없게 붙이고, 갓둘레는 들뜨지 않게 밀착시킨다.

4. 온돌마루판 공사

> 건축물 실내 공간의 바닥에 까는 나무 소재 바닥재를 말한다. 타일, 장판과 함께 가장 일반적인 바닥재

4-1. 종류

4-1-1. 강마루

나무판 위에 나무 무늬를 인쇄한 종이를 씌우고 코팅을 해서 만든 마루

1) 합판 강마루

① 베니어합판을 여러 겹 겹친 뒤, 그 위에 패턴을 입혀서 만든다.

② 합판 강마루 생산에는 비싼 설비나 기술이 필요 없기 때문에 제조사들도 많고 그만큼 생산량도 많다.

2) 섬유판 강마루

① 나무 원재료를 섬유 단위로 분쇄한 뒤에 그 섬유를 고열에서 압착해서 만든 MDF를 활용해 만든 마루

② 가구에 주로 쓰이던 MDF를 활용해 마루를 만들면서 여러 개량을 거쳤는데, 우선 밀도를 높여 HDF로 만들면서 내구성을 높이고, 친환경 접착제를 사용해 포름알데하이드 방출량을 0으로 만들었다.

③ 고밀도 보드로 만들었기 때문에 내구성이 매우 좋다.

④ 찍힘에 굉장히 강해서 웬만한 물건을 떨어뜨려도 흠집 없음

⑤ 물에도 강해서 액체에 노출되었을 때 잘 붇지 않는다.

⑥ 바닥에서 올라오는 습기에는 약해서, 신축 건물의 콘크리트 바닥이 잘 마르지 않은 상태에서 시공할 경우 들뜸이 발생할 수 있다.

⑦ 들뜸이 발생했을 때 그 정도가 합판 강마루 보다 더 심하다.

⑧ 이 분야의 선도자인 동화기업이 시장의 대부분을 차지하고 있고, 한솔과 유니드에서도 만들고 있다.

⑨ 섬유판 강마루는 생산설비가 비싸고 기술이 필요하기 때문에 진입장벽이 높아서 생산 업체가 그리 많지 않다.

⑩ 높은 밀도로 인해 무게가 무겁고 철거가 더 힘들다.

4-1-2. 원목마루

① 합판 위에 원목을 얇게 잘라 붙인 형태의 마루

② 합판마루와 비슷하지만 원목의 두께가 훨씬 두껍다.

③ 원목의 두께는 1.2mm~4mm까지 다양하며, 원목이 두꺼울수록 고급으로 취급된다.

④ 필름지가 아닌 진짜 나무인 만큼 촉감이 자연스럽고 부드러우며, 눈으로 봤을 때도 훨씬 고급스러움

⑤ 흠집이나 찍힘에는 매우 약하다.

⑥ 강마루에 비해 가격이 고가이며, 대리점 자재가 기준 2배 이상

마루판

- 장판에 비해 심미적으로 깔끔하고 고급스러워 보인다는 장점이 있다.
- 무늬만 나무고 실제로는 비닐 소재인 장판과는 달리 마루는 실제 나무로 만들기 때문에 촉감도 좀 더 자연에 가깝다.
- 다만 장판에 비해 가격이 비싸고, 물의 침투에 더 약하며, 수축이나 팽창이나 들뜸이 발생할 수 있다는 단점이 있다.

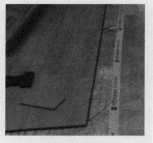

[강화마루]

[강마루]

5. Access Floor, OA Floor

① 건축물의 일반적인 바닥위에 하부구조(Pedestal Set)를 사용하여 공간을 띄운 여러개의 단위 패널의 바닥재
② 마감재 일체형 Access Floor와 마감재 별도형 OA Floor이 있다.

선정 시 고려사항

- 배선량, 배선경로, 하중조건, 공조 조건, 바닥 Opening
- Support Type: 높이에 따라
- 판재질: 하중 조건에 따라
- 마감재: 실용도에 따라

5-1. 시공 상세도

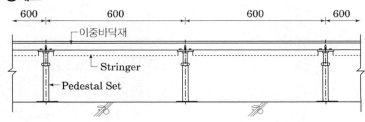

5-2. Access Floor와 OA Floor 비교

구 분	Access Floor(마감재 일체형)	OA Floor(마감재 별도형)
마감재 유무	마감재 일체형 (제조 시 마감재 접착하여 출고)	마감재 후 시공 (현장에서 마감재 별도 시공)
제품	주재료 상면에 마감재를 일체형으로 접착하여 완제품으로 출고	주재료 상면에 마감재를 접착하지 않고 무마감으로 패널에 출고
시공순서	하부구조 설치 → 패널 설치	하부구조 설치 → 패널 설치 → 마감재 접착시공
적용 마감재	전도성타일, 데코타일, 비닐타일, HPL 등	카펫타일, OA타일 등
각부 명칭	마감재(일체형) 패널(Panel) 헤드(Head) 페데스탈(Pedestal) 스트링거(Stringer)	마감재 없음 패널(Panel) 헤드(Head) 페데스탈(Pedestal)
	스트링거(Stringer)는 높이, 하부구조 등 필요조건을 고려하여 설치	

5-3. 시공 시 유의사항

① 개폐문 위치에 따라 마감 높이 및 미시공 부위 결정
② 배선 위치를 고려하여 마감방법 결정
③ 용도에 따라 마감높이 결정
④ 바닥 Level확보 및 청소
⑤ Support 고정 접착제 Open time 준수

수장공사

6. 주방가구 설치공사

주방가구 설치 전 샘플시공을 통하여 모델하우스와 동일한 조건으로 현장의 구조체에 시공될 수 있도록 철저히 검토 후 시공한다.

6-1. 시공 상세도

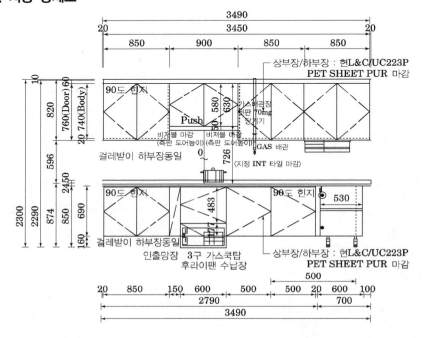

6-2. 설치 전 유의사항

① 주방가구 설치 전 주방 벽 타일, 천장 및 벽 도배 등 완료
② 본 시공 전 평형별로 Sample 시공 후 발주
③ 현장 단위세대별로 실측하여 시공

6-3. 설치 공정

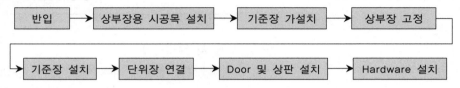

9-6장

기타공사 및
특수재료

Professional Engineer

마법지	기타공사 및 특수재료

1. 지붕공사
   - 지붕공사 일반
   - 거멀접기
   - 후레싱(Flashing)
2. 금속공사
   - 이종금속 접촉부식
   - 부식과 방식
   - 강재 부식방지 방법 중 희생양극법
   - 매립철물(Embeded Plate)
   - 바닥 배수 Trench
   - 배수판(Plate)공법
3. 기타공사
   - 주차장 진출입을 위한 램프시공 시 유의사항
   - 법면녹화
   - 보강토 블록
   - Crean room(청정실)
   - 공동주택 세대욕실의 층상배관
   - 외벽 PC Panel공사(TPC, GPC)
   - ALC패널(경량기포 콘크리트 패널)
4. 특수재료
   - 방염처리

지붕공사

설치

Key Point

■ **국가표준**
- KCS 41 56 01 지붕공사
  일반

■ **Lay Out**
- 지붕공사의 성능 요구사항
- 시공공통사항

■ **필수 기준**
- 지붕의 경사(물매)지붕의
  경사

■ **필수용어**

용어

• 계단식 이음(horizontal seam)
- 물 흐름 방향으로 일정한 간
  격마다 각재 또는 기타 고정
  재로 고정하여 계단식 모양으
  로 지붕을 만드는 이음 방법
• 골(계곡)(valley)
- 경사 지붕에서 지붕 면이
  교차되는 낮은 부분
• 굽도리 철판(base flashing)
- 지붕면과 수직을 형성하는
  면의 하단부에 비흘림 및
  빗물막이를 위하여 설치하
  는 강판
• 금속제 절판 지붕(structural
  metal roofing)
- 금속판을 V자, U자 또는
  이에 가까운 모양으로 접
  어 제작한 지붕판을 사용
  하여 설치하는 지붕
• 금속패널 지붕
- 공장에서 미리 패널 타입으
  로 성형하여 현장에서 설치
  하는 지붕 금속패널로 종
  류는 금속절판 지붕, 돌출
  잇기 지붕, 기와가락 잇기

① 지붕공사

1. 지붕공사의 성능 요구사항

1-1. 일반사항

• 수밀성: 지붕은 넘치거나 흘러내리는 것을 고려하여 지붕자재를 겹치도록 하거나 후레싱을 설치하며 건물 내부로 물의 침투를 허용하지 않도록 한다.
• 내풍압 성능: 지붕은 설계 풍하중 등 설계하중을 적용하였을 때 설계하중에 저항할 수 있도록 설계 및 시공되어야 한다.
• 열변위: 금속자재로 설계된 지붕(금속판 및 금속패널, 금속절판 지붕)은 주변 및 금속 표면에 최대 온도변화로부터 발생하는 열변위를 고려한다. 태양열 취득 및 밤의 열 손실에 따른 자재의 표면 온도에 관한 기본적인 설계 계산을 해야 한다.
• 단열 성능: 지붕은 건축물 에너지절약설계기준에 명시된 단열성능을 갖도록 설계 및 시공되어야 한다.
• 내화 성능: 건축관련 법규에서 정하는 용도의 건물의 지붕 중 내화구조가 아닌 지붕은 건축물의 피난·방화구조 등의 기준에 관한 내화 성능을 갖도록 설계 및 시공되어야 한다.
• 방화에 지장이 없는 자재의 사용: 건축관련 법규에서 정하는 용도의 건물의 지붕 마감 자재는 방화에 지장이 없는 준불연재 이상의 자재를 사용해야 한다.
• 차음 성능: 지붕은 외부 발생 소음원과 실내허용 소음치를 고려하여 적절한 차음 성능을 갖도록 설계·시공되어야 한다.

1-2. 하부 구조의 처짐 제한

• 지붕의 하부 데크의 처짐은 경사가 1/50 이하의 경우에 별도로 지정하지 않는 한 1/240 이내

1-3. 지붕의 경사(물매)지붕의 경사

① 기와지붕 및 아스팔트 싱글: 1/3 이상. 단, 강풍 지역인 경우에는 1/3 미만으로 할 수 있음
② 금속 기와: 1/4 이상
③ 금속판 지붕: 일반적인 금속판 및 금속패널 지붕: 1/4 이상
④ 금속 절판: 1/4 이상. 단, 금속 지붕 제조업자가 보증하는 경우: 1/50 이상
⑤ 평잇기 금속 지붕: 1/2 이상
⑥ 합성고분자 시트 지붕: 1/50 이상
⑦ 아스팔트 지붕: 1/50 이상
⑧ 폼 스프레이 단열 지붕의 경사: 1/50 이상

지붕공사

- 기와가락 잇기(batten seam)
  - 너비 방향으로 일정한 간격 마다 각재를 바닥에 고정한 후 규격에 맞춘 금속판으로 마감하여 각재 부위가 돌출 되어 있는 방법
- 돌출 잇기(standing seam)
  - 금속판 이음 부위가 바탕에 수직으로 돌출되게 설치하 는 이음 방법
- 레이크(rakes)
  - 지붕 경사에 수평으로 설치 하는 부재 및 박공지붕에서 벽과 박공지붕 사이에 마감 하는 부재
- 서까래(rafter)
  - 처마도리와 중도리 및 마룻 대 위에 지붕 경사의 방향 으로 걸쳐대고 산자나 지붕 널을 받는 경사 부재
- 중도리(purlin)
  - 처마도리와 평행으로 배치 하여 서까래 또는 지붕널 등을 받는 가로재
- 지붕의 경사(물매)
  - 평지붕: 지붕의 경사가 1/6 이하인 지붕
  - 완경사 지붕: 지붕의 경사 가 1/6에서 1/4 미만인 지붕
  - 일반 경사 지붕: 지붕의 경 사가 1/4에서 3/4 미만인 지붕
  - 급경사 지붕: 지붕의 경사 가 3/4 이상인 지붕
- 지붕마루(용마루)(ridge)
  - 지붕 경사면이 교차되는 부 분 중 상단 부분
- 후레싱(flashing)
  - 지붕의 용마루, 처마, 벽체, 옆 마구리, 절곡 부위, 돌출 부위 등에 사용하여 물처리 및 미관을 위한 마감재

2. 시공 공통사항

1) 콘크리트 위 구조틀(frame) 설치
   ① 콘크리트 위에 지붕재를 직접 설치하는 경우: 기와, 아스팔트 싱글 등을 콘크리트 구조물 위에 직접 시공하는 경우는 설계도서 등에 명기된 바에 따른다.
   ② 콘크리트 위에 구조틀(frame)을 형성하고 지붕재를 설치하는 경우
      • 지붕재 하부 바탕을 설치하기 위한 고정부재(각재나 L형강 등)를 사용하여 구조틀(frame)을 만들고 그 위에 바탕 보드와 방수자 재로 바탕을 구성하는 것으로 한다.
      • 고정 부재의 위치 및 간격은 설계도면에 명시된 간격으로 하되 부과되는 하중과 바탕보드의 설치 위치 등을 고려하여 설치

2) 바탕보드
   ① 접시머리 목조건축용 못, 나사못, 셀프드릴링 스크류(self drilling screw) 등으로 설치
   ② 못의 길이는 목조건축용 못은 32mm 이상, 나사못은 20mm 이상 관통될 수 있는 길이로 한다.
   ③ 못 간격은 일반부는 300mm, 외주부는 150mm 표준
   ④ 합판 등을 설치하는 경우 이음부는 2~3mm 간격을 유지

3) 아스팔트 루핑 또는 펠트 설치
   ① 하부에서 상부로 설치하며 주름이 생기지 않도록 설치
   ② 겹침길이: 길이 방향(장변)으로는 200mm, 폭 방향(단변)으로는 100mm 이상 겹치게 설치
   ③ 와셔 딸린 못 또는 스테이플러(stapler), 타카(taka) 못 등으로 설 치하며 못 간격은 300mm를 표준

4) 자착식형 방수 시트
   ① 바탕보드 위에 주름이 생기지 않도록 자착식 시트를 설치
   ② 물이 흘러내리도록 지붕널 모양으로 설치
   ③ 시트와 시트는 지그재그로 하여 길이 방향으로 150mm 이상 겹치 도록 한다.
   ④ 단부의 겹침은 90mm 이상 겹치도록 하며 롤러를 사용하여 이음 부위를 누른다.
   ⑤ 시트를 설치하고 14일 이내에 지붕재가 설치

Memo

금속 · 잡철

설치
Key Point

■ **국가표준**
– KCS 41 49 01
– KCS 41 49 02

■ **Lay Out**
– 금속공사
– 잡철공사

■ **필수 기준**
– 부식

■ **필수용어**
– 부식과 방식

- 비철금속보다 강도, 경도, 연성이 우수하고 열처리를 통해 쉽게 성질을 변화시킬 수 있음
- 철금속 재료보다 녹는점이 낮고 열 및 전기전도성 우수

② 금속 및 잡철공사

1. 금속공사

1-1. 가공방법

1) 용융가공

구분	가공방법
주조	• 금속을 가열하여 용해한 뒤 주형에 주입해서 형상화
용접	• 같은 종류 또는 다른 종류의 2가지 강재사이에 직접 원자간 결합이 되도록 접합

- 강재를 녹여 가공하는 가공법

2) 소성가공

구분	가공방법
단조	• 금형 공구로 강재에 압축하중을 가하여 소재의 두께나 지금을 단축하고, 압축방향에 직각 방향으로 늘임으로써 정해진 모양치수의 물품을 만드는 방법
압연	• 회전하고 있는 한 쌍의 원기둥체인 롤 사이의 틈에 금속 소재를 넣고 롤의 압력으로 소재의 길이를 늘려 단면적을 축소시키는 금속가공법
판금	• 프레스를 사용하는 판금가공은 판금프레스 가공이라 하며, 프레스 외의 기계를 사용하는 판금가공에는 롤 성형, 스피닝, 인장변형 가공 등이 있음
압출	• 봉(俸) · 관(管) 등과 같이 길고 단면이 일정한 제품을 만드는 가공
인발	• 끝부분이 좁은 다이스(Dies)에 강재를 끼우고, 이 끝부분을 끌어당겨 다이스의 구멍을 통해 뽑아내는 가공

3) 절삭가공

- 가공재료를 공작기계를 사용하여 원하는 모양과 치수를 성형하는 기계적 가공

1-2. 부식과 방식

① 부식(Corrosion)이란 금속재료가 접촉환경과 반응하여 변질 및 산화, 파괴되는 현상
② 부식은 부식환경에 따라서 습식부식(Wet Corrosion)과 건식 부식(Dry Corrosion)으로 대별되며, 다시 전면 부식과 국부 부식으로 분류된다.

1-2-1. 부식의 종류

1) 전면 부식

- 금속 전체 표면에 거의 균일하게 일어나는 부식으로 금속자체 및 환경이 균일한 조건일 때 발생한다.

2) 공식(孔蝕 ; Pitting)

- 스테인리스강 및 티타늄과 같이 표면에 생성 부동태막에 의해 내식성이 유지되는 금속 및 합금의 경우 표면의 일부가 파괴되어 새로운 표면이 노출되면 일부가 용해되어 국부적으로 부식이 진행된 형태

3) 틈부식(Crevice Corrosion)
- 금속표면에 특정물질의 표면이 접촉되어 있거나 부착되어 있는 경우 그 사이에 형성된 틈에서 발생하는 부식

4) 이종 금속 접촉 부식(Galvanic Corrosion)
- 이종금속을 서로 접촉시켜 부식환경에 두면 전위가 낮은쪽의 금속이 전자를 방출(Anode)하게 되어 비교적 빠르게 부식되는 현상 → 동종의 금속을 사용하거나 접합 시 절연체를 삽입

1-2-2. 방식

1) 금속의 재질변화
- 열처리 냉간가공 및 스테인리스사용

2) 부식환경의 변화
- 산소 및 수분제거

3) 전위의 변화
- 전위차 방지를 위한 비전도체 설치

4) 금속표면 피복법
- 가장 일반적으로 사용되는 방법으로 금속피복, 비금속 피복 등
- 유기질 피복은 일반적으로 Paint를 바르는 방법

1-3. 매립철물(Embedded Plate)

> 콘크리트 벽체 혹은 천장 슬래브와 연결되는 철골보, 배관Bracket 등의 후속연결을 위해 콘크리트 내부에 매립하는 철물

1) Embeded Plate

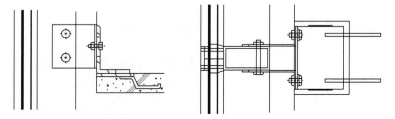

- 콘크리트 면과 Plate면이 일치하도록 철근배근 부위에 Shear Stud를 정착하여 설치

2) Cast in Channel System

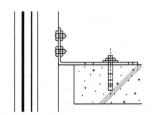
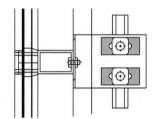

- Bolt접합은 반드시 2개 이상 사용
- 콘크리트 타설시 홈 부분 보양 철저

[Cast In Channel]

[타설 전 매립]

금속 · 잡철

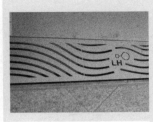

3) Anchor Bolt

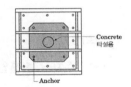

• 철골 기둥이 위치할 곳에 슬래브 콘크리트타설 전 매입

4) Insert

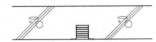

• 슬래브 타실전 매입
• 천장 고정용

2. 잡철

2-1. 바닥 배수 Trench

1) Open Trench

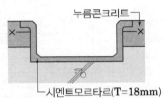

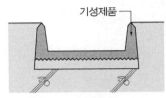

• 외벽에 인접하는 구간, 차량통행에 지장이 없는 부분에 적용하되, 주차부위에는 Cover Grating 추가설치 검토
• Open Trench 공법은 들뜸 · 균열 및 바닥콘크리트와 누름콘크리트 사이로 누수 등 하자 발생

2) Cover Trench

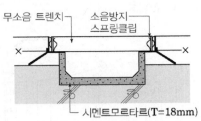

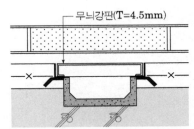

• 주차구간은 여성 운전자 등의 보행안전을 고려하여 Grating Trench 지양 (무늬강판 Trench 시공)
• 차량통행 시 충격하중이 발생하는 주차장 진입램프 상 · 하단부위는 무소음 트렌치 적용

2-2. 배수판(Plate)공법

바닥 물청소 또는 물의 침입이 예상되는 곳의 구조물 가장 자리에 일정 구배를 주어 설치하여, 바닥의 물을 유도한 다음 집수정으로 유도하는 시설

부대시설

설치

Key Point

☑ **국가표준**
- KCS 41 70 07
- KCS 41 54 01
- KCS 41 54 05

☑ **Lay Out**
- 부대시설
- 특수공사

☑ **필수 기준**
- Clean room

☑ **필수용어**
- Clean room

③ 부대시설 및 특수공사

1. 부대시설

1-1. 주차장 진출입을 위한 램프시공 시 유의사항

> 지하 경사진입로(ramp)에 진입 시 차량의 미끄러짐이나 등반 시 밀림 등을 방지하기 위해 요철성능을 가지도록 시행하는 마감

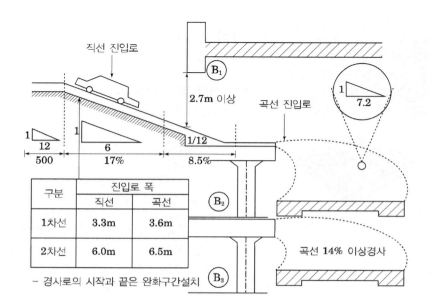

구분	진입로 폭	
	직선	곡선
1차선	3.3m	3.6m
2차선	6.0m	6.5m

- 경사로의 시작과 끝은 완화구간설치

1) 경사진입로 고려

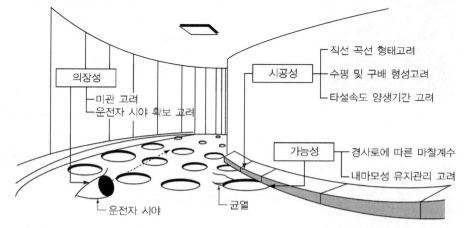

부대시설

고려사항

- 벽면의 건축마감 및 구조물의 종류에 따라 고정방법 선택
- 식재구간의 생육조건(일조량, 온도, 바람)파악하여 식물 선정
- 건축물 외부 혹은 구조물의 표면상태 파악
- 전기 공급장치 및 관수 인입 기능 여부
- 식물수종에 따라 실외 및 실내 적용가능
- 녹화하부에 배수에 대한 조치

4) 노면 마찰력 고려

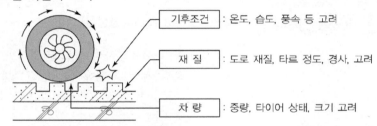

기후조건	: 온도, 습도, 풍속 등 고려
재 질	: 도로 재질, 타르 정도, 경사, 고려
차 량	: 중량, 타이어 상태, 크기 고려

구 분	제동초기속도	제동거리	마찰계수
Sample(1)	53.9km/n	18.1m	0.63
Sample(2)	72.8km/n	32.1m	0.65

1-2. 법면녹화

1) 등반 보조형 법면녹화

건축물 외관, 콘크리트 옹벽, 기타 수직구조물의 벽면을 식물로 피복하는 방법으로 기존의 벽면에 식물의 등반을 유도 및 지지해주는 와이어 등을 설치하여 벽면을 녹화하는 방법

2) 전면 피복형 법면녹화

건축물 외관, 내부 인테리어, 기타 수직구조물의 벽면을 식물로 전면 피복

1-3. 방음벽

① 투과손실
- 방음벽의 방음판 투과손실은 수음자 위치에서 방음벽에 기대하는 회절감쇠치에 10dB을 더한 값 이상으로 하거나, 500Hz의 음에 대하여 25dB 이상, 1000Hz의 음에 대하여 30dB 이상을 표준으로 한다.

② 흡음률
- 흡음형 방음판의 흡음률은 시공직전 완제품 상태에서 250, 500, 1000 및 2000Hz의 음에 대한 흡음률의 평균이 70% 이상인 것을 표준으로 한다.

③ 가시광선 투과율
- 투명방음벽의 방음판은 충분한 내구성이 있어야 하며, 가시광선 투과율은 85% 이상을 표준으로 한다.

④ 재질기준
- 방음벽에 사용되는 재료는 발암물질 등 인체에 유해한 물질을 함유하지 아니한 것
- 내구성이 있어야 하고, 햇빛반사가 적어야 하며, 부식되거나 동결융해 등으로 인하여 변형되지 않는 재료로 해야 한다.

특수공사

2. 특수공사

2-1. Clean room(청정실)

> ① 공기 부유입자의 농도를 명시된 청정도 수준 한계 이내로 제어하여 오염 제어가 행해지는 공간으로 필요에 따라 온도, 습도, 실내압, 조도, 소음 및 진동 등의 환경조성에 대해서도 제어 및 관리가 행해지는 공간
> ② 클린룸 또는 청정 구역에 적용할 수 있는 공기 중 입자의 청정도 등급은 특정 입자 크기에서의 최대 허용 농도(입자수 / m³)로 나타내며, 등급 1, 등급 2, 등급 3, 등급 4, 등급 5, 등급 6, 등급 7, 등급 8, 등급 9로 표기

2-1-1. 청정실의 제작, 시공, 유지관리

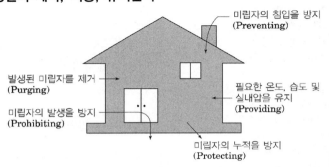

구 분	내 용
진입방지	시공자, 작업자는 분진을 실내에 유입시키지 말 것
발진방지	인체, 생산기계, 각종 설비, 비품, 건재 등의 발진을 방지할 것
제거, 배제	내부에서 발생된 분진을 신속하게 배출할 것
응집, 퇴적방지	분진을 퇴적시키지 않는 구조
선청정 유지	청정실 내부에 입실하는 사람, 부품, 기자재는 공기세척(Air Shower), 물세척(Water Shower) 등으로 반드시 청정조건을 유지할 것

2-1-2. 일반 요구사항

① 모든 내면은 매끄러우며 흠, 턱, 구멍 등이 없어야 한다. 모서리는 다듬질을 해주고, 모든 연결배관들과 전선 등은 오염 경로나 오염원이 되지 않도록 설치

② 모든 접합부는 평활하게 연결되어야 하며 작업을 수행하는 데 꼭 필요한 것들만 청정실에서 연결하고 그 외의 휴지상자, 스위치판, 분리기, 밸브 등과 같은 다른 접합부는 가능한 청정실 외부에 설치

③ 작업자의 움직임을 최소화하기 위한 통신장비들을 준비해 두어야 한다.

④ 요구청정도, 기류 및 기타 환경조건들을 만족시키기 위한 공기조화기 및 기타 필요설비를 준비

특수공사

2-2. 외벽 PC Panel공사

① 건물외벽에 부착하는 외벽용 PC패널을 공장에서 미리 노출콘크리트, 타일 및 석재부착 등의 마감재를 붙여 제작한 후 현장에 운반하여 건물외벽에 설치하는 패널
② 패널의 운송효율, 시공성, 품질을 고려하여 유효폭 및 두께를 결정한다.

2-2-1. GPC(Granite Veneer Precast Concrete)

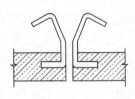

GPC 제작

- 사용실적이 있고, 변색·백화 등의 하자가 없었던 석재를 사용
- 투수성을 확인: 투수량 $800 \mathrm{m}\ell/\mathrm{m}^2 \cdot \mathrm{day}$ 이상의 석재는 배면처리에 대한 관리 철저
- 석재의 두께: 25mm 이상

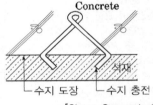

[꺽쇠형]   [Shear Connector형]

2-2-2. TPC공법

1) Sheet 공법

Sheet공법은 45mm×45mm~90mm×90mm 정도의 모자이크 타일을 종이 또는 수지필름을 사용하여 만든 유닛을 바닥 거푸집 면에 양면테이프, 풀 등으로 고정시키고 콘크리트를 타설

2) 타일 단체법

단체법(單體法)은 108mm×60mm 이상의 타일에 사용되는 것으로, 거푸집 면에 발포수지, 고무, 나무 등으로 만든 버팀목 또는 줄눈 칸막이를 설치하고, 타일을 한 장씩 붙인 뒤 콘크리트 타설

2-3. ALC패널(경량기포 콘크리트 패널)

① 석회질 원료 및 규산질 원료를 주원료로 하고, 고온 고압 증기 양생을 한 경량 기포 콘크리트(ALC)에 철근으로 보강한 패널
② 건축물 또는 공작물 등의 지붕, 바닥, 외벽 및 칸막이벽 또는 내력부재로 사용하는 공사

ALC패널 설치공법

- 수직철근 공법
- 슬라이드 공법
- Cover Plate 공법
- Bolt 조임공법

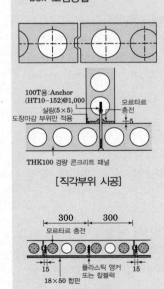

4 특수재료

특수처리

방염처리 대상 건축물

- [화재예방, 소방시설 설치·유지 및 안전관리에 관한 법률 시행령 제 19조]
  - 근린생활시설 중 체력단련장, 숙박시설, 방송통신시설 중 방송국 및 촬영소
  - 건축물의 옥내에 있는 시설중 문화집회시설, 종교시설, 운동시설(수영장은 제외)
  - 의료시설 중 종합병원과 정신의료기관, 노유자시설 및 숙박이 가능한 수련시설
  - [다중이용업소의 안전관리에 관한 특별법] 제2조 제1항 제1호에 따른 다중이용업의 영업장
  - 위 1)부터 4)까지의 시설에 해당하지 않는 것으로 층수가 11층 이상인 것(단, 아파트는 제외)
  - 교육연구시설 중 합숙소

1. 방염처리

> ① 목질 재료나 플라스틱 등에 대하여 착화하기 어렵고 연소 속도를 늦추는 처리
> ② 박판, 시트, 필름, 천 등에 불꽃의 발생을 억제하는 처리를 한 재료

1-1. 방염성능검사의 대상

1. 카페트: 마루 또는 바닥등에 까는 두꺼운 섬유제품을 말하며 직물카페트, 터프트카페트, 자수카페트, 니트카페트, 접착카페트, 니들펀치카페트 등을 말한다.
2. 커텐: 실내장식 또는 구획을 위하여 창문 등에 치는 천을 말한다.
3. 블라인드: 햇빛을 가리기 위해 실내 창에 설치하는 천이나 목재 슬랫 등을 말한다.
   가. 포제 블라인드: 합성수지 등을 주 원료로 하는 천을 말하며 버티칼, 롤스크린 등을 포함한다.
   나. 목재 블라인드: 목재를 주 원료로 하는 슬랫을 말한다.
4. 암막: 빛을 막기 위하여 창문등에 치는 천을 말한다.
5. 무대막: 무대에 설치하는 천을 말하며 스크린을 포함한다.
6. 벽지류: 두께가 2mm 미만인 포지로서 벽, 천장 또는 반자 등에 부착하는 것을 말한다.
   가. 비닐벽지: 합성수지를 주원료로 한 벽지를 말한다.
   나. 벽포지: 섬유류를 주원료로 한 벽지를 말하며 부직포로 제조된 벽지를 포함한다.
   다. 인테리어필름: 합성수지에 점착 가공하여 제조된 벽지를 말한다.
   라. 천연재료벽지: 천연재료(펄프, 식물등)를 주원료로 한 벽지를 말한다.
7. 합판: 나무 등을 가공하여 제조된 판을 말하며, 중밀도섬유판(MDF), 목재판넬(HDF), 파티클보드(PB)를 포함한다. 이 경우 방염처리 및 장식을 위하여 표면에 0.4mm 이하인 시트를 부착한 것도 합판으로 본다.
8. 목재: 나무를 재료로 하여 제조된 물품을 말한다.
9. 섬유판: 합성수지판 또는 합판 등에 섬유류를 부착하거나 섬유류로 제조된 것을 말하며 섬유류로 제조된 흡음재 및 방음재를 포함한다.
10. 합성수지판: 합성수지를 주원료로 하여 제조된 실내장식물을 말하며 합성수지로 제조된 흡음재 및 방음재를 포함한다.
11. 합성수지 시트: 합성수지로 제조된 포지를 말한다.
12. 소파·의자: 섬유류 또는 합성수지류 등을 소재로 제작된 물품을 말한다.
13. 기타물품: 다중이용업소의 안전관리에 관한 특별법 시행령 제3조의 규정에 의한 실내장식물로서 제1호 내지 제12호에 해당하지 아니하는 물품을 말한다.

9-7장

실내환경

Professional Engineer

마법지

실내환경

1. 열환경
   - 열관류율/열전도율
   - 열전달현상
   - 진공단열재
   - 압출법 보온판
   - 비드법 보온판
   - Heat Bridge/열교, 냉교
   - 내단열과 외단열
   - 결로
   - 표면결로
   - 공동주택의 비난방 부위 결로방지 방안
   - TDR(Temperature Difference Ratio)
   - 방습층(Vapor barrier)
2. 음환경
   - 층간소음(경량충격음과 중량충격음)
   - 뜬바닥구조(Floating floor)
   - 바닥충격음 차단 인정구조
   - 층간소음 사후확인제도
   - Bang Machine
   - 흡음과 차음
3. 실내공기환경
   - 실내공기질 관리
   - VOCs(Volatile Organic Compounds)저감방법
   - 새집증후군 해소를 위한 Bake out, Flush Out 실시 방법과 기준

열환경

전열이론

Key Point

☑ 국가표준
- KCS 41 42 01
- KCS 41 42 03
- 건축물의 에너지절약설계
  기준 별표 1
- [시행 2023. 2. 28]

☑ Lay Out
- 전열이론
- 단열
- 결로

☑ 필수 기준
- 결로방지 성능기준

☑ 필수용어
- 열전도율
- 열교 냉교

① 실내 열환경

1. 전열이론

① 열전도율: 물질의 이동을 수반하지 않고 고온부에서 이와 접하고 있는 저온부로 열이 전달되어 가는 현상
② 열관류율: 고체를 통하여 유체(공기)에서 유체(공기)로 열이 전해지는 현상

1-1. 열전도(Heat Conduction)

1) 열전도열량 (kcal/mh℃) – 고체의 열전달

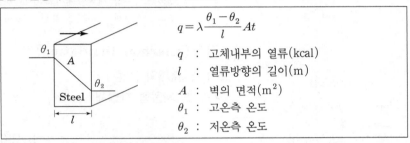

$$q = \lambda \frac{\theta_1 - \theta_2}{l} At$$

q : 고체내부의 열류(kcal)
l : 열류방향의 길이(m)
A : 벽의 면적(m²)
θ_1 : 고온측 온도
θ_2 : 저온측 온도

1-2. 열전달(Heat Transfer Coefficient)

- 전도·대류·복사 등의 열 이동현상을 총칭하여 열전달이라고 한다. 고체 표면과 이에 접하는 유체(경계층)와의 사이의 열교환

1-3. 열관류율(Heat Transmission)

1) 열관류율 K – 유체 → 고체 → 유체의 열전달

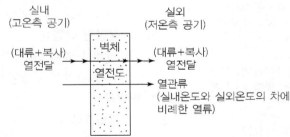

$$열관류율(K) = \frac{1}{R_T} = \frac{1}{R_{0+}\Sigma R + R_a + R_i} [\text{W/m}^2 \cdot \text{K, kal/m}^2 \cdot \text{h} \cdot ℃]$$

$$열관류열량(Q) = \frac{T_1 - T_2}{R_T}$$

R_o : 실외표면 열전달 저항
ΣR : 벽체 각 재료의 열전달 저항
R_a : 중공층의 열저항
R_i : 실내표면 열전달 저항

열전도량

두께 1m의 균일재에 대하여 양측의 온도 차가 1℃일 때 1m²의 표면적을 통하여 흐른 열량

열의 대류(Convection)

물체중의 물질이 열을 동반하고 이동하는 경우로 기체나 액체에서 발생한다. 즉, 고체의 표면에서 액체나 기체상의 매체에서 또는 유체에서 고체의 표면으로 열이 전달되는 형태

열전달률

유체와 고체 사이에서의 열이동을 나타낸 것으로, 공기와 벽체 표면의 온도차가 1℃일 때 면적 1m²를 통해 1시간 동안 전달되는 열량

열관류율

벽의 양측 공기의 온도차가 1℃일 때 벽의 1m²당을 1시간에 관류하는 열량

1-4. 구조체의 온도구배(Temperature Gradient)

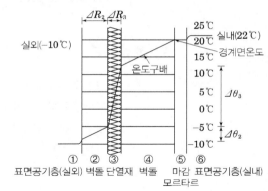

$$\Delta\theta = \frac{\Delta R}{R_T} \times \theta_t$$

$\Delta\theta$: 특정 재료층에서의 온도 하강 ΔR : 해당 재료층의 열전도 저항

θ_T : 전체 구조체를 통한 온도하강 R_T : 전체 구조체의 총 열저항

2. 단열(Thermal Insulation)

2-1. 단열재의 종류

2-1-1. 저항형 단열재

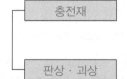

- 섬유상: 유리면 · 암면 등
- 입상: 탄각 · 톱밥 · 왕겨 등
- 분상: 규조토 · 탄산마그네슘 등
- 연질의 것: 섬유판(텍스) · 충상암면 · 판상암면 · 석면 보온판
- 경질의 것: 기포유리판 · 경질 염화비닐판

2-1-2. 반사형 단열재

- 반사율이 높고 흡수율과 복사율이 낮은 표면에 효과가 있는데, 전형적인 예로 알루미늄 박판(Foil)을 들 수 있다.

2-1-3. 용량형 단열재

- 벽체가 열용량에 의해 열전달이 지연되어 단열효과가 생기게 되는데 이를 용량형 단열재라 한다. (벽돌이나 콘크리트 벽)

2-2. 단열공사

2-2-1. 공법종류

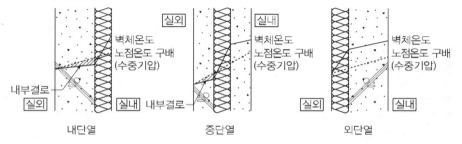

내단열　　　　　　중단열　　　　　　외단열

열환경	내단열	• 단열재를 구조체 내부에 설치하는 공법 • 구조체와 동시에 시공 가능 • 단열의 불연속부위가 생겨 결로발생 우려
	중단열	• 단열재를 구조체 공간에 설치하는 공법 • 내단열 보다는 우수 • 내부 국부 표면에 결로 발생 우려
	외단열	• 단열재를 외벽에 직접 설치하는 공법 • 단열효과가 뛰어남 • 외벽마감 시 내충격성 소재 사용

2-2-2. 최하층 바닥의 단열공사

1) 콘크리트 바닥의 단열공사
- 흙에 접하는 바닥: 방습필름 설치 → 단열재 설치 → 접합부는 내습성 테이프 등으로 접착·고정 → 누름 콘크리트 또는 보호 모르타르 → 마감자재

2) 마룻바닥의 단열시공
- 동바리가 있는 마룻바닥: 동바리와 마루틀 짜 세우기 → 장선 양측 및 중간의 멍에 위에 단열재 받침판을 못박아댄 다음 장선 사이에 단열재 설치 → 방습필름 설치
- 콘크리트 슬래브 위의 마룻바닥: 장선 양측에 단열재 받침판을 대고 장선 사이에 단열재를 설치 → 방습시공

3) 콘크리트 슬래브 하부의 단열공사
- 최하층 거실 바닥 슬래브 하부에 설치하는 단열재는 불연재료 또는 준불연 재료이어야 한다.
- 단열재를 거푸집에 부착해 콘크리트 타설 시 일체화

2-2-3. 벽체의 단열공사

1) 내단열 공법
① 바탕벽에 띠장을 소정의 간격으로 설치하되 방습층을 두는 경우는 이를 단열재의 실내측에 설치
② 단열 모르타르는 접착력을 증진시키기 위하여 프라이머를 균일하게 바른 후 6~8mm 두께로 초벌 바르기를 하고, 1~2시간 건조 후 정벌 바르기를 하여 기포 및 흙손자국이 나지 않도록 마감손질

2) 중단열 공법
① 벽체를 쌓을 때는 특히 단열재를 설치하는 면에 모르타르가 흘러내리지 않도록 주의
② 단열재는 내측 벽체에 밀착시켜 설치하되 단열재의 내측면에 방습층을 두고, 단열재와 외측 벽체 사이에 쐐기용 단열재를 600mm 이내의 간격으로 고정
③ 직경 25mm~30mm의 단열재 주입구를 줄눈 부위에 수평 및 수직 각각 1,000 ~ 1,500mm 간격으로 설치

창의 단열성능 영향요소

- 유리 공기층 두께
- 유리간 공기층의 수량
- 로이코팅 유리
- 비활성가스(아르곤) 충전
- 열교차단재(폴리아미드, 아존)
- 창틀의 종류

2-2-4. 천장의 단열공사

① 달대가 있는 반자틀에 판형 단열재를 설치할 때는 천장마감재를 설치하면서 단열시공을 하되, 단열재는 반자틀에 꼭 끼도록 정확히 재단하여 설치

② 두루마리형 단열재를 설치할 때는 천장바탕 또는 천장마감재를 설치한 다음 단열재를 그 위에 틈새 없이 펴서 깐다.

③ 포말형 단열재를 분사하여 시공할 때는 반자틀에 천장바탕 또는 천장마감재를 설치한 다음 방습필름을 그 위에 설치

2-2-5. 지붕의 단열공사

1) 지붕 윗면의 단열공법

① 철근콘크리트 지붕 슬래브 위에 설치하는 단열층은 방수층 위에 단열재를 틈새 없이 깔고, 이음새는 내습성 테이프 등으로 붙인 다음 단열재 윗면에 방습시공을 한다.

② 방습층 위에 누름 콘크리트를 소정의 두께로 타설하되, 누름 콘크리트 속에 철망을 깐다.

2) 지붕 밑면의 단열시공

① 철골조 또는 목조 지붕에는 중도리에 단열재를 받칠 수 있도록 받침판을 소정의 간격으로 설치하여 단열재를 끼워 넣거나 지붕 바탕 밑면에 접착제로 붙인다.

② 공동주택의 최상층 슬래브 하부에 단열재를 설치하는 경우에는 단열재를 거푸집에 부착하여 콘크리트 타설시 일체 시공

2-2-6. 방습층 시공

- 방습시공을 할 때는 단열재의 실내측에 방습필름을 대고, 접착부는 150mm 이하 50mm 이상 겹쳐 접착제 또는 내습성 테이프를 붙인다.

2-2-7. 내단열과 외단열 비교

[내단열과 외단열 비교]

구분	내단열	외단열
실온 변화	• 실온 변동과 난방 정지 시 실온 강하가 외단열에 비해 크다.	• 건물 구조체가 축열제의 역할을 함으로 실내의 급격한 온도 변화가 거의 없다.
열교 발생	• 구조체의 접합부에서 단열재가 불연속되어 열교가 발생하기가 쉽다.	• 열교 발생이 거의 없다.
구체에 대한 영향	• 지붕이나 구체에 직접 광선을 받으면 상하온도에 시간적 차이가 발생하여 낮에는 10℃ 이상 온도차이가 나므로 큰 열응력을 받아 크랙 등의 원인이 된다.	• 직사광선에 의한 열을 지붕 슬래브나 구체에 전달하지 않아 지붕 슬래브의 상하 온도차는 한여름 낮에도 3℃ 이하 정도라서 구체가 받는 열응력은 매우 작아 구체를 손상시키지 않는다.
표면 결로	• 실내 표면의 온도차가 커서 결로 발생 가능성이 크다.	• 외기 온도의 영향으로부터 급격한 온도 변화가 없어 열적으로 안전하여 결로 발생이 거의 없다.

3. 결로(condensation)

> 공기가 포화상태가 되어 수증기 전부를 포함할 수 없어 여분의 수증기가 물방울로 되어 벽체표면에 부착되는 일종의 습윤상태

3-1. 결로 발생 환경

1) 결로 발생 개념

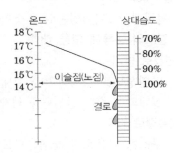

- 실외온도는 낮고 상대습도가 높은 경우 발생하며, 그 공기의 노점온도와 같거나 낮은 온도의 표면과 접촉할 때 발생

2) 결로 발생 Mechanism- 포화 수증기 곡선

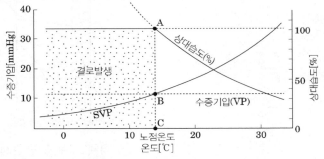

- A점과 같이 상대습도가 100%이며, B점과 같이 수증기압(VP)과 포화수증기압(SVP)이 같은 지점에서 결로가 발생하며, 그 때의 온도를 노점 온도(C)점라 한다.

3) 결로 발생 원인

① 시공 불량(부실시공, 하자)　② 구조재의 열적 특성
③ 실내 습기의 과다 발생　　　④ 실내외 온도차
⑤ 건물의 사용방법　　　　　　⑥ 생활습관에 의한 환기 부족

3-2. 결로의 종류

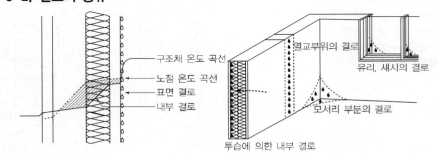

열환경

- 습공기 선도
  - 습공기의 상태를 결정할 수 있는 표
- 절대습도
  - 공기 중에 포함되어 있는 수증기의 중량으로 습도를 표시하는 것으로 건조공기 1kg을 포함한 습공기 중의 수증기량으로 표시
- 수증기 분압
  - 수증기 분자는 분자끼리 구속이 없으며 밀폐된 형태의 건물내에 존재하면 분자가 주위의 벽에 빠른 속도로 충돌한 뒤 튕겨 나오게 되는데 이러한 현상을 말함
- 포화수증기압
  - 공기 중에 포함되는 수증기의 양은 한도가 있는데 이것은 습도나 압력에 따라 다르며 이 한도까지 수증기량을 포함한 상태의 공기를 포화 공기라 하며, 이때의 수증기압을 말함
- 상대습도
  - 습공기의 수증기 분압과 그 온도에 의한 포화공기의 수증기 분압과의 비를 백분율로 나타낸 것
- 노점온도(이슬점 온도)
  - 습공기의 온도를 내리면 어떤 온도에서 포화상태에 달하고, 온도가 더 내려가게 되면 수증기의 일부가 응축하여 물방울이 맺히게 되는 현상

결로 종류

- 표면결로
  (Surface Condensation)
  - 구조체의 표면온도가 실내공기의 노점온도보다 낮은 경우 그 표면에 발생하는 수증기의 응결현상
- 내부결로
  (Concealed Condensation)
  - 구조체 내부에 수증기의 응축이 생겨 수증기압이 낮아지면 수증기압이 높은 곳에서 부터 수증기가 확산되어 응축이 계속되는 현상

3-3. 결로 방지대책

3-3-1. 발생원인에 대한 대책

1) 환기(Ventilation)
  - 환기는 습한 공기를 제거하여 실내의 결로를 방지한다.

2) 난방(Heating)
  ① 난방하면 온도가 상승하여 실내의 상대습도가 떨어지게 된다.
  ② 내부의 표면온도를 올리고 실내온도를 노점온도 이상으로 유지시킨다.

3) 단열(Insulation)
  - 벽체에 흐르는 열손실 최소화, 고온측에 방습층의 설치

3-3-2. 결로의 종류에 따른 대책

1) 표면결로 방지
  ① 단열성능을 강화하거나 실내의 상대습도를 낮추어야 한다.
  ② 실내의 수증기 발생원을 억제하여 공기중의 절대 습도를 작게 한다.

2) 내부결로 방지
  ① 구조체의 온도가 노점온도보다 높게 외단열로 시공

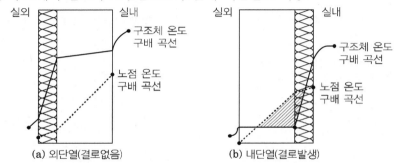

(a) 외단열(결로없음)　　(b) 내단열(결로발생)

  ② 벽체 내부에 단열재와 함께 방습층을 설치

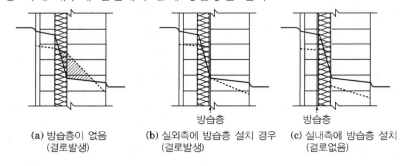

(a) 방습층이 없음
(결로발생)　　(b) 실외측에 방습층 설치 경우
(결로발생)　　(c) 실내측에 방습층 설치
(결로없음)

  ③ 통기, 통습층을 설치

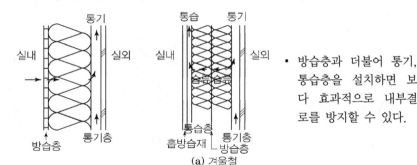

(a) 겨울철

- 방습층과 더불어 통기, 통습층을 설치하면 보다 효과적으로 내부결로를 방지할 수 있다.

---

② 실내 음환경

1. 층간소음

① 경량충격음: 비교적 가볍고 딱딱한 충격에 의한 바닥충격음(49dB 이하)
② 중량충격음: 무겁고 부드러운 충격에 의한 바닥충격음 (49dB 이하)

1-1. 층간소음의 범위와 기준

1) 층간소음의 범위

공동주택 층간소음의 범위는 입주자 또는 사용자의 활동으로 인하여 발생하는 소음으로서 다른 입주자 또는 사용자에게 피해를 주는 다음 각 호의 소음으로 한다. 다만, 욕실, 화장실 및 다용도실 등에서 급수·배수로 인하여 발생하는 소음은 제외한다.

- 직접충격 소음 • 뛰거나 걷는 동작 등으로 인하여 발생하는 소음
- 공기전달 소음 • 텔레비전, 음향기기 등의 사용으로 인하여 발생하는 소음

- 기타: 문, 창문 등을 닫거나 두드리는 소음, 망치질, 톱질 등에서 발생하는 소음, 탁자나 의자 등 가구를 끌면서 나는 소음, 헬스기구, 골프연습기 등의 운동기구를 사용하면서 나는 소음

2) 층간소음의 기준

층간소음의 구분		층간소음의 기준 [단위: dB(A)]	
		주간 (06:00 ~ 22:00)	야간 (22:00 ~ 06:00)
직접충격 소음	1분간 등가소음도(Leq)	39(41)	34(36)
	최고소음도(Lmax)	57	52
공기전달 소음	5분간 등가소음도(Leq)	45	40

- 직접충격 소음은 1분간 등가소음도(Leq) 및 최고소음도(Lmax)로 평가하고, 공기전달 소음은 5분간 등가소음도(Leq)로 평가한다.
- 소음·진동 관련 공정시험기준 중 동일 건물 내에서 사업장 소음을 측정하는 방법을 따르되, 1개 지점 이상에서 1시간 이상 측정해야 한다.
- 최고소음도(Lmax)는 1시간에 3회 이상 초과할 경우 그 기준을 초과한 것으로 본다.

소음

Key Point

☑ 국가표준
- KS F ISO 717 경량충격음 레벨
- KS F 2810 바닥충격음 차단성능 측정
- KS F 2810-1 표준 경량 충격원에 의한 방법
- KS F 2810-2 바닥충격음 차단성능의 측정
- KS M ISO 845 밀도측정
- KS M ISO 4898 흡수량 측정
- KS F 2868 동탄성계수와 손실계수
- 공동주택 층간소음의 범위와 기준에 관한 규칙 2023.01.02
- 소음방지를 위한 층간 바닥충격음 차단 구조기준 2018.09.21
- 공동주택 바닥충격음 차단구조 인정 및 검사기준 23.02.09
- 주택건설기준 등에 관한 규정 22.12.08

☑ Lay Out
- 층간소음
- 흡음 차음

☑ 필수 기준
- 층간소음기준

☑ 필수용어
- 층간소음
- 뜬바닥 구조

- 직접충격 소음 ( ): 2005년 6월 말 이전 사업승인을 받은 노후 공동주택

음환경

층간소음 저감대책

- 구조시스템 변경
- Floating Floor
- 표준바닥 구조
- 완충재 성능 개선
- 중공 Slab 적용
- 이중천장 설치
- 설비소음 저감

용어-23.02.09개정

- 경량충격음레벨 (49dB 이하)
  - KS F ISO 717-2에서 규정하고 있는 평가방법 중 "가중 표준화 바닥충격음레벨"

- 중량충격음레벨 (49dB 이하)
  - KS F ISO 717-2에서 규정하고 있는 평가방법 중 "A-가중 최대 바닥충격음레벨"

- 표준바닥 구조
  - 중량충격음 및 경량충격음을 차단하기 위하여 콘크리트 슬래브, 단열완충재, 마감모르타르, 바닥마감재 등으로 구성된 일체형 바닥구조

- 바닥 충격음 차단구조
  - 바닥충격음 차단구조의 성능등급을 인정하는 기관의 장이 차단구조의 성능[중량충격음(무겁고 부드러운 충격에 의한 바닥충격음을 말한다) 49데시벨 이하, 경량충격음(비교적 가볍고 딱딱한 충격에 의한 바닥충격음을 말한다) 49 데시벨 이하]를 확인하여 인정한 바닥구조

1-2. 바닥충격음 차단성능의 등급기준 - 23.01.02

1) 경량충격음

(단위: dB)

등급	가중 표준화 바닥충격음 레벨
1급	$L'n,AW \leq 37$
2급	$37 < L'n,AW \leq 41$
3급	$41 < L'n,AW \leq 45$
4급	$45 < L'n,AW \leq 49$

2) 중량충격음

(단위: dB)

등급	A-가중 최대 바닥충격음레벨
1급	$L'i, Fmax, AW \leq 37$
2급	$37 < L'i, Fmax, AW \leq 41$
3급	$41 < L'i, Fmax, AW \leq 45$
4급	$45 < L'i, Fmax, AW \leq 49$

1-3. 표준바닥구조

1) 표준바닥구조-1

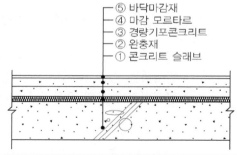

- ⑤ 바닥마감재
- ④ 마감 모르타르
- ③ 경량기포콘크리트
- ② 완충재
- ① 콘크리트 슬래브

형식	구조	① 콘크리트슬래브	② 완충재	③ 경량기포콘크리트	④ 마감 모르타르
I	벽식 및 혼합구조	210mm 이상	20mm 이상	40mm 이상	40mm 이상
	라멘구조	150mm 이상			
	무량판구조	180mm 이상			
II	벽식 및 혼합구조	210mm 이상	20mm 이상	–	40mm 이상
	라멘구조	150mm 이상			
	무량판구조	180mm 이상			

음환경

- 가중 바닥충격음 레벨감쇠량
  - KS F 2865에서 규정하고 있는 방법으로 측정한 바닥마감재 및 바닥 완충구조의 바닥충격음 감쇠량을 KS F 2863-1의 '6. 바닥충격음 감쇠량 평가방법'에 따라 평가한 값

- 음원실
  - 경량 및 중량충격원을 바닥에 타격하여 충격음이 발생하는 공간

- 수음실
  - 음원실에서 발생한 충격음을 마이크로폰을 이용하여 측정하는 음원실 바로 아래의 공간

- 벽식 구조
  - "벽식 구조"라 함은 수직하중과 횡력을 전단벽이 부담하는 구조를 말한다.

- 라멘구조
  - 이중골조방식과 모멘트골조방식으로 구분할 수 있으며, "이중골조방식"이란 횡력의 25 이상을 부담하는 모멘트 연성골조가 전단벽이나 가새골조와 조합되어 있는 골조방식을 말하고, "모멘트골조방식"이란 보와 기둥으로 구성한 라멘골조가 수직하중과 횡력을 부담하는 방식을 말한다. 이 경우 라멘구조는 제5호의 "가중 바닥충격음레벨 감쇠량"이 13 데시벨 이상인 바닥마감재나 제33조제1항 각 호의 성능을 만족하는 20밀리미터 이상의 완충재를 포함해야 한다.

1-4.공동주택 바닥충격음 차단구조 인정 및 검사기준 23.02.09
1-4-1. 인정을 위한 시험조건 및 규모

- 인정대상 바닥충격음 차단구조에 대한 바닥충격음 차단성능 시험은 공동주택 시공현장 또는 표준시험실에서 실시할 수 있다.
- 측정대상 음원실(音源室)과 수음실(受音室)의 바닥면적은 20제곱미터 미만과 20제곱미터 이상 각각 2곳으로 한다.
- 측정대상공간의 장단변비는 1:1.5 이하의 범위, 측정대상공간의 반자높이는 2.1미터 이상
- 수음실 상부 천장은 슬래브 하단부터 150밀리미터 이상 200밀리미터 이내의 공기층을 두고 반자는 석고보드 9.5밀리미터를 설치하거나 공동주택 시공현장의 천장구성을 적용
- 바닥면적이나 평면형태가 다른 2개 세대를 대상으로 실시
- 현장에서 시험을 실시할 경우에는 2개동에서 각각 1개 세대 전체에 신청한 구조를 시공하고 시공된 시료를 대상으로 각 세대 1개 이상의 공간에서 시험을 실시
- 표준시험실에서 실시할 경우에는 2개 세대 전체에 신청된 바닥충격음 차단구조를 시공하고 시공된 시료를 대상으로 각 세대 1개 이상의 공간에서 시험을 실시

1-4-2. 바닥충격음 차단성능 측정 및 평가방법

1) 측정방법
   ① 바닥충격음 차단성능의 측정은 KS F ISO 16283-2에서 규정하고 있는 방법에 따라 실시
   ② 경량충격음레벨 및 중량충격음레벨을 측정
   ③ 수음실에 설치하는 마이크로폰의 높이는 바닥으로부터 1.2m로 하며, 거리는 벽면 등으로부터의 0.75m(수음실의 바닥 면적이 $14m^2$ 미만인 경우에는 0.5m) 떨어진 지점으로 한다.

2) 측정결과의 평가방법
   ① 바닥충격음 측정결과는 역A특성곡선에 따른 평가방법을 이용하여 평가
   ② 바닥 면적이나 평면형태가 다른 2개 세대를 대상으로 한 성능시험 결과 각각 성능이 다르게 평가된 경우에는 충격음레벨이 높게 평가된 측정결과로 평가
   ③ 표준중량충격력 특성 2로 바닥충격음 차단구조의 중량충격원 성능인정 시험을 실시한 경우에는 평가한 결과에 3dB을 더한 수치로 성능등급을 확인

층간소음 사후 확인제

- 아파트 등 공동주택 사업자가 아파트 완공 뒤 사용승인을 받기 전 바닥충격음 차단성능을 확인하는 성능검사를 실시해 검사기관에 제출하도록 한 제도
- 경량 충격음 측정(Tapping Machie)
- 충격주기 및 충격력을 보완하여 실생활의 충격력과 추종성이 좋은 충격원으로 개발
- 중량 충격음 측정(Impact ball)
- 1m 높이에서 자유낙하 하여 충격음 발생
- 2.5kg 고무공을 1m 높이에서 자유낙하, 중앙점 4개소 이상 타격, 충격량이 150~250kg 수준

바닥충격음 차단성능의 확인방법

- 측정대상세대의 선정방법
- 하나의 동인 경우에는 중간층과 최상층의 측벽에 면한 각 1세대 이상과 중간층의 중간에 위치한 1세대 이상으로 한다.
- 하나의 동에 서로 다른 평형이 있을 경우에는 평형별로 3개 세대를 선정하여 측정을 실시
- 2동이상인 경우에는 평형별 1개동 이상을 대상으로 중간층과 최상층의 측벽에 면한 각 1세대이상과 중간층의 중간에 위치한 1세대 이상
- 측정대상공간 선정방법
- 바닥충격음 차단성능의 확인이 필요한 단위세대 내에서의 측정대상공간은 거실(living room)로 한다. 단, 거실(living room)과 침실의 구분이 명확하지 않은 소형평형의 공동주택의 경우에는 가장 넓은 공간을 측정대상공간으로 한다.

1-4-3. 바닥충격음 차단성능의 확인방법

1) 측정위치

- 바닥충격음 시험을 위한 음원실의 충격원 충격위치는 중앙점을 포함한 4개소 이상으로 하고, 수음실의 마이크로폰 설치위치는 4개소 이상으로 해야 한다. 실내 흡음력 산출 시 적용되는 측정대상공간의 용적은 실제측정이 이루어지고 있는 공간으로 하되 개구부(문 또는 창 등)가 있는 경우에는 닫은 상태에서 측정하거나 용적을 산출

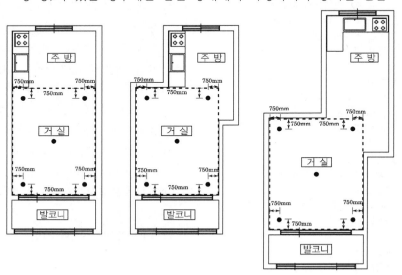

- 측정위치(충격원 충격위치 및 마이크로폰 위치)

1-4-4. 완충재의 품질 및 시공방법

- 콘크리트 바닥판의 품질 및 시공방법: 3m당 7mm 이하의 평탄을 유지할 수 있도록 마무리
- 바닥에 설치하는 완충재는 완충재 사이에 틈새가 발생하지 않도록 밀착 시공
- 접합부위는 접합테이프 등으로 마감
- 측면 완충재는 마감 Mortar가 벽에 직접 닿지 아니하도록 해야 한다.

1-5. 층간소음 저감기술

1) 구조시스템 변경

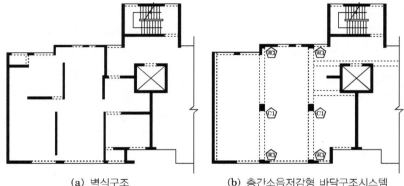

(a) 벽식구조　　　　(b) 층간소음저감형 바닥구조시스템

- 벽식구조시스템의 내력벽을 기둥식으로 변경하여 수직부재를 통해 전달되는 진동을 저감

[Tapping Machine]

[Bang Machine]

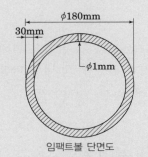

임팩트볼 단면도

[Impact ball]

Impact ball

- 뱅머신의 단점을 보완하여 개발
- 1m 높이에서 자유낙하 하여 충격음 발생
- 2.5kg 고무공을 1m 높이에서 떨어뜨리는 방법으로 충격량이 150~250kg 수준

2) 완충재의 성능개선

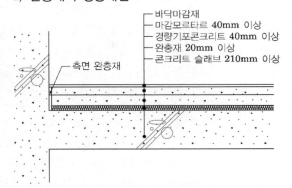

- 두께보다 재질이 중요하며, 단일 완충재
- 성능평가기준에 의한 완충재 적용

3) 중공 Slab 적용

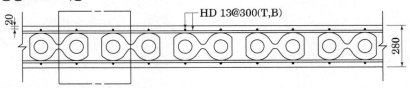

- 중공체를 활용하여 공간 확보를 통한 소음전달 감소

4) 이중천장의 설치

- 공기층을 충분히 하고 천장재의 면밀도를 크게 하여 방진지지 하면 바닥충격음레벨을 감소시킬 수 있다.

2. 흡음과 차음(Sound Absorption, insulation of sound)

흡음	• 음의 Energy가 구조체나 부재의 재료표면 등에 부딪혀서 침입된 소음을 흡음재나 공명기를 이용하여 에너지가 반사하는 것을 감소시키는 것
차음	• 음의 Energy에 진동하거나 진동을 전하지 않는 차음재를 사용하여 음의 에너지를 한 공간에서 다른 공간으로 투과하는 것을 감소시키는 것

2-1. 흡음과 차음의 개념

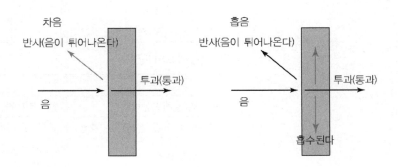

2-2. 흡음재의 종류와 특성

- 공기 중 음을 전파하여 입사한 음파가 반사되는 양이 작은 재료로서 주로 천장, 벽 등의 내장재료로 사용
- 실내의 잔향시간을 줄이며, 메아리 등의 음향장애 현상을 없애고 실내의 음압레벨을 줄이기 위해 사용

1) 다공성 흡음재(Porous Type Absorption)

- 다공성 흡음재는 Glass Wool, Rock wool, 광물면, 식물 섬유류, 발포플라스틱과 같이 표면과 내부에 미세한 구멍이 있는 재료로서 음파는 이러한 재료의 좁은 틈 사이의 공기속을 전파할 때 주위 벽과의 마찰이나 점성저항 등에 의해 음에너지의 일부가 열에너지로 변하여 흡수된다.

2) 공명기형 흡음재(Resonator Type Absorption)

- 공동(Cavity)에 구멍이 나있는 형의 공명기에 음이 닿으면, 공명주파수 부근에서 구멍부분의 공기가 심하게 진동하면서 그때의 마찰열로 음에너지가 흡수된다.

3) 판상형 흡음재(Membrane Type Absorption)

- 합판, 섬유판, 석고보드, 석면슬레이트, 플라스틱판 등의 얇은 판에 음이 입사되면 판진동이 일어나서 음에너지의 일부가 그 내부 마찰에 의하여 흡수된다.

2-3. 차음재료

- 공음의 전달경로를 도중에서 벽체 재료로 감쇠시키기 위해 사용
- 콘크리트 블록 건축용재, 건설. 토목용재 등이 소음방지 목적에 사용

2-4. 흡음 및 차음공사

1) 흡음재료의 구분

구 분	성분 현상	종 류
다공질 흡음재	섬유상, Chip, Fine상	Glass Wool, Rock Wool, Stainless Wool등 콜크판, 석고보드, 모래, 콘크리트블록
공명형 흡음재	공판, Silt판상	석면, Aluminum판, 합성수지판 등
판진동형 흡음재	판상	베니어 합판, 석면 시멘트판

2) 차음재료의 구분

구 분	종 류
단일벽(일체진동벽)	콘크리트벽, 벽돌벽, 블록벽 등
이중벽(다공질 흡음재료 충전)	석면, 슬레이트판, 목모 시멘트판, 베니어판
샌드위치패널	Glass Wool, Rock Wool. 스치로폴, 우레탄, 하니컴, 합판
다중벽 (3중벽 이상)	단일벽을 여러겹으로 설비

사이드바

- 흡음공사 시공 시 고려사항
  - 흡음률은 시공할 때 배후 공기층 상황에 따라 변화됨으로 시공할 경우와 동일 조건의 흡음률을 이용해야함
  - 부착 시 한곳에 치중되지 않게 전체 벽면에 분산부착
  - 모서리나 가장자리부분에 흡음재를 부착시키면 효과적

- 차음공사 시공 시 고려사항
  - 상호 음향차단: 인접실의 소음이 들리지 않도록 또는 인접실에 음이 전달되지 않게 칸막이벽이나 경계벽, 차음용 바닥천장구조에 사용
  - 음원측의 음향출력 저감: 소음원으로 되는 기계류 등의 소음방사를 막기 위한 방음Cover나 기계실 주변 벽에 사용
  - 수음측에서의 소음의 저감: 외부로부터 소음이 침입되지 않도록 하기위한 외벽, 지붕구조 및 창 등의 개구부에 이용

실내공기환경

공기질 관리

Key Point

☑ **국가표준**
- 실내공기질 관리법 시행령

☑ **Lay Out**
- 실내공기질 관리
- 환기

☑ **필수 기준**
- 실내공기질 관리

☑ **필수용어**
- 건강친화형 주택

오염물질

1. 미세먼지(PM-10)
2. 이산화탄소 (CO₂;Carbon Dioxide)
3. 폼알데하이드 (Formaldehyde)
4. 총부유세균 (TAB;Total Airborne Bacteria)
5. 일산화탄소(CO;Carbon Monoxide)
6. 이산화질소 (NO₂;Nitrogen dioxide)
7. 라돈(Rn;Radon)
8. 휘발성유기화합물 (VOCs;Volatile Organic Compounds)
9. 석면(Asbestos)
10. 오존(O₃;Ozone)
11. 초미세먼지(PM-2.5)
12. 곰팡이(Mold)
13. 벤젠(Benzene)
14. 톨루엔(Toluene)
15. 에틸벤젠(Ethylbenzene)
16. 자일렌(Xylene)
17. 스티렌(Styrene)

③ 실내 공기환경

1. 실내 공기질 관리

① 새집증후군이 문제되는 신축공동주택의 시공자에게 실내공기질을 측정하고 공고하도록 의무를 부여하여 입주자에게 실내공기질의 오염현황 공고
② 다중이용시설 또는 100세대 이상 공동주택을 설치하는 자는 환경부장관이 정하는 오염물질 방출기준을 준수한 건축자재(실내마크 부착 건축자재)만을 사용하도록 규정

1-1. 실내공기질 관리법

1) 라돈관리

① 라돈(radon)의 실내 유입으로 인한 건강피해를 줄이기 위하여 실내 공기 중 라돈의 농도 등에 관한 조사 실시
② 실내라돈조사의 실시 결과를 기초로 실내공기 중 라돈의 농도 등을 나타내는 지도를 작성

2) 실내공기질 유지기준

오염물질 항목 다중이용시설	미세먼지 ($\mu g/m^3$)	이산화탄소 (ppm)	폼알데하이드 ($\mu g/m^3$)	총부유세균 (CFU/m^3)	일산화탄소 (ppm)
지하역사, 지하도상가, 여객자동차터미널의 대합실, 철도역사의 대합실, 공항시설 중 여객터미널, 항만시설 중 대합실, 도서관·박물관 및 미술관, 장례식장, 목욕장, 대규모점포, 영화상영관, 학원, 전시시설, 인터넷컴퓨터게임시설제공업 영업시설	100 이하	1,000 이하	100 이하		10 이하
의료기관, 어린이집, 노인요양시설, 산후조리원	75 이하			800 이하	
실내주차장	200 이하				25 이하
실내 체육시설, 실내 공연장, 업무시설, 둘 이상의 용도에 사용되는 건축물	200 이하				

1. 도서관, 영화상영관, 학원, 인터넷컴퓨터게임시설제공업 영업시설 중 자연환기가 불가능하여 자연환기설비 또는 기계환기설비를 이용하는 경우에는 이산화탄소의 기준을 1,500ppm 이하로 한다.
2. 실내 체육시설, 실내 공연장, 업무시설 또는 둘 이상의 용도에 사용되는 건축물로서 실내 미세먼지(PM-10)의 농도가 200$\mu g/m^3$에 근접하여 기준을 초과할 우려가 있는 경우에는 실내공기질의 유지를 위하여 다음 각 목의 실내공기정화시설(덕트) 및 설비를 교체 또는 청소해야 한다.

3) 건축자재에서 방출되는 오염물질

구분 \ 오염물질 종류	Formaldehyde	톨루엔	총휘발성유기화합물
접착제			2.0
페인트			2.5
실란트			1.5
퍼티	0.02 이하	0.08 이하	20.0
벽지			4.0
바닥재			4.0
목질판상제품	0.05 이하		0.4 이하

※ 오염물질의 종류별 단위는 $mg/m^2 \cdot h$를 적용한다. 다만, Selant에 대한 오염물질별 단위는 $mg/m^2 \cdot h$를 적용한다.

4) 실내공기질 권고기준

다중이용시설 \ 오염물질 항목	이산화질소 (ppm)	라돈 (Bq/m^3)	총휘발성 유기화합물 $(\mu g/mm^3)$	곰팡이 (CFU/mm^3)
지하역사, 지하도상가, 여객 자동차터미널의 대합실, 철도 역사의 대합실, 공항시설 중 여객터미널, 항만시설 중 대합실, 도서관·박물관 및 미술관, 장례식장, 목욕장, 대규모점포, 영화상영관, 학원, 전시시설, 인터넷컴퓨터게임 시설 제공업 영업시설	0.1 이하	148 이하	500 이하	
의료기관, 어린이집, 노인 요양시설, 산후조리원	0.05 이하		400 이하	500 이하
실내주차장	0.30 이하		1,000 이하	

5) 자동측정이 가능한 오염물질
  ① 미세먼지(PM-10)
  ② 초미세먼지(PM-2.5)
  ③ 이산화탄소(CO_2)
  ④ 일산화탄소(CO)
  ⑤ 이산화질소(NO_2)

1-2. VOCs(Volatile Organic Compounds)저감방법

VOC는 유기화합물 중에서, 자동차의 연료로 사용하는 휘발유나 의료용으로 사용하는 알코올과 같이 휘발성이 강한 유기화합물로, 끓는점이 낮은 물질이어서 정상상태에서도 휘발성이 높아 쉽게 공기 중으로 증발하는 액체 또는 기체형태의 물질을 총칭한다.

측정기기의 운영·관리기준

- 측정기기의 구조 및 성능을 「환경분야 시험·검사 등에 관한 법률」 제6조제1항에 따른 환경오염공정시험기준에 부합하도록 운영·관리
- 측정위치는 해당 다중이용시설별로 흡입구와 배기구의 영향을 최소화할 수 있는 지점을 고려하여 유동인구가 많은 지점 또는 시설의 중심부 1개 지점 이상으로 정하되, 해당 다중이용시설의 규모와 용도에 따라 측정위치를 추가할 수 있다. 다만, 지하역사의 경우에는 승강장에 설치해야 한다.
- 측정기기는 오염물질의 농도를 실시간으로 자동측정하여 그 측정값을 법 제12조의4제1항에 따른 실내공기질 관리 종합정보망에 전송할 수 있어야 한다.

1-3. VOC의 종류 및 신축 공동주택의 실내공기질 권고기준

실내공기환경

항목	기준
폼알데하이드	$210\mu g/m^3$ 이하
벤젠	$30\mu g/m^3$ 이하
톨루엔	$1,000\mu g/m^3$ 이하
에틸벤젠	$360\mu g/m^3$ 이하
자일렌	$700\mu g/m^3$ 이하
스티렌	$300\mu g/m^3$ 이하
라돈	$148Bq/m^3$ 이하

1-4. 건강친화형 주택(대형챔버법, 청정건강 주택)

1) 의무기준

구분	내용
1. 친환경 건축자재의 적용	• 실내에 사용하는 건축자재는 실내공기 오염물질 저방출 자재 기준에 적합할 것 • 실내마감용으로 사용하는 도료에 함유된 납(pb), 카드뮴(Cd), 수은(Hg) 및 6가크롬(Cr^{+6}) 등의 유해원소는 환경표지 인증기준에 적합할 것
2. 쾌적하고 안전한 실내공기 환경을 확보하기 위하여 각종 공사를 완료한 후 사용검사 신청 전까지 플러쉬아웃(Flush-out) 또는 베이크아웃(Bake-out)을 실시할 것	
3. 효율적인 환기를 위하여 단위세대의 환기성능을 확보할 것	
4. 설치된 환기설비의 정상적인 성능 발휘 및 운영 여부를 확인하기 위하여 성능검증을 시행할 것	
5. 입주 전에 설치하는 친환경 생활제품의 적용	• 빌트-인(built-in) 가전제품의 성능평가에 적합할 것 • 붙박이가구 성능평가에 적합할 것
6. 건축자재, 접착제 등 시공·관리기준	
가. 일반 시공·관리기준	• 입주 전에 설치하는 붙박이 가구 및 빌트-인(built-in) 가전제품, 내장재 시공 등과 같이 실내공기 오염물질을 배출하는 공정은 공사로 인해 방출된 오염물질을 실외로 충분히 배기할 수 있는 환기계획을 수립할 것 • 시공단계에서 사용하는 실내마감용 건축 자재는 품질 변화가 없고 오염물질 관리가 가능하도록 보관할 것 • 건설폐기물은 실외에 적치하도록 적치장을 확보하고 반출계획을 작성하여 공사가 완료될 때까지 다른 요인에 의해 시공 현장이 오염되지 않도록 구체적인 유지관리 계획을 수립할 것
나. 접착제의 시공·관리기준	• 바닥 등 건물내부 접착제 시공면의 수분함수율은 4.5% 미만 • 접착제 시공면의 평활도는 2m마다 3mm 이하로 유지할 것 • 접착제를 시공할 때의 실내온도는 5℃ 이상으로 유지할 것 • 접착제를 시공할 때에 발생하는 오염물질의 적절한 외부배출 대책을 수립할 것(환기·공조시스템 가동중지 및 급·배기구를 밀폐한 후 자연통풍 실시 또는 배풍기 가동)
다. 유해화학물질 확산방지를 위한 도장공사 시공·관리기준	• 도장재의 운반·보관·저장 및 시공은 제조자 지침을 준수할 것 • 외부 도장공사시 도료의 비산과 실내로의 유입을 방지할 수 있는 대책을 수립할 것(도장부스 사용 등) • 실내 도장공사를 실시할 때에 발생하는 오염물질의 적절한 외부배출 대책을 수립할 것(환기·공조시스템 가동중지 및 급·배기구를 밀폐한 후 자연통풍 실시 또는 배풍기 가동) • 뿜칠 도장공사 시 오일리스 방식 컴프레서, 오일필터 또는 저오염오일 등 오염물질 저방출 장비를 사용할 것

적용대상

• 주택법에 따라 500세대 이상의 주택건설사업을 시행하거나 500세대 이상의 리모델링을 하는 주택
• 의무기준을 모두 충족하고 권장기준 1호 중 2개 이상, 2호 중 1개 이상 이상의 항목에 적합한 주택

기준 정의

• 의무기준
 - 사업주체가 건강친화형 주택을 건설할 때 오염물질을 줄이기 위해 필수적으로 적용해야 하는 기준
• 권장기준
 - 사업주체가 건강친화형 주택을 건설할 때 오염물질을 줄이기 위해 필요한 기준

실내공기환경

실내공기 오염물질 저방출 건축자재의 적용기준

- 적용대상
  - 벽체(기둥 및 칸막이벽 포함), 천장, 바닥에 사용하는 최종마감재, 접착제, 내장재 및 그 밖의 마감재. 다만, 가공되지 않은 천연목재는 제외
- 평가대상물질
  - 사업주체가 건강친화형 주택을 건설할 때 오염물질을 줄이기 위해 필요한 기준
- 평가방법
  - 소형챔버법(환경부 실내공기질 공정시험방법)
- 평가기준
  - 7일 후 TVOC 방출량 0.10 mg/㎡·h 이하(단, 실란트의 경우 0.1mg/m·h 이하), 7일 후 HCHO 방출량 0.015mg/㎡·h 이하(단, 실란트의 경우 0.01mg/m·h 이하)

※ 적용방법
1) 최종마감재, 접착제, 내장재는 벽체 및 문으로 구획되는 각각의 실별로 구분 적용하고, 벽체, 천장, 바닥도 각각 별개로 적용한다. 이 경우 적용하는 부위 별로 10% 미만으로 사용되는 자재는 제외
2) 내장재는 구조체와 최종마감재 사이에 적용되는 건축자재 중 최종마감재 설치 직전에 사용된 내장재를 의미
3) 그 밖의 마감재는 세대 내에 사용되는 몰딩재(걸레받이 등) 및 실란트(코킹재)를 의미하며, 1)의 10% 미만 제외 자재에 해당하지 않음

2) 권장기준

구분	내용
1. 오염물질, 유해미생물 제거	• 흡방습 건축자재는 모든 세대에 적합한 건축자재를 거실과 침실 벽체 총면적의 10% 이상을 적용할 것 • 흡착 건축자재는 모든 세대에 적합한 건축자재를 거실과 침실 벽체 총면적의 10% 이상을 적용할 것 • 항곰팡이 건축자재는 모든 세대에 적합한 건축자재를 발코니·화장실·부엌 등과 같이 곰팡이 발생이 우려되는 부위에 총 외피면적의 5% 이상을 적용할 것 • 항균 건축자재는 모든 세대에 적합한 건축자재를 발코니·화장실·부엌 등과 같이 세균 발생이 우려되는 부위에 총 외피면적의 5% 이상을 적용할 것
2. 실내발생 미세먼지 제거	• 주방에 설치되는 레인지후드의 성능을 확보할 것 • 레인지후드의 배기효율을 높이기 위해 기계 환기설비 또는 보조급기와의 연동제어가 가능할 것

3) 오염물질 억제 또는 저감 건축자재의 적용기준

구분	내용
1. 흡방습 건축자재의 성능평가 (평가방법) ISO 24353, KS F 2611	• 적용제품 : 건축용 실내마감재로 사용하는 제품화된 건축자재(실내마감재를 생산하는데 사용되는 소재 및 부재는 제외) • 평가항목 : 흡방습량(g/㎡) • 평가기준 : 흡방습량 65g/㎡ 이상(흡습량과 방습량의 평균치. 단, 흡습량과 방습량의 편차가 20% 이내이어야 함)
2. 흡착 건축자재의 성능평가 (평가방법) KS I 3546, KS I 3547	• 적용제품 : 건축용 실내마감재로 사용하는 제품화된 건축자재(실내마감재를 생산하는데 사용되는 소재 및 부재는 제외) • 평가항목 : 흡착률(%) 및 적산흡착량(㎍/㎡) • 평가기준 1) 흡착률 65%이상 2) 적산흡착량 : 톨루엔 28,000㎍/㎡ 이상, 폼알데하이드 6,500㎍/㎡ 이상 * 흡착성능은 흡착률 및 적산흡착량 기준을 모두 만족해야 하며, 적산흡착량은 톨루엔 또는 폼알데하이드 중 어느 하나를 만족 ** 흡착률 및 적산흡착량은 시험시작 7일 후(168시간 이후) 시험결과를 적용
3. 항곰팡이 건축자재의 성능평가 (평가방법) ASTM D 6329 및 ASTM	• 적용제품 : 건축용 실내마감재로 사용하는 제품화된 건축자재(실내마감재를 생산하는데 사용되는 소재 및 부재는 제외) • 평가항목 : 항곰팡이 저항성(log(CFU)) • 평가기준 1) ASTM D 6329 : 항곰팡이저항성 1.0log (CFU) 이하 2) ASTM G 21 : 0등급 이상 * 상대습도 85%, 온도 28℃에서 28일 배양 후 평가
4. 항균 건축자재의 성능평가 (평가방법) JIS Z 2801	• 적용제품 : 건축용 실내마감재로 사용하는 제품화된 건축자재(실내마감재를 생산하는데 사용되는 소재 및 부재는 제외) • 평가항목 : 항균성 • 평가기준 : 항균활성치 2.0 이상
5. 렌지후드 성능 평가	• 평가항목 : 레인지후드의 적정 배기풍량 확보여부, 레인지후드 가동 시 발생하는 소음의 기준 만족여부 • 평가방법 및 평가기준 : SPS-KARSE B 0037-0199
6. 렌지후드 연동제어	• 평가항목 : 기계환기설비 또는 보조급기와의 연동제어 가능여부

2. 환기

실내공기환경

효율적인 환기성능의 확보

• 자연환기설비
– 「건축물의 설비기준 등에 관한 규칙」 별표 1의4 "신축공동주택등의 자연환기설비 설치기준"에 적합한 자연환기설비로 일정 수준의 단열성능[주1]과 표면결로방지성능[주2]을 확보할 것
주1) KS F 2278에 따른 열관류율값이 2.632W/(㎡·K)이하 {열관류저항 0.380㎡·K/W 이상}인 것(환기구 밀폐조건으로 측정)
주2) KS F 2295에 따라 항온항습실 공기온도 20℃, 상대습도 50% 및 저온실 온도 –10℃인 조건(환기구 밀폐조건으로 측정)
• 기계환기설비
– 「건축물의 설비기준 등에 관한 규칙」 별표 1의5 "신축 공동주택등의 기계환기설비 설치기준"에 적합한 기계환기설비로 국가나 공인인정기관에서 시행하고 있는 제도를 통하여 환기성능을 객관적으로 확인할 수 있는 설비로 고성능 외기청정필터를 갖춘 설비일 것
• 혼합형(하이브리드) 환기설비
– 제1호와 제2호의 환기설비가 하나의 시스템으로 구성된 환기설비로, 필요에 따라 상호 보완적으로 가동되어야 할 것

환기설비의 성능검증
(TAB) 방안

• 적정 환기효율(실별 균일 환기량)의 확보
– 「건축물의 설비기준 등에 관한 규칙」 제1조에 따른 환기기준을 충족하면서, 각 실의 환기량은 상기 환기기준의 75% 이상이 되도록 유지할 것

2-1. 관리방안

① 입주 전 Bake Out 실시
② 실내의 오염된 공기를 실외로 배출시키고 실외의 청정한 공기를 실내에 공급하여, 실내공기를 희석시켜 오염농도를 경감
③ 마감공사 시 접착제 사용 축소

2-2. 자연환기(Natural Ventilation)

1) 정의
① 실내의 오염된 공기를 실외로 배출시키고 실외의 청정한 공기를 실내에 공급하여, 실내공기를 희석시켜 오염농도를 경감시키는 과정
② 자연환기는 온도차에 의한 압력과 건물 주위의 바람에 의한 압력으로 발생되며, 재실자가 임의로 조절할 수 있는 특성이 있다.

2) 종류
① 풍력환기(Ventilation Induced by Wind): 풍력을 이용
② 중력환기(Ventilation Induced by Gravity): 실내외의 온도차를 이용

2-3. 기계환기(Mechanical Ventilation) – 고성능 외기청정필터 구비

1) 정의
① 송풍기(Fan)나 환풍기(Extractor)를 사용하는 환기이다.
② 자연환기로는 항상 필요한 만큼의 환기를 기대할 수 없으므로 일정한 환기량 또는 많은 양의 환기가 필요한 경우, 기계적 힘을 이용한 강제환기방식을 사용한다.
③ 침기현상(Air Leakage)이 거의 일어나지 않는 기밀화된 건물에 필요

2) 종류
① 배기설비
• 화장실, 부엌의 요리용 레인지, 실험실 내의 배기구 등에 있는 송풍기(fan)의 압력으로 실내공기를 배출하여 오염된 공기가 건물 내에 확산되는 것을 방지하기 위한 장치이다.
• 배기를 위해서는 공간 내에 부압(Negative Pressure, 負壓])이 유지되어야 하며, 급기는 틈새를 통해 이루어진다.
② 급기설비
• 외기를 청정화하여 실내로 도입하는 장치이다.
• 실내의 압력을 높여 틈새나 환기구를 통해 실내공기가 방출되게 한다.
• 만약 방이 밀폐되어 실의 압력이 송풍기의 압력과 같아질 때 공기공급은 중단된다.
③ 급배기설비
• 기계적 수단에 의하여 공기의 공급과 배출을 하는 것
• 최근에는 에너지 절약을 위해 공기의 열교환장치가 부착된 기계환기설비가 등장하였는데, 이것은 단순히 환기만 할 경우 손실되는 열량을 재사용할 수 있는 이점이 있다.

2-4. 새집증후군 해소를 위한 Bake out, Flush Out

1) Bake Out 기준

① 사전 조치

- 외기로 통하는 모든 개구부(문, 창문, 환기구 등)을 닫음
- 수납가구의 문, 서랍 등을 모두 열고, 가구에 포장재(종이나 비닐 등)가 씌워진 경우 이를 제거해야 함

② 절차

- 실내온도를 33~38℃로 올리고 8시간 유지
- 문과 창문을 모두 열고 2시간 환기
- 순서로 3회 이상 반복 실시

2) Flush Out 기준

① 외기공급은 대형팬 또는 별표3에 따른 환기설비를 이용하되, 환기설비를 이용하는 경우에는 오염물질에 대한 효과적인 제거방안(시행 후 기계 환기설비의 필터 교체 등)을 별도 제시

② 각 세대의 유형별로 필요한 외기공급량, 공급시간, 시행방법 등을 시방서에 명시

③ 플러쉬 아웃 시행전에 기계 환기설비의 시험 조정평가(TAB)를 수행하도록 권장

④ 주방 레인지후드 및 화장실 배기팬을 이용하여 플러쉬 아웃 시행 가능(단, 환기량은 레인지후드와 배기팬 정격배기용량의 50%만 인정)

⑤ 강우(강설)시에는 플러쉬 아웃을 실시하지 않는 것을 원칙으로 하고, 플러쉬 아웃 시행 시 실내온도는 섭씨 16℃ 이상, 실내 상대습도는 60% 이하를 유지하도록 권장

⑥ 세대별로 실내 면적 $1m^2$에 $400m^3$ 이상의 신선한 외기 공기를 지속적으로 공급할 것

Memo

실내공기환경

- Bake Out: 실내 공기온도를 높여 건축자재나 마감재료에서 나오는 유해물질의 배출을 일시적으로 증가시킨 후 환기시켜 유해물질을 제거하는 것

- Flush Out: 대형 팬 또는 기계 환기 설비 등을 이용하여 신선한 외부공기를 실내로 충분히 유입시켜 실내 오염물질을 외부로 신속하게 배출시키는 것

일반적 사항

- 시공자는 모든 실내 내장재 및 붙박이 가구류 설치한 후부터 사용검사 신청 전까지의 기간에 플러쉬 아웃(Flush out) 또는 베이크 아웃(Bake out)을 실시하여 시공 과정중에 발생한 오염물질이 충분히 배출되도록 하거나, 습식공법에 따른 잔여습기를 제거해야 한다.

- 입주자가 신축 공동주택에 신규 입주할 경우 새 가구, 카펫 및 커튼 등을 설치한 후에도 플러쉬 아웃 또는 베이크 아웃을 실시할 수 있도록 설명된 입주자용 설명서를 제공해야 한다.

총론

Professional Engineer

10-1장

건설산업과
건축생산

Professional Engineer

마법지

건설산업·건축생산—Why

1. 건설산업의 이해

- 건설산업의 이해(Player,주요경영혁신 기법)
- 건설산업의 ESG(Environmental, Social, and Governance)경영
- 브레인스토밍(Brainstorming)

2. 건축생산체계

- 생산체계 및 조직
- 건설사업관리에서의 RAM(Responsibility Assignment Matrix)

3. 제도와 법규

- 건설관련 법(건산법, 건진법, 계약관리법, 사후평가, 신기술지정제)
- 건축법의 목적과 용어의 정의
- 건축물의 건축(허가 ,신고, 용도변경, 사용승인, 설계도서)
- 구조내력, 건축물의 중요도계수
- 건축용 방화재료(防火材料)
- 화재확산 방지구조
- 피난규정 및 방화규정
- 건설기술진흥법의 부실벌점 부과항목(건설업자, 건설기술자 대상)
- 부실과 하자의 차이점

건설산업

건설산업
Key Point
■ 국가표준

■ Lay Out
– Player
– 경영혁신기법
– 이슈와 동향

■ 필수 기준

■ 필수용어
– ESG 경영

1 건설산업의 이해

1. 건설산업의 주체(Player)

건설산업은 발주자의 주문에 의한 수주생산, 일품생산, 발주자의 요구에 따른 다양한 형태의 생산으로 규격화가 어렵고, 생산장소가 일정하지 않아 시공기간의 계속성과 연속성의 결여 등의 특수성이 있다.

1) 발주자(Owner, Cilent)
2) 설계자(Architect, Engineer)
3) 시공자(Contractor, Constructor)

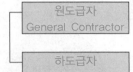

| 원도급자 General Contractor | • 발주자에게 고용되어 공사의 시공을 수행 |
| 하도급자 Sub-Contractor | • 하도급 공사의 도급을 받은 건설업자 |

4) 감리자(Supervisor)
5) 기타 그룹
   ① 건설 사업관리 전문가(Construction Management Professional)
   ② Financing 관련 전문가

2. 건설경영 혁신기법 – Innovation

경영혁신 기법	내용	Part
Bench Marking	① 자사의 경영성과 향상 및 제품개발 등을 위해 우수한 기업의 경영활동이나 제품 등을 연구하여 활용하는 경영기법 ② 지속적인 개선활동을 지원하고 경쟁우위를 확보하는데 필요한 정보를 수집하기 위한 수단으로 기업의 내부 활동 및 기능, 혹은 관리능력을 다른 기업과 비교해 평가·판단하는 경영혁신기법 ③ 기업 내부 프로세스에 경쟁개념을 도입하여 경쟁기업 프로세스와 비교하여 지속적으로 자사의 프로세스를 개선하려는 노력이 벤치마킹의 본질이다.	건설경영
브레인스토밍 (Brainstorming)	① 3인 이상이 모여 회의형식으로 자유발언을 통해 아이디어나 발상을 찾아내는 방법으로 한가지 주제가 나무 가지처럼 뻗어나가는 것 ② 문제의 해결책을 찾기위해 생각 나는대로 폭풍(Storming)처럼 아이디어를 쏟아내는 방법	건설경영

3. 이슈와 대응전략

3-1. 건설산업의 ESG(Environmental, Social, and Governance)경영

건설산업

이슈와 대응전략

- 친환경/ 지속가능한 개발
- 에너지 절약기술
- ESG 경영
- 자재수급은 전자거래를 통해 구매
- 최고가치를 추구하는 방향으로 입·낙찰제도가 변하고 있음
- 안전관리 강화(중대재해 처벌법)
- 시설물에 대한 Life Cycle을 고려하여 설계, 시공, 성능의 검토
- 공장제작, 기계화, 자동화
- BIM을 활용한 설계 Process 변화
- 3D 프린팅 기술
- Smart Phone을 활용한 IT 기술 확대

전략적 대응방안

① 건설산업 차원의 ESG 확산에 대한 전략적인 대응 활동이 무엇인지 규명
② 상대적으로 취약한 분야에 대응하여 구체적인 경영 활동 방향을 설정
③ 정부와 건설기업이 건설산업 내 ESG 경영 활성화에 대한 공감대를 형성
④ 가장 취약하고 개선이 시급한 부분이 무엇인지를 선정
⑤ 건설전문교육기관 등을 활용하여 건설업에서 필요로 하는 ESG 전문인력 양성 과정 개발
⑥ 건설 관련 정책·제도에 반영
⑦ 건설산업 ESG 경영 유도 및 확산을 위한 가이드라인 마련 및 ESG 경영기업에 대한 인센티브 도입 마련
⑧ ESG 기반조성, 시범 적용 (ESG 관련 포상·우수 중소기업에 공공조달 입찰 시 가점 부여 등 검토)

① Environmental(환경)의 'E', Social(사회)의 'S', Governance(지배구조)의 'G'의 약자로서 환경과 사회, 그리고 지배구조에 대한 기업경영 및 산업 차원의 패러다임이자 이러한 영역들에 있어 하나의 기준이며, 구체적인 실천 및 활동

② 기업 차원에서 ESG는 환경, 사회 그리고 지배구조 등 비재무적인 요소에 대응하는 경영의 중요한 목표로서, ESG는 이를 실행하는 기업 전략 이행의 제반 활동을 포함하는 개념

1) ESG의 필요성

2) ESG관련 이슈

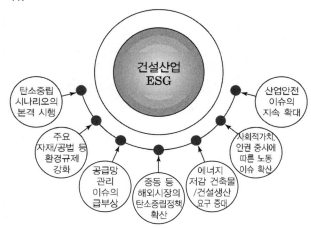

암기법 📖

프로기타는 기본상자를 시
공할 때 시인과 관계를 유지
해야한다.

② 건축생산체계

1. 생산체계 및 조직

① 프로젝트에 대한 경제성 검토부터 설계의 조정, 시공, 유지관리에 이르기까지의 전 영역을 풍부한 지식과 경험을 토대로 성공적으로 진행시키는 과정

② 해당 건설 project의 특성에 따라 설정한 목표를 효과적이며 효율적으로 달성하기 위해 구성된 조직

1-1. 건설프로세스(Sequence of Construction Project)

1) 건설 Project 생산 Process

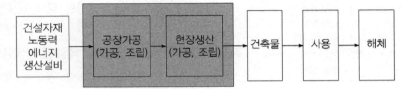

변환과정

건설자재 노동력 에너지 생산설비 → 공장가공 (가공, 조립) → 현장생산 (가공, 조립) → 건축물 → 사용 → 해체

2) 건설 생산체계 - Engineer Construction

Software						Hardware		Software	Hardware
Consulting			Engineering			Construction		O&M등	Construction
Project 개발	기획	타당성 평가	기본 설계	상세 설계	자재 조달	시공	시운전	인도	유지 관리	해체

1-2. 건설관리 조직

조직	특징
라인조직	• 명령체계가 직선적 • 단순하고 책임권한이 명확 • 소수의 능력에 따라 성패가 좌우
기능식 조직	• 라인조직의 한계 보완 • 기능별, 업무별 복수 전문가를 두고 각 전문가가 업무지시
매트릭스 조직	• 여러 프로젝트에 복수 포함된 조직으로 기능조직과 전담반 조직이 결합된 형태 • 복잡한 공사에 적합
line staff organization	• 공기단축을 목적으로 "패스트트랙" 공사에 적합한 구조 • 직선화된 라인구조와 조언하는 스태프조직을 병용하는 형태

2. 건설사업관리에서의 RAM(Responsibility Assignment Matrix)

① 누구(직원 또는 부서)에게 어떤 책임(작업 또는 작업 패키지)을 할당했는지를 매트릭스 형태로 표현한 것으로 CRA(Clear Responsibility Assignment) 또는 LRC(Linear Responsibility Chart)이라고도 한다.

② 건설사업관리에서의 프로젝트를 관련 역할과 책임을 규정하기 위한 목적으로 사용되며, WBS와 마찬가지로 인적자원을 체계적으로 구성하기 위해 OBS를 기본으로 만든다.

RACI

- R(Responsible) 업무담당
  - 해당 작업의 실무적 수행 책임을 진다는 의미이다.
  - 절대 누락되서는 안 되며 최소 1명 이상에게 할당해야 한다.
- A(Accountable) 결정권자
  - 해당 작업의 행정적 관리 책임을 진다는 의미이다.
  - 절대 누락되서는 안 되지만 반드시 1명에게만 할당해야 한다.
- C(Consult) 자문담당
  - 실무 과정에서 상의하는 대상으로서 적절한 투입물을 제공한다.
  - 할당 대상이 없을 수도 있고 1명 이상에 할당할 수도 있다.
- I(Inform) 보고대상자
  - 실무 수행 결과물을 참고하도록 전달하는 대상이다.
  - 할당 대상이 없을 수도 있고 1명 이상에 할당할 수 있도 있다.

- CRA(Clear Responsibility Assignment) 또는 LRC (Linear Responsibility Chart)

2-1. 프로젝트 관련 역할과 책임 할당의 범위규정

| 상위수준의 RAM | 어떤 집단이 작업분할구조의 각 요소에 대한 책임을 지고 있는가를 규정 |
| 하위수준의 RAM | 집단 내에서 특정 개인에게 특정한 활동에 대한 역할과 책임감을 부여하는데 사용 |

2-2. 프로젝트 관련 역할과 책임 할당의 범위규정

| 상위수준의 RAM | 어떤 집단이 작업분할구조의 각 요소에 대한 책임을 지고 있는가를 규정 |
| 하위수준의 RAM | 집단 내에서 특정 개인에게 특정한 활동에 대한 역할과 책임감을 부여하는데 사용 |

2-3. RAM 실례

WBS \ OBS	백종원	원빈	조인성
한솔빌딩 신축공사 실행내역 검토	O	O	
한솔빌딩 신축공사 현장인원 배치		O	O
한솔빌딩 신축공사 하도급 선정	O		O

① 작업 패키지와 팀원 사이의 연결을 알 수 있다.
② 시간, 일정 정보는 알 수 없다.

2-4. RACI (Responsible + Accountable + Consult + Inform)

WBS \ OBS	윤아	김연아	송혜교
한솔빌딩 신축공사 실행내역 검토	R	A	I
한솔빌딩 신축공사 현장인원 배치	A	C	R
한솔빌딩 신축공사 하도급 선정	I	C	A

① RAM의 일종으로 내부/외부 인원으로 팀을 구성할 때 유리하다.
② 작업별 팀원의 권한을 문자로 할당하여 어떤 책임을 지는지 확인할 수 있다.

③ 제도와 법규

제도와 법규

1. 건설관련 법(건산법, 건진법, 계약관리법, 사후평가, 신기술지정제)

> 건설사업단계별로 법·제도적 관점에서 기획단계, 발주단계, 발주준비
> 단계, 설계단계, 입·낙찰단계, 시공단계, 운영 및 유지관리 단계별로
> 관련법령에 따라 운영 및 관리하는 것이 필요하다.

1-1. 건설산업 기본법

건설공사의 조사·설계·시공·감리·유지관리·기술관리 등에 관한 기본
적인 사항 건설업의 등록, 건설공사의 도급 등에 관하여 필요한 사항
을 규정함

> 1장 총칙
> 2장 건설업의 등록
> 3장 도급 및 하도급계약
> 4장 시공 및 기술관리
> 5장 경영합리화와 중소건설사업자 지원
> 6장 건설사업자의 단체
> 7장 건설관련 공제조합
> 8장 건설분쟁조정 위원회
> 9장 시정명령
> 10장 보칙
> 11장 벌칙

1-2. 건설산업 진흥법

건설기술의 연구·개발을 촉진하고, 이를 효율적으로 이용·관리하게
함으로써 건설기술 수준의 향상과 건설공사 시행의 적정을 기하고 건
설공사의 품질과 안전을 확보

> 1장 총칙
> 건설기술의 범위, 발주청의 범위, 건설기술인의 범위, 건설사고의
> 범위
> 2장 건설기술의 연구 개발 지원 등
> 3장 건설기술인의 육성
> 4장 건설엔지니어링 등
>   건설엔지니어링업, 건설사업관리
> 5장 건설공사의 관리
>   건설공사의 표준화, 건설공사의 품질 및 안전관리 등
> 6장 건설엔지니어링 사업자 등의 단체 및 공제조합
> 7장 보칙
> 8장 벌칙

제도와 법규

1-3. 계약관련법

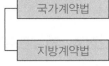

- 국가를 당사자로 하는 계약에 기본 사항을 정함으로써 계약 업무를 원활히 수행하기 위하여 제정한 법이다.
- 지자체에서는 지역 제한 입찰, 적격심사 기준, 지역의무 공동도급 등 지방재정법에 규정된 사항 이외에는 국가계 약법을 준용

1-4. 건축법

건축물의 대지·구조·설비 기준 및 용도 등을 정하여 건축물의 안전·기능·환경 및 미관을 향상시킴으로써 공공복리의 증진에 이바지하는 것을 목적으로 한다.

> 1장 총칙
> 2장 건축물의 건축
>   건축허가, 건축신고, 용도변경, 건축물의 사용승인, 설계도서의 작성
> 3장 건축물의 유지와 관리
> 4장 건축물의 대지 및 도로
> 5장 건축물의 구조 및 재료 등
>   구조안전의 확인, 건축물의 내진능력 공개, 직통계단의 설치,
>   피난계단의 설치, 방화구획
> 6장 지역 및 지구의 건축물
> 7장 건축물의 설비 등
> 8장 특별건축구역 등
> 9장 보칙
> 10장 벌칙

1-5. 민법

민법은 사람이 사회생활을 영위함에 있어서 지켜야 할 일반사법을 규정한 법으로 건설계약 및 하자보증 관련의 근거가 되는 법이다. 건설계약과 관련하여 도급의 정의를 규정하고 있으며, 하자담보책임과 관련하여 완성된 목적물 또는 완성 전의 성취된 부분에 하자가 있을 때 도급인은 수급인에 대하여 상당한 기간을 정하여 그 하자보수를 청구할 수 있도록 규정하고 있다.

1-6. 건설공사 사후평가

1) 정 의

건설공사 시행의 효율성을 도모하기 위해 타당성 조사 등 건설공사를 계획하는 과정과 공사완료후의 공사비, 공사기간, 수요, 효과 등에 대한 예측치와 실제치를 종합적으로 분석·평가하는 것

사후평가서는 유사한 건설공사의 효율적인 수행을 위한 자료로 활용하기 위함이다.

1-7. 건설신기술 지정제도

1) 정 의

- 국내에서 최초로 특정 건설기술을 개발하거나 기존 건설기술을 개량한 자의 신청을 받아 그 기술을 평가하여 신규성·진보성 및 현장 적용성이 있을 경우 그 기술을 새로운 건설기술(이하 "신기술"이라 한다)로 지정·고시할 수 있다.
- 민간회사가 신기술·신공법을 개발한 경우, 그 신기술·신공법을 보호하여 기술개발의욕을 고취시키고 국내 건설기술의 발전 및 국가경쟁력을 확보하기 위한 제도

2) 1차심사위원회의 심사기준(신규성 및 진보성)

① 신규성(50점): 최초로 개발된 기술이거나 개량된 기술로서 기존기술과 차별성, 독창성과 자립성 등이 인정되는 기술

② 진보성(50점): 기존의 기술과 비교하여 품질 향상, 개량 정도, 안전성, 첨단기술성 등이 인정되는 기술

3) 2차 심사위원회 심사기준(현장적용성)

① 현장 우수성(70점): 시공성, 안전성, 구조안정성, 유지관리 편리성, 환경성 등이 우수하여 건설현장에 적용할 가치가 있는 기술

② 경제성(15점): 기존의 기술과 비교하여 설계·시공 공사비, 유지관리비, 공사기간 단축 등 비용 절감효과가 인정되는 기술

③ 보급성(15점): 시장성, 공익성 등이 우수하여 기술보급의 필요성이 인정되는 기술

4) 신기술 보호 연장기간의 심사기준

① 품질검증: 신기술이 적용된 주요 현장에 대하여 모니터링한 결과 지정 시 제시된 신기술 성능 및 효과가 검증된 기술

② 기술의 우수성(70점): 국내외 동종 기술의 수준과 비교하여 우수성이 인정되는 기술

③ 활용실적(30점): 지정·고시 후 연장신청일 전까지의 사후평가 결과, 기술가치평가기관의 기술가치평가 결과, 국가 및 지방자치단체에서 주관, 주최 또는 후원하는 전시회, 설명회 참여실적 등이 우수한 기술

- 종합평가점수에 따른 등급 및 보호기간

종합 평가점수	80 이상 ~ 100	70~ 80 미만	60~ 70 미만	50~ 60 미만	40~ 50 미만
등급	가	나	다	라	마
보호기간	7년	6년	5년	4년	3년

※ 종합점수 40점 미만인 경우 등급 미부여 및 보호기간 연장 불인정

5) 공모형 신기술-24.05

- 기술혁신을 선도하기 위해 발주청의 수요에 따라 공모를 통해 지정하는 신기술

신기술 지정 대상

- 발주청이 발주하는 총공사비 300억원 이상의 건설공사를 대상으로 한다.
  1. 공공청사, 교정시설, 초·중등 교육시설의 신·증축 사업

- 평가대상 제외
특성상 평가가 곤란하거나 평가에 실익이 없는 건설공사는 평가 대상에서 제외
  1. 공공청사, 교정시설, 초·중등 교육시설의 신·증축 사업
  2. 문화재 복원사업
  3. 국가안보와 관계되거나 보안이 필요한 국방 관련 사업
  4. 남북교류협력과 관계되거나 국가 간 협약·조약에 따라 추진하는 사업
  5. 도로 유지보수, 노후 상수도 개량 등 기존 시설의 효용 증진을 위한 단순개량 및 유지보수사업
  6. 「재난 및 안전관리기본법」 제3조제1호에 따른 재난 (이하 "재난"이라 한다)복구 지원, 시설 안전성 확보, 보건·식품 안전 문제 등으로 시급한 추진이 필요한 사업
  7. 재난예방을 위하여 시급한 추진이 필요한 사업으로서 국회 소관 상임위원회의 동의를 받은 사업
  8. 법령에 따라 추진해야 하는 사업
  9. 출연·보조기관의 인건비 및 경상비 지원, 융자 사업 등과 같이 예비타당성조사의 실익이 없는 사업

- 보호기간
  - 신기술의 보호기간은 신기술의 지정·고시일부터 8년
  - 신기술의 활용실적 등을 검증하여 신기술의 보호기간을 7년의 범위에서 연장

2. 건축법의 목적과 용어의 정의

2-1. 건축법의 목적과 구성체계
2-1-1. 건축법의 목적
- 목적: 공공복리의 증진
- 규정내용: 건축물의 대지, 구조, 설비, 용도

2-1-2. 건축법의 구성체계

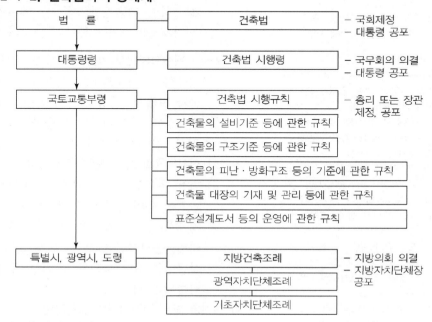

2-2. 용어의 정의
2-2-1. 건축물
1) 고층 건축물
- 층수가 30층 이상이거나 높이가 120m 이상인 건축물
2) 초고층 건축물
- 층수가 50층 이상이거나 높이가 200m 이상인 건축
3) 준초고층 건축물
- 층수가 30층 이상 49층 이하, 높이 120m~200m 미만

2-2-2. 주요구조부
- 내력벽(耐力壁), 기둥, 바닥, 보, 지붕틀 및 주계단(主階段)을 말한다.

주요구조부	그림	제외되는 부분
내력벽	지붕틀 기둥, 벽 바닥, 보 주계단	비내력벽
기둥		사이기둥
바닥		최하층 바닥
보		작은보
지붕틀		차양
주계단		옥외계단 등

건축물
- 토지에 정착(定着)하는 공작물 중 지붕과 기둥 또는 벽이 있는 것과 이에 딸린 시설물, 지하나 고가(高架)의 공작물에 설치하는 사무소·공연장·점포·차고·창고, 그 밖에 대통령령으로 정하는 것을 말한다.

다중이용 건축물
- 16층 이상인 건축물
- 다음의 어느 하나에 해당하는 용도로 쓰는 바닥면적의 합계가 5천제곱미터 이상인 건축물
① 문화 및 집회시설(동물원 및 식물원은 제외한다)
② 종교시설
③ 판매시설
④ 운수시설 중 여객용 시설
⑤ 의료시설 중 종합병원
⑥ 숙박시설 중 관광숙박시설

준다중이용 건축물
- 다중이용 건축물 외의 건축물로서 다음 각 목의 어느 하나에 해당하는 용도로 쓰는 바닥면적의 합계가 1천제곱미터 이상인 건축물
① 문화 및 집회시설(동물원 및 식물원은 제외한다)
② 종교시설
③ 판매시설
④ 운수시설 중 여객용 시설
⑤ 의료시설 중 종합병원
⑥ 교육연구시설
⑦ 노유자시설
⑧ 운동시설
⑨ 숙박시설 중 관광숙박시설
⑩ 위락시설
⑪ 관광 휴게시설
⑫ 장례시설

2-2-3. 내화구조

• 화재에 견딜 수 있는 성능을 가진 다음의 구조

구분	철근콘크리트조 철골·철근콘크리트조	철골조		무근콘크리트조, 콘크리트조, 벽돌조, 석조, 기타구조
		피복재	피복두께	
① 벽	두께≥10cm	철망모르타르	4cm 이상	• 철재로 보강된 콘크리트블록조, 벽졸조, 석조로서 철재에 덮은 콘크리트 블록 등의 두께가 5cm 이상인 것 • 벽돌조로서 두께가 19cm 이상인 것 • 고온, 고압의 증기로 양생된 경량기포 콘크리트패널 또는 경량기포 콘크리드 블록조로서 두께가 10cm 이상인 것
		콘크리트블록 벽돌, 석재	5cm 이상	
② 외벽 중 비 내벽력	두께≥7cm	철망모르타르	3cm 이상	• 철재로 보강된 콘크리트블록조, 벽돌조, 석조로서 철재에 덮은 콘크리트블록 등의 두께가 4cm 이상인 것 • 무근콘크리트조, 콘크리트블록조, 벽돌조 또는 석조로서 그 두께가 7cm 이상인 것
		콘크리트블록 벽돌, 석재	4cm 이상	
③ 기둥 (작은 지름이 25cm 이상 인 것)	≥25cm ≥25cm	철망모르타르	6cm 이상	–
		철망모르타르 (경량골재사용)	5cm 이상	
		콘크리트블록 벽돌, 석재	7cm 이상	
		콘크리트	5cm 이상	
④ 바닥	두께≥10cm	철망모르타르 콘크리트	5cm 이상	• 철재로 보강된 콘크리트블록조, 벽돌조 또는 석조로서 철재에 덮은 콘크리트 블록 등의 두께가 5cm 이상인 것
⑤ 보 (지붕틀 포함)	치수규제없음	철망모르타르	6cm 이상	–
		철망모르타르 (경량골재사용) 콘크리트	5cm 이상	
	철골조의 지붕틀(바닥으로부터 그 아래 부분까지의 높이가 4m이상인 것에 한함)로서 바로 아래에 반자가 없거나 불연재료로 된 반자가 있는 것			
⑥ 지붕	치수규제없음	• 철재로 보강된 유리블록 또는 망입유리로 된 것		• 철재로 보강된 콘크리트블록조, 벽돌조 또는 석조
⑦ 계단	치수규제없음	철골조계단		• 철재로 보강된 콘크리트블록조, 벽돌조 또는 석조 • 무근콘크리트조, 콘크리트블록조, 벽돌조 또는 석조

제도와 법규

2-2-4. 방화구조

- 화염의 확산을 막을 수 있는 성능을 가진 구조

구조부분	방화구조의 기준
1. 철망모르타르 바르기	바름 두께가 2cm 이상
2. 석고판 위에 시멘트모르타르 또는 회반죽을 바른 것 3. 시멘트모르타르 위에 타일을 붙인 것	두께의 합계가 2.5cm 이상
4. 심벽에 흙으로 맞벽치기 한 것	두께에 관계없이 인정
5. 한국산업표준이 정한 방화 2급 이상에 해당되는 것	

2-2-5. 건축재료

1) 내수재료
   - 내수성을 가진 재료로서 벽돌, 자연석, 인조석, 콘크리트, 아스팔트, 도자기질 재료, 유리 기타 이와 유사한 내수성이 있는 재료
2) 불연, 준불연, 난연재료
   - 국토교통부장관이 정하는 기준에 적합한 재료

구분	정의
불연재료	콘크리트, 석재, 벽돌, 기와, 철강, 알루미늄, 유리, 시멘트 모르타르, 회 및 기타 이와 유사한 것
준불연재료	불연재료에 준하는 성질을 가진 재료
난연재료	불에 잘 타지 아니하는 성질을 가진 재료

2-2-6. 허용오차(건축물 축조 시 건축기준의 허용오차)

1) 대지관련 건축기준의 허용오차

항목	허용되는 오차의 범위
건축선의 후퇴거리	3% 이내
인접대지 경계선과의 거리	
인접건축물과의 거리	
건폐율	0.5% 이내(건축면적 5㎡를 초과할 수 없다)
용적률	1% 이내(연면적 30㎡를 초과할 수 없다)

2) 건축물관련 건축기준의 허용오차

항목	허용되는 오차의 범위
건축물 높이	2% 이내(1m를 초과할 수 없다)
평면길이	2% 이내(건축물 전체길이는 1m를 초과할 수 없고, 벽으로 구획된 각실의 경우에는 10cm를 초과할 수 없다)
출구너비	2% 이내
반자높이	2% 이내
벽체두께	3% 이내
바닥판두께	3% 이내

3. 건축물의 건축(허가, 신고, 착공신고, 사용승인)

제도와 법규

① 건축법의 적용은 건축물의 건축, 대수선, 용도변경 행위에 대한 시장·군수 등의 허가 또는 신고대상을 기준하고 있다.
② 건축법의 절차는 허가 또는 신고는 건축물에 대한 착공신고부터 건축사의 설계, 공사감리, 사용승인에 대한 운영기준을 정하고 있다.

3-1. 건축허가

1) 건축허가 대상
　① 특별자치도지사, 특별시장·광역시장 등 허가대상
　② 사전승인: 대규모 건축물인 경우, 환경보호에 저촉되는 경우
　③ 제출도서: 건축계획서, 기본설계도서

2) 건축허가신청
　• 건축허가 신청에 필요한 설계도서
　① 건축계획서
　② 배치도
　③ 평면도
　④ 입면도
　⑤ 구조도(구조안전 확인 또는 내진설계 대상 건축물)
　⑥ 구조계산서(구조안전 확인 또는 내진설계 대상 건축물)
　⑦ 소방 설비도

3) 건축물 안전영향평가
　• 초고층 건축물 등 대통령령으로 정하는 주요 건축물에 대하여 건축허가를 하기 전에 건축물의 구조, 지반 및 풍환경(風環境) 등이 건축물의 구조안전과 인접 대지의 안전에 미치는 영향 등을 평가하는 건축물 안전영향평가를 안전영향평가기관에 의뢰하여 실시

3-2. 건축신고

① 바닥면적의 합계가 $85m^2$ 이내의 증축·개축 또는 재축. 다만, 3층 이상 건축물인 경우에는 증축·개축 또는 재축하려는 부분의 바닥면적의 합계가 건축물 연면적의 10분의 1 이내인 경우로 한정한다.
② 국토의 계획 및 이용에 관한 법률」에 따른 관리지역, 농림지역 또는 자연환경보전지역에서 연면적이 $200m^2$ 미만이고 3층 미만인 건축물의 건축
③ 연면적이 $200m^2$ 미만이고 3층 미만인 건축물의 대수선
④ 주요구조부의 해체가 없는 등 대통령령으로 정하는 대수선

설계설명서 내용

• 공사개요
• 사전조사 사항
• 건축계획(배치, 평면, 입면, 동선, 주차계획 등)
• 시공방법
• 개략공정계획
• 주요설비계획
• 주요자재 사용계획

허가신청서 설계도서 범위

• 사전결정을 받은 경우: 건축계획서, 배치도 제외
• 표준설계도서의 경우: 건축계획서, 배치도만 제출

착공신고

• 건축주가 공사착수 전 허가권자에게 공사계획을 신고

사용승인

• 사용승인서를 교부받기 전에 공사가 완료된 부분
• 식수 등 조경에 필요한 조치를 하기에 부적합한 시기에 건축공사가 완료된 건축물

가설건축물 축조 신고서식

• 가설건축물 축조신고서
• 배치도
• 평면도

사용승인을 받지 않는 건축

• 공용건축물(국가 등이 건축하는 건축물)
• 바닥면적 $100m^2$ 미만의 용도변경
• 신고대상 가설건축물

4. 구조내력, 건축물의 중요도계수

① 건축물의 안전확인을 위한 구조설계에 대한 기준의 구분이 필요하다.
② 건축물의 중요도는 위험한 물질을 취급하는 시설일수록, 비상사태에 사회가 최소한의 기능을 수행하는데 필요한 필수 사회기반시설에 해당할수록, 붕괴 시 많은 인명피해가 예상될수록 높다.

제도와 법규

건축물의 규모제한

• 주요구조부가 비보강 조적조인 건축물의 규모
  – 지붕높이 15m 이하
  – 처마높이 11m 이하
  – 층수 3층 이하

내진설계 원칙

• 구조물은 기본적으로 낮은 지진위험도의 지진에 대하여 '기능을 유지'하고, 높은 지진위험도의 지진에 대해서는 '붕괴를 방지'함으로써 '인명의 안전을 확보'하는 것을 '내진설계의 원칙'으로 한다.
• 2개 이상의 건물에 공유된 부분 또는 하나의 구조물이 동일한 중요도에 속하지 않는 2개 이상의 용도로 사용되는 경우에는 가장 높은 중요도를 적용해야 한다.
• 건축물이 구조조적으로 분리된 2개 이상의 부분으로 구성된 경우에는 각 부분을 독립적으로 분류하여 설계할 수 있다. 다만, 구조적으로 분리되어 있다 하더라도, 낮은 중요도로 설계된 건물이 높은 중요도로 설계된 건물에 필수 불가결한 대피경로 제공하거나 인명안전 또는 기능수행 관련 요소(비상전력)를 공급하는 경우 모두 높은 중요도를 적용해야 한다.

4-1. 구조내력

1) 구조계산에 의한 구조안전 확인 대상 건축물

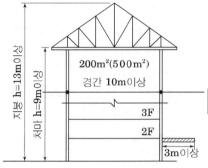

지붕 h=13m이상
처마 h=9m이상
200m²(500m²)
경간 10m이상
3F
2F
3m이상

층수 : 2층 이상
(기둥과 보가 목재인 경우 3층 이상)
연면적 : 200m²
(목구조의 경우 500m²), 창고, 축사, 작물재배사 제외
· 캔틸레버
· 차양

2) 중요도 및 중요도 계수

중요도 구분	해당 건축물
중요도(특)	• 연면적 $1,000m^2$ 이상인 위험물 저장 및 처리시설 • 연면적 $1,000m^2$ 이상인 국가 또는 지방자치단체의 청사 · 외국공관 · 소방서 · 발전소 · 방송국 · 전신전화국, 데이터센터 • 종합병원, 수술시설이나 응급시설이 있는 병원 • 지진과 태풍 또는 다른 비상시의 긴급대피수용시설로 지정한 건축물 • 중요도(특)으로 분류된 건축물의 기능을 유지하는데 필요한 부속 건축물 및 공작물
중요도(1)	• 연면적 $1,000m^2$ 미만인 위험물 저장 및 처리시설 • 연면적 $1,000m^2$ 미만인 국가 또는 지방자치단체의 청사 · 외국공관 · 소방서 · 발전소 · 방송국 · 전신전화국, 데이터센터 • 연면적 $5,000m^2$ 이상인 공연장 · 집회장 · 관람장 · 전시장 · 운동시설 · 판매시설 · 운수시설(화물터미널과 집배송시설은 제외함) • 아동관련시설 · 노인복지시설 · 사회복지시설 · 근로복지시설 • 5층 이상인 숙박시설 · 오피스텔 · 기숙사 · 아파트 • 학교 • 수술시설과 응급시설 모두 없는 병원, 기타 연면적 $1,000m^2$ 이상인 의료시설로서 중요도(특)에 해당하지 않는 건축물
중요도(2)	• 중요도(특), (1), (3)에 해당하지 않는 건축물
중요도(3)	• 농업시설물, 소규모창고 • 가설구조물

4-2. 건축구조기술사 협력대상 건축물

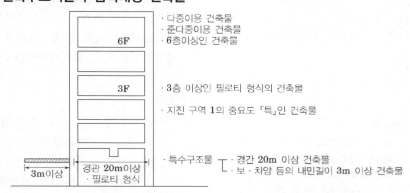

- 구조기술사의 협력을 받아 설계자가 구조확인을 해야 한다.

4-3. 내진능력 공개

- 2층 이상인 건축물 (목구조의 경우 3층)
- 연면적 $200m^2$ 이상인 건축물(목구조의 경우 $500m^2$)
- 구조안전확인서 제출대상 건축물 중 3호부터 10호까지에 해당되는 건축물

4-4. 건축물의 내진등급과 내진설계 중요도 계수

중요도 구분	내진등급	내진설계 중요도계수
중요도(특)	특	1.5
중요도(1)	I	1.2
중요도(2), (3)	II	1.0

5. 건축용 방화재료(Fire-preventive material)

① 화재 시 가열에 있어서 화재의 확대를 억제하고 또한 연기 또는 유해 가스가 쉽게 발생하지 않는 재료
② 건축 기준법에 규정되는 불연 재료, 준불연 재료, 난연 재료 등의 총칭

5-1. 건축물 마감재료의 성능기준 및 화재 확산 방지구조

1) 불연재료

① 가열시험 개시 후 20분간 가열로 내의 최고온도가 최종평형온도를 20K 초과 상승하지 않을 것
② 가열종료 후 시험체의 질량 감소율이 30% 이하일 것
③ 가스유해성 시험 결과 실험용 쥐의 평균행동정지 시간이 9분 이상
④ 종류: 콘크리트, 시멘트 모르타르, 석재, 벽돌, 철망, 알루미늄, 유리 등

2) 준불연재료

① 가열 개시 후 10분간 총 방출열량이 $8MJ/m^2$ 이하일 것
② 10분간 최대 열방출률이 10초 이상 연속으로 $200kW/m^2$를 초과하지 않을 것

---

③ 10분간 가열 후 시험체를 관통하는 방화상 유해한 균열, 구멍 등이 없어야 하며, 시험체 두께의 20%를 초과하는 일부 용융 및 수축이 없어야 한다.

④ 가스유해성 시험 결과, 실험용 쥐의 평균행동정지 시간이 9분 이상

④ 종류: 석고보드, 목모시멘트판, 인조대리석, 펄스시메트판, 우레탄 패널 등

3) 난연재료

① 가열 개시 후 5분간 총 방출열량이 $8MJ/m^2$ 이하일 것

② 5분간 최대 열방출률이 10초 이상 연속으로 $200kW/m^2$를 초과하지 않을 것

③ 5분간 가열 후 시험체를 관통하는 방화상 유해한 균열, 구멍 및 용융 등이 없어야 하며, 시험체 두께의 20%를 초과하는 일부 용융 및 수축이 없어야 한다.

④ 가스유해성 시험 결과, 실험용 쥐의 평균행동정지 시간이 9분 이상

⑤ 종류: 난연합판, 난연플라스틱판 등

6. 화재확산 방지구조

> 외벽자재가 착화되어 수직 확산되지 않도록 매 층마다 불에 타지 않는 재료로 높이 400mm 띠 형태로 두르는 공법

적용재료

- KS F 3504(석고 보드 제품)에서 정하는 12.5mm 이상의 방화 석고 보드
- KS L 5509(석고 시멘트판)에서 정하는 석고 시멘트판 6mm 이상인 것 또는 KS L 5114(섬유강화 시멘트판)에서 정하는 6mm 이상의 평형 시멘트판인 것
- 한국산업표준 KS L 9102(인조 광물섬유 단열재)에서 정하는 미네랄울 보온판 2호 이상인 것
- KS F 2257-8(건축 부재의 내화 시험 방법-수직 비내력 구획 부재의 성능 조건)에 따라 내화성능 시험한 결과 15분의 차염성능 및 이면온도가 120K 이상 상승하지 않는 재료
- 건축물로서 5층 이하이면서 높이 22m 미만인 건축물의 경우에는 화재확산 방지구조를 매 두 개 층마다 설치할 수 있다.

외부마감재료

- 대상용도 및 규모의 건축물: 난연재료 금지
- 고층건축물 확산방지구조 설치 시: 난연재료사용가능

내부마감재료

- 지상층 거실: 불연, 준불연, 난연재료
- 지하층 거실 및 피난동선 공간(통로, 복도, 계단 등): 난연재료금지
- 지상층의 다중이용업 같은 특정용도 거실 난연재료 금지

내부마감재료의 예외규정

- 주요구조부가 내화구조 또는 불연재료인 건축물로서 스프링클러 등 자동소화설비 설치 시
- 바닥면적 200m² 이내마다 방화구획 시

1) 외부마감재료 제한

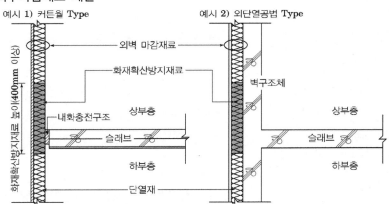

예시 1) 커튼월 Type   예시 2) 외단열공법 Type

- 방화에 지장이 없는 불연재료 또는 준불연재료

2) 내부 마감 재료의 제한

① 커튼월 층간방화 시공

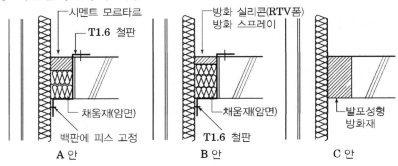

A안   B안   C안

예외

- 연면적이 50㎡ 이하인 단층의 부속건축물로서, 외벽 및 처마 밑면을 방화구조로 한 것
- 무대의 바닥

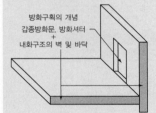

방화구획의 개념
갑종방화문, 방화셔터
+
내화구조의 벽 및 바닥

내화등급의 구분

- F급: 가열시험 시 시험체 이면에 화염이 발생되지 않고 주수시험에 적합한 것으로 차염성능을 갖는 내화 충전구조
- T급: 가열시험 시 시험체 이면에 화염이 발생되지 않고, 온도상승 제한 요건(비가열면 온도상승은 평균 140K, 최고 180K 이하)과 주수시험 요건에 적합한 것
- 차열 및 차염성능을 갖는 내화 충전구조

방화벽의 설치

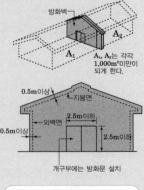

방화벽
A₁
A₂
A₁, A₂는 각각 1,000㎡미만이 되게 한다.

0.5m이상 — 지붕면
외벽면 — 2.5m이하
0.5m이상 — 2.5m이하
개구부에는 방화문 설치

방화지구

- 방화지구는 도시의 화재 및 기타의 재해의 위험예방을 위하여 국토의 계획 및 이용에 관한 법에 의한 도시·군관리계획으로 국토교통부장관 등이 지정하는 용도지구

② Pipe Shaft 층간방화 시공

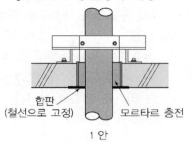

합판
(철선으로 고정)   모르타르 충전

1 안

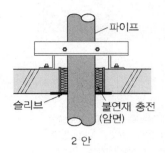

파이프
슬리브   불연재 충전
(암면)

2 안

7. 방화규정

7-1. 주요 구조부를 내화구조로 해야 하는 건축물

건축물의 용도	당해 용도의 바닥면적 합계	비고
① • 문화 및 집회시설 　300㎡ 이상인 공연장, 종교집회장 　(전시장 및 동·식물원 제외)　 관람실· 　• 종교시설　　• 장례시설　 집회실 　• 주점영업	200㎡ 이상	옥외 관람석의 경우에는 1,000㎡ 이상
② • 전시장 및 동·식물원 • 판매시설 • 운수시설 • 수련시설 • 체육관 및 운동장 • 위락시설(주점영업 제외) • 창고시설 • 위험물 저장 및 처리시설 • 자동차 관련시설 • 방송국·전신전화국 및 촬영소 • 화장시설, 동물화장시설 • 관광휴게시설	500㎡ 이상	–
③ • 공장	2000㎡ 이상	화재로 위험이 적은 공장으로서 주요구조부가 불연재료가 된 2층 이하의 공장은 예외
④ • 건축물의 2층이 다중주택·다가구주택 • 공동주택 • 제1종 근린생활시설 　(의료의 용도에 쓰이는 시설에 한한다) • 제2종 근린생활시설 중 다중생활시설(고시원) • 의료시설 • 아동관련 시설, 노인복지시설 및 유스호스텔 • 오피스텔 • 숙박시설 • 장례시설	400㎡ 이상	–
⑤ • 3층 이상 건축물 • 지하층이 있는 건축물 　[예외] 2층 이하인 경우는 지하층 부분에 한함	모든 건축물	단독주택(다중, 다가구 제외), 동물 및 식물관련시설, 발전소 교도소 및 소년원 또는 묘지관련시설(화장시설, 동물화장시설 제외)은 예외

제도와 법규

7-2. 방화구획 – 내화구조 건축물의 화재확산방지

7-2-1. 주요 구조부가 내화구조 또는 불연재료인 건축물의 방화구획

1) 적용대상
- 주요구조부가 내화구조 또는 불연재료로 된 건축물로서 연면적이 $1,000m^2$를 넘는 것은 내화구조의 바닥, 벽 및 방화문(자동방화 셔터 포함)으로 구획해야 한다.

2) 방화구획의 설치기준

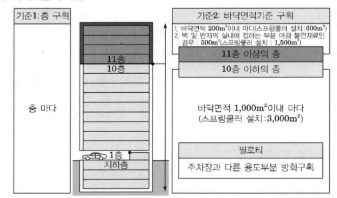

3) 방화구획의 구조
- 벽체 및 바닥은 내화구조로 구획하며, 개구부는 60분+방화문 또는 60분 방화문 또는 자동방화셔터로 구획한다.

구분	구조기준
출입구 방화문	• 항상 닫힌 상태로 유지 • 연기 또는 불꽃을 감지하여 자동으로 닫히는 구조로 할것
자동방화셔터	• 방화문으로부터 3m 이내에 방화구획과의 틈을 내화 채움성능 구조로 매울 것
급수관, 배전관 등에 관통하는 경우	• 급수관·배전관과 방화구획과의 틈을 내화 채움성능 구조로 매울 것
환기·난방·냉방시설의 풍도가 관통하는 경우	• 관통부분 또는 이에 근접한 부분에 다음의 댐퍼를 설치할 것 • 국토교통부장관이 정하는 비차열성능 및 방연성능 등의 기준에 적합할 것 • 화재로 인한 연기 또는 불꽃을 감지하여 자동적으로닫히는 구조

7-2-2. 주요 구조부가 내화구조 또는 불연재료가 아닌 건축물의 방화구획

1) 적용대상
① 바닥면적 $1,000m^2$ 미만마다 방화벽으로 구획한다.
- 예외: 주요구조부가 내화구조이거나 불연재료인 건축물, 단독주택, 동물 및 식물관련시설, 교도소, 감화원, 화장장을 제외한 묘지관련시설, 구조상 방화벽으로 구획할 수 없는 창고시설
② 외벽 및 처마밑의 연소우려가 있는 부분은 방화구조로 해야한다.
③ 지붕은 불연재료로 한다.

임시 소방시설 설치기준

- **소화기**
  - 각층 계단실 출입구 소화기 2개
  - 화재위험작업 소화기 2개+ 대형 1개
  - 소화기 설치장소 축광식 표지부착

- **간이 소화장치**
  - 화재위험작업 시 25m 이내 설치
  - 지하 1층과 지상 1층에 상시 배치
  - 방수압력이 0.1MPa, 방수량 65L/min
  - 수원 20분 용량

- **비상경보장치**
  - 각 층 계단실 출입구 설치
  - 비상벨 응량 100db이상(1m 이내)
  - 비상전원 확보(20분 이상)

- **간이피난 유도선**
  - 각 층의 출입구로부터 건물 내부로 10m 이상 설치
  - 상시점등(녹색계열 광원)

- **가스누설 경보기**
  - 지하층 또는 무창층 부에 바닥으로부터의 높이가 30cm 이하인 장소에 설치

- **비상조명등**
  - 지하층 또는 무창층에서 지상 1층 또는 피난층으로 연결된 계단실 내부에 설치, 20분 이상 비상전원, 비상경보장치와 연동

- **방화포**
  - 용접·용단 작업 시 11m 이내에 가연물이 있는 경우 해당 가연물을 방화포로 도포

2) 방화구획기준

구분	구조기준
1. 방화벽의 구조	• 내화구조로서 자립할 수 있는 구조
	• 양쪽 끝과 위쪽 끝을 건축물의 외벽면 지붕면으로부터 0.5m 이상 튀어나오게 할 것
2. 방화벽 출입문	• 60분+방화문 또는 60분 방화문
	• 크기: 2.5m×2.5m
	• 항상 닫힌 상태로 유지
	• 연기 또는 불꽃을 감지하여 자동적으로 닫히는 구조

7-2-3. 방화지구안의 건축물

1) 건축물의 구조제한

① 주요 구조부 및 외벽: 내화구조

② 지붕: 내화구조가 아닌 것은 불연재료로 해야 한다.

③ 연소할 우려가 있는 부분의 창문: 60분+방화문 또는 60분 방화문

2) 방화지구 내 건축물의 제한 기준

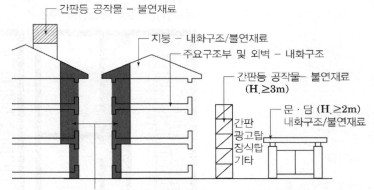

7-3. 화재 감시자

- 작업반경 11미터 이내에 건물구조 자체나 내부(개구부 등으로 개방된 부분을 포함한다)에 가연성물질이 있는 장소
- 작업반경 11미터 이내의 바닥 하부에 가연성물질이 11미터 이상 떨어져 있지만 불꽃에 의해 쉽게 발화될 우려가 있는 장소
- 가연성물질이 금속으로 된 칸막이·벽·천장 또는 지붕의 반대쪽 면에 인접해 있어 열전도나 열복사에 의해 발화될 우려가 있는 장소
- 장소에 가연성물질이 있는지 여부의 확인
- 가스 검지, 경보 성능을 갖춘 가스 검지 및 경보 장치의 작동 여부의 확인
- 화재 발생 시 사업장 내 근로자의 대피 유도

8. 피난규정

8-1. 피난의 경로

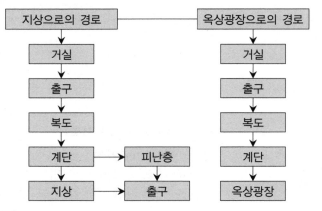

8-2. 계단

8-2-1. 직통계단의 설치

1) 직통계단(direct stairs)의 구조

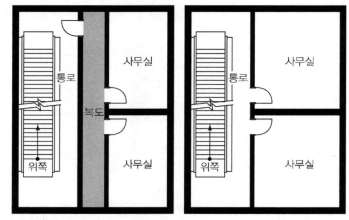

2) 피난층(shelter floor)

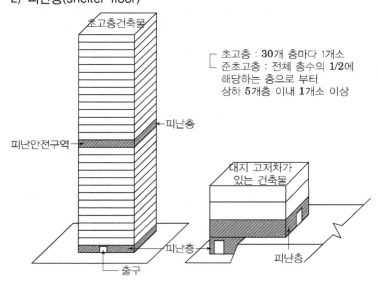

초고층 : 30개 층마다 1개소
준초고층 : 전체 층수의 1/2에
해당하는 층으로 부터
상하 5개층 이내 1개소 이상

피난층

- 직접 지상으로 통하는 출입구가 있는 층 및 피난안전구역(shelter safety zone)
- 직접 지상으로 통하는 출구가 있는 층은 대개 1층이지만 대지 상황에 따라 2개 이상인 경우도 있다.

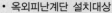

- 옥외피난계단 설치대상

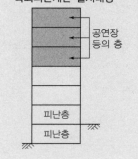

3) 보행거리에 의한 직통계단의 설치

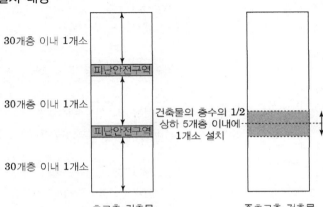

거실에서 가장 먼 지점에서 거실에서 가장 가까운 계단　　　거실에서 가장 가까운 계단

30m~50m

주요구조부가 내화구조, 불연재료 (×):a+b≦30m
주요구조부가 내화구조, 불연재료 (○):a+b≦30m

8-2-2 피난안전구역의 설치기준

1) 설치 대상

30개층 이내 1개소

피난안전구역

30개층 이내 1개소

건축물의 층수의 1/2
상하 5개층 이내에
1개소 설치

피난안전구역

30개층 이내 1개소

초고층 건축물
(50층 이상이거나 200m 이상)

준초고층 건축물
(30층~49층)

① 초고층 건축물: 피난층 또는 지상으로 통하는 직통계단과 직접 연결되는 피난안전구역을 지상층으로부터 최대 30개 층마다 1개소 이상 설치해야 한다.
② 준초고층 건축물: 피난층 또는 지상으로 통하는 직통계단과 직접 연결되는 피난안전구역을 해당 건축물 전체 층수의 2분의 1에 해당하는 층으로부터 상하 5개층 이내에 1개소 이상 설치해야 한다.

2) 구조기준

구분	설치기준
단열재 설치	아래층은 최상층에 있는 거실의 반자 또는 지붕기준을 준용하고, 윗층은 최하층에 있는 거실의 바닥 기준을 준용
내부마감재료	피난안전구역의 내부마감재료는 불연재료로 설치
계단의 구조	내부에서 피난안전구역으로 통하는 계단은 특별피난계단의 구조로 설치
비상용 승강기의 구조	비상용 승강기는 피난안전구역에서 승하차 할 수 있는 구조로 설치
설비 및 전기시설	피난안전구역에는 식수공급을 위한 급수전을 1개소 이상 설치하고 예비전원에 의한 조명설비를 설치
통신시설	관리사무소 또는 방재센터 등과 긴급연락이 가능한 경보 및 통신시설을 설치
면적기준(건축물방화 규칙 별표1의 2)	피난안전구역의 면적=(피난안전구역 위층 재실자수×0.5)×0.28m² 피난안전구역 위층 재실자수 = Σ $\frac{\text{당해 피난 안전구역 사이 용도별 바닥면적}}{\text{사용 형태별 재실자 밀도}}$
높이	피난안전구역의 높이는 2.1m 이상
배연설비	[건축물의 설비기준 등에 관한 규칙] 제14조에 따른 배연설비를 설치

제도와 법규

9. 건설기술진흥법의 부실벌점 부과항목(건설업자, 건설기술자 대상)

① 설계도서와 시방서대로 시공하지 않은 공사 부분
② 건축법 등 각종 법령·설계도서·건설관행·건설업자로서의 일반상
   식 등에 반해 공사를 시공함으로써 건축물 자체 또는 그 건설공사
   의 안전성을 훼손하거나 다른 사람의 신체나 재산에 위험을 초래
   할 수 있을 경우 측정기관이 업체와 건설기술인 등에 대해 벌점
   측정기준에 따라 부과하는 점수

벌점 부과기한

- 하자담보책임기간 종료일까지 벌점을 부과한다. 다만, 다른 법령에서 하자담보책임기간을 별도로 규정한 경우에는 해당 하자담보책임기간 종료일까지 부과한다.

9-1. 부실벌점 측정기준(건설사업관리용역사업자 및 건설사업관리기술인)

번호	주요부실내용	벌점
1	토공사의 부실	1~3
2	콘크리트면의 균열 발생	0.5~3
3	콘크리트 재료분리의 발생	1~3
4	철근의 배근·조립 및 강구조의 조립·용접·시공상태의 불량	1~3
5	배수상태의불량	0.5~2
6	방수불량으로 인한 누수발생	0.5~2
7	시공단계별로 건설사업관리기술인의 검토·확인을 받지 않고 시공한 경우	1~3
8	시공상세도면 작성의 소홀	1~3
9	공정관리의 소홀로 인한 공정부진	0.5~1
10	가설구조물설치상태의 불량	2~3
11	건설공사현장 안전관리대책의 소홀	2~3
12	품질관리계획 또는 품질시험계획의 수립 및 실시의 미흡	1~2
13	시험실의 규모·시험장비 또는 건설기술인 확보의 미흡	0.5~3
14	건설용 자재 및 기계·기구 관리 상태의 불량	1~3
15	콘크리트의 타설 및 양생과정의 소홀	1~3
16	레미콘 플랜트(아스콘 플랜트를 포함한다) 현장관리 상태의 불량	1~3
17	아스콘의 포설 및 다짐 상태 불량	0.5~2
18	설계도서와 다른 시공	1~3
19	계측관리의 불량	0.5~2

부실측정대상

- 업체 및 건설기술인등이 해당 반기에 받은 모든 벌점의 합계에서 반기별 경감점수를 뺀 점수를 해당 반기벌점으로 한다.
- 합산벌점은 해당 업체 또는 건설기술인 등의 최근 2년간의 반기벌점의 합계를 2로 나눈 값으로 한다.

하자의 종류

- 구조하자: 구조안전에 관한 결함
- 마감하자: 조적벽체 균열, 차음, 단열성능의 결함, 누수, 결로, 도색오염, 창호의 형상 결함
- 사용상하자: 설계상의 하자로 사용하는데 지장을 초래하는 것

9-2. 부실과 하자의 차이점

구 분	부 실	하 자
의 의	• 구조적 안전성에 지장을 초래하는 것	• 사용상, 기능상에 지장을 초래하는 것
내구성에 미치는 영향	• 내구성에 심각한 영향을 미침	• 내구성에 대한 영향은 거의 없음
주(主)평가자	• 전문가	• 사용자
생활에 미치는 영향	• 간접적 영향	• 직접적 영향

10-2장

생산의
합리화-What

마법지

생산의 합리화-What

1. 업무 Scope 설정

- CM
- Risk Management
- Constructability
- 건설 VE
- 건축물 LCC

2. 관리기술

- 정보관리
- 생산조달관리

3. 친환경 에너지

- 제도
- 절약설계
- 절약기술

4. 유지관리

- 일반사항: 시설물 유지관리, 재개발, 재건축
- 유지관리기술: 리모델링, 보수보강, 해체

업무 Scope

업무 Scope
Key Point

☑ **국가표준**
– 건설기술진흥법 시행령

☑ **Lay Out**
– CM
– Feasibility Study & Risk management
– Constructability
– 건설 VE & LCC(Life Cycle Cost)

☑ **필수 기준**
– VE

☑ **필수용어**
– VE
– LCC

공통업무

- 건설 사업관리 과업착수준비 및 업무수행 계획서 작성·운영
- 건설 사업관리 절차서 작성·운영
- 작업분류체계 및 사업번호체계 관리, 사업정보 축적·관리
- 건설사업 정보관리 시스템 운영
- 사업단계별 총사업비 및 생애주기비용 관리
- 클레임 사전분석
- 건설 사업관리 보고

① 업무 Scope

1. CM(건설사업관리)

> 건설공사에 관한 기획·타당성조사·분석·설계·조달·계약·시공관리·감리·평가·사후관리 등에 관한 관리업무의 전부 또는 일부를 수행하는 것

1-1. CM의 단계별 업무

- 건설공사의 계획, 운영 및 조정 등 사업관리 일반건설공사의 계약관리
- 건설공사의 사업비 관리
- 건설공사의 공정관리
- 건설공사의 품질관리
- 건설공사의 안전관리
- 건설공사의 환경관리
- 건설공사의 사업정보 관리
- 건설공사의 사업비, 공정, 품질, 안전 등에 관련되는 위험요소 관리
- 그 밖에 건설공사의 원활한 관리를 위하여 필요한 사항

1-2. CM의 계약형태

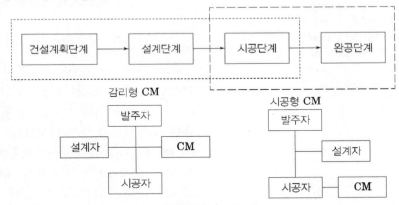

[건설관리제도의 형태]

1-3. CM의 발주체계 및 조달시스템의 유형

1) ACM(Agency Construction Management)- CM For Fee
   ① CM for fee는 service를 제공하고 그에 상응하는 용역비(fee)를 지급받는 자문 혹은 대행인(agency)으로서 역할을 수행한다.
   ② CMr이 발주자의 대리인으로서 참여하는 계약 형태로 용역서비스에 대한 대가(fee)를 받는 C.M형태

2) XCM(Extended Servics Construction Management)
   ① 건설사업관리가 도급자의 복수역할(multi-Role)을 수행하는 것을 허용하는 계약형식

업무 Scope

Project Management

- P.M은 사업주(토지주, 발주자, 조합)를 대신하여 프로젝트의 기획, 설계단계에서부터 발주, 시공, 유지관리 단계에 이르기까지 project를 종합관리한다.
- 당해 사업(project)의 완성을 목표로 주어진 요구사항을 충족(만족)시키기 위해 필요한 지식, 역량, 도구 및 기법, 기술적인 수단 등 제반 활동을 사업의 착수, 기획, 실행, 감시, 통제 및 종료, 유지관리 단계에 적용하는 관리행위를 말한다.
- 사업의 목적물 완성에 필요한 인력, 기자재, 장비, 정보 등의 자원을 효율적으로 사용하여 계획기간 내(on time), 제한된 예산범위 내(within cost)에서 목적물(Objective)을 요구하는 품질(Quality)수준에 맞게 완성하는데 목적이 있다.

② 최초에 계약된 업무에 추가업무를 포함하도록 계약범위를 확장하는 형태

3) OCM(Owner Construction Management)

① 발주자가 매우 우수한 CMr을 보유하여 발주자의 조직내에서 CM 업무를 제공하는 방식

② 설계와 사업기능을 내부직원이 직접 수행토록 하는 "Owner CM"

4) GMP CM(Guaranteed Maximum Price CM)-CM at Risk

① CM이 발주자에게 설계가 완료되기 이전(보통 설계 50%, 시방서 80%정도 완료 시)에 공사이행에 요구되는 최고한도보증액(GMP)을 제시하여 발주자가 이를 수락하면 계약성립

② CM은 단순히 Agency가 아닌 하도급업체와 직접 계약을 체결하여 공사에 소요되는 금액도 책임을 지는 방식

1-4. CM의 계약형태

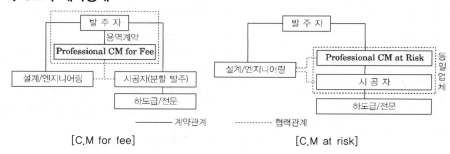

[C.M for fee] [C.M at risk]

1) CM For Fee

① CM for fee는 service를 제공하고 그에 상응하는 용역비(fee)를 지급받는 자문 혹은 대행인(agency)으로서 역할을 수행한다.

② CMr이 발주자의 대리인으로서 참여하는 계약 형태로 용역서비스에 대한 대가(fee)를 받는 C.M형태

③ 이 때 사업관리자는 시공자(보통의 경우, 전문 시공업자 또는 하도업자)나 설계자와는 직접적인 계약관계가 없으며 따라서 공사결과 즉, 공사비용, 기간, 품질 등에 대한 책임을 지지 않고 궁극적인 의사결정과 그에 따른 최종 책임은 발주자의 몫이 된다.

2) CM at risk

① CM for fee에서 수행하던 단순 컨설팅업무 외에 시공을 포함한 사업 전반에 대한 책임을 지게 된다. 따라서 CM은 일정 대가(fee) 이외에 이윤을 추구할 수 있다.

② 발주자에게 총공사비한계비용(GMP: Guaranteed Maximum Price)을 제시한 경우 정해진 최종사업비용을 초과하지 않도록 해야 한다는 위험(Risk)을 가지게 된다.

③ CM at Risk로서의 CM발주는 그 효율을 극대화할 수 있고, 발주자는 공사비에 대해 어느 정도 위험을 분산시키는 이점

1-5. 감리자의 업무

1) 주택건설공사 감리업무 세부기준

관련 업무	책임감리	시공감리	검측감리
1. 시공계획	• 검토	• 검토	–
2. 공정표	• 검토	• 검토	–
3. 건설업자 등 작성한 시공상세도면	• 검토 · 확인	• 검토	–
4. 시공내용의 적합성(설계도면, 시방서 준수여부)	• 확인	• 확인	확인
5. 구조물 규격의 적합성	• 검토 · 확인	• 검토	검토
6. 사용자재의 적합성	• 검토 · 확인	• 검토	검토
7. 건설업자등이 수립한 품질보증 · 시험계획	• 확인 · 지도	• 확인 · 지도	–
8. 건설업자등이 실시한 품질시험 · 검사	• 검토 · 확인	• 검토 · 확인	• 검토 · 확인
9. 재해예방대책, 안전 · 환경관리	• 확인	• 지도	–
10. 설계변경 사항	• 검토 · 확인	• 검토	–
11. 공사진척부분	• 조사 · 검사	• 조사 · 검사	• 조사 · 검사
12. 완공도면	• 검토	• 검토	• 검토
13. 완공사실, 준공검사	• 준공검사	• 완공확인	• 완공확인
14. 하도급에 대한 타당성	• 검토	• 검토	–
15. 설계내용의 시공가능성	• 사전검토	• 사전검토	–
16. 기타 공사의 질적향상을 위해 필요한 사항	• 규정	• 규정	• 미규정

1-6. Pre Construction

> 프리콘 서비스는 발주자, 설계자, 시공자가 프로젝트 기획, 설계 단계에서 하나의 팀을 구성해 각 주체의 담당 분야 노하우를 공유하며 3D 설계도 기법을 통해 시공상의 불확실성이나 설계 변경 리스크를 사전에 제거함으로써 프로젝트 운영을 최적화시킨 방식

1-6-1 Pre con의 단계별 활동

설계 전 단계	설계 단계	발주 단계
• 프로젝트 관리(조직구성, 사업관리 계획서 작성, 수행절차 설정, 정보관리 체계 수립)	• 프로젝트 관리(설계도서 검토, 설계도서 배포, 계약조건 검토, 계약약정 관리, 프로젝트 비용조달 지원)	• 프로젝트 관리(입찰 및 계약절차 주관, 입찰평가 기준마련, 지급자재 조정, 각종 허가, 보험, 보증 등에 관한 준비
• 원가관리	• 원가관리	• 원가관리
• 일정관리	• 일정관리	• 일정관리
• 품질관리	• 계약행정	• 품질관리
• 계약행정	• 안전관리	• 계약행정
• 안전관리	• 친환경	• 안전관리
• 친환경	• BIM	• BIM
• BIM		

2. Feasibility Study & Risk management

업무 Scope

2-1. Feasibility Study

> 건설 개발 프로젝트에서의 건설 기획과정 전반에 걸친 평가과정을 통한 의사결정과 개발의 초기단계에서 설정된 목표를 만족시켜주는지의 가능성에 대한 평가

대상

• 타당성 조사는 총공사비가 500억원 이상으로 예상되는 건설공사를 대상으로 한다

2-1-1. 타당성 분석 절차

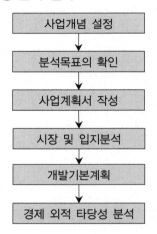

```
사업개념 설정
    ↓
분석목표의 확인
    ↓
사업계획서 작성
    ↓
시장 및 입지분석
    ↓
개발기본계획
    ↓
경제 외적 타당성 분석
```

[분석 시 고려사항]
• 사업규모에 대한 가정
• 사업기간에 대한 가정
• Cash Flow에 대한 가정
• 할인율에 의한 가정

2-1-2. 경제성 평가의 방법

1) 회수기간법(Payback Per Method)
   ① 할인율을 고려하지 않는 방법
   ② PP= 투자총비용÷연간 순익

2) 순현가법(NPV; Net Present Value)
   ① 현재가치를 얻을 수 있는 최저의 이익률을 이용 미래가치를 현재가치로 환산 가치를 평가하는 방법
   ② NPV= Σ(PV of all Benefits)－Σ(PV of All Costs)

3) 손익분기분석(Break Even Analysis)
   ① 손익분기점의 정도로부터 투자의 경제성을 예측 및 평가
   ② 손익분기점이 낮을수록 유리한 투자안

4) ROI(Return On Investment;투자수익률)
   ① 생산 및 영업활동에 투자한 자본으로 이익의 확보정도를 나타내는 지표
   ② 영업이익률과 투자자본 회전율을 사용하여 사업구조조정을 판단(철수, 유지, 성장)
   ③ 총자본 수익률 = $\dfrac{순이익}{총자본}$

2-2. 건설위험관리에서 위험약화전략(Risk Mitigation Strategy)

업무 Scope

> 건설 Project 수행기간 중 발생할 수 있는 손해(loss), 손상(injury), 불이익(disadvantage), 파괴(destruction)와 같은 불이익을 사전에 계획 및 대책수립 등을 위한 관리

2-2-1. 리스크자료의 분석 및 평가

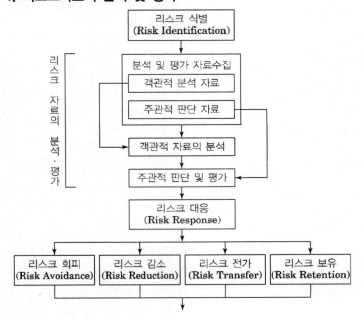

2-2-2. Risk 관리절차

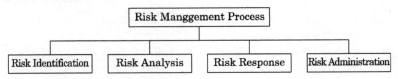

① 리스크 인지, 식별(Risk Identification)
② 리스크 분석 및 평가(Risk Analysis & Evaluation)
③ 리스크 대응(Risk Response)
④ 리스크 관리(Risk Administration)

2-2-3. 리스크 인자의 식별

- 리스크 인자의 조사 후 체크리스트 작성
- 체계적인 분류를 통해 상호 연관성을 파악하여 대응전략 수립
- 리스크 인자의 중복배제 후 요약정리

발생빈도와 심각성, 파급효과를 종합적으로 검토 후 우선순위 결정

업무 Scope

사업 추진별 Risk

- 기획단계
  - 투자비 회수
- 계획 · 설계단계
  - 기술 및 품질
- 계약단계
  - 입찰 · 가격
- 시공단계
  - 비용 · 시간 · 품질
- 사용단계
  - 유지관리비

리스크 약화전략

- 리스크 회피
  (Risk Avoidance)
  - 리스크에 대한 노출 자체를 회피함으로써 발생될 수 있는 잠재적 손실을 면하는 것
- 리스크 감소
  (Risk Reduction)
  - 가능한 모든 방법을 활용하여 리스크의 발생 가능성을 저감시켜 잠재적 리스크에 대한 노출정도를 감소시키는 것
- 리스크 전가(Rick Transfer
  - 계약(Contract)을 통해 리스크의 잠재적 결과를 다른 조직에 떠넘기거나 공유(Sharing)하는 방법
- 리스크 보유(Risk Retention)
  - 회피되거나 전가될 수 없는 리스크를 감수하는 전략

2-2-4. 리스크 유형별 리스크 대응전략

리스크 유형	리스크 인자	대응전략	조치사항
재정 및 경제	• 인플레이션 • 의뢰자의 재정능력 • 환율변동 • 하도급자의 의무불이행,	• 리스크 보유 • 리스크 전가 • 리스크 회피	• 에스컬레이션 조항 삽입 • P.F에 의한 자금 조달 • 장비. 자재의 발주자 직접조달 • 사전자격 심사 강화
설계	• 설계범위결정의 불완전 • 설계 결함 및 생략 • 부적합한 시방서 • 현장조건의 상이	• 리스크 전가 • 리스크 회피	• 설계변경 조건 삽입
건설	• 기상으로 인한 공기지연, • 노사분규 및 파업, 노동생산성 • 설계변경 • 장비의 부족 • 시공방법의 타당성	• 리스크 보유 • 리스크 감소 • 리스크 전가	• 예비계획 수립 • 보험 • 공기지연 조항삽입
건물 (시설) 운영	• 제품 및 서비스에 대한 시장여건의 불규칙적 변동, 유지관리의 필요성, 안전운영, 운영목적에 대한 적합성	• 리스크 전가 • 리스크 감소	• 하자보증
정치, 법, 환경	• 법, 규정, 정책의 변경, 전쟁 및 내란의 발생 • 공해 및 안전 문제 • 생태적 손상 • 대중의 이해관계 • 수출(통상)규제 • 토지수용 또는 몰수	• 리스크 전가 • 리스크 감소	• 계약조건 명확화 • 예비계획 수립 • 공기지연 조항삽입
물리적 인자	• 구조물의 손상 • 장비의 손상, 화재, 도난, 산업재해	• 리스크 전가 • 리스크 감소	• 보험 • 현장조사 • 예비계획 수립
천재지변	• 홍수, 지진, 태풍, 산사태, 낙뢰	• 리스크 전가	• 보험 • 현장조사 • 추가 지불 조항 삽입 • 예비계획 수립

Memo

3. Constructability

전체적인 project 목적물을 완성하기 위해 입찰, 행정 및 해석을 위한 계약문서의 명확성, 일관성 및 완성을 바탕으로 하여 해당 project가 수행될 수 있는 용이성

3-1. 시공성 적용체제

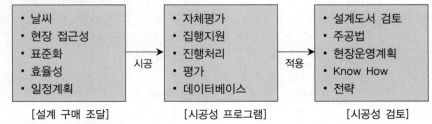

• 날씨 • 현장 접근성 • 표준화 • 효율성 • 일정계획	• 자체평가 • 집행지원 • 진행처리 • 평가 • 데이터베이스	• 설계도서 검토 • 주공법 • 현장운영계획 • Know How • 전략
[설계 구매 조달]	[시공성 프로그램]	[시공성 검토]

시공 → 적용 →

3-2. 목표와 분석방법

1) 시공요소를 설계에 통합
   ① 설계의 단순화
   ② 설계의 표준화
2) Module화
3) 공장생산 및 현장의 조립화
4) 계획단계
   ① Constructability Program은 Project 집행 계획의 필수 부분이 되어야 한다.
   ② Project Planning(Owners Project 계획수립)에는 시공지식과 경험이 반드시 수반해야 한다.
   ③ 초기의 시공 관련성은 계약할 당해 전략의 개발 안에 고려되어야 한다.
   ④ Project 일정은 시공 지향적이어야 한다.
   ⑤ 기본 설계 접근방법은 중요한 시공방법들을 고려해야 한다.
   ⑥ Constructability를 책임지는 Project Team 참여자들은 초기에 확인되어야 한다.
   ⑦ 향상된 정보 기술은 Project를 통하여 적용되어야 한다.
5) 설계 및 조달단계
   ① 설계와 조달 일정들은 시공 지향적이어야 한다.
   ② 설계는 능률적인 시공이 가능하도록 구성되어야 한다.
   ③ 설계의 기본 원리는 표준화에 맞추어야 한다.
   ④ 시공능률은 시방서 개발 안에 고려되어야 한다.
   ⑤ 모듈 / 사전조사 설계는 제작, 운송, 설치를 용이하게 할 수 있도록 구성되어야 한다.
   ⑥ 인원, 자재, 장비들의 건설 접근성을 촉진시켜야 한다.
   ⑦ 불리한 날씨 조건하에서도 시공을 할 수 있도록 해야 한다.
6) 현장운영 단계
   Constructability는 혁신적인 시공방법들이 활용 될 때 향상된다.

업무 Scope

시공 관련성

• 현장 출입 가능성
• 장기간 사용되는 가시설물
• 접근성
• 현장 외 조립 관련성 및 공장생산 제품 항목
• Crane 활용/ Lifting의 관련성
• 임시 Plant Service
• 기후 대비
• 시공 Package화
• Model 활용:
  Scale Modeling,
  Field Sequence Model

4. 건설 VE & LCC(Life Cycle Cost)

4-1. VE

① 어떤 제품이나 서비스의 기능(function)을 확인하고 평가함으로써 그것의 가치를 개선하고, 최소비용으로 요구 성능(performance)을 충족시킬 수 있는 필수 기능을 제공하기 위한 인정된 기술의 체계적인 적용

② VE는 생애주기 원가의 최적화, 시간절감, 이익증대, 품질향상, 시장 점유율 증가, 문제해결 또는 보다 효과적인 자원 이용을 위해 사용되는 창조적인 접근 방법

4-1-1. VE의 원리

〈4가지 유형의 가치향상의 형태〉

$$가치(V)= \frac{기능(F)}{비용(C)}$$

	①	②	③	④	⑤
	→	↗	↗	↗	↘
	↘	→	↘	↗	↘
	VE	Value & Design			Spec,Down

* **VE** 목적은 가치를 향상시키는 것이다.

① 기능을 일정하게 유지하면서 Cost를 낮춘다.
② 기능을 향상시키면서 Cost는 그대로 유지한다.
③ 기능을 향상시키면서 Cost도 낮춘다.
④ Cost는 추가시키지만 그 이상으로 기능을 향상 시킨다.
⑤ 기능과 Cost를 모두 낮춘다(시방규정을 낮출 경우)

4-1-2. E의 적용시기

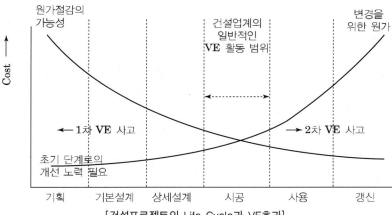

[건설프로젝트의 Life Cycle과 VE효과]

4-1-3. 설계VE 실시대상

① 총공사비 100억원 이상인 건설공사의 기본설계, 실시설계(일괄 · 대안입찰공사, 기술제안 입찰공사, 민간투자사업 및 설계공모사업을 포함한다)

② 총공사비 100억원 이상인 건설공사로서 실시설계 완료 후 3년 이상 지난 뒤 발주하는 건설공사(단, 발주청이 여건변동이 경미하다고 판단하는 공사는 제외한다)

③ 총공사비 100억원 이상인 건설공사로서 공사시행 중 총공사비 또는 공종별 공사비 증가가 10% 이상 조정하여 설계를 변경하는 사항 (단, 단순 물량증가나 물가변동으로 인한 설계변경은 제외한다)

④ 그 밖에 발주청이 설계단계 또는 시공단계에서 설계VE가 필요하다고 인정하는 건설공사

4-1-4. 설계VE 검토업무 절차 및 내용

1) 준비단계

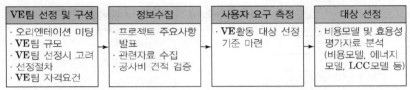

검토조직의 편성, 설계VE대상 선정, 설계VE기간 결정, 오리엔테이션 및 현장답사 수행, 워크숍 계획수립, 사전정보분석, 관련자료의 수집

2) 분석단계

선정한 대상의 정보수집, 기능분석, 아이디어의 창출, 아이디어의 평가, 대안의 구체화, 제안서의 작성 및 발표

3) 실행단계

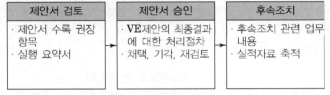

설계VE 검토에 따른 비용절감액과 검토과정에서 도출된 모든 관련자료를 발주청에 제출

업무 Scope

4-2. LCC(Life Cycle Cost)

> 시설물의 기획, 설계 및 건설공사로 구분되는 초기투자단계를 지나 운용·관리단계 및 폐기·처분단계로 이어지는 일련의 과정 동안 시설물에 투입되는 비용의 합계

4-2-1. 효과적인 LCC

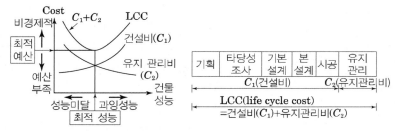

[LCC = 건설비 C_1 + 유지관리비 C_2]

4-2-2. LCC의 구성비용 항목

구 분	비용항목	내 용
1	건설기획 비용	기획용 조사, 규모계획, Management 계획
2	설계비용	기본설계, Cost Planning, 실시설계, 적산비용
3	공사비용	공사계약 비용(시공업자 선정, 입찰도서 작성, 현장설명)
4	운용관리 비용	보존비용, 수선비용, 운용비용, 개선비용, 일반관리비용 (LCC 중 75~85% 차지, 건설비용의 4~5% 정도)
5	폐기처분 비용	해체비용과 처분비용

4-2-3. LCC의 구성비용 항목LCC분석기법 및 산정절차

1) 분석기법

현재 가치법 (Present Worth Method)	• 시설물의 생애 주기에 발생하는 모든 비용을 일정한 시점으로 환산하는 방법
대등균일 연간비용법 (Equivalent Uniform Annual Cost Method)	• 생애 주기에 발생하는 모든 비용이 매년 균일하게 발생할 경우, 이와 대등한 비용은 얼마인가라는 개념을 이용하여 균일한 연간 비용으로 환산하는 방법

2) LCC기법의 산정절차

분석절차

- 분석대상(대안) 파악
- LCC 비용항목의 설정
- 기본가정 설정
- 대안별 LCC 비용산정
- 전체비용 종합
- LCC분석에 근거한 대안선정

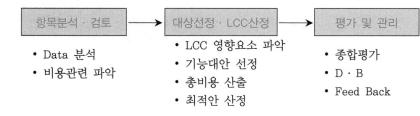

관리기술

정보관리

Key Point

■ 국가표준

■ Lay Out
– 정보관리 및 4차산업혁명
– 생산 조달관리

■ 필수 기준
– BIM

■ 필수용어
– BIM
– RFID
– SCM

작업순서 결정

• 기술적 요인 분석
• 자재의 특성 분석
• 시공성 분석
• 안전관리상 요인 분석
• 장소적인 요인
• 조달요인
• 동절기 관리

작업분할 방법

① 단지단위 작업 분할
② 공구단위 작업분할
③ 부위별 작업분할(층단위, 분절단위, 공구단위)사업계획의 수립
④ 사업예산 편성 및 사업비 관리
⑤ 공정계획 수립

② 관리기술

1. 정보관리 및 4차 산업혁명

1-1. 정보관리 분류체계

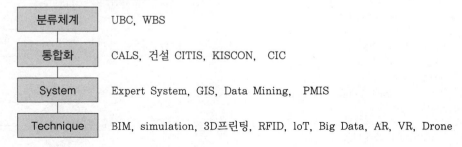

분류체계	UBC, WBS
통합화	CALS, 건설 CITIS, KISCON, CIC
System	Expert System, GIS, Data Mining, PMIS
Technique	BIM, simulation, 3D프린팅, RFID, loT, Big Data, AR, VR, Drone

1-1-1. WBS(Work Breakdown Structure)

> Project의 세부요소들을 체계적으로 조직하고 표현하기 위하여 최종 목적물(Product-Oriented)이나 작업과정 (Process-Oriented)위주로 표기된 가계도(Family Tree Diagram)

1) 작업항목(Work Item)
   ① Project분류체계 구성요소중 하나
   ② Project를 구성하는 각 Level의 관리항목
   ③ 가장 낮은 차원의 작업항목은 복합작업이 됨
2) 차원(Level)
   ① Project분류체계 구성요소중 하나
   ② Project를 분명하게 정의된 구성요소로 분할하는 관리범위
3) 복합작업(Work Package)
   ① Project분류체계 구성요소중 하나
   ② 각 조직단위에 의해 수행
   ③ 목적물의 종료를 판단할 수 있는 작업범위
   ④ 프로젝트의 견적, 단기공정, 공사 진척도 측정의 기준 및 관리단위

통합화

구현을 위한 기술

- CADD(Computer-Aided Design and Drafting)
- Data Base System
- Communication System
- 전문가 시스템 (Expert System)
- 시뮬레이션(Simulation)
- 모델링방법론 (Modeling Methodology)
- 로봇(Robots)

KISCON 기재사항

① 공사개요
② 도급계약 내용(수급인, 도급금액, 공동도급 지분율 및 분담내용, 보증금 및 계약조건)
③ 현장기술자 배치현황
④ 공사진척 및 공사대금 수령현황
⑤ 하수급인 수령현황
⑥ 시공참여자 현황 등

어원

① C(Computer)
방대한 정보를 일시적, 불연속적으로 입력정보나 외부명령에 반응하는 연산처리 기계
② I(Integrated)
기업체의 전체절차나 Manual 및 공정의 체계화를 위한 개별요소들의 연결 및 결합
③ C(Construction)
자원의 관리(공정관리, 품질관리, 원가관리, 자원관리, 안전관리, 환경관리, 진도관리 등)

건설공사 안전관리종합정보망

- (Construction Safety Management Integrated Information, CSI)
건설공사 안전관리 종합정보망은 건설공사 안전관리에 필요한 정보를 통합(연계) 관리하고 공동활용을 촉진함으로써 건설현장의 안전을 확보

1-2. 정보의 통합화(CALS, 건설 CITIS, KISCON, CIC, CSI)

1) CALS(Continuous Acquisition and Life Cycle Support)

① 건설사업의 설계, 시공, 유지관리 등 전 과정의 생산정보를 발주자, 관련업체 등이 전산망을 통하여 교환·공유하기 위한 정보화 전략

② 기업에서 다루는 모든 형태의 정보를 CALS 표준에 의해서 디지털화하되, 이들 정보의 네트워크로 연결되어 통합 데이터베이스 형태로 유지되는 환경을 구축하는 것

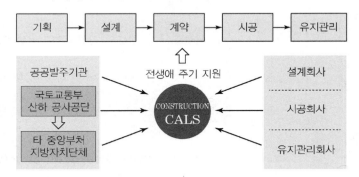

2) CITIS(Contractor Integrated Technical Information System)

- 건설사업 계약자가 발주자와의 계약에 명시된 자료를 인터넷을 통해 교환·공유할 수 있도록 공사수행기간 동안의 건설 사업관리를 지원하는 건설계약자 통합기술정보 서비스 체계

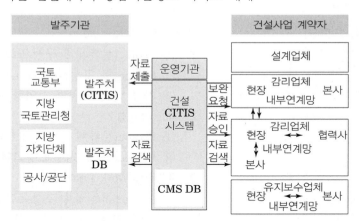

3) KISCON(건설공사대장 통보제도)

- 건설산업 DB구축사업의 추진결과로 구축된 건설산업 정보의 원활한 유통·활용을 위해 개발된 시스템이며 각 세부시스템을 종합적으로 총칭하는 명칭

4) CIC(Computer Integrated Construction)

① Computer, 정보통신 및 자동화 생산 조립 기술 등을 토대로 건설행위를 수행하는데 필요한 기능들과 인력들을 유기적으로 연계하여 각 건설업체의 업무를 각 사의 특성에 맞게 최적화하는 개념

② 건축공사에서 CIC는 단순한 컴퓨터의 사용에 그치는 것이 아니라 건설의 전과정에 걸쳐 발생하는 각종정보를 유효하게 처리함으로써 생산효율을 증대시키기 위한 기술

1-3. 정보관리시스템

1-3-1. Data Mining

① 방대한 양의 Data속에서 유용한 정보들을 추출하는 과정으로서 보관되어 있는 Data를 분석목적에 적합한 Data형태로 변환하여 실제경영의 의사결정을 위한 정보로 활용하고자 하는 것
② 체계적, 효율적인 프로젝트 관리업무 수행을 위하여 프로젝트와 관련된 각종 정보를 효과적으로 수집·처리·저장·전달 및 Feed-Back하기 위한 종합정보관리시스템

1-3-2. PMIS(Project Management Information System)

건설 Project에 대해 기획단계에서부터 유지관리단계까지 사업 이해 당사자들(Project Stake Holders: 발주자, 건설사, 설계 및 감리자) 간의 정보흐름을 첨단 IT System을 통해 관리하고 원활한 의사결정을 도와주는 솔루션(Solution)

관리시스템

관점

- Computer Science 관점: Pattern인식기술, 통계적, 수학적 분석방법을 이용하여 저장된 방대한 자료로부터 다양한 정보를 찾아내는 과정으로 정의
- MIS(Management Information System) 관점: 정보를 추출하는 과정뿐만 아니라 사용자가 전문적 지식 없이 사용할 수 있는 의사결정 System의 개발과정을 통틀어 정의

PMIS 구성

- 일정관리용 하부 시스템
- 품질관리용 하부 시스템
- 생산관리용 하부 시스템
- 안전관리용 하부 시스템
- 원가관리용 하부 시스템
- 기획, 기본설계 시스템

관리기술

1-4. 정보관리기술

1-4-1. BIM(Building Information Modelling)

> 객체 기반의 지능적인 정보모델을 통해 건물 수명 주기 동안 생성되는 정보를 교환하고, 재사용하고, 관리하는 전 과정(by GSA: General Service Administration)

라이브러리 활용

- 라이브러리는 모델구축 및 도면산출 시 생산성 향상을 위해 반복 사용이 가능하다.
- 라이브러리는 매개변수를 조작하여 다양한 형상을 쉽게 제작하기 위해 사용하거나, 수량산출, 도면화, 상세도면 추출, 속성정보 입력 및 출력 등에 활용한다.

Level Of Development

- BIM단체인 BIM Form 및 미국 institute of building Documentation은 BIM정보의 수준에 따라 5단계의 기준을 제정했다.
- LOD 100: 개념설계 (conceptual design)
- LOD 200: 기본설계 또는 설계안 개발(schematic design or design development)
- LOD 300: 모델 요소를 그래픽, 특정 시스템으로 표현
- LOD 400: 형상, 제조, 조립, 설치정보, 상세한 위치, 수량을 포함한 모델
- LOD 500: LOD400에 설치된 정보, 각종 정보도 포함

- BIM 컨텐츠: 모델데이터를 입력 및 활용하는 데 공동으로 사용할 수 있는 BIM객체 및 관련 記述데이터를 총칭하여 말한다.
- 객체(Object/客體): 실체(實體)와 동작(動作)을 모두 포함한 개념객체(Object/客體): 실체(實體)와 동작(動作)을 모두 포함한 개념
- BIM 라이브러리: BIM기반 설계작업에서 빈번하게 사용되는 BIM 컨텐츠를 사용하기 용이하도록 체계적으로 분류하여 모아 놓은 것으로 객체
- LMS(Library Management System): 카테고리 기반의 BIM라이브러리 관리 기능을 제공하며 실무에서 라이브러리를 효율적으로 검색해 사용할 수 있도록 도와주는 통합 BIM라이브러리 관리 시스템으로 라이브러리의 형상 미리 보기를 비롯, 다양한 검색방법과 속성정보 확인 등의 기능은 실무자들에게 BIM 라이브러리를 쉽고 빠르게 프로젝트에 적용할 수 있도록 해주며, 또한 통합 카테고리 방식의 관리방법은 전사적으로 일관되고 정확한 BIM 모델링을 가능하도록 도와준다.
- 3D 기본 개념
  1D = 선   2D = 평면도 3D = 입체도
- 4D = 3D + 시간(Time)
- 5D = 3D + 시간(Time) + 비용(Cost)
- 6D = 5D + 조달, 구매(Procurement)
- 7D = 6D + 유지보수(O&M,Facility Management)
- Preconstruction: 발주자·설계자·시공자가 하나의 팀을 구성해 설계부터 건물 완공까지 모든 과정을 가상현실에서 실제와 똑같이 구현하는 선진국형 건설 발주 방식이다. 3차원(3D) 설계도 기법을 통해 시공상의 불확실성이나 설계 변경 리스크를 사전에 제거함으로써 프로젝트 운영을 최적화
- 개방형 BIM 및 IFC(Industry Foundation Classes): 개방형 BIM이란 다양한 BIM 소프트웨어 간의 호환성을 보완하기 위한 개념으로, 이 중 IFC(Industry Foundation Classes)는 빌딩스마트에서 개발한 BIM 데이터 교환 표준이다 IFC는 여러 소프트웨어들 사이에서 필요한 자료를 중립적으로 교환하기 위한 목적으로 정의된 자료모델
- Level of Development: 빌딩 모델의 3D 지오메트리가 다양한 수준의 세분화를 달성 할 수있는 방법이며, 필요한 서비스 수준의 척도로 사용
- Building Information Level: BIM기반 설계에서 설계 단계별 설계 정보 표현 수준

관리기술

1) 협업기준

구분	설계단계	시공단계	유리관리단계
발주자	• 요구사항과 관련된 기능 비용, 일정 제공 • 설계검토를 제공하고 설계요구사항을 구체화 • 설계 메트릭스의 최종 승인 검토	• 시공을 모니터링 하고 시공변경 및 문제에 대한 정보 제공 • BIM 모델 변경 결과 승인	• 유지관리의 목적, 목표, 범위에 대한 구체화 • 운영방식, 조직도 등의 기본적인 사항정리 및 유지관리 시스템 구축 기본 방향 제시
건설 사업 관리자	• BIM 모델 검토 (발주자 요구사항, 설계기준 등) • BIM 사업 발주지원	• BIM을 활용한 회의 주관 • BIM을 활용한 공사 수행지도 • BIM 모델 변경결과 검토	• 준공모델 설명서 검토 • 발주자 요구사항 및 운영 계획 부합 여부 검토
수급인 (설계자)	• 발주자 요구사항에 따른 모델링 BIM 모델 품질 관리 • 발주자 및 건설 관리자의 의견 및 요구사항을 설계 모델에 업데이트	• 수행계획서 변경에 따른 BIM 모델 업데이트	• 준공 및 유지관리 모델 제작 협조
수급인 (시공자)	• 설계검토, 비용 일정, 시공성에 대한 지속적인 의견 제공 • 시뮬레이션, 조정, 견적, 일정을 포함한 시공 모델 생성	• BIM을 활요한 공사 수행 • BIM 모델 운용 및 관리	• 준공 모델 제작 • 준공 모델 설명서 검토
수급인 (유지 관리자)	• 유지관리에 필요한 설계 데이터 검토 • 유지이력관리에 필요한 설계 데이터 추출 및 관리 검토	• 설계변경 내역 및 이슈 검토 • 유지관리에 필요한 시공 BIM 모델 검토	• 유지관리 모델 제작, 검토 및 승인 • 유지관리 및 보수보강 의사결정과 이력데이터 검토 관리

2) BIM 활용

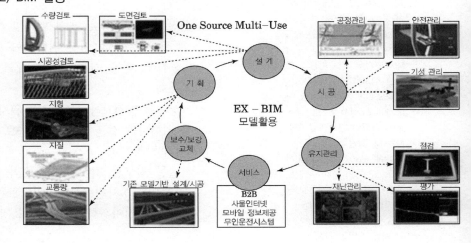

스마트 건설에 활용

• BIM 설계 데이터를 기반으로 빅데이터 구축 및 인공지능 학습을 통해 설계 자동화에 활용
• 정확한 BIM 데이터를 기반으로 구조물의 공장제작, 현장조립 등 제작 및 시공 장비 등과 연동하여 조립식 공법(Prefabrication), 모듈화 공법(Modularization), 탈현장건설공법(OSC; Off–Site Construction), 3D 프린팅, 시공 자동화 등에 활용
• 유지관리의 효율성을 높일 수 있는 IoT(Internet of Things)와 연계한 디지털 원의 구축과 건설 디지털 데이터 통합 도구로 활용

관리기술

① BIM: BIM 기반의 시공 시뮬레이션 및 공정/공사비 관리 S/W 등

② Drone: Drone에 Lidar, Camera 등 각종 장비를 탑재하여 건설현장의 지형 및 장비 위치 등을 빠르고 정확하게 수집하는 기술로 활용

③ VR&AR: 건설 현장의 위험을 인지할 수 있도록 VR/AR기술을 통한 건설사고의 위험을 시각화한 안전교육 프로그램에 활용, 시공 전/후 건설현장을 VR을 통해 현실감 있는 정보제공 가능

④ 빅데이터 및 인공지능: 건설현장에서 수집 가능한 다양한 정보를 축적하여 축적된 정보를 AI분석을 통해 다른 건설현장의 위험도 및 시공기간 등을 예측하는 기술로 활용

⑤ 3D 스캐닝: 레이저 스캐너를 이용하여 건설 현장을 보다 정확하게 측량하고, 측량한 정보를 디지털화 하여 Digital Map을 구축하거나, 구조물 형상을 3D로 계측 및 관리

⑥ IoT: 건설장비, 의류, 드론 등에 센서를 삽입하여 건설현장에서 장비·근로자의 충돌 위험에 대한 정보 제공 및 건설장비의 최적 이동 경로를 제공하는 데 활용

⑦ 디지털 트윈: 건설 현장을 (On Site)직접 방문하지 않고 컴퓨터로 시공 현황을 3D로 시각화하여(Off-Site) 현실감 있는 정보를 제공하는 데 활용

⑧ Mobile기술: 건설현장의 다양한 정보를 수집·분석하여 위험요소에 관한 정보를 근로자에게 실시간으로 제공하여 현장의 안전성을 향상하는 데 활용

⑨ Digital Map: 정밀한 전자지도 구축을 통해 측량오류를 최소화하여 재시공 및 작업지연을 방지

⑩ 자율주행: 건설장비의 지능형 자율 작업이 가능

1-4-2. Smart Construction 요소기술/4차 산업혁명

건설에 첨단기술(BIM, 드론, 로봇, IoT, 빅데이터, AI 등)을 융합한 기술

	설계단계 →	시공단계 →	유지관리 단계
패러다임 변화	· 2D 설계 · 단계별 분절 → · 3D 설계 · 전단계 융합	· 현장생산 · 인력의존 → · 모듈/자동화 · 현장관제	· 정보단절 · 현장방문 · 주관적 → · 정보피드백 · 원격제어 · 과학적
	데이터 기반 3D 통합모델 구축	공사비절감, 공기단축, 안전성확보	건축물 수명증가, 유지관리 비용 절감
적용기술	Lidar, Camera 활용 건설부지 정보 수집 / Big Data 활용 시설물 계획 / VR기반 대안검토 / BIM 기반 설계자동화	Drone을 활용한 현장 모니터링 / IoT 기반 현장안전관리 / 장비 자동화 & 로봇 시공 / 3D 프린터를 활용한 급속시공	센서활용 예방적 유지관리 / Drone을 활용한 시설물 모니터링 / AI기반 시설물 운영

- 설계: 3D 가상공간에서 최적 설계
- 설계단계: 건설·운영 통합관리
- 시공: 날씨·민원 등에 영향을 받지 않고 부재를 공장 제작·생산, 비숙련 인력이 고도의 작업이 가능하도록 장비 지능화·자동화
- 유지관리: 시설물 정보를 실시간 수집 및 객관적·과학적 분석

1) 계획단계
- 드론활용 자동측량 → 3차원 지형데이터 도출

2) 설계단계
- 3차원 BIM 설계 → AI기반 설계 자동화
- Big Data 활용 시설물 배치 계획, VR기반 대안 검토, BIM기반 설계 자동화

3) 시공단계
- 운전 자동화 → AI의 관제에 따라 자율 주행·시공 → 작업 최적화로 생산성 향상, 인적 위험요인 최소화로 안전성 향상
- Big Data 활용 시설물 배치 계획, VR기반 대안 검토, BIM기반 설계 자동화
- 가상체험 안전교육 → 근로자 위치 실시간 파악, 안전 정보 즉시 제공 → 위험지역 접근 경고, 장비·근로자 충돌 경고 등 예측형 사고예방

4) 유지관리 단계
- 시설물 정보를 빅데이터에 축적, AI로 관리 최적화 → 실제 시설물과 동일한 3차원 모델(디지털트윈)을 구축함으로써, 다양한 재난상황을 시뮬레이션하여 시설물의 영향을 사전에 파악

1-4-3. Monte Carlo의 Simulation과 4D·5D BIM

관리기술

> ① 실제 System을 모듈화 하고 그 모델을 통하여 System의 거동을 이해하기 위하여 모의표현(Model)을 하거나 그 System의 운영을 개선하기 위한 다양한 전략을 평가하는 과정
> ② System의 형상, 상태의 변화, 현상에 관한 특성 등 System의 형태를 규명할 것을 목적으로 실제 System에 대한 모의표현(Model)을 이용하여 현상을 묘사하는 모의실험

1) Monte Carlo의 Simulation

- System의 적절한 확률적 요소에 대한 확률분포를 구한다.
  - → System의 수행에 대한 적당한 측정을 정의한다.
  - → 통계적 요소의 각각에 대해 누적확률분포를 만든다.
  - → 누적확률분포에 대응하여 수를 할당
  - → 독립한 통계적 요소에 대해 난수(Random number)를 산출하고 System 수행의 측정에 대해 System방정식을 푼다.
  - → System 수행의 측정이 안정화될 때까지 단계 5를 되풀이 한다.
  - → 적절한 관리정책 결정

2) 4D 시뮬레이션(공정 시뮬레이션)

- BIM기반 4D 시뮬레이션은 3D 형상모델과 공정계획 데이터를 연계하여 4D[x, y, z, t(시간)]모델을 구축하고 시공과정을 Simulation 할 수 있다.
- 시공단계별 형상 모델을 시각화하여 시공성 및 안전성 측면의 공정 검토에 활용한다.

3) 5D 시뮬레이션(공사비 시뮬레이션)

- BIM 공사비 Simulation은 3D 형상모델과 단위단가 정보를 연계하여 5D [x, y, z, c(비용)] 모델을 구축하고 건설 비용관리 과정을 Simulation할 수 있다.
- 시공단계별 세부예산의 기성계획 비교로 시각적 비용검토

1-4-4. 3D Printing Construction

> 건축물을 구성하는 벽, 바닥 등을 3D 모델링으로 디자인을 만들고 3D Printer로 출력하여 건축물의 모형이나 건축물을 짓는 기술

1-4-5. RFID(Radio Frequency Identification)

① 반도체 칩이 내장된 태그(Tag), 라벨(Label), 카드(Card) 등의 저장된 데이터를 무선주파수를 이용하여 근거리에서 비접촉으로 정보를 읽는 시스템

② RFID 태그의 종류에 따라 반복적으로 데이터를 기록하는 것도 가능하며, 물리적인 손상이 없는 한 반영구적으로 이용

활용

- 칩과 안테나로 구성된 RFID 태그에 활용 목적에 맞는 정보를 입력하고 대상에 부착
- 게이트, 계산대, 톨게이트 등에 부착된 리더에서 안테나를 통해 RFID 태그를 향해 무선 신호를 송출
- 태그는 신호에 반응하여 태그에 저장된 데이터를 송출
- 태그로부터의 신호를 수신한 안테나는 수신한 데이터를 디지털 신호로 변조하여 리더로 전달
- 리더는 데이터를 해독하여 호스트 컴퓨터로 전달

1-4-6. Internet of Things(IOT)

세상에 존재하는 유형 혹은 무형의 객체들이 인터넷으로 연결되어 서로 소통하고 작동함으로서 새로운 기능을 제공하는 지능형 인프라 시스템

활용분야

- 스마트 태그
  - 모든 근로자들의 위치 기반 안전 상태를 실시간으로 확인
- 가스센서
  - 유해 가스 누출 사고에 대한 실시간 모니터링으로 비상 시 대피 알람을 울려주는 역할
- 무선진동센서
  - 진동의 변이 정도에 따라 위험 신호를 자동 경고하는 역할. 구조물 안전 관리, 내진 측정 분석

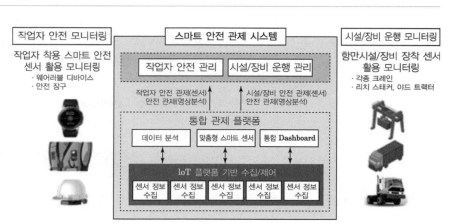

관리기술

1-4-7. 가상현실(VR), 증강현실(AR), 혼합현실(MR)

① 가상현실 VR(Virtual Reality): 고글형태의 기기를 머리에 착용하고 가상현실을 현실처럼 체험하게 해주는 첨단 영상기술
② 증강현실 AR(Augumented Reality): 현실의 이미지나 배경에 3차원 가상의 사물이나 정보를 합성하여 마치 원래의 환경에 존재하는 사물처럼 보이도록 하는 컴퓨터그래픽 기법
③ 혼합 현실 MR(Mix Reality): VR과 AR을 혼합한 기술

1-4-8. Drone

사람이 타지 않고 무선전파의 유도에 의해서 비행하는 비행기나 헬리콥터 모양의 비행물체로 카메라를 탑재하여 현장을 촬영하거나 자재를 양중 하는데 활용한다.

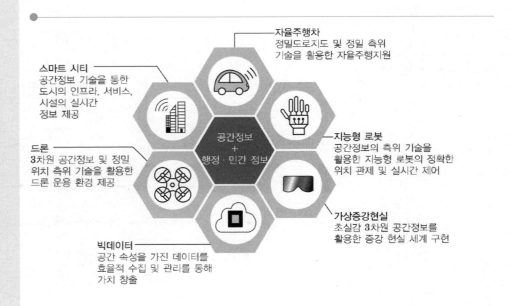

생산 · 조달

2. 생산 조달관리

2-1. 건설공사의 생산성(Productivity)관리

① 생산의 효율을 나타내는 지표로서 노동생산성(Labor Productivity), 자본 생산성(Capital Productivity), 원재료 생산성, 부수비용 생산성 등이 있다.

② 생산관리는 투입물(Inputs)인 원자재, 설비 및 노동력 등을 재화나 서비스와 같은 산출물(Output)로 변형시키기 위한 모든 활동

생산성

$$생산성 = \frac{산출량}{투입량} = \frac{생산량}{노동시간}$$

2-1-1. 단순화 생산시스템

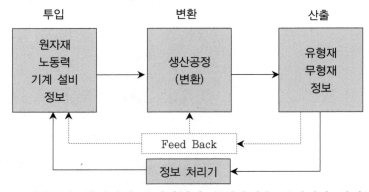

- 산출물을 일정하게 유지하면서 투입자원을 줄이거나 일정하게 유지하면서 산출물을 증가 → 생산성 증가

2-2. SCM(Supply Chain Management)

수주에서 납품까지의 공급사슬 전반에 걸친 다양한 사업활동을 통합하여 상품의 공급 및 물류의 흐름을 보다 효과적으로 관리하는 것

고려되어야 할 비용요소

- 재고비용: 양
- 고정 투자비용
- 변동 운영비용: 물류거점 규모
- 운송비용: 거리

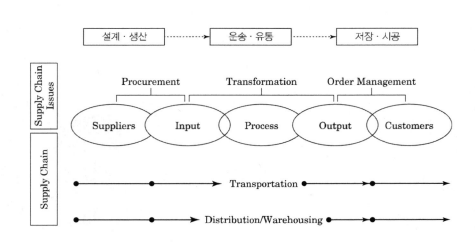

생산 · 조달

- 예측재고: 가격급등, 수요급등, 생산중단
- 안전재고: 수요량 불확실, 보유재고
- 순환재고: 비용절감을 위한 경제적 주문량, 필요량 초과 잔량
- 수송재고: 수송중 재고

린 원리

① 결함이 발생될 때는 즉시 작업을 중단한다.
② 끌어 당기기식 생산방식에 따라 자재를 주문한다.
③ 제작, 조달, 설치에 필요한 준비시간(lead time)을 줄여 변화에 대한 탄력성을 증진시킨다.
④ 철저한 작업계획을 세운다.
⑤ 생산시스템의 작업과정을 투명하게 하고, 작업 팀의 개별적 의사결정이 가능하게 한다.

칸반의 운영규칙

- 후속공정은 선행공정으로부터 필요한 시기에 필요한 양만큼을 인출해야 한다.
- 후속공정은 인출한 양만큼의 제품을 생산해야 한다.
- 불량품은 후속공정에 보내서는 아니 된다.
- 칸반의 수는 최소화 되어야 한다.
- 칸반은 수요의 작은 변동에 적용할 수 있도록 이용되어야 한다.

2-3. Lean construction

비가치창출 작업인 운반, 대기, 검사 과정을 최소화하고, 가치 창출작업인 처리과정을 극대화

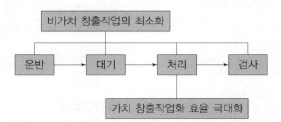

- 무결점(Zero Defect), 무재고(Zero Inventory), 무낭비(Zero Waste)

2-4. Just In Time

적시(right time), 적소(right place)에 적절한 부품(right part)을 공급함으로써 생산활동에서의 모든 낭비적 요소를 제거

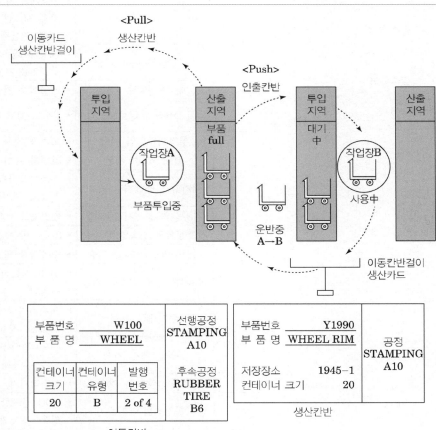

- 부품이 가득찬 채 A의 산출지역(Output area)에 위치, 1대의 컨테이너는 A에서의 부품으로 채워지고 있다. 1대의 컨테이너는 A에서 B로 이동중이며 2대의 컨테이너는 작업장 B의 투입지역(Input area)에서 대기중이다.

친환경 제도

③ 친환경·에너지

1. 친환경 에너지 제도

> 건설공사에 관한 기획 · 타당성조사 · 분석 · 설계 · 조달 · 계약 · 시공관리 · 감리 · 평가 · 사후관리 등에 관한 관리업무의 전부 또는 일부를 수행하는 것

친환경 · 에너지

Key Point

☑ **국가표준**
− 신에너지 및 재생에너지 개발 · 이용 · 보급촉진법
− 환경영향평가법 시행령
− 탄소포인트제 운영에 관한 규정
− 범죄예방 건축기준 고시
− 장수명 주택 건설 · 인증 기준

☑ **Lay Out**
− 친환경 에너지 제도
− 친환경 에너지 절약설계
− 친환경 에너지 절약기술

☑ **필수 기준**
− VE

☑ **필수용어**
− 친환경 건축인증
− 주택성능평가제도

1-1. 지속가능건설

대분류	중분류	소분류
부지/ 조경	침식 및 호우 대응기술	• 환경 친화적 부지계획 기술
	열섬방지 기술	• 식물을 이용하는 설계
	토지이용률 제고 기술	• 기존 지형 활용설계, 기존 생태계 유지설계
에너지	부하저감 기술	• 건축 계획기술, 외피단열 기술, 창호관련 기술, 지하공간 이용 기술
	고효율 설비	• 공조계획 기술, 고효율 HVAC기기, 고효율 열원기기, 축열 시스템, 반송동력 저감 기술, 유지관리 및 보수 기술, 자동제어 기술, 고효율 공조시스템 기술
	자연에너지이용 기술	• 태양열이용 기술, 태양광이용 기술, 지열이용 기술, 풍력이용 기술, 조력이용 기술, 바이오매스이용 기술
	배 · 폐열회수 기술	• 배열회수 기술, 폐열회수 기술, 소각열회수 기술
	실내쾌적성 확보 기술	• 온습도 제어 기술, 공기질 제어 기술, 조명 제어 기술
대기	청정외기도입 기술	• 도입 외기량 제어 기술, 도입 외기질 제어 기술
	실내공기질 개선	• 자연환기 기술, 오염원의 경감 및 제어 기술
	배기가스 공해저감 기술	• 공해저감처리 기술, 열원설비 효율향상, 자동차 배기가스 극소화
	시공중의 공해저감 기술	• 청정재료, 청정 현장관리 기술
소음	건축계획적 소음방지 기술	• 차음 · 방음재료, 기기장비의 차음 · 방음
	시공중의 소음저감 기술	• 소음저감 현장관리 기술, 차음 · 방음재료
	실내발생소음 최소화 기술	• 건축 계획적 기술, 차음 · 방음재료, 기기발생 소음차단
수질	수질개선 기술	• 처리기기장비, 청정공급 기술, 지표수의 油水 분리기술, 지표수의 침투성 재료개발
	수공급 저감 기술	• 수자원관리 시스템, 절수형 기기 · 장치, 우수활용 기술, 누수통제 기술, Xeriscaping(내건성 조경) 기술
	수자원 재활용 기술	• 재처리기기, 재활용 시스템
재료/ 자원 재활용/ 폐기물	환경친화적 재료	• VOC 불포함 재료, 저에너지원단위 재료, 차음 · 방음 · 단열재료
	자원재활용 기술	• 재활용 자재, 재활용 가능자재, 재사용가능 자재
	폐기물처리 기술	• 시공중의 폐기물 저감 기술, 폐기물 분리 · 처리 기술, 건설폐기물관리 기술

친환경 제도

1-2. ISO 14000

ISO: International Organization For Standardization에서 기업 활동의 전반에 걸친 환경경영체제를 평가하여 객관적인 인증을 부여하는 제도

1-3. 환경영향평가제도(Environmental Impact Assessment)

환경영향평가 대상사업의 사업계획을 수립하려고 할 때에 그 사업의 시행이 환경에 미치는 환경영향을 미리 조사·예측·평가하여 해로운 환경영향을 피하거나 줄일 수 있는 환경보전방안을 강구하는 것

1-4. 탄소중립 포인트 제도

가정, 상업 등의 전기, 상수도, 도시가스의 사용량 절감에 따른 온실가스 감축률에 따라 포인트를 부여하고 이에 상응하는 인센티브를 제공하는 전 국민 온실가스 감축 실천프로그램

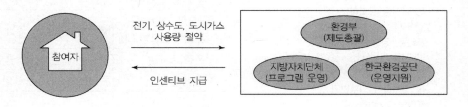

1-5. 환경관리비

① 건설공사로 인한 환경 훼손 및 오염의 방지 등 환경관리를 위해 공사비에 반영하는 비용을 말하며, '환경보전비'와 '폐기물 처리비'로 구분한다.
② "환경보전비"란 건설공사 작업 중에 건설현장 주변에 입히는 환경 피해를 방지할 목적으로 환경관련 법령에서 정한 기준을 준수하기 위해 환경오염 방지시설 설치 등에 소요되는 비용(해당시설 설치 및 운영에 직접 투입되는 작업비용 포함)을 말한다.
③ "폐기물 처리비"란 건설공사현장에서 발생하는 폐기물의 처리에 필요한 비용을 말한다.

환경보전비 비적용 대상

- 환경보전비 비적용 대상
  - 청소도구 구입(빗자루, 쓰레받이, 삽 등)
  - 집게, 쓰레기 봉투, 마대
  - 단순청소용 진공청소기 구입비, 마스크 및 장갑
  - EGI펜스, 부직포(일반 작업용)
  - 현장 및 가설사무실 청소 인건비
  - ※ 환경보전비와 폐기물 처리비는 엄격히 구분

- 자연적 감시
  - 도로 등 공공 공간에 대하여 시각적인 접근과 노출이 최대화되도록 건축물의 배치, 조경, 조명 등을 통하여 감시를 강화하는 것
- 접근통제
  - 출입문, 담장, 울타리, 조경, 안내판, 방범시설 등(이하 "접근통제시설"이라 한다)을 설치하여 외부인의 진·출입을 통제하는 것
- 영역성 확보
  - 공간배치와 시설물 설치를 통해 공적공간과 사적공간의 소유권 및 관리와 책임 범위를 명확히 하는 것
- 활동의 활성화
  - 일정한 지역에 대한 자연적 감시를 강화하기 위하여 대상 공간 이용을 활성화 시킬 수 있는 시설물 및 공간 계획을 하는 것

1-6. 장애물 없는 생활환경인증(Barrier Free)

장애인, 노인, 임산부, 어린이 등 사회적 약자 뿐만 아니라 모든 사람들이 개별시설물이나 지역을 접근·이용·이동함에 있어 불편을 느끼지 않도록 계획·설계·시공·관리 등을 공신력 있는 기관에서 평가하여 인증하는 제도

1-7. 범죄예방 건축기준

범죄를 예방하고 안전한 생활환경을 조성하기 위하여 건축물, 건축설비 및 대지에 대한 범죄예방 기준

영역	소분류	평가항목(개수)
공통기준	접근통제, 영역성 확보, 활동의 활성화, 조경, 조명, 폐쇄회로 텔레비전 안내판	14가지 항목
아파트	단지 출입구, 담장, 부대시설, 경비실, 주차장, 조경, 주동 출입구, 세대 현관문·창문, 승강기·복도·계단, 수직배관 설비	27가지 항목
단독, 다세대, 연립주택	창호재, 출입문, 주출입구, 수직배관, 조명	10가지 항목
문화 및 집회, 교육연구, 노유자, 수련, 오피스텔	출입구, 주차장, 조명	8가지 항목
일용품 소매점	출입구 또는 창문, 출입구, 카운터배치	5가지 항목
다중생활시설	출입구	3가지 항목

2. 친환경 에너지 절약설계

2-1. (EPI)에너지 성능지표, 에너지 절약계획서

건축물의 효율적인 에너지 관리를 위하여 열손실 방지 등 에너지절약 설계에 관한 기준, 에너지절약계획서 및 설계 검토서 작성기준, 녹색건축물의 건축을 활성화하기 위한 건축기준 완화에 관한 사항 등을 정함을 목적으로 한다.

2-1-1. 에너지성능지표의 판정

- 에너지성능지표는 평점합계가 65점 이상일 경우 적합
- 공공기관이 신축하는 건축물(별동으로 증축하는 건축물을 포함한다)은 74점 이상일 경우 적합

2-1-2. 에너지절약형 친환경주택의 건설기준

1) 저에너지 건물 조성기술
- 고단열·고기능 외피구조, 기밀설계, 일조확보, 친환경자재 사용 등을 통해 건물의 에너지 및 환경부하를 절감하는 기술

2) 고효율 설비기술
- 고효율열원설비, 최적 제어설비, 고효율환기설비 등을 이용하여 건물에서 사용하는 에너지량을 절감하는 기술

3) 신·재생에너지 이용기술
- 태양열, 태양광, 지열, 풍력, 바이오매스 등의 신·재생에너지를 이용하여 건물에서 필요한 에너지를 생산·이용하는 기술

4) 외부환경 조성기술
- 자연지반의 보존, 생태면적율의 확보, 미기후의 활용, 빗물의 순환 등 건물외부의 생태적 순환기능의 확보를 통해 건물의 에너지부하를 절감하는 기술

5) 에너지절감 정보기술
- 건물에너지 정보화 기술, LED 조명, 자동제어장치 및 지능형전력망 연계기술 등을 이용하여 건물의 에너지를 절감하는 기술

2-2. 녹색건축 인증제(친환경건축물) Green Building

① 녹색건축인증: 지속가능한 개발의 실현을 목표로 인간과 자연이 공생할 수 있도록 건축물의 입지, 자재선정, 시공, 유지관리, 폐기 등 LCC를 대상으로 환경에 영향을 미치는 요소를 평가, 건축물의 환경 성능을 인증하는 제도
② 친환경건축물: 지속가능한 개발의 실현을 목표로 인간과 자연이 서로 친화하며 공생할 수 있도록 계획·설계되고 에너지와 자원 절약 등을 통하여 환경오염부하를 최소화함으로써 쾌적하고 건강한 거주환경을 실현한 건축물

2-3. Zero Energy Building

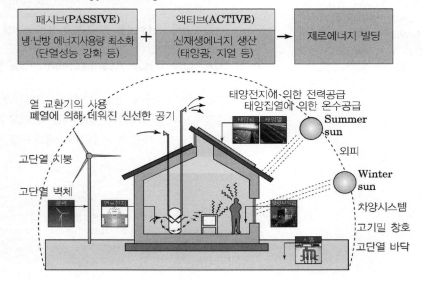

절약설계

녹색건축물

- 「기후위기 대응을 위한 탄소중립·녹색성장 기본법」 제31조에 따른 건축물과 환경에 미치는 영향을 최소화하고 동시에 쾌적하고 건강한 거주환경을 제공하는 건축물

제로 에너지빌딩 조건

- 고효율 저에너지 소비의 실현이다. 단열, 자연채광, 바닥난방, 고효율 전자기기 사용 등을 통해 일상생활에 필요한 난방, 조명 등의 에너지 소비를 최소화하는 것이 가장 기본적인 조건이다. 건물에 자체적인 에너지 생산 설비를 갖추어야 한다.
- 태양광, 풍력 등 자체적인 신재생에너지 생산 설비를 갖추고 생활에 필요한 에너지를 자체적으로 생산하는 것이 필요하다.
- 태양광, 풍력 등 신재생에너지는 계절이나 시간, 바람 등 외부 환경에 의해 에너지를 생산할 수 있는 양에 큰 편차가 존재한다. 바람이 잘 불거나 햇빛이 강할 때는 필요 이상의 에너지를 제공하다가 막상 바람이 멈추거나 밤이 되면 에너지를 생산할 수 없게 되므로 기존 전력망과의 연계를 통해 에너지를 주고받는 과정이 필요하다.

절약설계

2-4. 에너지 효율 등급 인증제도

에너지 성능이 높은 건축물의 건축을 확대하고, 건축물 에너지관리를 효율화하고 합리적인 절약을 위해 건물에서 사용되는 에너지에 대한 정보를 제공하여 에너지 절약기술에 대한 투자를 유도하고 가시화 하여 에너지 절약에 인식을 재고함과 동시에 편안하고 쾌적한 실내환경을 제공하기 위한 제도

2-5. 공동주택성능등급의 표시

건설 주택의 품질을 향상하고 소비자에게 정확한 정보를 제공하기 위하여, 건설사가 입주자 모집 공고를 낼 때 인증기관에서 주택의 성능을 평가받아 등급을 표시하도록 의무화한 제도

2-6. 장수명 공동주택 인증제도

건설 주택의 품질을 향상하고 소비자에게 정확한 정보를 제공하기 위하여, 건설사가 입주자 모집 공고를 낼 때 인증기관에서 주택의 성능을 평가받아 등급을 표시하도록 의무화한 제도

2-7. Zero Emission

Zero Emission

• 폐기물, 방출물을 뜻하는 'Emission'에서 유래한 것으로 폐기물 배출을 최소화하고 궁극적으로 폐기물을 '0(zero)'로 만드는 프로세스를 의미한다.
• 건축에서의 'Zero Emission'이란 폐기물 및 CO_2 배출 '0(zero)'를 지향하는 새로운 개념의 건축이다. 궁극적으로 'Carbon Zero', 'Carbon Neutral'을 이루며 실질적인 온실가스의 배출량을 '0'으로 만드는 것을 목표로 한다.

건설산업 활동에 있어서 건설폐기물 발생을 최소화하고, 궁극적으로는 폐기물이 발행하지 않도록 하는 순환형 산업 System

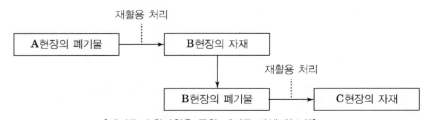

[폐기물 순환자원을 통한 폐기물 발생 최소화]

2-8. LCA: Life Cycle Assessement, CO_2 발생량 분석기법

건설공사 시 자재 생산단계에서 건설단계, 유지관리단계, 해체, 폐기단계까지의 모든 단계에서 발생하는 환경오염물질(대기오염, 수질오염, 고형폐기물 등)의 배출과 사용되는 에너지를 정량화하고 환경영향을 규명

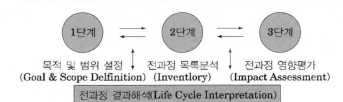

3. 친환경 에너지 절약기술

3-1. BIPV 시스템(Building Integrated Photovoltaic System)

태양광 에너지로 전기를 생산하여 소비자에게 공급하는 것 외에 건물 일체형 태양광 모듈을 건축물 외장재로 사용하는 태양광 발전 시스템

3-2. 이중외피(Double Skin)

기존의 외피에 하나의 외피를 추가한 Multi-Layer의 개념을 이용한 시스템

- 외피
  - 외부 기상영향에서 내부보호 및 외부발생소음 일차적 차단기능
  - 환기를 위한 개구부를 통한 연돌효과
  - 개구부를 통한 자연환기
- 내피
  - 단열성이 높은 복층유리 사용
  - 개폐가 가능한 구조로 냉.난방 부하 절감
- 중공층
  - 외기로 부터 Blind 기능
  - 차양장치로 외기의 바람과 태양일사로 인한 내부유입 방지
  - 내외부 완충공간으로 열손실 방지

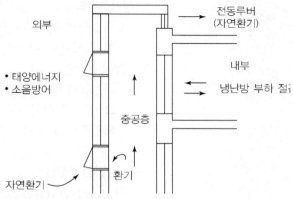

3-3. 지능형건축물(IB, Intelligent Building)

건설공사 시 자재 생산단계에서 건설단계, 유지관리단계, 해체, 폐기단계까지의 모든 단계에서 발생하는 환경오염물질(대기오염, 수질오염, 고형폐기물 등)의 배출과 사용되는 자원 및 에너지를 정량화하고 이들의 환경영향을 규명하는 기법

- 거주공간 단위에 접목된 것을 Smart Home, 주거 및 비주거시설을 건축물 단위로 접목된 것을 지능형건축물(IB), 도시의 기반시설 중 특히 전력공급과 연계된 것을 Smart Grid라고 부르며, 도시 단위에 접목된 것을 U(Ubiquitous)–City라고 할 수 있다.

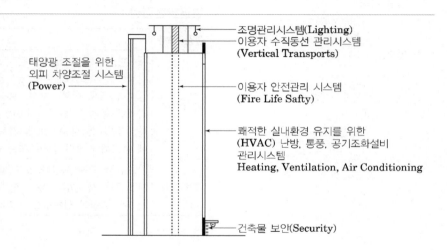

4 유지관리

1. 일반사항

1-1. 유지관리 계획 및 업무/시설물 안전점검

> 완공된 시설물의 기능을 보전하고 시설물이용자의 편의와 안전을 높이기 위하여 시설물을 일상적으로 점검·정비하고 손상된 부분을 원상복구하며 경과시간에 따라 요구되는 시설물의 개량·보수·보강에 필요한 활동을 하는 것

1-1-1. 안전점검

1) 정기안전점검
- 시설물의 상태를 판단하고 시설물이 점검 당시의 사용요건을 만족시키고 있는지 확인할 수 있는 수준의 외관조사를 실시하는 안전점검

2) 정밀안전점검
- 시설물의 상태를 판단하고 시설물이 점검 당시의 사용요건을 만족시키고 있는지 확인하며 시설물 주요부재의 상태를 확인할 수 있는 수준의 외관조사 및 측정·시험 장비를 이용한 조사를 실시하는 안전점검

1-1-2. 정밀안전진단

① 긴급안전점검을 실시한 결과 재해 및 재난을 예방하기 위하여 필요하다고 인정되는 경우에는 정밀안전진단을 실시해야 한다.

② 결과보고서 제출일 부터 1년 이내에 정밀안전진단을 착수해야 한다.

③ 내진설계 대상 시설물 중 내진성능평가를 받지 않은 시설물에 대하여 정밀안전진단을 실시하는 경우에는 해당 시설물에 대한 내진성능평가를 포함하여 실시해야 한다.

1-1-3. 긴급안전점검

점검 구분	내용
손상점검	재해나 사고에 의해 비롯된 구조적 손상 등에 대하여 긴급히 시행하는 점검으로 시설물의 손상 정도를 파악하여 긴급한 사용제한 또는 사용금지의 필요 여부, 보수·보강의 긴급성, 보수·보강작업의 규모 및 작업량 등을 결정하는 것이며 필요한 경우 안전성평가를 실시해야 한다. 점검자는 사용제한 및 사용금지가 필요할 경우에는 즉시 관리주체에 보고해야 하며 관리주체는 필요한 조치를 취해야 한다.
특별점검	기초침하 또는 세굴과 같은 결함이 의심되는 경우나, 사용제한 중인 시설물의 사용여부 등을 판단하기 위해 실시하는 점검으로서 점검시기는 결함의 심각성을 고려하여 결정한다.

1-2. BEMS(Building Energy Management System)

> 컴퓨터를 사용하여 건물 관리자가 합리적인 에너지 이용이 가능하게
> 하고 쾌적하고 기능적인 업무 환경을 효율적으로 유지 · 보전하기 위
> 한 제어 · 관리 · 경영 시스템

유지관리

안전성 평가를 위한 시험

1. 비파괴재하시험 : 정적 또는 동
   적 재하시험
2. 지반조사 및 탐사 : 지표지질조사,
   페이스맵핑, 시추 또는 오거보
   링, 시험굴, 공내시험, 시료채취,
   토질 및 암반시험, G.P.R 탐사,
   지하공동, 지층분석, 탄성파탐
   사, 전기탐사, 전자탐사, 시추공
   토모그라피탐사, 물리검층 등
3. 지형, 지질조사 및 토질시험
4. 수리 · 수충격 · 수문 조사
5. 계측 및 분석 : 시설물 및 시설
   물 주변의 지반에 대한 침하,
   변위, 거동 등의 계측(경사계,
   로드셀, 지하수위계, 소음 및 진
   동 등) 및 계측 데이터 분석
6. 수중조사 : 조사선, 잠수부 등에
   의한 교대 · 교각기초, 댐, 항만,
   해저송유관 등의 수중조사
7. 누수탐사
8. 콘크리트 제체 시추조사 : 시추,
   공내시험, 시편채취, 강도시험,
   물성시험 등
9. 콘크리트 재료시험 : 코아 채취,
   강도시험, 성분분석, 공기량시험,
   염화물함유량시험 등
10. 기계 · 전기설비 및 계측시설의 성능
    검사 또는 시험계측(건축물 제외)
11. 기본과업 범위를 초과하는 강재
    비파괴시험

화재 시 피해조사 방법

• 시설물 현황조사
 1) 설계도서
 2) 시방서
 3) 기타
• 시설물 현황조사
 1) 구조물의 외관조사
 2) 구조물의 변위상태 조사
 3) 구조물의 강도조사
 4) 철근 배근상태
 5) 중성화 상태
 6) 물성상태조사
 7) 안전성 및 사용성 평가

복구방법

• 종합평가
• 보수보강(균열보수방안, 단면
 결손부위 보수방안)
 철거 후 재시공 부위(손상부
 위제거) → 청소 → 철근 방
 청처리→ 콘크리트 보수보강

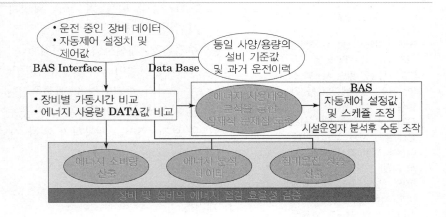

1-3. FMS(Facility Management System)시설물 통합관리시스템

> ① 시설물이 설치된 환경이나 주변 공간, 설치장비나 설비, 그리고 이
>   를 운영하거나 유지보수하기 위한 인력이 기본적으로 상호 유기적
>   인 조화를 이룰 수 있도록 지원하는 System
> ② 시설물의 안전과 유지관리에 관련된 정보체계를 구축하기 위하여
>   안전진단전문기관, 한국시설안전공단과 유지관리업자에 관한 정보
>   를 종합관리 하는 System

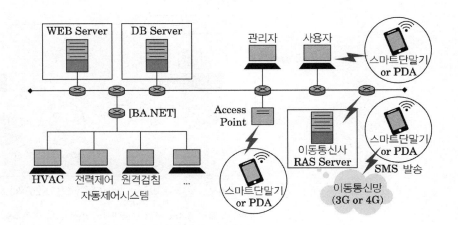

유지관리

1-4. 재건축과 재개발

① 재건축 사업: 정비기반시설은 양호하나 노후·불량건축물에 해당하는 공동주택이 밀집한 지역에서 주거환경을 개선하기 위한 사업
② 재개발 사업: 정비기반시설이 열악하고 노후·불량건축물이 밀집한 지역에서 주거환경을 개선하거나 상업지역·공업지역 등에서 도시기능의 회복 및 상권 활성화 등을 위하여 도시환경을 개선하기 위한 사업
③ 주거환경 개선사업: 도시저소득 주민이 집단거주하는 지역으로서 정비기반시설이 극히 열악하고 노후·불량건축물이 과도하게 밀집한 지역의 주거환경을 개선하거나 단독주택 및 다세대주택이 밀집한 지역에서 정비기반시설과 공동이용시설 확충을 통하여 주거환경을 보전·정비·개량하기 위한 사업

주요기술

- BAS : 빌딩자동화 시스템(에너지 감시 및 자동조작)
- IBS : 지능형 빌딩 시스템(조명, 공조, 엘리베이터 등 건물설비를 통합 관리)
- FMS : 시설 운용 지원 시스템(건물의 자원, 정보, 인력, 예산에 대한 작성, 평가, 분석 지원)
- BMS : 빌딩 관리 시스템(에너지 사용관리를 포함 각종 상태감시 및 제어로 효율적인 운용 지원)
- EMS : 에너지 관리 시스템(건물 에너지 사용량을 관리)

1) 재건축

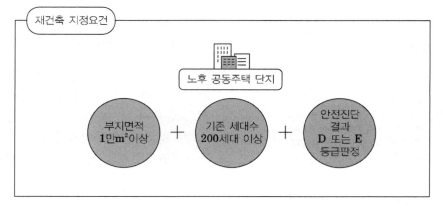

2) 재개발

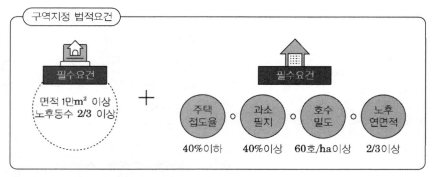

노후건축물 : 철근콘크리트인 건축물은 건축된지 20~30년 이상, 그 외 건축물은 건축된지 20년 이상 경과 건축물
주택접도율 : 폭 4m 이상 도로에 4m 이상 접한 건축물의 비율
과소필지 : 토지면적이 90m² 미만인 토지
호수밀도 : 1만m² (100m×100m)안에 건축되어있는 건축물 동수
　　　　　(공동주택 및 다가구주택은 세대수가 가장 많은 층의 세대수를 동수로 산정)

1-5. 안전진단

유지관리

① 구조안전성 평가 안전진단: 재건축연한 도래와 관계없이 내진성능이 확보되지 않은 구조적 결함 또는 기능적 결함이 있는 노후·불량건축물을 대상으로 구조안전성을 평가하여 재건축여부를 판정하는 안전진단

② 주거환경 중심 평가 안전진단: 노후·불량건축물을 대상으로 주거생활의 편리성과 거주의 쾌적성 등의 주거환경을 중심으로 평가하여 재건축여부를 판정하는 안전진단을 말한다.

1) 조사항목

평가분야	평가항목	중 점 평 가 사 항
구조 안정성	지반상태	지반침하상태 및 유형
	변형상태	건물 기울기 바닥판 변형(경사변형, 횡변형)
	균열상태	균열유형(구조균열, 비구조균열, 지반침하로 인한 균열) 균열상태(형상, 폭, 진행성, 누수)
	하중상태	하중상태(고정하중, 활하중, 과하중 여부)
	구조체 노후화상태	철근노출 및 부식상태 박리/박락상태, 백화, 누수
	구조부재의 변경상태	구조부재의 철거, 변경 및 신설
	접합부 상태[1]	접합부 긴결철물 부식 상태, 사춤상태
	부착 모르타르상태[2]	부착 모르타르 탈락 및 사춤상태
건축마감 및 설비 노후도	지붕 마감상태	옥상 마감 및 방수상태/보수의 용이성
	외벽 마감상태	외벽 마감 및 방수상태/보수의 용이성
	계단실 마감상태	계단실 마감상태/보수의 용이성
	공용창호 상태	공용창호 상태/보수의 용이성
	기계설비 시스템의 적정성	난방 방식의 적정성 급수·급탕 방식의 적정성 및 오염방지 성능 기타 오·배수, 도시가스, 환기설비의 적정성 기계 소방설비의 적정성
	기계설비 장비 및 배관의 노후도	장비 및 배관의 노후도 및 교체의 용이성
	전기·통신설비 시스템의 적정성	수변전 방식 및 용량의 적정성 등 전기·통신 시스템의 효율성과 안전성 전기 소방 설비의 적정성
	전기설비 장비 및 배선의 노후도	장비 및 배선의 노후도 및 교체의 용이성
주거환경	주거환경	주변토지의 이용상황 등에 비교한 주거환경, 주차환경, 일조·소음 등의 주거환경
	재난대비	화재시 피해 및 소화용이성(소방차 접근 등) 홍수대비·침수피해 가능성 등 재난환경
	도시미관	도시미관 저해정도

2) 현지조사 표본의 선정

• 현지조사의 표본은 단지배치, 동별 준공일자·규모·형태 및 세대유형 등을 고려하여 골고루 분포되게 선정

2. 유지관리기술

2-1. 리모델링

> 유지관리의 연장선상에서 이루어지는 행위로서 건축물 또는 외부공간의 성능 및 기능의 노화나 진부화에 대응하여 보수, 수선, 개수, 부분증축 및 개축, 제거, 새로운 기능추가 및 용도변경 등을 하는 건축활동

유지관리

수직증측 리모델링

- 기존 아파트 꼭대기 층 위로 최대 3개층을 더 올려 기존 가구 수의 15%까지 새집을 더 짓는 것을 말한다. 새로 늘어난 집을 팔아 얻은 수익으로 리모델링 공사비를 줄일 수 있으며, 지은 지 15년이 지난 아파트가 추진 대상이다.
- 15층 이상 3개층, 14층 이하 2개층

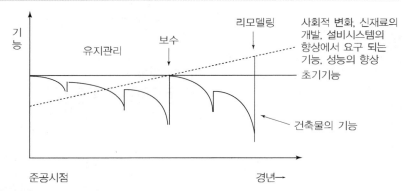

2-2. 보수보강

2-2-1. 보수 공법

1) 표면처리법

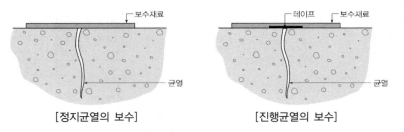

[정지균열의 보수]　　　　[진행균열의 보수]

- 폭 0.2mm 이하의 미세한 균열에 적용
- 정지균열: 균열선을 따라 폭 50~60mm 정도를 와이어 브러쉬로 청소한 후 폴리머 시멘트 페이스트나 모르타르를 약 2mm 두께로 균일하게 도포
- 진행균열: 균열선을 따라 폭 10~15mm에 테이프를 부착하고, 폭 30~50mm, 두께 2~4mm로 실링재를 도포

2) 충전공법

(U 형)　　　　(V 형)

- 적용: 폭 0.5mm 이상의 큰 폭의 균열에 적용
- 보수방법: 보수재료를 사용하여 물리적으로 부식을 방지하거나, 콘크리트에 알칼리성을 갖게 하여 화학적으로 부식을 억제하는 방법

유지관리

3) 주입공법

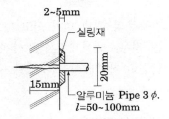

- 폭 0.2mm 이상의 균열보수에 적용

2-2-2. 보강공법

1) 강재 보강공법(강판압착, 강판접착)

① 보강보 설치

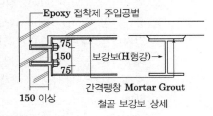

철골 보강보 상세

- 인장 측 외면에 강판을 접착시켜 콘크리트와 강판을 일체화
- 강재보를 미리 고정한 앵커볼트와 에폭시 수지를 이용하여 접착

② 강판접착

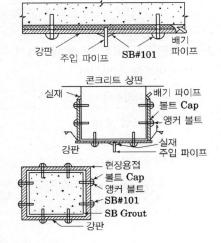

- 압착부착: 콘크리트면 및 강판접착면에 에폭시 수지를 1~2mm 정도 균일하게 도포하고, 미리 콘크리트면에 고정시킨 앵커볼트에 의해 압착
- 주입부착: 콘크리트와 강판면 사이에 스페이서 등으로 2~6mm 정도 간격을 유지하고, 주변을 실링한 다음 점도가 낮은 에폭시 수지를 주입하여 접착

2) 단면 증대공법

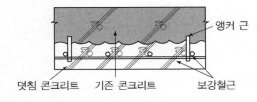

덧침 콘크리트   기존 콘크리트   보강철근

- 기존 구조물에 철근 콘크리트를 타설하여 단면 증대
- 보강철근 Anchor처리 필수

3) 탄소섬유시트 보강공법

- 재료의 비중은 강재의 1/4~1/5 정도로 경량
- 인장강도는 강재의 10배 정도

4) 복합재료 보강공법

- 보강재(탄소섬유)+결합재(에폭시)

유지관리

2-3. 건축물관리법상 해체계획서

> 건축물의 해체 허가(신고)제도는 건축물을 해체 또는 멸실시키고자 하는 경우, 해체계획서를 사전에 제출하도록 하여 해체계획서를 토대로 안전한 해체공사를 수행할 수 있도록 도입된 제도

1) 해체 시 고려사항

> 1. 압쇄기: 분진이 발생하므로 다량의 물이 필요
> 2. 브레이커: 소음 및 분진이 많아 방음 방진이 필요
> 3. 절단공법: 절단 완료 시 해체된 구조물의 낙하방지 필요
> 4. 와이어 쏘 (Wire Saw): 절단 완료시 해체된 구조물의 낙하방지 필요
> 5. 롱 붐 암 (Long Boom Arm): 위에서 떨어지는 잔해를 고려하여 안전지대를 확보할 필요가 있기 때문에, 건축물 높이의 최소 1/2배에 해당하는 공터가 필요, 건축물의 안정성을 유지하기 위하여 각 부재를 탑다운 방식으로 해체해야 함
> 6. 발파
>   - 출입금지구역(대피구역) 반경은 건물높이의 2.5배 이상 유지
>   - 조기 발파, 불발, 천둥에 의한 발파 중단 등 다양한 응급상황에 대한 대처방안 확보
>   - 발파 이후 불발의 존재 확인 작업

해체공법 선정 시 고려사항

- 해체대상 건축물의 높이 및 층고
- 해체대상 건축물과 보호대상 인접건축물과의 거리 및 입지여건
- 해체대상 건축물의 평면형상 및 구조형식
- 해체공법 특성에 따른 비산 각도 및 낙하반경의 현장 적용성 확인

2-4. 석면조사 대상 및 해체·제거 작업 시 준수사항

1) 석면해체 작업절차

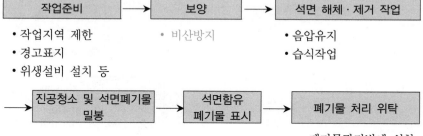

작업준비	→	보양	→	석면 해체·제거 작업
• 작업지역 제한 • 경고표지 • 위생설비 설치 등		• 비산방지		• 음압유지 • 습식작업

진공청소 및 석면폐기물 밀봉	→	석면함유 폐기물 표시	→	폐기물 처리 위탁
				• 폐기물관리법에 의함

10-3장

건설
공사계약-Who

마법지

건설공사계약-Who

1. 계약일반

- 계약방식
- 계약변경

2. 입찰 낙찰

- 입찰
- 낙찰

3. 관련제도

- 하도급관련
- 기술관련
- 기타

4. 건설Claim

- 건설 Claim

계약서류

계약
Key Point

☑ **국가표준**
- 국가계약법 시행령
- 건설산업기본법 시행령
- (계약예규)정부 입찰·계약 집행기준

☑ **Lay Out**
- 계약서류
- 계약방식
- 계약사항 변경

☑ **필수 기준**
- IPD

☑ **필수용어**
- 물가변동
- IPD

용어정리

• 추정가격
- 예정 가격에서 부가 가치세를 제외한 금액부가세와 관급자재부분 등이 포함되지 않은 금액을 말하며 공사의 대략적인 규모를 산정하는 데 사용

• 추정금액
- 공사에서 사용되는 개념으로 추정가격에 부가가치세와 관급자재비를 합한 금액으로 시공능력평가액의 초과 여부와 시공비율 산정의 기준금액, 지방계약에서는 원가심사 대상 사업기준, 수의계약 대상공사 평가기준으로 사용

① 계약일반

1. 계약서류

1-1. 계약서류의 구성

1) 국내 회계예규 규정의 계약문서의 범위
- 계약서, 설계서(설계도면, 시방서, 현장설명서 등), 공사입찰유의서
- 공사계약일반조건, 공사계약특수조건, 산출내역서
- 계약당사자간에 행한 통지문서

2) 국내도급계약서의 기재 내용(건설산업기본법 시행령)
- 공사내용(규모, 도급금액), 공사착수시기, 공사완성의 시기
- 도급금액 지급방법 및 지급시기
- 설계변경·물가변동에 따른 도급금액 또는 공사금액의 변경사항
- 하도급대금 지급보증서의 교부에 관한 사항
- 표준안전관리비의 지급에 관한 사항, 인도를 위한 검사 및 그 시기
- 계약이행지체의 경우 위약금, 지연이자 지급 등 손해배상에 관한 사항
- 분쟁 발생 시 분쟁의 해결방법에 관한 사항

1-2. 추정가격과 예정가격

① 추정가격: 물품·공사·용역 따위의 조달 계약을 체결할 때 국제입찰 대상 여부를 판단하는 기준으로 삼기 위하여 예정 가격이 결정되기 전에 산정된 가격(부가가치세 미포함)
② 예정가격: 입찰 또는 계약체결 전에 시공에 필요한 노무와 자재, 기계 등의 소요량을 산출하여 계약금액의 결정기준으로 삼기 위하여 산정된 가격(부가가치세 포함)

1-3. 건설보증제도 및 건설계약제도상의 보증금

입찰 보증금 Bid Bond	• 계약체결을 담보하기 위한 보증금 제도로 낙찰이 되었으나 계약을 포기할 것에 대비해 입찰예정금액의 5% 이상을 입찰직전에 납부하는 금액
계약이행 보증금 Performance Bond	• 계약이행을 보증하기 위한 보증금 및 연대보증인 제도 • 계약을 이행하지 않을 경우 계약금액의 10% 이상을 납부하고 연대보증인 1인 이상을 세워야 한다.
선급지급 보증금 Payment Bond	• 현장에 투입될 자재 또는 인력의 수급을 원활히 할 목적으로 지급하는 금액으로 공사 중 사고로 인한 손해를 보증하기 위한 보증금
하자보수 보증금 Guarantee aginst defaults	• 계약이행 완료 후 하자발생 시 하자보수를 담보하기 위한 보증금 제도. 공종에 따라 1년 이상 10년 이하, 하자보수 보증기한은 계약금액의 2~10%를 예치

계약방식

2. 계약방식

2-1. 계약방식의 유형분류

실시방식
1. 직영방식(Direct Management Works)
2. 도급방식(Contract System)
   - 일식도급(General Contract)
   - 분할도급(Partial Contract)
   - 공동도급(Joint Venture Contract)

지급방식
- 단가계약(Unit Price Contract)
- 정액계약(Lump Sum Contract)
- 실비정산 보수가산 계약(Cost Plus Contract)
  - 실비 한정비율보수가산식 계약
  - 실비 정액보수가산식 계약
  - 실비 준동률 보수가산식 계약
  - 실비 비율보수가산식 계약

업무범위
- Construction Management Contract
- Project Management Contract
- 설계 · 시공일괄계약(Design−Build Contract)
- SOC(Social Overhead Capital)사업방식
- 성능발주방식(Performance Appointed Order)
- Partnering방식(IPD통합발주)
- 직할시공제

계약기간 · 예산
- 단년도 계약(One−Year Contract)
- 장기계속계약(Long−Term Continuing Contract)
- 계속비 계약(Continuing Expenditure Contract)
- 총사업비관리(Total Project Cost Contract)

대가보상
- Cost Plus Time 계약(A+B plus I/D 계약)
- Lane Rental, Incentive

2-2. 주요 계약방식

2-2-1. 공동도급(Joint Venture Contract)

1) 계약이행의 책임

공동이행 방식
- 건설공사 계약이행에 필요한 자금과 인력 등을 공동수급체 구성원이 공동으로 출자하거나 파견하여 건설공사를 수행, 각 구성원의 출자비율에 따라 배당하거나 분담

분담이행 방식
- 건설공사를 공동수급체 구성원별로 분담하여 수행하는 공동도급계약

주계약자형 관리방식
- 공동수급체 구성원 중 주계약자를 선정하고 주계약자가 전체건설공사의 수행에 관하여 종합적인 계획 · 관리 및 조정을 하는 공동도급계약

공동수급체

- 건설공사를 공동으로 이행하기 위하여 2인이상의 수급인(업종을 불문한다)이 공동수급협정서를 작성하여 결성한 조직

공동도급의 장점

- 경험의 축적
- 기술력 확충
- 시공의 확실성 보장
- 신용도 증대
- 위험분산−2개이상의 회사

공동수급협정서

- 공동도급계약에 있어서 공동수급체구성원 상호간의 권리 · 의무등 공동도급계약의 이행에 관한 사항을 정한 계약서

계약방식

공동도급의 특징

① 공동 목적성
공동 수급체의 구성원은 이윤의 극대화라는 공동의 목적을 가진다.

② 단일 목적성
특정공사의 수주 및 시공을 대상으로 하여 어떤 경우라도 당해 협정에서 정한 것 이외의 공사에까지 그 효력이 미치는 일은 없다.

③ 일시성
특정한 공사를 완성하는 데는 한정된 목적이 있으므로 공사 준공과 동시에 해산

④ 임의성
공동도급에의 참여는 완전한 자유의사에 따라 이루어지며 강제성은 없다.

Paper Joint

[110회 3교시 2번]
• 서류상으로는 공동도급의 형태를 취하지만 실질적으로는 한 회사가 공사전체를 진행하는 방식
• 나머지 회사는 이익배당으로 참여하는 서류상 공동도급

공동이행방식	분담이행방식
• 융자력 증대	• 기술의 확충
• 위험의 분산	• 선의의 경재유도
• 업무혼란	• 업무의 일체화
• 조직 상호간의 불일치	• 조직력의 낭비 없음
• 하자 책임한계 불분명	• 하자책임 명확

2) 주계약자형 공동도급

ex) 총 공사금액 200억일 때, A100억+(B50억+C50억)/2=150억 실적 인정

① 공사금액이 가장 큰 A업체가 주계약자
② A업체는 B, C업체까지 연대책임진다.
③ A업체는 B, C업체의 공사금액의 1/2을 실적으로 인정받는다.

3) 공동도급의 현실태
• 지역 업체와의 공동도급 의무화
• 도급 한도액 실적 적용(도급 한도액 및 실적이 부족한 업체와 공동도급 시 합산하여 적용)
• 공동체 운영(서로 다른 조직원 편성에서 오는 이해 충돌)
• 발주상 문제(Joint venture 대상 및 자격범위 불명확)
• 기술 격차 및 대우(시공관리능력 차이에 따른 효율적 공사관리 미흡)

2-2-2. Fast Track Method

발주자는 먼저 설계자와 계약하고 설계자가 설계를 완성하는 공종에 따라 도급자와 차례대로 계약을 체결하는 계약

2-2-3. Social Overhead Capital

통적으로 정부예산으로 건설 · 운영하여 온 도로, 항만, 철도, 학교, 환경 등의 사회기반시설들을 민간의 재원으로 건설하고 민간이 운영함으로써 민간의 창의와 효율을 도모하고자 하는 사업

계약방식

- 민간이 투자비, 운영수입, 재원조달비용 등을 감안한 기대수익률에 근거하여 자율적으로 제시
- 경쟁 등을 거친 후 협상에서 평균적인 대출금리수준, 위험보상률, 국내외 유사 민간투자사업의 수익률 수준 등을 고려하여 최종 결정
- 실시협약에서 정한 사업수익률은 사업시행기간 중 원칙적으로 조정 불허
- 예외적으로 재정지원 규모 축소 또는 사용료 인하가 전제되는 경우에는 협약 당사자간의 합의를 통해 사업수익률 조정 가능

사용료 산정

- 비용 산정 시 결정된 기준사용료에 건설기간 및 운영기간 중의 물가변동분을 반영한 조정 사용료로 투자비 회수

수요량

- 수요량 추정의 객관성 제고를 위해 수요추정 전문기관의 검증을 거쳐 요금에 따른 적정 수요량 반영 등의 비용을 산한 금액

1) BOO(Build-Own-Operate)

① 사회기반시설을 민간사업자가 주도하여 설계 · 자금조달 · 시공(Build) · 완성 후 사업시행자가 그 시설의 소유권(Own)과 함께 운영권(Operate)을 가지는 방식

② 설계 · 시공(Build) → 소유권 획득(Own) → 운영(Operate)

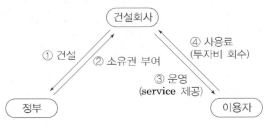

2) BOT(Build-Operate-Transfer)

① 사회기반시설을 민간사업자가 주도하여 설계 · 자금조달 · 시공(Build) · 완성 후 사업시행자가 일정기간 동안 그 시설을 운영(Operate)하고 그 기간 만료 시 소유권(Own)을 정부기관에 이전(Transfer)하는 방식

② 설계 · 시공(Build) → 운영(Operate) → 소유권 이전(Transfer)

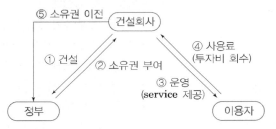

3) BTO(Build-Transfer-Operate)

① 사회기반시설을 민간사업자가 주도하여 설계 · 자금조달 · 시공(Build) · 완성과 동시에 그 시설의 운영권을 정부기관에 이전(Transfer)하고, 사업시행자가 일정기간 동안 그 시설의 시설관리운영권(Operate)을 가지는 방식

② 설계 · 시공(Build) → 소유권 이전(Transfer) → 운영(Operate)

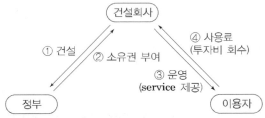

4) BTL(Build-Transfer-Lease)

① BTL은 사회기반시설을 민간 사업자(사업시행자)가 주도하여 설계 · 시공(Build) · 완성 후 그 시설의 소유권을 정부 혹은 지방자치단체(주무관청)에 이전(Transfer)하고, 사업시행자는 정부 혹은 지방자치단체(주무관청)에 시설을 임대(Lease)하는 방식

계약방식

② 설계·시공(Build) → 소유권 이전(Transfer) → 임대(Lease)

5) BTO방식과 BTL방식의 비교

추진 방식	BTO	BTL
대상 시설의 성격	• 최종 수요자에게 사용료 부과로 투자비 회수가 가능한 시설 • 고속도로, 항만, 지하철 등	• 최종 수요자에게 사용료 부과로 투자비 회수가 어려운 시설 • 학교, 복지시설, 군 주거시설
투자비 회수 방법	• 최종 사용자의 사용료 • 수익자 부담 원칙	• 정부의 시설임대료 • 정부재정 부담
사업 리스크	• 사업위험 높음 • 높은 위험에 상응하는 높은 수익률 보장 • 운용수입 예측 실패 또는 변동 위험	• 사업위험 낮음 • 낮은 위험에 상응하는 낮은 수익률 • 운영수입 확정
사용료 산정	• 총사업비 기준 • 기준사용료 산정 후, 물가변동분을 별도 반영	• 총민간투자비 기준 • 임대료 산정 후 균등 분할하여 지급
참여자간의 관계	민간사업시행자 서비스 제공 / 이용 요금 / 기부 채납 / 사업권 부여 이용자 정 부	민간사업시행자 기부 채납 / 사업권 부여 이용자 정 부 서비스 제공 / 이용요금

2-2-4. IPD(Integrated Project Delivery)

통적으로 정부예산으로 건설·운영하여 온 도로, 항만, 철도, 학교, 환경 등의 사회기반시설들을 민간의 재원으로 건설하고 민간이 운영함으로써 민간의 창의와 효율을 도모하고자 하는 사업

3. 계약사항변경

계약사항 변경

3-1. 물가변동에 의한 계약금액조정

① 공사계약을 체결한 다음 물가변동으로 인하여 계약금액을 조정할 필요가 있을 때에는 그 계약금액을 조정한다.
② 공사계약·제조계약·용역계약 또는 그 밖에 국고의 부담이 되는 계약을 체결한 다음 물가변동, 설계변경, 그 밖에 계약내용의 변경(천재지변, 전쟁 등 불가항력적 사유에 따른 경우를 포함한다)으로 인하여 계약금액을 조정 할 경우

조정신청시기

- 준공대가 수령 전까지 조정 신청
- 환율변동을 원인으로 하여 계약금액 조정요건이 성립 된 경우
- 계약단가
  - 산출내역서상의 각 품목 또는 비목의 계약단가
- 물가변동당시가격
  - 물가변동 당시 산정한 각 품목 또는 비목의 가격
- 입찰당시가격
  - 입찰서 제출마감일 당시 산정한 각 품목 또는 비목의 가격

3-1-1. 물가변동으로 인한 계약금액의 조정 요건

① 국고의 부담이 되는 계약을 체결한 날부터 90일 이상 경과
② 입찰일(수의계약의 경우에는 계약체결일, 2차 이후의 계약금액 조정에서는 직전 조정기준일)을 기준으로 하여 품목조정률 또는 지수조정률이 100분의 3 이상 증감된 때
③ 선금을 지급한 것이 있는 때에는 산출한 금액을 공제
④ 최고판매가격이 고시되는 물품을 구매하는 경우 규정과 달리 정할 수 있다
⑤ 특정규격의 자재의 가격증감률이 100분의 15 이상인 때

3-1-2. 조정 제한기간

- 조정기준일: 공사계약을 체결한 날부터 90일 이상 경과
- 조정기준일부터 90일 이내에는 계약금액을 다시 조정하지 못한다.
- 90일 이내에 계약금액 조정이 가능한 경우

  - 천재지변 또는 원자재의 가격급등으로 인하여 해당 조정제한기간 내에 계약금액을 조정하지 않고는 계약이행이 곤란하다고 인정되는 경우

3-1-3. 품목조정률에 의한 조정과 등락폭 산정기준

- 품목조정률$=\dfrac{\text{각 품목 또는 비목의 수량에 등락폭을 곱하여 산출한 금액의 합계액}}{\text{계약금액}}$
- 등락폭$=$계약단가$\times$등락률
- 등락률$=\dfrac{\text{물가변동당시가격}-\text{입찰당시가격}}{\text{입찰당시가격}}$

- 예정가격을 기준으로 계약한 경우 일반관리비 및 이윤 등을 포함해야 한다.
- 물가변동당시가격이 계약단가보다 높고 동 계약단가가 입찰당시가격보다 높을 경우의 등락폭은 물가변동당시가격에서 계약단가를 뺀 금액으로 한다.
- 물가변동당시가격이 입찰당시가격보다 높고 계약단가보다 낮을 경우의 등락폭은 영으로 한다.

계약사항 변경

3-1-4. 지수조정률에 의한 조정

- 계약금액의 산출내역을 구성하는 비목군 및 다음의 지수 등의 변동률에 따라 산출

> 1. 한국은행이 조사하여 공표하는 생산자물가기본분류지수 또는 수입물가지수
> 2. 정부·지방자치단체 또는 공공기관이 결정·허가 또는 인가하는 노임·가격 또는 요금의 평균지수
> 3. 「국가를 당사자로 하는 계약에 관한 법률 시행규칙」 제7조제1항제1호에 따라 조사·공표된 가격의 평균지수
> 4. 그 밖에 위의 1.부터 3.까지와 유사한 지수로서 기획재정부장관이 정하는 지수

3-1-5. 계약금액의 조정금액 및 공제금액 산출기준

- 조정금액 산출기준

> 조정금액 = 물가변동적용대가 × 품목조정률 또는 지수조정률

- 계약자에게 선금을 지급한 경우의 공제금액 산출기준

> 물가변동적용대가 × (품목조정률 또는 지수조정률) × 선금급률

물가변동으로 계약금액을 증액하여 조정하려는 경우에는 계약자로부터 계약금액의 조정을 청구받은 날부터 30일 이내에 계약금액을 조정

3-2. 설계변경

> 공사의 시공도중 예기치 못했던 사태의 발생이나 공사물량의 증감, 계획의 변경 등으로 당초의 설계내용을 변경시키는 것

3-2-1. 설계변경의 사유

① 설계서의 내용이 불분명하거나 누락·오류 또는 상호 모순되는 점이 있을 경우
② 지질, 용수등 공사현장의 상태가 설계서와 다를 경우
③ 새로운 기술·공법사용으로 공사비의 절감 및 시공기간의 단축 등의 효과가 현저할 경우

3-2-2. 설계변경으로 인한 계약금액의 조정에 대한 승인

① 설계변경으로 공사량의 증감이 발생한 때에는 해당 계약금액을 조정
② 계약금액을 증액하여 조정하려는 경우에는 계약자로부터 계약금액의 조정을 청구받은 날부터 30일 이내에 계약금액을 조정
③ 예정가격의 100분의 86 미만으로 낙찰된 공사계약의 계약금액을 설계변경을 사유로 증액조정하려는 경우로서 해당 증액조정금액의 100분의 10 이상인 경우에는 소속중앙관서의 장의 승인 득

조정 청구

- 계약자는 준공대가 수령 전까지 조정신청을 해야 조정금액을 지급받을 수 있다.
- 계약금액의 증액을 청구하는 경우에는 계약금액조정 내역서를 제출

계약금액의 조정방법

- 물가변동에 의한 조정
- 설계변경에 의한 조정
- 계약내용의 변경으로 인한 조정

설계변경 vs 추가공사

- 설계변경
  - 증가되는 공사가 당초 설계내용의 변경을 수반하는 경우
- 추가공사
  - 당초 설계내용의 변경을 수반하지 않고 증가되는 공사와 관계없이 당초 계약목적물을 시공 할 수 있는 경우

설계변경 vs 계약내용변경

- 설계변경
  - 증가되는 공사가 당초 설계 내용의 변경을 수반하는 경우
- 계약내용 변경
  - 구조, 규모, 재료 등 공사 목적물이 변경되는 경우
  - 공사목적물의 변경없이 가설, 공법 등만 변경되는 경우
  - 토취장, 시공상의 제약 등 계약내용이 변경되는 경우

계약내용의 변경으로 인한 계약금액의 조정

- 공사기간, 운반거리의 변경 등 계약내용의 변경은 그 계약의 이행에 착수하기 전에 완료
- 계약금액을 증액하여 조정하려는 경우에는 계약자로부터 계약금액의 조정을 청구받은 날부터 30일 이내에 계약금액을 조정

3-2-3. 계약금액 조정기준

① 증감된 공사량의 단가는 산출내역서상의 단가(이하 "계약단가"라 함)로 한다.

② 계약단가가 예정가격단가 보다 높은 경우로서 물량이 증가하게 되는 경우 예정가격단가로 한다.

③ 계약단가가 없는 신규비목의 단가는 설계변경 당시를 기준으로 하여 산정한 단가에 낙찰률을 곱한 금액

④ 정부에서 설계변경을 요구한 경우 증가된 물량 또는 신규 비목의 단가는 설계변경 당시단가에 낙찰률을 곱한 금액 또는 낙찰률을 곱한 금액을 합한 금액의 100분의 50

⑤ 새로운 기술·공법 등을 사용함으로써 공사비의 절감, 시공기간의 단축 등에 효과가 현저할 때 해당 절감액의 100분의 30에 해당하는 금액을 감액

- 계약금액 조정의 제한

> 입찰에 참가하려는 자가 물량내역서를 직접 작성하고 단가를 적은 산출내역서를 제출하는 경우로서 그 물량내역서의 누락 사항이나 오류 등으로 설계변경이 있는 경우에는 그 계약금액을 변경할 수 없다.

3-2-4. 단품(單品)슬라이딩 제도
3-2. 설계변경

> 특정규격(단품)의 자재(해당 공사비를 구성하는 재료비, 노무비, 경비 합계액의 100분의 1을 초과하는 자재만 해당)별 가격변동으로 인하여 입찰일을 기준일로 하여 산정한 해당 자재의 가격증감률이 100분의 15 이상인 때에는 그 자재만 가격상승분을 보정해주는 제도

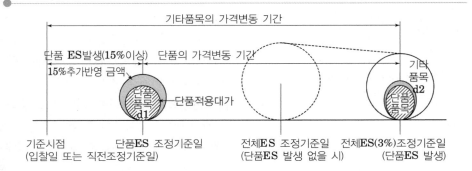

입찰 · 낙찰

② 입찰·낙찰

입찰 · 낙찰

Key Point

☑ **국가표준**
– 국가계약법 시행령
– 건설산업기본법 시행령
– (계약예규)정부 입찰·계약 집행기준

☑ **Lay Out**
– 입찰
– 낙찰

☑ **필수 기준**
– PQ

☑ **필수용어**
– 종합평가 낙찰제
– 종합심사 낙찰제

심사방법

• 경영상태의 평가
– 가장 최근의 등급으로 심사
– 경영상태부문에 대한 적격요건과 기술적 공사이행능력부문에 대한 적격요건을 모두 충족하는 자
• 기술적 공사이행능력
– 시공경험분야, 기술능력분야, 시공평가결과분야, 지역업체참여도분야, 신인도분야를 종합적으로 심사하며, 적격요건은 평점 90점 이상

1. 입찰

1-1. 입찰서류(Bid Documents)의 구성

① 입찰초청(Invitation To Bid) or 입찰안내서(Instruction to Bidders)
② 입찰양식(Bid Form)
③ 계약서 서식(Form Of Agreement)
④ 계약조건
⑤ 보증서류 서식
  • 입찰보증금 서식(Form Of bid Bond, Form Of Bid Guarantee)
  • 이행보증금 서식(Form Of Performance Bond)
  • 선수금 보증 서식(Form Of Advance Payment Bond)
  • 지급보증금 서식(Form Of Payment Bond)
  • 유보금 보증 서식(Form Of Payment Money Bond)
⑥ 자격심사질문서(Qualification Questionnaires)
⑦ 설계도면(Drawings), 시방서(Specifications), 부록(Addenda)
⑧ 추가조항(Supplemental Provisions)
⑨ 발주자 제공 품목(Owner-Furnished Items)
⑩ 공정계획(Construction Schedule)

1-2 . 입찰관리 절차

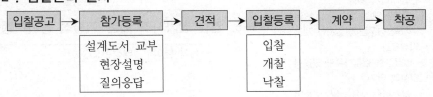

입찰공고 → 참가등록 → 견적 → 입찰등록 → 계약 → 착공

참가등록: 설계도서 교부 / 현장설명 / 질의응답
입찰등록: 입찰 / 개찰 / 낙찰

1-3. 입찰 방식

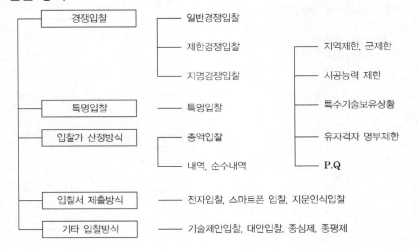

- 경쟁입찰
  - 일반경쟁입찰
  - 제한경쟁입찰
    - 지역제한, 군제한
    - 시공능력 제한
    - 특수기술보유상황
    - 유자격자 명부제한
    - P.Q
  - 지명경쟁입찰
- 특명입찰
  - 특명입찰
- 입찰가 산정방식
  - 총액입찰
  - 내역, 순수내역
- 입찰서 제출방식
  - 전자입찰, 스마트폰 입찰, 지문인식입찰
- 기타 입찰방식
  - 기술제안입찰, 대안입찰, 종심제, 종평제

입찰 · 낙찰

유의사항

- 입찰참가신청
  - 입찰참가신청마감일까지 발주기관에 서류제출
- 입찰관련서류
  - 입찰에 관련된 서류 교부
- 관계법령
  - 입찰관련 법령 및 입찰서류를 입찰 전 완전히 숙지
- 현장설명
  - 공사금액에 따른 유자격자 참여
- 입찰보증금
  - 입찰참가신청 마감일까지 입찰금액의 5/100 이상 납부
- 입찰참가
  - 참가신청을 한 자가 아니면 참가불가
- 입찰서 작성
  - 소정의 양식으로 작성 및 신고한 인감으로 날인
- 입찰서 제출
  - 입찰서는 봉함하여 1인 1통만을 제출
- 산출내역서 제출
  - 추정금액 100억원 미만공사의 경우는 입찰서만 제출
- 입찰무효
  - 입찰관련 결격사유가 있을시
- 입찰의 연기
  - 불가피한 사유 및 내용이 중대할 경우
- 낙찰자의 결정
  - 낙찰자결정기준에 적합한자
- 계약체결
  - 낙찰통지를 받은 후 10일 이내에 계약체결

1-4. 입찰종류별 특성

종 류	특 성
일반 경쟁입찰	입찰에 참가하고자 하는 모든 자격자가 입찰서를 제출하여 시공업자에게 낙찰, 도급시키는 입찰
제한 경쟁입찰	해당 Project 수행에 필요한 자격요건을 제한하여 소수의 입찰자를 대상으로 실시하는 입찰
지명 경쟁입찰	도급자의 자산·신용·시공경험·기술능력 등을 조사하여 소수의 입찰자를 지명하여 실시하는 입찰
특명입찰	도급자의 능력을 종합적으로 고려(평가)하여, 특정의 단일 도급자를 지명하여 실시하는 입찰
순수내역입찰	발주자가 제시한 설계서 및 입찰자의 기술제안내용(신기술·공법 등)에 따라 입찰자가 직접 산출한 물량과 단가를 기재한 입찰금액 산출 내역서를 제출하는 입찰.
물량내역수정입찰	300억원 이상 모든 공사에 대해 발주자가 물량내역서를 교부하되, 입찰자가 소요 물량의 적정성과 장비 조합 등을 검토·수정하여 공사비를 산출하는 입찰
기술제안입찰 (실시설계는 완료되었으나 내역서 미작성)	발주기관이 교부한 실시설계도서와 입찰안내서에 따라 입찰자가 설계도서를 검토한 후 시공계획, 공사비 절감방안 및 공기단축 등을 제안하고 이를 심사하여 낙찰자를 결정하는 입찰
대안입찰 (실시설계와 내역서 산출이 완료된 시점에서 입찰을 실시)	발주자가 제시하는 원안과 기본설계를 바탕으로 기본방침의 변경 없이 원안과 동등이상의 기능과 효과를 가진 신공법·신기술의 적용으로 공사비 절감·공기단축 등을 내용으로 하는 대안을 입찰자가 제시하는 입찰

입찰가 입찰서 제출방식	총액입찰	내역입찰
	입찰서를 총액으로 작성	단가를 기재 내역서 첨부

1-5. 입찰 참가자격 제한-기술적 공사이행능력부문(평점 90점 이상)

심사 분야	배점한도		심사항목	배점한도
시공경험	40 (45)	실적보유 자료 제한	가. 최근 10년간 해당공사와 동일한 종류의 공사실적	30(34)
			나. 최근 5년간 토목 건축 산업설비 전기 정보통신 문화재 공사 등의 업종별 실적합계	10(11)
		기타방법 으로 제한	최근 5년간 토목 건축 산업설비 전기 정보통신 문화재 공사 등의 업종별 실적합계	40(45)
기술능력	45	실적보유자	가. 시공에 필요한 기술자 보유현황	35
			나. 최근년도 건설부문 매출액에 대한 건설부문 기술개발 투자비율	10
시공능력	10	시공평가결과		10
지역업체참여도	5			5
신인도	+3 −7		가. 시공업체의 성실성 나. 하도급관련 다. 건설재해 및 제재처분사항 라. 녹색기술관련사항	

2. 낙찰

2-1. 낙찰자 선정방법

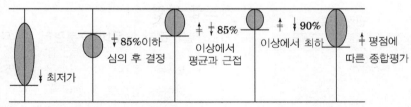

[최저가 낙찰제] [저가 심의제] [부찰제]   [제한적 최저가낙찰제] [적격낙찰제]

1) 최저가 낙찰제(Lower Limit)
   - 계약예정가격 범위 내에서 최저 가격으로 입찰한 자를 선정하는 제도
2) 저가 심의제
   - 예정가격의 85% 이하 입찰자 중 최소한의 자격요건을 충족하는지 심의하여 입찰자를 선정
3) 부찰제(제한적 평균가 낙찰제)
   - 예정가격의 85% 이상 금액의 입찰자들의 평균금액을 산출하여, 이 평균금액 밑으로 가장 근접한 입찰자를 낙찰자로 선정
4) 제한적 최저가 낙찰제
   - 예정가격의 90% 이상 금액의 입찰자 중, 최저 가격으로 입찰한 자
5) 적격심사낙찰제도
   - 재정지출의 부담이 되는 입찰에 있어서 예정가격 이하로서 최저가격으로 입찰한 자부터 순서대로 해당 계약이행능력을 심사
6) 종합평가낙찰제도
   - 지방자치단체에서 발주하는 공사에 대하여 적정한 능력을 갖춘 업체의 시공실적 · 시공품질 · 기술능력 · 경영상태 및 신인도 등을 종합적으로 평가하여 가장 높은 점수를 받은 자를 낙찰자로 결정하기 위한 제도
7) 종합심사낙찰제도
   - 시공품질 평가결과, 기술인력, 제안서내용, 계약이행기간, 입찰가격, 공사수행능력, 사회적 책임 등을 종합적으로 평가하여 가장 높은 합산점수를 받은 자를 낙찰자로 결정하는 제도

- 건설엔지니어링 종합심사낙찰제
  - 건설엔지니어링 입찰에 참가하는 사업자의 실적 및 사회적 책임 수준 등 역량과 과업수행을 위한 기술제안(투입핵심인력의 수준 등)을 입찰가격제안과 함께 종합적으로 평가하는 입찰제도

2-2. 낙찰제도 비교

구분	적격심사낙찰제	종합평가낙찰제	종합심사낙찰제	간이종합심사낙착제
발주주체	정부/지자체	지방자치단체	정부	정부
관계법령	• 국가계약법, 지방계약법	지방계약법	국가계약법	국가계약법
대상	• 국가기관: 100 미만 • 지자체: 300억 미만	300억원 이상	100억원 이상	100억 이상 300억원 미만
관련부처	• 기획재정부, 행정자치부	행정자치부	기획재정부	기획재정부
공사수행능력	시공경험, 기술능력, 시공평가, 경영상태(신인도)	경영상태, 전문성(시공실적, 배치기술자), 열양	시공실적, 매출액비중, 배치기술자, 시공평가점수, 규모별 시공역량, 공동수급체구성, 사회적책임(건설안전, 공정거래, 건설인력고용, 지역경제기여도)	경영상태, 전문성(시공실적, 배치기술자), 역량(규모별 시공역량, 공동수급체구성), 사회적책임(건설안전, 공정거래, 건설인력고용, 지역경제기여도)

관련제도

관련제도
Key Point

■ **국가표준**
– 근로자의 고용개선 등에 관한 법률
– 건설근로자법시행령
– 지방자치단체 입찰 및 계약 집행기준

■ **Lay Out**
– 하도급관련
– 기술관련
– 기타

■ **필수 기준**

■ **필수용어**

노무비 구분관리 대상

• 근로계약서를 통해 계약되고 사용된 모든 근로자의 임금을 대상으로 한다.
• 직접노무비에 한정되며 하수급인이 고용한 근로자 노무비를 포함
• 장비, 자재대금은 적용제외
• 일용근로자외에 상용 근로자가 직접 시공에 참여하는 경우에는 노무비 지급대상에 해당 상용근로자를 포함하여 노무비 청구 가능

---

③ 관련제도

1. 하도급 관련

1-1. 건설근로자 노무비 구분관리 및 지급확인제도

① 노무비 구분관리: 건설공사 노무비를 다른 공사원가와 구분하여 관리하는 것으로 노무비를 노무비 전용계좌에 입금하고 노무비 전용계좌에서 근로자 계좌로 임금을 이체하는 것
② 노무비 지급확인제: 건설공사 근로자들의 노무비가 실제 지급되었는지 여부를 의무적으로 확인하는 제도

1-1-1. 적용대상

1) 적용공사
• 공공사 중에서 공사금액 5천만원 이상, 공사기간 30일 초과하는 공사

2) 노무비 지급확인제도만 실시
① 계약기간이 30일 이하인 공사(단, 계약기간이 연장되는 경우에는 적용)
② 계약금액 2천만원 이하 수의계약 공사(전자공개수의 제외)

1-1-2. 업무절차

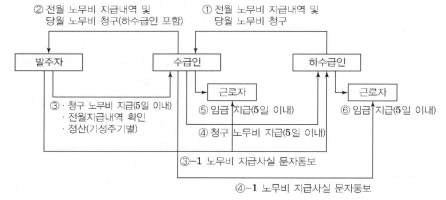

1-2. NSC(Nominated-Sub-Contractor)

① 발주자가 당해 사업을 추진함에 있어 주 시공업자 선정전에 특정 업체를 지명하여 입찰서에 명기를 하고 주 시공업자와 함께 공사를 추진하는 방식
② 검증이 된 전문업체를 선정하여 발주자가 원하는 품질과 원도급 및 하도급까지 관리하기 위함이며, 설계진행시 전문적 기술사항을 사전에 반영하여 설계완성도를 향상 시킬 수 있고 공사내용을 전반적으로 숙지하고 이해할 수 있으므로 면밀한 시공계획을 수립할 수 있는 장점이 있다.

2. 기술관련

① 정부가 건설회사의 건설공사실적, 자본금, 건설공사의 안전·환경 및 품질관리 수준 등에 따라 시공능력을 평가하여 공시하는 제도
② 발주자가 적정한 건설업자를 선정할 수 있도록 하기 위하여 매년 7월 31일까지 공시되며 이 시공능력평가의 적용기간은 다음해 공사일 이전까지다.

2-1. 시공능력평가액 산정

시공능력평가액 = 공사실적평가액 + 경영평가액 + 기술능력평가액 + 신인도평가액

공사실적 평가액	• 최근 3년간 건설공사 실적의 연차별 가중평균액×70%
경영 평가액	• 실질자본금×경영평점×80%
기술능력 평가액	• 기술능력생산액+(퇴직공제불입금×10)+최근 3년간 기술개발 투자액
신인도 평가액	• 신기술지정, 협력관계평가, 부도, 영업정지, 산업재해율 등을 감안하여 가점 또는 감점

2-2. 직접시공의무제도

① 건설사업자는 1건 공사의 금액이 100억원 이하로서 대통령령으로 정하는 금액(70억원 미만인 건설공사)미만인 건설공사를 도급받은 경우에는 그 건설공사의 도급금액 산출내역서에 기재된 총 노무비 중 대통령령으로 정하는 비율에 따른 노무비 이상에 해당하는 공사를 직접 시공해야 한다.
② 건설공사를 직접 시공하는 자는 대통령령으로 정하는 바에 따라 직접시공계획을 발주자에게 통보해야 한다.

2-3. P.F(Project Financing)

① Project를 수행할 특수목적회사(S.P.C)를 별도로 설립하여 공공기관, 민간기업 등에서 출자를 받아 사업을 시행하는 부동산 개발사업
② 특정한 프로젝트로부터 미래에 발생하는 현금흐름을 담보로 하여 당해 프로젝트를 수행하는 데 필요한 자금을 조달하는 금융기법을 총칭하는 개념

④ 건설 Claim

1. 클레임

① Claim(이의신청): 계약하의 양 당사자 중 어느 일방이 일종의 법률상 권리로서 계약하에서 혹은 계약과 관련하여 발생하는 제반 분쟁에 대해 요구하는 서면청구

② Dispute(분쟁): 제기된 클레임을 받아들이지 않음으로써 야기되는 것을 말하며, 상호 협상에 의해서 해결하지 못하고, 제3자의 조정이나 중재 혹은 소송의 개념으로 진행하는 것

1-1. Claim의 유형

- 계약문서로 인한 클레임(Contract Document Claims)
- 현장조건의 상이로 인한 클레임(Differing Site Conditions Claims)
- 변경에 의한 클레임(Change & Change Order Claims)
- 공사지연 클레임(Delay Claims)
- 공사 가속화에 의한 클레임(Acceleration Claims)
- 설계 및 엔지니어링 해석에 의한 클레임(Design & Engineering Claims)

1-2. Claim의 발생원인

구 분	내 용
엔지니어링	부정확한 도면, 불완전한 도면, 지연된 엔지니어링
장 비	장비 고장, 장비 조달 지연, 부적절한 장비, 장비 부족
외부적요인	환경 문제, 계획된 개시일 보다 늦은 개시, 관련 법규 변경, 허가 승인 지연
노 무	노무인력 부족, 노동 생산성, 노무자 파업, 재작업
관 리	공법, 계획보다 많은 작업, 품질 보증/품질 관리, 지나치게 낙관적인 일정, 주공정선의 작업 미수행
자 재	손상된 자재, 부적절한 작업도구, 자재 조달 지연, 자재 품질
발 주 자	계획 변경 명령, 설계 수정, 부정확한 견적, 발주자의 간섭
하도급업자	파산, 하도급업자의 지연, 하도급업자의 간섭
기 상	결빙, 고온/고습, 강우, 강설

1-3. 분쟁처리절차 및 해결방법

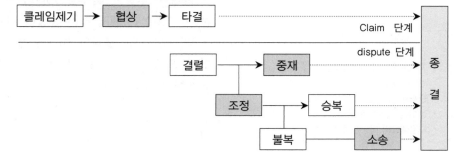

10-4장

건설
공사관리-How

마법지

건설공사관리-How

1. 공사관리 일반

- 설계 및 기준
- 공사계획
- 외주관리

2. 공정관리

- 공정계획
- 공정관리 기법
- 공기조정(공기단축, 공기지연, 진도관리)
- 자원계획과 통합관리

3. 품질관리

- 품질관리, 품질개선 도구, 품질경영, 현장품질관리

4. 원가관리 및 적산

- 원가구성
- 적산 및 견적
- 관리기법

5. 안전관리

- 산업안전 보건법
- 건설기술 진흥법
- 안전사고

6. 실외 환경관리

- 건설공해
- 소음진동관리
- 비산먼지관리
- 폐기물관리

설계와 기준

설계 및 기준
Key Point

■ 국가표준
- 건설기술 진흥법 시행규칙
- 건설기술 진흥법 시행령
- KCS 41 10 00
- KCS 41 10 00 : 2021
- 건설기술 진흥법 시행규칙

■ Lay Out
- 설계 및 기준
- 공사계획
- 외주관리

■ 필수 기준
- 시방서

■ 필수용어
- 사전조사

설계도서 해석 우선순위

(국토 교통부 고시)
• 건축물의 설계도서 작성기준
1. 공사시방서
2. 설계도면
3. 전문시방서
4. 표준시방서
5. 산출내역서
6. 승인된 상세시공도면
7. 관계법령의 유권해석
8. 감리자의 지시사항

• 주택의 설계도서 작성기준
1. 특별시방서
2. 설계도면
3. 일반시방서 · 표준시방서
4. 수량산출서
5. 승인된 시공도면
6. 관계법령의 유권해석
7. 감리자의 지시사항

① 공사관리 일반

1. 설계 및 기준

> ① 설계서는 공사시방서, 설계도면 및 현장설명서를 말하며 다만, 공사 추정가격이 1억원 이상인 공사에 있어서는 공종별 목적물 물량이 표시된 내역서를 포함한다.
> ② 설계관리는 기획, 설계, 시공, 유지관리 등 프로젝트가 진행되는 과정, 특히 설계단계를 중심으로 설계 성과물이 작성되는 프로세스와 투입되는 각종 자원 및 설계 품질을 관리하기 위한 제반 활동이다.

1-1. 설계관리, 설계도서(Design Management)

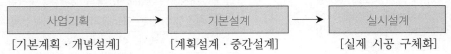

| 사업기획 | → | 기본설계 | → | 실시설계 |

[기본계획 · 개념설계]　　　[계획설계 · 중간설계]　　　[실제 시공 구체화]

1-1-1. 기획설계(pre-design)
- 사전조사 및 기본계획 사항을 기초로 설계자가 발주청의 의도, 계획, 재정, 요구시간, 업무의 범위 등을 확인하고, 필요한 최소한의 자료조사와 법규검토를 통하여 소요 실 및 면적계획, 기능 및 공간분석, 기본 동선 및 유도동선에 대한 분석 및 계획 작업 등을 하고, 최종적으로 배치도, 개략평면도, 개략입면도, 개략단면도, 개략조감도 등을 작성하는 단계

1-1-2. 기본설계(design development)
1) 계획설계
- 발주청의 의도, 소요공간, 예산, 공정과 배치도, 평면도, 입면도의 스케치를 준비하는 단계로서 개념설계단계에서 이루어진 대지분석 자료와 사업방향을 토대로 건축물에 관한 설계의 기본목표와 방향을 수립하는 설계업무

2) 중간설계
- 사업기획 및 계획설계의 제반조건 및 요구사항 등을 토대로 배치도, 평면도, 단면도, 입면도, 기본상세도, 내부전개도, 천정도, 구조도, 설비도, Study-Model, 재료선정표, 장비배치도, 공사비개산서 등의 기본적인 내용을 중간설계도서 형식으로 표현하여 제시하는 설계업무

1-1-3. 실시설계(detailed design)
- 기본설계단계에서 결정된 설계기준 등 제반사항에 따라 기본설계를 구체화하여 실제 시공에 필요한 내용을 실시설계도서 형식으로 충분히 표현하여 제시하는 설계업무

2. 공사계획

2-1. 사전조사/도심지 공사의 착공 전 사전조사

| 공사계획 |

> 공사 착공 시 시공계획의 사전조사는 현장 인력의 조직편성, 설계도면의 검토, 공정표 작성, 실행예산의 편성, 각종 대관업무, 가시설물의 설치, 하도급업체의 선정 등 다양한 공사계획을 검토·수립하는 공사 준비 단계이다.

활용

- 사전조사를 통해 계약조건이나 현장의 조건을 확인한다.
- 시공의 순서나 시공방법에 대해서 기술적 검토를 하고, 시공방법의 기본방침을 결정한다.
- 공사관리, 안전관리 조직을 편성하여 해당 관청에 신고를 한다.
- 기본방침에 따라서 공사용 장비의 선정·인원배치·일정안배·작업순서 등의 상세한 계획을 세운다.
- 실행예산의 편성
- 협력업체 및 사용자재를 선정한다.
- 실행예산 및 공기에 따른 기성고 검토

2-1-1. 시공계획의 사전조사 항목

조사 항목		조사 내용
설계도서		설계도면, 시방서, 구조계산서, 내역서 검토
계약조건		공사기간, 기성 청구 방법 및 시기
입지조건	측량	대지측량, 경계측량, 현황측량, TBM, 기준점(Bench Mark)
	대지	인접대지, 도로 경계선, 대지의 고저(高低)
	매설물	잔존 구조물의 기초·지하실의 위치, 매설물의 위치·치수
	교통상황	현장 진입로(도로폭), 주변 도로 상황
지반조사	지반	토질 단면상태
	지하수	지하수위, 지하수량, 피압수의 유무
공해		소음, 진동, 분진 등에 관한 환경기준 및 규제사항, 민원
기상조건		강우량, 풍속, 적설량, 기온, 습도, 혹서기, 혹한기
관계법규		소음, 진동, 환경에 관한 법규

시공계획 작성순서

① 사전조사를 통해 계약조건이나 현장의 조건을 확인한다.
② 시공의 순서나 시공방법에 대해서 기술적 검토를 하여 가격을 결정하고, 시공방법의 기본방침을 결정한다.
③ 공사관리, 안전관리 조직을 편성하여 해당 관청에 신고를 한다.
④ 기본방침에 따라서 공사용 기계의 선정·인원배치·일정안배·작업순서 등의 상세한 계획을 세운다.
⑤ 실행예산의 편성을 행한다.
⑥ 협력업체를 공사순서대로 선정한다.
⑦ 사용재료, 자재회사를 선정한다.
⑧ 인근에 대한 시공계획서를 작성한다.
⑨ 시공요령서를 체크한다.
⑩ 시공의 진전에 따라서 시공계획을 재점검한다.

2-1-2. 현지여건 조사

1) 공사현장 여건조사
   ① 각종 재료원 확인
   ② 지반 및 지질상태
   ③ 진입도로 현황
   ④ 인접도로의 교통규제 상황
   ⑤ 지하매설물 및 장애물
   ⑥ 기후 및 기상상태
   ⑦ 하천의 최대 홍수위 및 유수상태
   ⑧ 기타 필요한 사항

2) 현장인근 피해예방대책 강구
   ① 인근가옥 및 가축 등의 대책
   ② 통행지장 대책
   ③ 소음, 진동 대책
   ④ 낙진, 먼지 대책
   ⑤ 우기기간 중 배수 대책 등
   ⑥ 하수로 인한 인근대지, 농작물 피해 대책
   ⑦ 지하매설물, 인근의 도로, 교통시설물 등의 손괴

3) 지장물의 철거확인
   - 공사 중에 지하매설물 등 새로운 지장물 발견 시에는 시공자로부터 상세한 내용이 포함된 지장물 조서를 제출·확인한 후 보고

공사계획

2-2. 공사계획 및 현장관리

2-2-1. 시공계획의 주요내용

구 분	내 용
예비조사	• 설계도서 파악 및 계약조건의 검토 • 현장의 물리적 조건 등 실지조사 • 민원요소 파악
시공기술 계획	• 공법선정 • 공사의 순서와 시공법의 기본방침 결정 • 공기와 작업량 및 공사비의 검토 • 공정계획(예정공정표의 작성) • 작업량과 작업조건에 적합한 장비의 선정과 조합의 검토 • 가설 및 양중계획 • 품질관리의 계획
조달 및 외주관리 계획	• 하도급발주계획 • 노무계획(직종, 인원수와 사용기간) • 장비계획(기종, 수량과 사용기간) • 자재계획(종류, 수량과 소요시기) • 수송계획(수송방법과 시기)
공사관리 계획	• 현장관리조직의 편성 • 하도급 관리 • 공정관리: 공기단축 • 원가관리: 실행예산서의 작성, 자금계획 • 안전관리계획 • 환경관리: 폐기물 및 소음, 진동, 공해요소

2-2-2. 공사책임자로서 업무와 검토항목

① 현장 품질방침 작성   ② 품질보증계획서 승인

③ 공사현황보고 승인   ④ 공정관리, 준공정산보고 승인

⑤ 교육훈련 계획 승인   ⑥ 안전 및 환경관리

⑦ 품질기록관리 결재   ⑧ 자재, 외주관리

⑨ 현장 인원관리   ⑩ 대관업무

⑪ 현장 제반업무에 관한 사항   ⑫ 민원업무

2-2-3. 시공계획

1) 시공관리조직
   • 수급인은 공사의 규모, 공사의 특징을 충분히 고려하여 적절한 시공 관리 조직을 만든다.
2) 하수급인 선정
   • 특정 공사를 하도급하는 경우에는 해당 건설업종에 등록된 건설업체 중 그 시공에 적절한 기술, 능력이 있는 하수급인을 선정한다.
3) 공장의 선정
   • 공장제품의 종류, 시공방법에 대하여 관련 법규 등에 적합한 기술과 설비를 갖추고, 적정한 관리체제로 운영되고 있는 공장으로 선정

공사계획

사전 수방대책

- 방재체제 정비
  ① 비상연락망 정비
  ② 현장직원 및 본사, 유관기관, 현장 기능공 비상연락망 정비
  ③ 방재대책 업무 숙지
  ④ 재해방지 대책 자체 교육 실시
- 작업장 주변 조사 및 특별관리
  ① 재해위험 장소 조사 지정 (수해 예상지점, 지하매설물 파손예상지점)
  ② 하수 시설물을 점검하여 사전준설 실시(우수처리 시설 등 경미한 시설물은 현장 자체 준설)
  ③ 유도수로 설치(마대 쌓기)와 양수기 배치
  ④ 안전점검 및 현장순찰 강화
  ⑤ 장비 현장 상주(B/H, 크레인)
- 방재물자 확보
  ① 응급 복구장비 및 자재확보
- 안전시공관리 계획 수립
  ① 주요공종별 안전시공 계획 수립
  - 경험이 풍부한 근로자 확보
  - 현장 여건에 적절한 재료 확보
  - 공종별 공사 착공 전 사전 점검
  - 작업장내 정리정돈 실시 및 보호대책 수립
  ② 공사현장의 안전관리
  - 현장 점검 전담반 구성 운영 및 근로자의 안전교육 강화
  - 교통정리원의 기능강화

4) 시공계획서

- 착공 전에 공정계획, 인력관리계획, 시공 장비계획, 장비 사용계획, 자재반입계획, 품질관리계획, 안전관리계획, 환경관리계획 등에 대한 시공계획서를 담당원에게 제출하여 그 승인을 받아야 한다.

2-2-4. 시공관리

1) 시공일반

- 현장시공은 설계도서, 그리고 담당원의 승인을 받은 공정표, 시공계획서, 원척도, 시공도 등에 따라 시행

2) 공사기간

- 수급인은 특별히 정한 경우를 제외하고, 계약서상에 명기된 기간 내에 공사를 착공하여 지체 없이 계획대로 공사를 추진하여 계약공기 내에 완료해야 한다.

3) 공정표

- 수급인은 설계도서에 따라 공사 전반에 대한 상세한 계획을 세우고 소정양식의 공정표를 제출해야 한다.

4) 수량의 단위 및 계산

- 공사수량의 단위 및 계산은 원칙적으로 표준시장단가 및 표준품셈의 수량계산 규정에 따른다.

5) 치수

- 치수는 설계도서에 표시된 치수로 한다.

6) 측량

- 수급인은 착공과 동시에 설계도면과 실제 현장의 이상 유무를 확인하기 위하여 측량을 실시한 후 측량성과표를 담당원에게 제출하여 검토 및 확인을 받아야 한다.

7) 규준틀

- 건축물의 위치, 시공범위를 표시하는 규준틀은 바르고 튼튼하게 설치하고, 담당원의 검사를 받아야 한다.

8) 시공도, 견본

- 원척도, 시공상세도, 견본원척도, 시공상세도, 견본 등은 지체 없이 작성하여 담당원에게 제출하여 승인을 받아야 한다.

9) 공사 수행

- 수급인은 공사계약문서에 따라 공사를 이행해야 하며, 공사계약문서에 근거한 발주자의 시정 요구 또는 이행 촉구지시가 있을 때에는 즉시 이에 따라야 한다. 또한, 공사계약문서에 정해진 사항에 대하여는 발주자의 승인, 검사 또는 확인 등을 받아야 한다.

10) 공사협의 및 조정

- 수급인이 당해 공정과 다른 공정의 수급인들 간의 마찰을 방지하고, 전체 공사가 계획대로 완성될 수 있도록 관련 공사와의 접속부위, 공사한계, 시공순서, 공사 착수시기, 공사 진행속도 등의 적합성에 대하여 모든 공정의 관련자들과 면밀히 검토하는 행위를 말한다.

3. 외주관리

| 공사계획 |

3-1. 하도급 선정 Process 및 평가항목

1) 선정 Process

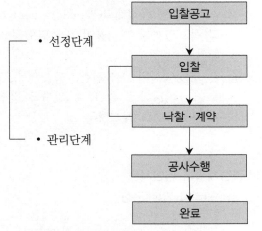

| 하도급 관리 시 점검사항 |

- 작업원의 동원(투입)실적 파악
- 공사 진척도(기성고) 파악
- 상주기술자 기술능력 확인
- 공정관리: 공정회의
- 기성관리: 공사비 지불 확인
- 품질관리(Q.C), 공사중간 품
  질점검
- 안전관리(S.C)
- 정산
- 사후평가관리(공사수행능력,
  계약 이행능력, 신용도)
- 하자이행 여부

선정단계
- 현장설명
- 하도급 적정성 검토
- 하도급 통지

관리단계
- 하도급 계약서
- 하도급 내역서
- 하도급 승인
- 하도급 대가 지급
- 하자이행 증권

2) 평가항목: 선정 시 고려사항

- 경영상태(신용평가 등급)
- 기술적 공사이행능력 부문
- 시공경험평가(최근 10년간의 실적)
- 기술능력 평가
- 신인도

| 하도급계약통보서 첨부서류 |

- 계약관련
  ① 하도급계약서
  ② 하도급계약내역서
  ③ 사업자등록증
  ④ 전문건설업등록증
  ⑤ 건설등록수첩
  ⑥ 계약보증서
  ⑦ 하자보증서
  ⑧ 인감증명서(유효기간)
  ⑨ 사용인감계
  ⑩ 법인등기부등본
     (유효기간확인)
  ⑪ 지방세, 국세완납증명서
     (유효기간확인)
  ⑫ 하도급지킴이통장개설사본
     (현장명 발급)
  ⑬ 근로자 재해보장 책임
     보험증권(현장명 발급)

3-2. 부도업체 처리

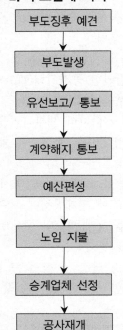

- 기성유보, 공사포기 각서, 직불 동의서

- 공사계약서, 기성 지불 내역서, 노임 지불 대장,
  자재거래 명세서, 이행증권

- 계약해지 및 직불 통보, 내용증명 발송

- 체불현황 조사, 재고자재 파악, 잔여 공사 물량
  산출, 계약단가 적용

- 노임 지불

- 잔여공사 예산서, 부도업체 타절 계약

- 착공관련
  ① 착공계
  ② 현장대리인계
  ③ 위임장
  ④ 재직증명서
  ⑤ 기술자격증 사본
  ⑥ 경력증명서
  ⑦ 실적증명서 및 예정공정표

② 공정관리

1. 공정계획(절대공기/공사기간 산정방법/공사가동률)

> ① 공정관리는 공정계획(Schedule control)에 따라 해당 건설 project의 목표일까지 목적물이 완성되도록 모든 활동을 관리하는 일정통제기능이다.
> ② 각 공정에서의 공사기간, 시공순서, 기계 및 노무자 등의 편중을 막고 대기시간을 줄일 수 있도록 작업을 배분하여 정해진 공기내에 완료하도록 계획하는 것

1-1. 공정계획의 일반사항

1) 공정관리의 기본 구성

2) 공정계획 수립 시 고려해야 하는 사항
① 현황조사 및 자료분석
  • 공사현장의 특성과 주변현장을 고려해 공정계획을 수립
② 작업분류체계 수립
  • 작업 분류체계, 원가 분류체계, 조직 분류체계를 구성하고, 공정별 특성을 감안한 공사일력(Calendar) 구성
③ 공사일정 및 자원투입계획
  • 전체 공사계획에 따라 세부작업을 진행
  • 주공정에 영향을 최소화하도록 계획
④ Milestone 반영
  • 공종 단위가 큰 상위수준의 공사일정 또는 중요시점들의 관리계획으로 선·후행 연계공정에 관련된 일정을 고려
  • 공정의 수준을 공사규모 및 공정특성에 맞추어 적정 수준으로 구성
⑤ 주요공종별 공기분석
  • 공정별 작업량 산정 및 작업속도를 분석해 결정
  • 주공정에 대한 적정 작업인원 및 장비조합을 구성
⑥ 현장운영체계 수립
  • 공정운영체계 및 관리시스템을 도입

공정계획

Key Point

☑ 국가표준

☑ Lay Out
 – 공정계획
 – 공정관리 기법
 – 공기조정
 – 자원계획과 통합관리

☑ 필수 기준
 – 공기산정

☑ 필수용어
 – LOB
 – EVMS

표준공기(절대공기)

① 해당 건설 project의 시작부터 완료까지의 일정계획으로 주요관리공사(CP: Critical Path)를 연결하여 산정한 공기
② 표준공기제도는 시공업체의 무리한 부실시공을 막기 위해 설계와 시공에 필요한 공기를 공정별로 표준화시켜 임의대로 공사기간을 단축하지 못하도록 발주기관이 설계와 시공에 필요한 공사기간을 미리 정해놓고 공사를 발주하는 제도 우리나라에서는 1996년에 도입되었다.

공정계획

1-2. 공사기간의 산정방법

1) 공사기간의 산출

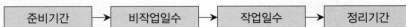

| 준비기간 | → | 비작업일수 | → | 작업일수 | → | 정리기간 |

① 설계도서 검토, 하도급업체 선정, 측량, 현장사무소 개설 등 본 공사의 착공준비 기간

② 법정공휴일수 + 기상조건으로 인한 비작업일수 - 중복일수 (≥ 최소 8일/월)

③ 발주청이 보유한 과거의 실적자료, 경험치, 동종시설 사례, 표준품셈 활용하여 산출

④ 준공 전 1개월의 범위에서 청소, 정리기간 계상

2) 준비기간

- 측량, 현장사무소·세륜시설·가설건물 설치, 건설자재·장비 및 공장제작조달 등 본 공사 착수준비에 필요한 기간을 말하며, 각 시설물별 특성에 따라 반영해야 한다.

3) 비작업일수

- 공정별 공사기간은 지역별 기후여건을 고려한 공정별 비작업일수를 반영하여 산정한다.
- 법정공휴일: 관공서 공휴일을 비작업일수에 포함한다.
- 주40시간 근무제: 법정 근로시간인 주 40시간(1일 8시간)을 기준으로 공사기간을 산정
- 건설공사의 주공정(critical path)에 영향을 미치는 기상조건을 반영하여 비작업일수를 산정한다. 이때 해당 지역에 대한 최근 10년 동안의 기상정보(기상청의 기상관측 데이터)를 적용
- 환경·안전기준: 악천후 및 강풍 시 작업중지, 타워크레인은 순간풍속 10m/s 초과 시 설치·해체 작업중지, 15m/s 초과 시 운행제한
- 미세먼지 비상저감조치 발령기준에 따라 경보발령 시 건설현장의 가동률을 조정하거나 작업시간을 단축 운영(연평균 약 5일)

4) 작업일수

- 작업일수의 산정은 공종별 표준작업량을 활용하거나 발주청에서 보유하고 있는 과거의 경험치를 활용하여 할 수 있다.
- 작업일수 산정 시 건설현장 근로자의 작업조건이 법정 근로시간(1일 8시간, 주 40시간)을 준수하는 것을 원칙으로 한다. 연속작업이 필요한 경우에는 교대근무 및 주·야간 공사로 구분하여 산정한다.

5) 정리기간 산정

- 정리기간은 공정상 여유기간(buffer)과는 다르며, 공사 규모 및 난이도 등을 고려하여 산정한다. 정리기간은 일반적으로 주요공종이 마무리된 이후 준공 전 1개월의 범위에서 계상할 수 있다.

공정계획

1-3. 공사 가동률 산정

1) 공사가동률 산정방법

① 건축공사의 각 작업활동에 영향을 미치는 정량적인 요인과 정성적인 요인을 조사하여 1년에 실제 작업가능일수를 계산하여 공정계획을 수립할 목적으로 이용된다.(공정계획 및 설계변경 시 자료 활용)

② 공사가동률 $= \dfrac{공사가능일}{365} \times 100\%$

2) 골조공사 공사 가동률 산정(서울지역 10년간 기상 Data)

구분		월평균 작업 불능일												합계
		1월	2월	3월	4월	5월	6월	7월	8월	9월	10월	11월	12월	
한달일수		31	28	31	30	31	30	31	31	30	31	30	31	365일
월평균 작업 불능일	평균 풍속 5m/s 이상	0.6	0.9	0.6	0.5	0.2	0.0	0.7	0.2	0.1	00	0.2	0.4	4.40
	평균 기온 -5℃ 이하	6.5	1.7	0.0	0.0	0.0	0.0	0.0	0.0	0.0	0.0	0.0	3.3	11.50
	강우량 10mm 이상	0.4	0.5	1.4	2.5	2.6	3.7	7.5	7.5	2.7	2.2	1.1	0.2	32.30
	강설 10mm 이상	0.1	0.2	0.0	0.0	0.0	0.0	0.0	0.0	0.0	0.0	0.0	0.0	0.30
	일최고 기온 32℃ 이상	0.0	0.0	0.0	0.0	0.0	1.2	3.1	4.0	0.2	0.0	0.0	0.0	8.45
	매주 일요일	4.5	4.0	4.4	4.3	4.4	4.3	4.4	4.4	4.3	4.5	4.2	4.5	52.50
	명절 공휴일	3.7	1.7	1.0	1.0	2.8	1.0	1.0	1.0	3.6	1.4	0.0	1.0	19.20
	소계	15.8	9.0	7.4	8.3	10.0	10.2	16.7	17.1	10.9	8.1	5.5	9.4	128
	중복 일수	2.10	1.30	0.30	0.50	0.70	1.20	2.70	3.20	1.70	0.80	0.10	0.90	15
	비 작업일	13.7	7.7	7.1	7.8	9.3	9.0	13.95	13.9	9.2	7.3	5.4	8.5	113
	작업일	17.3	20.3	23.9	22.2	21.7	21.0	17.05	17.1	20.8	23.7	24.6	22.5	252
	평균 가동률	56%	73%	77%	74%	70%	70%	55%	55%	69%	76%	82%	73%	69.16%

① 공종별 불가능 기상조건 및 대상선정 후 가동률 산정
② 지역별 불가능 기상조건 및 대상선정 후 가동률 산정
③ 계절별 불가능 기상조건 및 대상선정 후 가동률 산정
④ 월별 불가능 기상조건 및 대상선정 후 가동률 산정

공정계획

3) 공기에 미치는 작업불능일 요인

구 분	조 건	내 용
통제 불가능 요인 (정성적 요인)	기상조건	• 온도/강우/강설/바람 • 일평균기온 • 상대습도
	공휴일	• 일요일, 국경일, 기념일, 기타
통제 가능 요인 (정량적 요인)	현장조건	• 공정의 부조화 • 시공의 난이도 • 현장준비 미비
	발주자 기인 요소	• 설계변경 • 행정의 경직 및 의사결정지연
	시공자 기인 요소	• 인력투입 일관성 결여 • 기능공 수준미달 • 공사관리 능력부족 • 자금운영계획의 불합리 • 부도
	기타	• 교통 혼잡 • 자연적, 인공적 환경보존 문제 • 문화재 • 정치, 경제, 사회적 요인

4) 공사 가동률 산정(S-Curve) 예

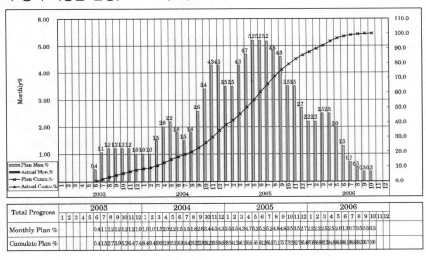

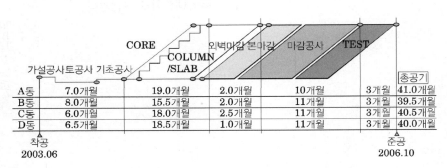

공정계획

2. 공정관리 기법

2-1. Bar Chart(횡선식공정표)

1) 정의

- 세로축에 작업 항목, 가로축에 시간(혹은 날짜)을 취하여 각 작업의 개시부터 종료까지를 막대 모양으로 표현한 공정표

2) 표현방식

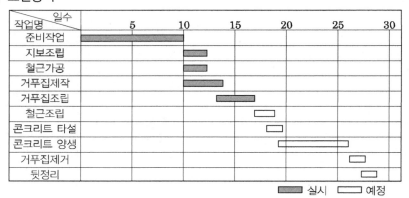

2-2. 사선식 공정표(Banana Curve, S-Curve)

1) 정의

- 공사일정의 예정과 실시상태를 그래프에 대비하여 진도 파악

2) 표현방식

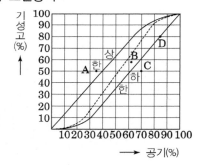

2-3. Pert(Program Evaluation and Review Technique)

1) 정의

- 작업이 완료되는 시점에 중점을 두는 점에서 Event중심의 공정관리

2) Pert 네트워크 표현방식

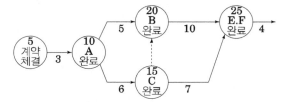

공정계획

2-4. CPM(Critical Path Method)

1) 정의
- 연결점(Node 또는 Event)과 연결선을 이용하여 크게 두 가지 방법으로 표현할 수 있다. 즉 연결선을 화살표형태로 하여 그 위에 작업을 표시하는 방법(Activity On Arrow)과 연결점에 직접작업을 표시하는 방법(Activity On Node 또는 Precedence Diagram)이 있다.

2) 표현방식
① 화살표 표기방식(ADM:Arrow Diagram Method, Activity On Arrow)
- 화살선은 작업(Activity)을 나타내고 작업과 작업이 결합되는 점이나 공사의 개시점 또는 종료점은 ○표로 표기되며 이를 결합점 또는 이벤트(Node, Event) 라 한다.

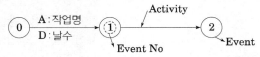

② 마디도표 표기방식(PDM: Precedence Diagram Method)
- 각 작업은 ㅁ, ○로 표시하고 작업간의 연결선은 시간적 개념을 갖지 않고 선후관계의 연결만을 의미하며, 작업간의 중복표시가 가능

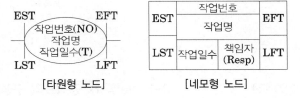

[타원형 노드]　　　　[네모형 노드]

2-5. Line Of Balance, Linear Scheduling method

반복 작업에서 각 작업의 생산성을 유지시키면서 그 생산성을 기울기로 하는 직선으로 각 반복 작업의 진행을 직선으로 표시하여 전체공사를 도식화하는 기법

2-5-1. 공정 진행개념

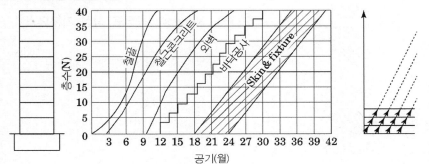

공정계획

2-5-2. 구성요소

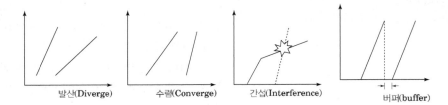

발산(Diverge)   수렴(Converge)   간섭(Interference)   버퍼(buffer)

2-6. Tact공정관리

① 작업구역을 일정하게 구획하는 동시에 작업시간을 일정하게 통일시킴으로써 선·후행작업의 흐름을 연속적인 작업으로 만드는 공정관리 기법
② 공구별로 직렬 연결된 작업을 다수 반복하여 사용하는 방식으로 시간의 모듈을 만들고 각 작업시간을 표준 모듈시간의 배수로 하여 작업계획을 수립하는 방식

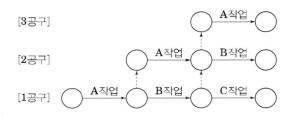

[3공구]   A작업

[2공구]   A작업   B작업

[1공구]   A작업   B작업   C작업

일정계산

- EST(Earliest Starting Time)
- EFT(Earliest Finishing Time)
- LST(Latest Starting Time)
- LFT(Latest Finishing Time)

2-7. Network 공정표의 구성요소와 일정계산

① 네트워크는 화살선(Arrow)으로 표시되는 작업(활동, activity), 더미(dummy), 결합점(node, event)으로 이루어진 연결도이며 이 연결도에 의하여 작업의 순서 관계를 표현하게 된다.
② 네트워크 공정표는 공사의 목적물을 완성하기 위해서 이행에 필요한 여러 개의 요소작업으로 분할하여 여러 작업 사이에 논리적인 집합을 정의하는 관계로서 공사의 진행과정을 도표로 나타낸 것

2-7-1. Network 공정표 작성 기본요소

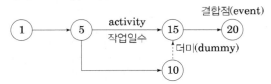

결합점(event)

activity
작업일수

더미(dummy)

3. 공기조정

3-1. MCX 기본이론과 공기단축 Flow Chart

① 각 요소작업의 공기와 비용의 관계를 조사하여 최소의 비용으로 공기를 단축하기 위한 기법으로 CPM(Critical Path Method)의 핵심이론
② 주공정상의 단위작업 중 비용구배(cost slope)가 가장 작은 단위작업부터 단축해 가며 이로 인해 변경되는 주공정 경로를 따라 단축할 단위작업을 결정한다.

공정계획

공기에 영향을 주는 요소

• 내부적 요인
 - 구조물 구조, 용도, 규모
 - 부지의 정지 상태
 - 구조물의 마무리 정도

• 외부적 요인
 - 도급업자 시공능력
 - 금융사정, 노무사정, 자재사정 등
 - 기후, 계절
 - 감독의 능

1) MCX(Minimum Cost eXpediting) - 공기와 비용곡선

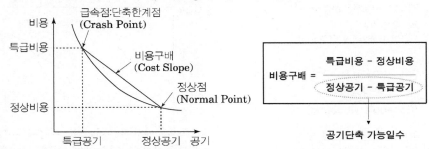

2) MCX(Minimum Cost eXpediting) 공기단축 기법의 순서

공정표작성 → CP를 대상으로 단축 → 작업별 여유시간을 구한 후 비용구배 계산 → Cost Slope 가장 낮은 것부터 공기단축 범위 내 단계별 단축 → 보조 주공정선(보조CP)의 발생을 확인한 후, 보조 주공정선의 동시단축 경로를 고려 → Extra Cost(추가공사비) 산출

공기단축 방법

• 기본원칙
 - 자원의 추가투입: 별도의 사용가능한 자원을 추가로 투입해 공기단축
 - 공정의 수순조정: 공정별 수순의 조정 및 개별공정의 분리 병행작업 등으로 공기단축

• 계산공기(지정공기)가 계약공기 보다 긴 경우
① 비용구배(Cost Slope)가 있는 경우 MCX(Minimum Cost Expediting)에 의한 공기단축
② 비용구배(Cost Slope)가 없는 경우: 지정공기에 의한 공기단축

• 공사진행 중 공기가 지연된 경우
① 진도관리(Follow Up)에 의한 공기단축
② 바 차트(Bar Chart)에 의한 방법
③ 바나나 곡선 (Banana/S-Curve)에 의한 방법
④ 네트워크(Network) 기법에 의한 방법

3-2. 공기조정과 공사비산출 방법

1) 예제

작업명	정상계획		급속계획	
	공기(일)	비용(₩)	공기(일)	비용(₩)
A	6	60,000	4	90,000
B	10	150,000	5	200,000

• B작업 Cost Slope $= \dfrac{200,000원 - 150,000원}{10일 - 5일} = 10,000원/일$

 1일 단축 시 10,000원의 비용이 발생

• A작업 Cost Slope $= \dfrac{90,000원 - 60,000원}{6일 - 4일} = 15,000원/일$

 1일 단축 시 15,000원의 비용이 발생

3-3. 공기지연 유형

┌ 수용가능 지연: 보상가능, 보상불가능(예측불가 및 불가항력)
├ 수용불가능 지연: 시공자, 하도급자에 의해 발생
└ 동시발생 지연: 최종 완공일에 영향을 줄 수 있는 두 가지 이상의 지연이 동일시점에서 발생

공정계획

진도율 측정방법

- 작업량 or 수량(quantity)에 의한 방법
- 백분율(percent)에 의한 방법
- 작업의 완료시점(milestone)에 의한 방법
- 시간의 흐름(level of effort)

공정갱신
(Schedule Updating)

- 여유 공정에서 발생된 경우: 여유 공정 일정을 수정 및 조치
- 주공정에서 발생된 경우: 추가적인 자원투입이나 여유 공정에서 주공정으로 자원을 이동하거나 수정조치

3-4. 진도관리(Follow up)

1) 열림형(벌림형)

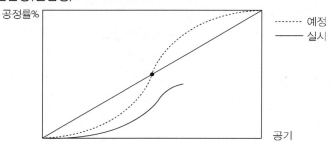

- 공사초기부터 말기에 걸쳐 지연이 점차 확대되는 형태

2) 후반 열림(벌림)

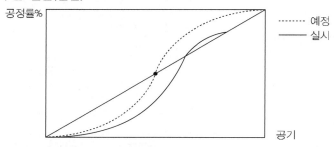

- 공사초기부터 일정하게 지연되는 형태

3) 평행형

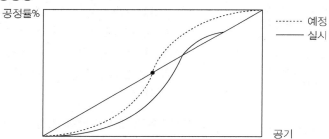

- 공사초기부터 일정하게 지연되는 형태

4) 후반 닫힘형

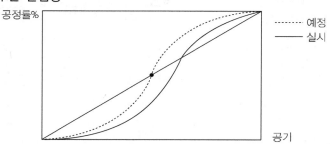

- 공사초반에 발생한 지연을 회복해 가면서 완공기일에 맞게 시행

4. 자원계획과 통합관리

4-1. 자원배당의 의미

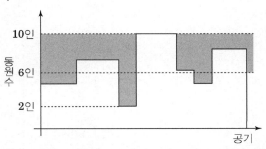

- 공정표의 활동 진행 일자별로 소요되는 자원수를 계산해 현장에 동원 가능한 수준을 초과할 때는 활동의 작업일정을 조정해 자원수를 감소

4-2. 자원배당 및 평준화 순서

초기공정표 일정계산 → EST에 의한 부하도 작성: EST로 시작하여 소요일수만큼 우측으로 작성 → LST에 의한 부하도 작성: 우측에서부터 EST부하도와 반대로 일수만큼 좌측으로 작성 → 균배도 작성: 인력부하(Labor Load)가 걸리는 작업들을 공정표상의 여유시간(Float Time)을 이용하여 인력을 균등배분

4-3. 자원배당의 형태

1) 공기 제한형(지정공기 준수 목적)

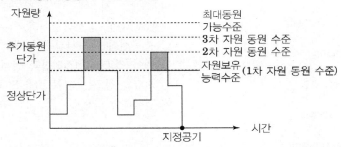

① 동원 가능한 자원수준 이내에서 일정별 자원 변동량 최소화
② 발주자의 공기가 지정되어 있는 경우 실시
③ EST와 LST에 의한 초기 인력자원 배당 실시 후 우선순위 정함

2) 자원 제한형(공기단축목적)

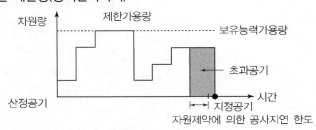

① 자원제약을 주고 여기에 다른 공기를 조정
② 동원가능한 자원수의 제약이 있을 때 실시
③ 한단계의 배당이 끝나면 공정표 조정 후 그 단계에서 계속공사의 자원량을 감안하여 해당 작업의 자원 요구량의 합계가 자원제한 한계에 들도록 배당

자원배당 특징

- EST에 의한 자원배당
  - 프로젝트 전반부에 많은 자원 투입으로 초기 투자비용이 과다하게 들어갈 수 있지만 여유가 많아 예정공기 준수에 유리

- LST에 의한 자원배당
  - 모든 작업들이 초기에 여유시간을 소비하고 주공정선처럼 작업을 시행하는 방법
  - 작업의 하나라도 지연이 생기면 전체작업에 지연초래
  - 초기투자비용은 적지만 후기에 자원을 동원하기 때문에 공기지연 위험

- 조합에 의한 자원배당
  - 합리적인 자원배당 가능
  - 가능한 범위 내에서 여유시간을 최대한 활용하여 자원을 배당

인력부하도와 균배도

- 인력부하도
  - 공정표상의 인력(man)이 어느 한쪽으로 치중되어 부하(負荷, load)가 걸리는 것이며, 종류로는 EST(Early Start Time)에 의한 부하도와 LST(Late Start Time)에 의한 부하도가 있다.

- 균배도
  - 인력부하(labor load)가 걸리는 작업들을 공정표상의 여유시간(flot time)을 이용하여 논리적 순서에 따라 작업을 조절하므로, 인력을 균등배분(均等配分)하여 인력 이용의 loss를 줄이고 인력 수요를 평준화하는 것이다.

공정계획

4-4. EVMS(Earned Value Management System)
4-4-1. EVMS 관리곡선 – 측정요소분석

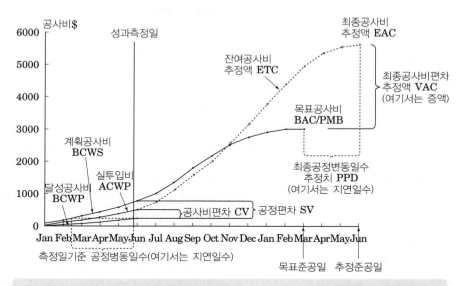

① 상기 도표는 공사의 진행별 1개월 단위로 비용누계 현황을 표현한 것으로 성과측정 시점은 5개월 시점이다.
② 위 3종류의 관리곡선에서 목표준공일 시점과 총공사비가 1년 2개월 시점에 3100 $ 정도로 그려져 있는 곡선이 계획비용(BCWS)·공정곡선이며, 5개월 시점에 300 $ 정도로 그려져 있는 곡선이 현재시점까지의 실제비용(ACWP)·공정곡선이고, 1년 4개월 시점에 5500 $ 정도로 그려져 있는 곡선이 현재시점에서 재추정한 비용(EAC)·공정곡선이다.
③ 5개월이 경과한 현재시점의 실제비용(ACWP)·공정곡선에서 현재 투입비용인 300 $ 정도는 계획 비용(BCWS)·공정곡선에 의하면 약 1.5개월 시점에 달성해야 함으로, 약 3.5개월의 공정변동일수가 발생하고 있음을 알 수

EVM 적용 Process

• 주체별 역할 – 109회 출제
WBS 설정
↓
공사비 배분
↓
일정계획 수립
↓
관리기준선 확정
↓
실적데이터 파악
↓
성과측정
↓
경영분석
↓
변경사항 관리

4-4-2. EVMS 측정요소

구분	약어	용어	내용	비고
측정 요소	BCWS	Budget Cost for Work Schedule (=pv, planned Value)	계획공사비 Σ(계약단가×계약물량) +예비비	예산
	BCWP	Budget Cost for Work Performed (=EV, Earned Value)	달성공사비 Σ(계약단가×기성물량)	기성
	ACWP	Actual Cost for Work Performed (=AC, Actual Cost)	실투입비 Σ(실행단가×기성물량)	
분석 요소	SV	Schedule Variance	일정분산	BCWP−BCWS
	CV	Cost Variance	비용분산	BCWP−ACWP
	SPI	Schedule Performance Index	일정 수행 지수	BCWP/BCWS
	CPI	Cost Performance Index	비용 수행 지수	BCWP/ACWP

공정계획

1) 계획공사비(BCWS: Budgeted Cost for Work Scheduled)

① 실제 시공량과 관계없는 계획 당시의 요소를 측정하기 위한 기준값

- 실행(계획공사비): 실행물량×실행단가

2) 달성공사비(BCWP: Budgeted Cost for Work Performance)

① 공정표상 현재시점을 기준으로 완료한 작업항목들, 또는 진행 중인 작업항목들에 대한 계획단가와 실적물량을 곱한 금액

- 실행기성(달성공사비): 실제물량(실 투입수량)×실행단가

3) 실투입비(ACWP: Actual Cost for Work Performed)

- 공정표상 기준시점에서 완료한 작업항목이나 진행 중인 작업항목에 대한 실제투입 실적단가와 공사에 투입한 실적물량을 곱한 금액
- 실투입비(실제공사비) : 실제물량×실제단

4-4-3. EVMS 분석요소

1) SPI(공기진도지수, Schedule Performance Index) – 90회 출제

$$SPI = \frac{BCWP}{BCWS}$$

- SPI<1.0: 공기지연
- SPI=1.0: 계획일치
- SPI>1.0: 계획초과

- SPI는 현재시점의 완료공정률에 대한 공정관리의 효율성을 나타내며, BCWP와 BCWS는 모두 공종별 계획단가에 대한 실제 실행물량과 계획 실행물량의 차이이므로, SPI는 현재시점의 계획 대비 공정 진도율 차이를 의미

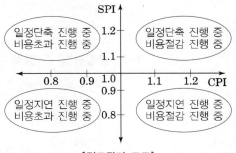

[진도관리 도표]

2) CPI(원가진도지수, Cost Performance Index) – 84회 출제

$$PC = \frac{BCWP}{BAC}$$

- CPI<1.0: 원가초과
- CPI=1.0: 계획일치
- CPI>1.0: 원가미달
- CPI는 현재시점의 완료 공정률에 대한 투입공사비의 효율성을 나타내며, BCWP와 ACWP는 모두 현재시점의 실제 작업물량을 기준으로 하는 계획단가와 실행단가의 차이이므로, CPI는 실제 작업물량에 대한 실제 투입 공사비 대비 계획공사비의 비율을 의미

품질관리

품질관리

Key Point

■ 국가표준
- 건설산업 기본법 시행령
- 건설공사 품질관리 업무 지침
- 건설기술 진흥법 시행령
- 건설기술 진흥법 시행 규칙

■ Lay Out
- 품질개론
- 품질개선 도구
- 품질경영
- 현장 품질관리

■ 필수 기준
- 품질관리 기술인 배치

■ 필수용어

③ 품질관리

1. 품질개론

1-1. PDCA(Deming Wheel)Cycle

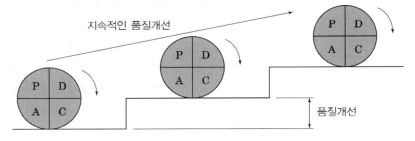

단 계	내 용
Plan(계획) 단계	• 공정을 표준화시키고 문제인식을 위한 자료를 수집 • 다음으로 자료를 분석하고 개선을 위한 계획 개발
Do(실시·실행) 단계	• 계획을 이행 • 이 단계에서 어떤 변화가 있었는지 문서화한다. 평가를 위해 자료를 체계적으로 수집
Check (검사·확인) 단계	• 실행단계에서 모아진 자료들을 평가 • 계획단계에서 설정된 원래 목표와 결과가 얼마나 밀접히 부합되었나를 확인
Action(조치)단계	• 결과가 성공적이었다면 새로운 방법을 표준화하고 공정에 관련된 모든 사람들에게 새로운 방법을 전달한다. • 만일 결과가 성공적이지 않았다면 계획을 수정하고 공정을 되풀이하거나 계획을 중단한다.

1-2. 품질관리 중 발취 검사(Sample Inspection)

1) 발취 검사(Sample Inspection) 방법

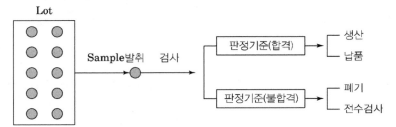

- Sampling 검사 결과 판정 기준보다 적으면 그 모집단을 합격으로 판정
- Sampling 검사 결과 판정 기준보다 많으면 그 모집단을 불합격 or 전수 검사 실시

2) 시험실시 조건

- 검사대상이 Lot로 처리될 수 있어야 한다.
- 합격된 Lot속에 어느 정도의 부적합품이 있음을 허용
- Lot로 부터 Sample을 random으로 발취할 수 있어야 한다.
- 객관적이고 명확한 판정기준이 있어야 한다.

품질관리

2. 품질관리 7가지 tool

- Pareto Diagram: 크기순서로 분류, 불량, 손실 파악
- 산점도: 상호 관련된 두 변수에 대한 특성과 요인관계 규명
- 특성요인도: 효과와 그 효과를 만들어내는 원인을 시스템적으로 분석
- Histogram: 계량치의 데이터가 어떠한 분포를 하고 있는지 파악
- 층별: 재료별, 기계별, 시간대별, 작업자별 구분
- Check Sheet: 계수치가 분류항목별로 어디에 있는지 파악
- 관리도: 관리상한 하한선을 설정하여 관리상태 파악

3. 품질경영

3-1. 품질경영의 발전단계

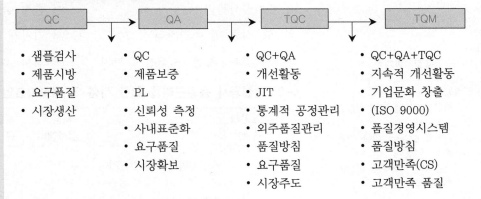

QC	QA	TQC	TQM
• 샘플검사	• QC	• QC+QA	• QC+QA+TQC
• 제품시방	• 제품보증	• 개선활동	• 지속적 개선활동
• 요구품질	• PL	• JIT	• 기업문화 창출
• 시장생산	• 신뢰성 측정	• 통계적 공정관리	• (ISO 9000)
	• 사내표준화	• 외주품질관리	• 품질경영시스템
	• 요구품질	• 품질방침	• 품질방침
	• 시장확보	• 요구품질	• 고객만족(CS)
		• 시장주도	• 고객만족 품질

3-2. TQM(Total Quality Management)

1) TQM의 원칙 및 기본 구성요소

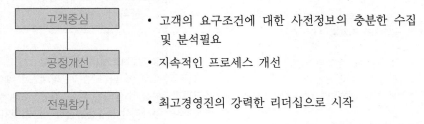

고객중심
- 고객의 요구조건에 대한 사전정보의 충분한 수집 및 분석필요

공정개선
- 지속적인 프로세스 개선

전원참가
- 최고경영진의 강력한 리더십으로 시작

2) TQM의 절차

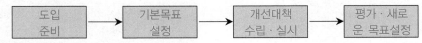

도입 준비 → 기본목표 설정 → 개선대책 수립·실시 → 평가·새로운 목표설정

3-3. TQC(Total Quality Control)

1) TQC의 개념

① Life Cycle 모든 단계에서 전개되는 품질관리
② 전 부문이 참가하는 품질관리
③ 전원참가의 품질관리
④ 통계적 방법을 비롯한 모든 QC기법을 활용하는 품질관리
⑤ 종합품질시스템을 기반으로 하는 기능별 관리 (품질, 납기, 원가를 종합적으로 관리)

TQC의 목표

- 기업의 체질개선
- 전사의 총력결집
- 품질보증체제의 확립
- 세계최고 품질의 신제품 개발
- 변화에 대처하는 경영의 확립
- 인간성의 존중과 인재육성
- QC기법의 활용

4. 현장 품질관리

4-1. 품질관리계획서 작성기준(제 7조 제1항 관련)

품질관리

① 건설공사 정보   ② 현장 품질방침 및 품질목표

③ 책임 및 권한   ④ 문서관리

⑤ 기록관리   ⑥ 자원관리

⑦ 설계관리   ⑧ 건설공사 수행준비

⑨ 계약변경관리   ⑩ 교육훈련관리

⑪ 의사소통관리   ⑫ 기자재 구매관리

⑬ 지급자재 관리   ⑭ 하도급 관리

⑮ 공사관리   ⑯ 중점 품질관리

⑰ 식별 및 추적관리   ⑱ 기자재 및 공사 목적물의 보존

⑲ 검사, 측정, 시험장비 관리   ⑳ 검사, 시험, 모니터링 관리

4-2. 건설공사 품질관리를 위한 시설 및 건설기술인 배치기준

품질관리계획 대상 23.01.06

- 수립공사
  - 총공사비 500억원 이상 이상인 건축물의 건설공사
  - 연면적 3만m² 이상 다중이용건축물
  - 계약에 품질관리계획을 수립하도록 되어 있는 건설공사

- 미수립공사
  - 조경식재공사
  - 철거공사

품질시험계획

- 수립공사
  - 총공사비가 5억원 이상인 토목공사
  - 연면적 660m² 이상 건축물의 건축공사
  - 총공사비가 2억원 이상인 전문공사

품질관리 기술인 업무

- 건설자재·부재 등 주요 사용자재의 적격품 사용 여부 확인
- 공사현장에 설치된 시험실 및 시험·검사 장비의 관리
- 공사현장 근로자에 대한 품질교육
- 공사현장에 대한 자체 품질점검 및 조치
- 부적합한 제품 및 공정에 대한 지도·관리

대상공사 구 분	공사규모	시험·검사장비	시험실 규 모	건설기술인
특급 품질관리 대상공사	품질관리계획을 수립해야 하는 건설공사로서 총공사비가 1,000억원 이상인 건설공사 또는 연면적 5만m² 이상인 다중이용건축물의 건설공사		50m² 이상	• 품질관리 경력 3년 이상인 특급기술인 1명 이상 • 중급기술인 이상인 사람 1명 이상 • 초급기술인 이상인 사람 1명 이상
고급 품질관리 대상공사	영 제89조제1항제1호 및 제2호에 따라 품질관리계획을 수립해야 하는 건설공사로서 특급품질관리 대상 공사가 아닌 건설공사	영 제91조제1항에 따른 품질검사를 실시하는 데에 필요한 시험·검사장비	50m² 이상	• 품질관리 경력 2년 이상인 고급기술인 이상인 사람 1명 이상 • 중급기술인 이상인 사람 1명 이상 • 초급기술인 이상인 사람 1명 이상
중급 품질관리 대상공사	총공사비가 100억원 이상인 건설공사 또는 연면적 5,000m² 이상인 다중이용건축물의 건설공사로서 특급 및 고급품질관리대상공사가 아닌 건설공사		18m² 이상	• 품질관리 경력 1년 이상인 중급기술인 이상인 사람 1명 이상 • 초급기술인 이상인 사람 1명 이상
초급 품질관리 대상공사	품질시험계획을 수립해야 하는 건설공사로서 중급품질관리 대상 공사가 아닌 건설공사		18m² 이상	• 초급기술인 이상인 사람 1명 이상

원가관리

4 원가관리

1. 원가구성

1-1. 건설 원가구성체계

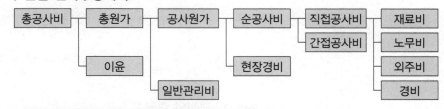

1-2. 건축공사 원가계산에 의한 예정가격의 결정

구분			산출식
예정가격	총공사원가	순공사원가 · 재료비	규격별 재료량×단위당 가격
		노무비	공종별 노무량×노임단가
		경비	비목별 경비의 합계액
		일반관리비	(재료비+노무비+경비)×일반관리비율
		이윤	(노무비+경비+일반관리비)×이윤율
	공사손해 보험료		(총공사원가+관급자재대)×요율
	부가가치세		(총공사원가+공사손해보험료)×요율

※ 일반관리비율: 6/ 100 이하, 이윤율: 15/ 100 이하

1-3. 원가산정 및 예측(비용견적)/ 실행예산

1) 사업비 산정방법

① 실제상황 반영(경험)
② 동일한 상세수준 유지(정보의 정확성)
③ 가변성 있는 서류양식 작성(공식적인 서류)
④ 직접비용과 간접비용 구분
⑤ 변동비용과 고정비용 구분(설계변경에 대처)

2) 실행예산

- 건설회사가 수주한 공사를 수행하기 위하여 선정된 계획공사비용
- 공사를 진행함에 있어서 직·간접적으로 순수하게 투입되는 비용으로 실행예산의 각 항목은 재료비, 노무비, 외주비, 경비 등으로 구분되는 직접공사비와 현장관리비, 안전관리비, 산재보험료 등 직접공사비 이외의 공사 투입금액을 적용하는 간접공사비로 구성된다.
- 건설 Project 공사현장의 주위여건, 시공상의 조건을 조사하여 종합적으로 검토, 분석한 후 계약내역과는 별도로 작성한 실제 소요공사비이다.

원가관리
Key Point

☑ **국가표준**
- 국가계약법 시행규칙
- (계약예규) 예정가격작성 기준

☑ **Lay Out**
- 원가구성
- 적산 및 견적
- 원가관리 기법

☑ **필수 기준**
- 표준시장 단가제도

☑ **필수용어**

원가계산 시 단위당 가격기준

- 감정가격: 「부동산가격공시 및 감정평가에 관한 법률」에 의한 감정평가법인 또는 감정평가사(「부가가치세법」 제8조에 따라 평가업무에 관한 사업자등록증을 교부받은 자에 한한다)가 감정평가한 가격
- 유사한 거래실례가격: 기능과 용도가 유사한 물품의 거래실례가격
- 견적가격: 계약상대자 또는 제3자로부터 직접 제출받은 가격

직접비와 간접비의 관계

- 공기를 단축하면 직접비는 증가하고 간접비는 감소한다.
- 공기가 연장되면 직접비는 감소되고 간접비는 증가한다.
- 직접비와 간접비 간의 균형을 이루는 어느 기간에서 total cost는 최소가 되며, 이때의 공기가 최적공기가 된다.

2. 적산 및 견적

2-1. 견적방법

| 물량산출 | • 각 작업 공종에 대한 재료의 소요량, 노무자의 소요수, 가설재 및 장비의 기간 등 구체적 산출 |

| 일위대가 산정 | • 각 항목별 단가를 산정하는 작업으로 자재와 노무에 대한 단위가격과 품의 수량을 곱하여 산정 |

| 공사비 계산 | • 공사 수행에 필요한 모든 금액을 포함하여 산정 |

2-1-1. 견적의 종류

- **개산견적** Approximate Estimates
  - **비용 지수법** Cost Indexes Method
    기준이 되는 시간과 장소의 값과 다른 시간과 장소에서의 값에 대한 비율
  - **비용 용량법** Cost Capacity Method
    공사수량과 자원과의 관계
  - **계수 견적법** Factor Estimating Method
    각 요소에 대한 비용과 기준요소에 대한 비용의 비율
  - **변수 견적법** Parameter Estimating method
    설계변수의 수량과 각 변수의 수량단위에 대하여 견적된 시스템 비용을 곱하여 구함
  - **기본 단가법** Base Unit Price Method
    기본단위에 대한 비용자료
    (건물의 단위면적 및 체적 등에 근거하여 비용산출
- **상세견적** Detailed Estimates
  완성된 도면과 시방서에 근거하여 비용결정
- **실적공사비**
  이미 수행한 공사의 공종별 계약단가를 기초로 하여 예정가격을 산정하는 방식

2-1-2. 단위기준에 의한 방법

1) 단위설비에 의한 견적
   - 학교: 1인당 통계치 가격×학생수+총공사비
   - 호텔: 1객실당 통계치 가격×객실수–총공사비
   - 병원: 1Bed당 통계치 가격×Bed수=총공사비
2) 단위면적에 의한 견적
   - m^2당 개략적으로 개산견적
   - 실적데이터에 의한 비교적 근접한 결과

원가관리

3) 단위체적에 의한 견적
- m³당 개략적으로 견적
- 거푸집, 철근, 콘크리트 등

2-1-3. 단위기준에 의한 방법
1) 가격비율에 의한 견적
- 전체 공사비에 대한 각 부분공사비의 통계치의 비율에 따라 견적하는 방법
2) 수량비율에 의한 방법
- 유사한 건축물의 면적당 거의 동일한 비율을 이용하여 견적하는 방법

2-1-4. 공종별 수량개산법에 의한 견적
- 적산된 물량×학생수+총공사비

2-2. 부위별 적산내역서 분류

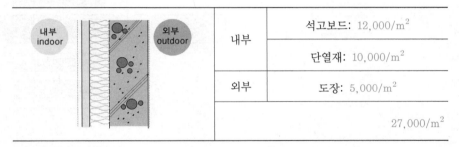

내부	석고보드: 12,000/m²	
	단열재: 10,000/m²	
외부	도장: 5,000/m²	
		27,000/m²

2-3. 표준시장단가제도

① 건설공사를 구성하는 세부 공종별로 계약단가, 입찰단가, 시공단가 등을 토대로 시장 및 시공 상황을 반영할 수 있도록 중앙관서의 장이 정하는 예정가격 작성기준
② 표준시장단가에 의한 예정가격은 직접공사비, 간접공사비, 일반관리비, 이윤, 공사손해보험료 및 부가가치세의 합계액으로 한다.
③ 추정가격이 100억원 미만인 공사에는 표준시장단가를 적용하지 아니한다.

2-3-1. 표준품셈과 표준시장단가 적산방식의 비교

구분	품셈제도	표준시장단가제도
내역서 작성방식	설계자 및 발주기관에 따라 상이함	표준분류체계인 "수량산출기준"에 의해 내역서 작성 통일
단가산출방법	품셈을 기초로 원가계산	계약단가를 기초로 축적한 공종별 실적 단가에 의해 계산
직접공사비	재·노·경 단가 분리	재·노·경 단가 포함
간접공사비(제경비)	비목(노무비 등)별 기준	직접공사비 기준
설계변경	품목조정방식, 지수조정방식	지수조정방식(공사비지수 적용)

원가관리

2-3-2. 실적공사비 제도

1) 정의

① 건설공사를 계약할 경우 공사의 예정가격을 각 공사의 특성을 감안하여 조정한 다음 입찰을 통해서 계약된 시장가격을 그대로 적용하는 방법

② 이미 수행한 공사의 공종별 계약단가를 기초로 하여 예정가격을 산정하는 방식

2) 실적공사비의 분석 및 확정절차

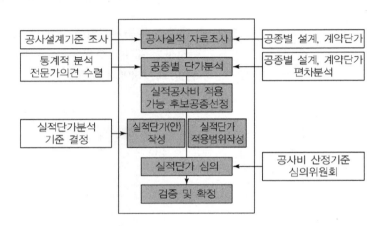

3. 원가관리 기법

① 개인의 능력발휘와 책임소재를 명확히 하고, 미래의 전망과 노력에 대한 지침을 제공하여 Teamwork를 조성하게 해서 관리원칙에 따라 관리하고 자기통제하는 행위과정(by Peter Ferdinand Drucker)

② 관리자 자신이 자기개발과 조직에 공헌하기 위해서 설정된 기업의 이익과 목표를 효과적으로 달성시키기 위한 기업의 욕구를 통합조정하는 동태적 시스템(by 험블 John W. Humble)

3-1. MBO의 원리

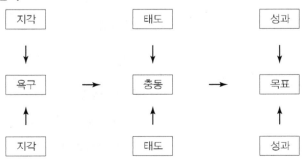

⑤ 안전관리

1. 산업안전 보건법

1-1. 산업안전 보건관리비

① 건설사업장과 본사 안전전담부서에서 산업재해의 예방을 위하여 법령에 규정된 사항의 이행에 필요한 비용
② 사용기준에 따라 건설사업장에서 근무하는 근로자의 산업재해 및 건강장해 예방을 위한 목적으로만 사용해야 한다.

1-1-1. 공사종류 및 규모별 안전관리비 계상기준표

구분	5억원 미만 적용 비율	5억원 이상 50억원 미만		50억원 이상 적용비율	보건관리자 선임대상 건설공사의 적용비율(%)
		적용 비율	기초액		
일반건설공사(갑)	2.93%	1.86%	5,349,000원	1.97%	2.15%
일반건설공사(을)	3.09%	1.99%	5,499,000원	2.10%	2.29%
중 건 설 공 사	3.43%	2.35%	5,400,000원	2.44%	2.66%
철도·궤도신설공사	2.45%	1.57%	4,411,000원	1.66%	1.81%
특수 및 기타건설공사	1.85%	1.20%	3,250,000원	1.27%	1.38%

1-1-2. 계상방법 및 계상시기

- 자기공사자는 원가계산에 의한 예정가격을 작성하거나 자체 사업계획을 수립하는 경우에 안전보건관리비를 계상해야 한다.
- 대상액이 구분되어 있지 않은 공사는 도급계약 또는 자체사업계획 상의 총공사금액의 70%를 대상액으로 하여 제4조에 따라 안전보건 관리비를 계상해야 한다.

1-1-3. 산업안전보건관리비 사용내역서

항 목	월사용금액	누계사용금액
1. 안전 · 보건관리자 임금 등		
2. 안전시설비 등		
3. 보호구 등		
4. 안전진단비 등		
5. 안전보건교육비 및 행사비 등		
6. 근로자 건강장해예방비 등		
7. 건설재해예방전문지도기관 기술지도비		
8. 본사 전담조직 근로자 임금 등		
9. 위험성평가 등에 따른 소요비용		

안전관리

비고

- 정기교육: 정기적으로 실시
  해야 하는 교육
- 채용시 교육
  - 사업주가 근로자를 채용하
    는 경우
  - 현장실습산업체의 장이 현
    장실습생과 현장실습계약
    을 체결하는 경우
  - 사용사업주가 파견근로자로
    부터 근로자파견의 역무를
    제공받는 경우
- 작업내용 변경 시 교육
  - 근로자등이 기존에 수행하
    던 작업내용과 다른 작업
    을 수행하게 될 경우 변경
    된 작업을 수행하기 전 실
    시해야 하는 교육
- 특별 교육
  - 교육 외에 추가로 실시해야
    하는 교육

위험성평가의 평가대상

① 회사 내부 또는 외부에서
  작업장에 제공되는 모든
  기계·기구 및 설비
② 작업장에서 보유 또는 취급
  하고 있는 모든 유해물질
③ 일상적인 작업(협력업체 포
  함) 및 비일상적인 작업(수
  리 또는 정비 등)
④ 발생할 수 있는 비상조치
  작업
⑤ 사업장 내에서 발생이 확인
  된 아차사고
⑥ 산업재해가 발생한 경우 그
  원인이 된 유해·위험요인

1-2. 건설업 기초안전보건교육

사업주가 건설 일용근로자를 채용할 때 해당 근로자로 하여금 안전보건교육기관이 실시하는 안전보건교육을 이수하도록 하는 제도

1-3. 안전인증 · 자율안전 확인 · 안전검사 · 자율검사프로그램인정

① 안전인증: 안전인증대상기계등의 안전성능과 제조자의 기술능력 및 생산체계가 안전인증 기준에 맞는지에 대하여 고용노동부장관이 종합적으로 심사하는 제도(수입품)
② 자율안전확인신고: 자율안전확인대상기계등을 제조 또는 수입하는 자가 해당 제품의 안전에 관한 성능이 자율안전기준에 맞는 것임을 확인하여 고용노동부장관에게 신고하는 제도
③ 안전검사: 유해하거나 위험한 기계·기구·설비를 사용하는 사업주가 유해·위험기계 등의 안전에 관한 성능이 안전검사기준에 적합한지 여부에 대하여 안전검사기관으로부터 안전검사를 받도록 함으로써 사용 중 재해를 예방하기 위한 제도
④ 자율검사프로그램 인정: 산업안전보건법 제98조에 따라 사업주가 안전검사대상기계 등에 대해 검사프로그램을 정하여 고용노동부장관으로부터 인정을 받아 자체적으로 안전에 관한 검사를 실시하는 제도

1-4. 밀폐공간보건작업 프로그램

산소결핍, 유해가스로 인한 질식·화재·폭발 등의 위험이 있는 장소로서 사업주는 밀폐공간에서 근로자에게 작업을 하도록 하는 경우 밀폐공간 작업프로그램을 수립하여 시행해야 한다.

1-5. 물질안전 보건자료(MSDS)

화학물질의 유해성·위험성, 응급조치요령, 취급방법 등을 설명한 자료, 사업주는 MSDS상의 유해성·위험성 정보, 취급·저장방법, 응급조치요령, 독성 등의 정보를 통해 사업장에서 취급하는 화학물질에 대한 관리를 한다.

1-6. 위험성평가

사업주가 스스로 유해·위험요인을 파악하고 해당 유해·위험요인의 위험성 수준을 결정하여, 위험성을 낮추기 위한 적절한 조치를 마련하고 실행하는 과정

안전관리

위험성평가의 실시원칙

① 사업주가 위험성평가 실시를 총괄 관리한다.
② 위험성평가 전담직원을 지정하는 등 위험성평가를 위한 체제를 구축한다.
③ 작업내용 등을 상세하게 파악하고 있는 관리감독자가 유해·위험요인을 파악하고 그 결과에 따라 개선조치를 실행한다.
④ 위험성평가의 전체 과정에 근로자의 참여를 보장한다.
⑤ 위험성평가의 결과는 게시 등을 통해 전체 근로자에게 알리고, 근로자 안전보건교육 내용 및 작업 전 안전점검회의 내용에 포함한다.
⑥ 필요 시 전담직원들에게 위험성평가 전문교육을 실시한다

1) 위험성평가 실시시기

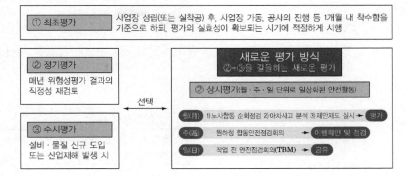

2) 일반적인 위험성평가 절차

3) 상시평가를 실시하는 사업장의 경우

1-7. 유해위험 방지계획서

건설공사의 안전성을 확보하기 위해 사업주 스스로 유해위험방지계획서를 작성하고, 공단에 제출토록 하여 그 계획서를 심사하고 공사 중 계획서 이행여부를 주기적인 확인을 통해 근로자의 안전·보건을 확보하기 위한 제도

위험성평가의 방법

가. 체크리스트(Check List)
나. 상대위험순위 결정(Dow and Mond Indices)
다. 작업자 실수 분석(HEA)
라. 사고 예상 질문 분석 (What-if)
마. 위험과 운전 분석(HAZOP)
바. 이상위험도 분석(FMECA)
사. 결함 수 분석(FTA)
아. 사건 수 분석(ETA)
자. 원인결과 분석(CCA)
차. 가목부터 자목까지의 규정과 같은 수준 이상의 기술적 평가기법

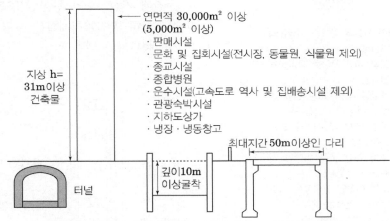

2. 건설기술진흥법

2-1. 건설기술진흥법상 안전관리비

발주자는 건설공사 계약을 체결할 때에 건설공사의 안전관리에 필요한 비용

안전검사 대상	관련 분야
1. 안전관리계획의 작성 및 검토 비용 또는 소규모안전관리계획의 작성 비용	• 작성 대상과 공사의 난이도 등을 고려하여 엔지니어링사업 대가기준을 적용하여 계상
2. 안전점검 비용	• 안전점검 대가의 세부 산출기준을 적용하여 계상
3. 발파·굴착 등의 건설공사로 인한 주변 건축물 등의 피해방지대책 비용	• 건설공사로 인하여 불가피하게 발생할 수 있는 공사장 주변 건축물 등의 피해를 최소화하기 위한 사전보강, 보수, 임시이전 등에 필요한 비용을 계상
4. 공사장 주변의 통행안전관리대책 비용	• 공사시행 중의 통행안전 및 교통소통을 위한 시설의 설치비용 및 신호수의 배치비용에 관해서는 토목·건축 등 관련 분야의 설계기준 및 인건비기준을 적용하여 계상
5. 계측장비, 폐쇄회로 텔레비전 등 안전 모니터링 장치의 설치·운용 비용	• 공정별 안전점검계획에 따라 계측장비, 폐쇄회로 텔레비전 등 안전 모니터링 장치의 설치 및 운용에 필요한 비용을 계상
6. 가설구조물의 구조적 안전성 확인에 필요한 비용	• 가설구조물의 구조적 안전성을 확보하기 위하여 같은 항에 따른 관계전문가의 확인에 필요한 비용을 계상
7. 무선설비 및 무선통신을 이용한 건설공사 현장의 안전관리체계 구축·운용 비	• 건설공사 현장의 안전관리체계 구축·운용에 사용되는 무선설비의 구입·대여·유지 등에 필요한 비용과 무선통신의 구축·사용 등에 필요한 비용을 계상

2-2. 안전관리 계획서

착공 전에 건설사업자 등이 시공과정의 위험요소를 발굴하고, 건설현장에 적합한 안전관리계획을 수립·유도함으로써 건설공사 중의 안전사고를 예방하기 위함

추가 안전관리비 계상

• 발주자의 요구 또는 귀책사유로 인한 경우로 한정
1. 공사기간의 연장
2. 설계변경 등으로 인한 건설공사 내용의 추가
3. 안전점검의 추가편성 등 안전관리계획의 변경
4. 그 밖에 발주자가 안전관리비의 증액이 필요하다고 인정하는 경우

수립대상

1. 1종 시설물 및 2종 시설물의 건설공사
2. 지하 10M 이상을 굴착하는 건설공사
3. 폭발물 사용으로 주변에 영향이 예상되는 건설공사
3. 주변 20M 내 시설물 또는 100M 내 가축 사육
4. 10층 이상 16층 미만인 건축물의 건설공사
5. 10층 이상인 건축물의 리모델링 또는 해체공사
6. 수직증축형 리모델링
7. 건설기계: 천공기(높이 10M 이상), 항타 및 항발기, 타워크레인
※ 리프트카 해당 없음

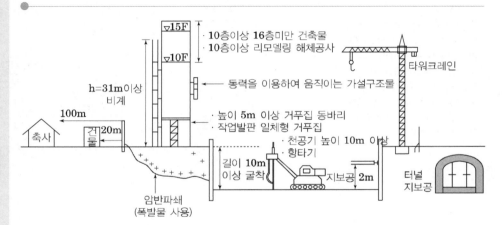

안전관리

2-3. 안전점검

건설사업자와 주택건설등록업자는 건설공사의 공사기간 동안 매일 자체안전점검을 하고, 정기안전점검 및 정밀안전점검 등을 해야 한다.

안전점검의 종류와 절차

1. 자체안전점검
2. 정기안전점검
3. 정밀안전점검
4. 초기점검
5. 공사재개 전 안전점검

2-3-1. 안전점검의 실시시기

1) 자체안전점검
   - 건설공사의 공사기간동안 매일 공종별 실시
2) 정기안전점검
   - 구조물별로 정기안전점검 실시시기를 기준으로 실시
   - 다만, 발주청 또는 인·허가기관의 장은 안전관리계획의 내용을 검토할 때 건설공사의 규모, 기간, 현장여건에 따라 점검시기 및 횟수를 조정할 수 있다.
3) 정밀안전점검
   - 정기안전점검결과 건설공사의 물리적·기능적 결함 등이 발견되어 보수·보강 등의 조치를 취하기 위하여 필요한 경우에 실시
4) 초기점검
   - 건설공사를 준공하기 전에 실시
5) 공사재개 전 안전점검
   - 건설공사를 시행하는 도중 그 공사의 중단으로 1년 이상 방치된 시설물이 있는 경우 그 공사를 재개하기 전에 실시

2-4. 지하안전평가

지하안전에 영향을 미치는 사업의 실시계획·시행계획 등의 허가·인가·승인·면허·결정 또는 수리 등을 할 때에 해당 사업이 지하안전에 미치는 영향을 미리 조사·예측·평가하여 지반침하를 예방하거나 감소시킬 수 있는 방안을 마련하는 것

2-4-1. 지하안전평가의 평가항목 및 방법

평가항목	평가방법
지반 및 지질 현황	• 지하정보통합체계를 통한 정보분석 • 시추조사 • 투수(透水)시험 • 지하물리탐사(지표레이더탐사, 전기비저항탐사, 탄성파탐사 등)
지하수 변화에 의한 영향	• 관측망을 통한 지하수 조사(흐름방향, 유출량 등) • 지하수 조사시험(양수시험, 순간충격시험 등) • 광역 지하수 흐름 분석
지반안전성	• 굴착공사에 따른 지반안전성 분석 • 주변 시설물의 안전성 분석

지하안전평가 대상사업의 규모

1. 굴착깊이[공사 지역 내 굴착 깊이가 다른 경우에는 최대 굴착깊이를 말하며, 굴착깊이를 산정할 때 집수정(물저장고), 엘리베이터 피트 및 정화조 등의 굴착부분은 제외한다. 이하 같다]가 20미터 이상인 굴착공사를 수반하는 사업
2. 터널[산악터널 또는 수저(水底)터널은 제외한다] 공사를 수반하는 사업

지하안전평가의 실시대상

1. 도시의 개발사업
2. 산업입지 및 산업단지의 조성사업
3. 에너지 개발사업
4. 항만의 건설사업
5. 도로의 건설사업
6. 수자원의 개발사업
7. 철도(도시철도를 포함한다)의 건설사업
8. 공항의 건설사업
9. 하천의 이용 및 개발 사업
10. 관광단지의 개발사업
11. 특정 지역의 개발사업
12. 체육시설의 설치사업
13. 폐기물 처리시설의 설치사업
14. 국방·군사 시설의 설치사업
15. 토석·모래·자갈 등의 채취사업
16. 지하안전에 영향을 미치는 시설로서 대통령령으로 정하는 시설의 설치사업

2-4-2. 착공 후 지하안전조사의 조사항목 및 방법

조사항목	조사방법
지반 및 지질 현황	• 지하안전평가 검토 • 지하물리탐사(지표레이더탐사, 전기비저항탐사, 탄성파탐사 등
지하수 변화에 의한 영향	• 지하안전평가 검토 • 지하수 관측망 자료, 주변 계측 자료 등 분석
지하안전확보방안의 이행 여부	• 지하안전평가의 지하안전확보방안 적정성 분석 • 지하안전확보방안 이행 여부 검토
지반안전성	• 지중경사계, 지표침하계, 하중센서, 균열측정기 등을 통한 계측 • 계측자료 분석을 통한 지반안전성 및 주변 시설물 영향 분석

2-4-3. 지반침하위험도평가의 방법 및 절차

1) 지반침하위험도평가의 방법

평가항목	평가방법
지반 및 지질 현황	• 지하정보통합체계를 통한 정보분석 • 시추조사
지층(地層)의 빈 공간	• 지하물리탐사(지표레이더탐사, 전기비저항탐사, 탄성파탐사 등) • 내시경카메라 조사
지반안전성	• 공동 등으로 인한 지반안전성 분석

2) 지반침하위험도평가의 절차

1. 지반침하위험도평가 대상지역의 설정
2. 지반 및 지질 현황 조사
3. 공동 등 조사
4. 지반안전성 검토
5. 지하안전확보방안 수립
6. 종합평가 및 결론

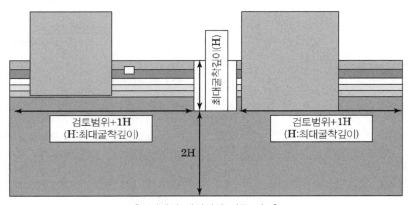

[수치해석 해석영역 기준 검토]

2-5. 설계 안전성 검토

① 설계단계에서 설계자가 시공과정의 위험요소를 찾아내어 제거·회피·감소를 목적으로 하는 안전설계
② 안전관리계획을 수립해야 하는 건설공사 실시설계를 할 때에는 시공과정의 안전성 확보 여부를 확인하기 위해 법 설계의 안전성 검토를 국토안전관리원에 의뢰해야 한다.

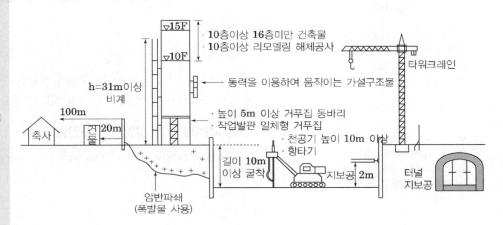

2-6. 건설기술진흥법상 가설구조물의 구조적 안전성 확인 대상

가설구조물의 사용하는 건설공사는 그 대상에 따라 착공 15일전에 안전관리계획을 수립하여 인허가 기관에 제출하여 구조적 안전성을 확인받아야 한다.

- 높이가 31m 이상인 비계
- 브라켓(bracket) 비계
- 작업발판 일체형 거푸집 또는 높이가 5m 이상인 거푸집 및 동바리
- 터널의 지보공(支保工) 또는 높이가 2m 이상인 흙막이 지보공
- 동력을 이용하여 움직이는 가설구조물
- 높이 10m 이상에서 외부작업을 하기 위하여 작업발판 및 안전시설물을 일체화하여 설치하는 가설구조물
- 공사현장에서 제작하여 조립·설치하는 복합형 가설구조물
- 그 밖에 발주자 또는 인·허가기관의 장이 필요하다고 인정하는 가설구조물
- 지반침하와 관련하여 구조적·지리적 여건, 지반침하 위험요인 및 피해예상 규모, 지반침하 발생 이력

안전관리

지하안전평가의 실시대상

- 지반침하와 관련하여 구조적·지리적 여건, 지반침하 위험요인 및 피해예상 규모, 지반침하 발생 이력 등을 분석하기 위하여 경험과 기술을 갖춘 자가 탐사장비 등으로 검사를 실시하고 정량(定量)·정성(定性)적으로 위험도를 분석·예측하는 것

지하안전평가 종류

- 지하안전평가
  - 굴착 최대심도 20m 이상
- 소규모 지하안전평가
  - 굴착 최대심도 10m 이상 20m 미만
- 착공 후 지하안전조사
  - 지하안전평가 대상사업
- 지반침하 위험도 평가
  - 지하시설물 및 주변지반

3. 안전사고

3-1. 중대재해처벌법, 안전보건관리체계

3-1-1. 중대 산업재해

- 사망자가 1명 이상 발생
- 동일한 사고로 6개월 이상 치료가 필요한 부상자가 2명 이상 발생
- 동일한 유해요인으로 급성중독 등 대통령령으로 정하는 직업성 질병자가 1년 이내에 3명 이상 발생
  - 급성중독, 독성간염, 혈액전파성질병, 산소결핍증, 열사병 등 24개 질병

2) 중대 시민재해

- 사망자가 1명 이상 발생
- 동일한 사고로 2개월 이상 치료가 필요한 부상자가 20명 이상 발생
- 동일한 유해요인으로 3개월 이상 치료가 필요한 질병자 10명이상 발생

3-1-2. 중대재해처벌법과 산업안전 보건법 비교

구분	중대재해처벌법(산업·시민재해)	산업안전보건법(현장재해)
정의	• 사망자 1명이상 발생 • 동일한 사로로 6개월 이상 치료가 발생한 부상자 2명 이상 발생 • 동일한 유해요인으로 급성중독 등 작업성 질병자 1년 이내 3명 이상 발생	• 사망자 1명이상 발생 • 3개월 이상 치료가 발생한 필요한 부상자 2명 이상 발생 • 부상자 또는 직업성 질병자 동시에 10명 이상 발생
적용 범위	• 상시근로자 5인 미만 사업 또는 사업장 제외	• 전 사업장
의무 주체	• 개인사업주 • 법인 또는 기관의 경영책임자	• 사업주(개인, 법인) • 법인
보호 대상	• 근로기준법상 근로자 • 노무제공자(위탁, 도급포함) • 수급인의 근로자 및 노무제공자 • 수급인과 수급인의 근로자·노무제공자	• 근로기준법상 근로자 • 수급인의 근로자 • 특수고용종사근로자 • 노무제공자
처벌 대상 및 내용	• 사업주(개인, 법인), 경영책임자 ① 사망: 1년이상 징역 또는 10억원 이하 벌금 ② 부상, 질병: 7년 이하 징역 또는 1억원 이하 벌금 ③ 형이 확정된 후 5년 이내에 재범 시 1/2까지 가중 • 법인 ① 사망: 50억원 이하 벌금 ② 부상, 질병: 10억원 이하 벌금	• 사업주(개인, 법인), 다만, 현장소방, 공장장 등 사업업장 단위의 안전보건관리책임자를 처벌 ① 사망: 7년 이하 징역 또는 1억원 이하 벌금 ② 안전보건조치 위반: 5년 이하 징역 또는 5천만원 이하 벌금 ③ 형이 확정된 후 5년 이내에 재범 시 1/2까지 가중 • 법인 ① 사망: 10억원 이하 벌금 ② 안전보건조치 위반: 5년 이하 징역 또는 5천만원 이하 벌금

중대 산업재해

- 노무를 제공하는 근로자. 종사자 등이 작업 업무를 원인으로 해 상해를 입은 사고 중의 재해

중대 시민재해

- 특정 원료 또는 제조물·공중이용시설·공중 교통수단의 설계, 제조, 설치, 관리상의 결함을 원인으로 해 발생한 재해

적용범위

- 개인사업자 또는 상시근로자가 50명 미만인 사업 또는 사업장(건설업의 경우 공사금액 50억 원 미만의 공사)
- 상시근로자가 5명 이상인 사업 또는 사업장

중대재해 처벌 등에 관한 법률

- 사업 또는 사업장, 공중이용시설 및 공중교통수단을 운영하거나 인체에 해로운 원료나 제조물을 취급하면서 안전·보건 조치의무를 위반하여 인명피해를 발생하게 한 사업주, 경영책임자, 공무원 및 법인의 처벌 등을 규정함으로써 중대재해를 예방하고 시민과 종사자의 생명과 신체를 보호함을 목적으로 한다.

TBM의 필요성

- 위험성평가에 기반한 TBM을 통해 작업자는 위험요인을 재확인하며 예방대책도 잊지 않게 된다.
- 작업자 간 안전 대화는 안전 보건에 관한 새로운 지식과 정보를 얻는 기회이며 이를 최신의 상태로 유지하게 해 준다.

스마트 안전관제 기술

- 지능형 영상 관제기술, 빅데이터 분석기술, AI
- BIM 기술(디지털트윈), Virtual Prototyping, AR/VR/MR
- IoT센싱기술, 통신네트워크 구축 기술, Mobile Technology
- 드론, 로보틱스
- 블록체인, Cyber security

스마트 안전장비

- 인공지능, 로봇공학, 정보통신, 사물인터넷, 센서기술 등 신기술을 활용하여 실질적인 재해예방 효과가 있는 안전보건장비
- 산업재해를 예방하기 위해 재정 및 기술여건이 취약한 중소사업장에 스마트 안전장비 도입 시 보조금을 지원하는 사업

클린사업장 조성사업

- 안전한 일터의 조성을 방해하는 세가지 재해발생 요인 개선사업(기술 및 재정 능력이 취약한 산재보험가입 50인 미만의 사업장 또는 업종별 평균 매출액이 소기업 규모 이하인 사업장, 공사금액이 50억원 미만인 건설현장, 산업단지를 대상으로 하며 건설업, 제조업, 스마트안전장비 지원의세가지 분야에서 재정 지원

3-2. Tool Box Meeting

① 작업 현장 근처에서 작업 전에 관리감독자(작업반장, 직장, 팀장 등)를 중심으로 작업자들이 모여 작업의 내용과 안전 작업 절차 등에 대해 서로 확인 및 의논하는 활동
② 국내에서는 안전 브리핑, 작업 전 안전점검회의, 안전 조회, 위험 예지 훈련으로, 해외에서는 Tool Box Talks, Tool Box Safety training 등으로 사용되고 있다.

3-3. 스마트 안전관제시스템

산업현장에서 발생할 수 있는 각종 재해를 IoT기반의 각종 센서와 무선네트워크 기술을 이용하여 수집한 데이터를 가공하므로 근로자가 안전사항을 인지하도록 모바일장비와 통합 관제시스템을 통해 위험정보를 송출하는 시스템

3-3-1. 스마트 안전기술 적용 문제점

- 통신 인프라구축 비용과다, 무선통신 기술 Coverage 한계
- 건물공사 시, 각 층별, 호수별 근로자 위치관제 적용한계
- 스마트 안전관리자 도입 필요
- 플랫폼 및 통신체계 표준화 필요
- 스마트기술의 현장 적용 의무화 및 스마트 안전기술의 안전관리 계상을 위한 구체적 가이드라인 필요

3-3-2. 스마트 안전관제 시스템의 목표

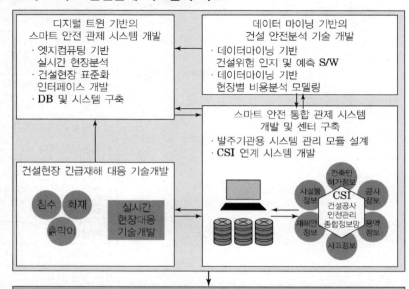

환경관리

6 환경관리

1. 건설공해

> 건축공사 및 토목공사 등의 건설공사로 인해 해당 지역주민이 입게되는 인위적인 재해로서, 건설현장 주변의 자연환경 및 생활환경이 손상되어 인간의 건강 또는 쾌적한 생활을 저해하는 공해

환경관리
Key Point

■ 국가표준
- KCS 44 80 15
- 대기환경보전법 시행규칙
- 소음 · 진동관리법
  2023.07.01
- 소음 · 진동관리법
  시행규칙
- 소음지도의 작성방법

■ Lay Out
- 산업안전 보건법
- 건설기술 진흥법
- 안전사고

■ 필수 기준
- 안전 보건 관리비
- 설계안전성 검토
- 지하안전 영향평가
- 위험성 평가

■ 필수용어

1-1. 건설공해의 종류

1. 건설환경
   - 대기오염: 비산먼지
   - 수질오염: 공사장 폐수, 오수
   - 토양오염: 토사유출
   - 소음 · 진동: 항타, 발파, 공사장비 소음
   - 폐기물
2. 건축물 공해
   - 일조방해
   - 전파방해
   - 빌딩풍해
   - 경관방해

1-2. 환경관리 항목(저감 대책은 공종별 접근)

구 성	항 목	비 고
건설환경 오염방지	비산먼지 방지시설공사	가시설 공사
	공사장 폐수처리시설공사	가시설 공사
	토사유출 저감시설공사	가시설 공사
	가설사무실 오수처리시설공사	가시설 공사
	항타, 발파시 소음 · 진동방지시설공사	요령
	공사장비 소음저감시설공사	가시설 공사
자연생태계보전 및 복원	오염토양처리	처리공정
	표토 모으기 및 활용	조경공사
	수목이식공사(수목가이식)	조경공사
	자생식생복원	조경공사
	비탈면 녹화	조경공사
	시설물(구조물) 설치 시 경관 보호	요령, 조경공사
	수자원 보호	요령

2. 소음·진동관리

> ① 소음(騷音): 기계·기구·시설, 그 밖의 물체의 사용 또는 공동주택 등 환경부령으로 정하는 장소에서 사람의 활동으로 인하여 발생하는 강한 소리
> ② 진동(振動): 기계·기구·시설, 그 밖의 물체의 사용으로 인하여 발생하는 강한 흔들림

2-1. 소음진동 규제기준

1) 생활소음 규제기준

[단위: dB(A)]

대상 지역	소음원	시간대별	아침, 저녁 (05:00~07:00, 18:00~22:00)	주간 (07:00~18:00)	야간 (22:00~05:00)
주거지역, 녹지지역, 관리지역 중 취락지구·주거개발진흥지구 및 관광·휴양개발진흥지구, 자연환경보전지역, 그 밖의 지역에 있는 학교·종합병원·공공도서관	확성기	옥외설치	60이하	65 이하	60 이하
		옥내에서 옥외로 소음이 나오는 경우	50 이하	55 이하	45 이하
		공장	50 이하	55 이하	45 이하
	사업장	동일 건물	45 이하	50 이하	40 이하
		기타	50 이하	55 이하	45 이하
		공사장	60 이하	65 이하	50 이하
그 밖의 지역	확성기	옥외설치	65 이하	70 이하	60 이하
		옥내에서 옥외로 소음이 나오는 경우	60 이하	65 이하	55 이하
		공장	60 이하	65 이하	55 이하
	사업장	동일 건물	50 이하	55 이하	45 이하
		기타	60 이하	65 이하	55 이하
		공사장	65 이하	70 이하	50 이하

- 공사장 소음규제기준은 주간의 경우 특정공사 사전신고 대상 기계·장비를 사용하는 작업시간이 1일 3시간 이하일 때는 +10dB을, 3시간 초과 6시간 이하일 때는 +5dB을 규제기준치에 보정
- 발파소음의 경우 주간에만 규제기준치에 +10dB을 보정
- 공사장의 규제기준 중 (주거지역, 종합병원, 학교, 공공도서관의 부지경계로부터 직선거리 50m 이내의 지역은 공휴일에만 −5dB을 규제기준치에 보정

2) 생활진동 규제기준

[단위: dB(V)]

대상지역	주간(06~22시)	야간(22~6시)
주거지역, 녹지지역, 관리지역 중 취락지구 및 관광·휴양개발진흥지구, 자연환경보전지역, 그 밖의 지역에 있는 학교·병원·공공도서관	65 이하	60 이하
그 밖의 지역	70 이하	65 이하

• 공사장의 진동 규제기준은 주간의 경우 특정공사 사전신고 대상 기계·장비를 사용하는 작업시간이 1일 2시간 이하일 때는 +10dB을, 2시간 초과 4시간 이하일 때는 +5dB을 규제기준치에 보정

• 발파진동의 경우 주간에만 규제기준치에 +10dB을 보정

3) 공사장 방음시설 설치기준

① 방음벽시설 전후의 소음도 차이(삽입손실)는 최소 7dB 이상 되어야 하며, 높이는 3m 이상 되어야 한다.

② 공사장 인접지역에 고층건물 등이 위치하고 있어, 방음벽시설로 인한 음의 반사피해가 우려되는 경우에는 흡음형 방음벽시설을 설치해야 한다.

③ 방음벽시설에는 방음판의 파손, 도장부의 손상 등 금지

3. 비산먼지관리

① '먼지'란 대기 중에 떠다니거나 흩날려 내려오는 입자상물질(粒子狀物質)을 말하며, 일정한 배출구 없이 대기 중에 직접 배출되는 경우 '비산먼지'라고 총칭

② 비산분진, 날림먼지라고도 하며, 주로 건설업, 시멘트·석탄·토사·골재 공장 등에서 발생한다.

3-1. 비산먼지 발생 억제를 위한 시설의 설치 및 필요한 조치

1) 야적(분체상 물질을야적하는경우에만 해당한다)

① 야적물질을 1일 이상 보관하는 경우 방진덮개로 덮을 것

② 야적물질의 최고 저장높이의 1/3 이상의 방진벽을 설치하고, 최고 저장높이의 1.25배 이상의 방진망(막)을 설치할 것

③ 야적물질로 인한 비산먼지 발생억제를 위하여 물을 부리는 시설을 설치할 것

④ 야적설비를 이용하여 작업 시 낙하거리를 최소화 하고, 야적 설비 주위에 물을 뿌려 비산먼지가 흩날리지 않도록 할 것

2) 싣기 및 내리기

① 싣거나 내리는 장소 주위에 고정식 또는 이동식 물을 뿌리는 시설(살수반경 5m 이상, 수압 3kg/cm² 이상)을 설치 및 운영

② 풍속이 평균초속 8m 이상일 경우에는 작업을 중지할 것

환경관리

처리방법

- 중간처리: 소각(燒却), 중화(中和), 파쇄(破碎), 고형화(固形化)
- 최종처리: 매립

분리수거 관리방안

- 폐기물 책임자 지정
- 당일 발생 분리수거
- 발생자 처리 원칙 준수
- 폐기물 수거용기 사용
- 임시 집하장 지정
- 교육 및 안내간판 설치운영

지정폐기물 배출자 신고

1. 오니를 월 평균 500킬로그램 이상 배출하는 사업자
2. 폐농약, 광재, 분진, 폐주물사, 폐사, 폐내화물, 도자기 조각, 소각재, 안정화 또는 고형화처리물, 폐촉매, 폐흡착제, 폐흡수제, 폐유기용제 또는 폐유를 각각 월 평균 50킬로그램 또는 합계 월 평균 130킬로그램 이상 배출하는 사업자
3. 폐합성고분자화합물, 폐산, 폐알칼리, 폐페인트 또는 폐래커를 각각 월 평균 100킬로그램 또는 합계 월 평균 200킬로그램 이상 배출하는 사업자, 폐석면을 월 평균 20킬로그램 이상 배출하는 사업자
4. 폴리클로리네이티드비페닐 함유폐기물을 배출하는 사업자
5. 폐유독물질을 배출하는 사업자
6. 의료폐기물을 배출하는 사업자
7. 수은폐기물을 배출하는 사업자
8. 천연방사성제품폐기물을 배출하는 사업자

3) 수송
- 적재함 상단으로부터 5cm 이하까지 적재물을 수평으로 적재할 것

4) 이송
① 야외 이송시설은 밀폐화 하여 이송 중 먼지의 흩날림이 없도록 할 것
② 이송시설은 낙하, 출입구 및 국소배기부위에 적합한 집진시설을 설치

5) 채광·채취
① 발파 시 발파공에 젖은 가마니 등을 덮거나 적절한 방지시설을 설치한 후 발파할 것
② 발파 전후 발파 지역에 대하여 충분한 살수를 실시
③ 풍속이 평균 초속 8m 이상인 경우에는 발파작업을 중지할 것

6) 야외절단
① 야외 절단 시 비산먼지 저감을 위해 간이 칸막이 등을 설치할 것
② 야외 절단 시 이동식 집진시설을 설치하여 작업할 것
③ 풍속이 평균 초속 8m 이상인 경우에는 작업을 중지할 것

7) 건축물 내 작업
① 바닥청소, 벽체연마작업, 절단작업, 분사방식에 의한 도장작업을 할 때에는 해당 작업 부위 혹은 해당 층에 대하여 방진막 등을 설치할 것
② 철골구조물의 내화피복작업 시에는 먼지발생량이 적은 공법을 사용하고 비산먼지가 외부로 확산되지 아니하도록 방진막을 설치할 것

4. 폐기물관리

건설공사로 인하여 건설현장에서 발생하는 5톤 이상의 폐기물(공사를 시작할 때부터 완료할 때까지 발생하는 것)

4-1. 폐기물의 분류

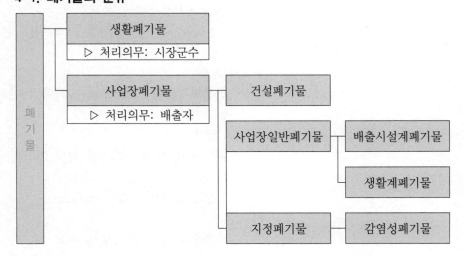

환경관리

4-2. 현장 폐기물 관리

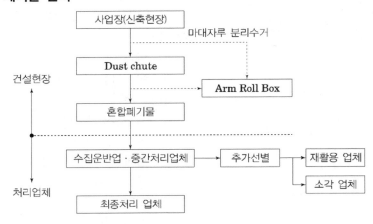

4-3. 저감방안

1) 분리배출
   - 건설폐기물을 성상별·종류별로 분리하여 배출하는 행위
   - 건설폐재류, 가연성, 불연성, 혼합건설폐기물 등)·처리방법별(소각, 중화, 파쇄, 매립)로 한다. 건설폐기물 재활용을 위한 분별해체 폐기물은 개별 성상별 배출을 실시
   - 건설폐기물은 분류에 따라 재활용 대상은 재활용시설 또는 중간처리시설로, 소각대상은 소각시설로, 매립대상은 매립시설 등으로 배출
   - 재활용이 가능한 경우 재활용시설로 배출하고 재활용이 불가능한 경우 소각시설로 배출
   - 불연성폐기물 중 건설폐재류는 순환골재로 재활용 촉진을 위해 다른 건설폐기물과 혼합되지 않도록 한다.
   - 혼합건설폐기물은 재활용 증대 및 매립량 감소를 위하여 기준에 적합하게 배출

2) 건축물 내 작업
   ① 도로공사용 순환골재
   ② 건설공사용 순환골재(콘크리트용, 콘크리트제품제조용, 되메우기 및 뒤채움 용도에 한함)

3) 순환골재
   - 건설폐기물을 물리적 또는 화학적 처리과정 등을 거쳐 순환골재의 품질기준에 적합하게 한 것

4) LCA 평가
   - 공사 진행 단계별 폐기물 발생 저감을 위한 평가

5) 설계
   - 모듈화 설계를 통해 Loss축소

6) 시공
   - 적정공기 준수, 시공오류 축소

7) 재활용
   - 재활용 가능한 자재 선정, 내구성 있는 자재 선정, 친환경 자재 선정

참고 문헌

1. 가설공사 및 건설기계
    - KCS 21 00 00 ~ KCS 21 70 15
    - KOSHA Guide
    the # Star City 건설기록지, (주)포스코건설, 2007

2. 토공사
    - KCS 11 00 00 ~ KCS 11 80 10
    - KS F 2307, KS F 2342, KS F 2317, kS F 2519, KS F 2322
    건축기술지침, 대우건설, 2017

3. 기초공사
    - KCS 11 00 00 ~ KCS 11 80 10
    - KS F 2591, KS F 2445, KS F 7003
    건축기술지침, 대우건설, 2017
    공사감독핸드북, 한국토지주택공사, 2013

4. 철근콘크리트 공사
    - KCS 14 20 01 ~ KCS 14 20 70
    - KDS 14 00 00 ~ 01. KDS 14 20 10~20.24.26.30.40.50.52.54.60.62.64.66.70.74.80.90
    건축기술지침, 대우건설, 2017
    거푸집공사 길라잡이, 대한주택공사, 2008
    건축구조, 한솔아카데미, 2023

5. P·C 공사
    - KCS 14 20 52
    - KCS 14 20 53

6. 강구조 공사
    - KCS 14 00 ~ KCS 14 31 70
    - KS B 2819
    건축기술지침, 대우건설, 2017

7. 초고층 및 대공간 공사
    - KCS 70 01 ~ KCS 41 70 04
    초고층 요소기술, 삼성중공업건설, 2004
    초고층건물 공사계획, 신현식

8. Curtain Wall 공사
    - KCS 41 54 02, KCS 41 54 03
    건축기술지침, 대우건설, 2017

9. 마감공사 및 실내환경
    - KCS 41 33 01 ~ KCS 41 70 01
    건축기술지침, 대우건설, 2017
    건축재료, 대한건축학회, 2010
    친환경건축, 임만택, 2011

10. 총론
- 국가계약법 시행령
- 건설산업기본법 시행령
- 건설기술진흥법 시행령
- (계약예규)정부 입찰·계약 집행기준
- 자연환경보전법 시행규칙
- 시설물의 안전 및 유지관리에 관한 특별법
- 건축물의 에너지절약설계기준
- 공공기관 에너지이용 합리화 추진에 관한 규정
- 도시 및 주거환경정비법
- 건축물관리법 시행령
- 주택법시행령
- 주택 재건축 판정을 위한 안전진단 기준
- KS C 8577
- 공동주택 하자의 조사, 보수비용산정 및 하자판정기준 해설서 – 국토교통부
- 적정 공사기간 확보를 위한 가이드라인 – 국토교통부
- 건설산업 BIM 기본지침 – 국토교통부
- 건설산업 BIM 시행지침 시공자편 – 국토교통부
- 환경영향평가 관련 규정집 – 환경부
- 한국형 녹색분류체계 가이드라인 – 환경부
- 건물일체형 태양광 산업생태계 활성화 방안 – 산업통상자원부
- 건설공사의 설계도서 작성기준 – 국토교통부
- 석면해체제거작업지침 – 환경부, 고용부
- 해체공사 감리업무 매뉴얼 – 국토교통부 국토안전관리원

건축공사관리, 대한건축학회, 2010
공정관리 특론, 김선규, 2010
건축공정관리학, 2003
친환경건축의 이해, 대한건축학회, 2009
생산관리론, 나중경, 정봉길, 2004
건설사업의 리스크관리, 김인호, 2004
건설VE특론(중앙대학교 대학원 강의자료), 박찬식, 2007
경제성 평가기법(중앙대학교 대학원 강의자료), 김경주, 2007

※ 참조 사이트

· 백종엽 건축시공기술사 Academy(네이버), http://cafe.naver.com/gisulsacafe
· 국가건설표준원
· 국가법령정보센터
· 국가표준인증종합센터
· 국토교통부
· 기획재정부
· 환경부

디테일 마법지
건축시공기술사

定價 50,000원

저 자 백 종 엽
발행인 이 종 권

2024年 8月 21日 초 판 인 쇄
2024年 8月 27日 초 판 발 행

發行處 **(주) 한솔아카데미**

(우)06775 서울시 서초구 마방로10길 25 트윈타워 A동 2002호
TEL : (02)575-6144/5   FAX : (02)529-1130
〈1998. 2. 19 登錄 第16-1608號〉

ISBN 979-11-6654-550-4 13540